"十三五"江苏省高等学校重点教材

概率论与数理统计（第二版）

主编 李晓莉 张雅文

编者（姓氏笔画为序）

王开永 王林芳 李秋芳 周莉 董迎辉 程毛林

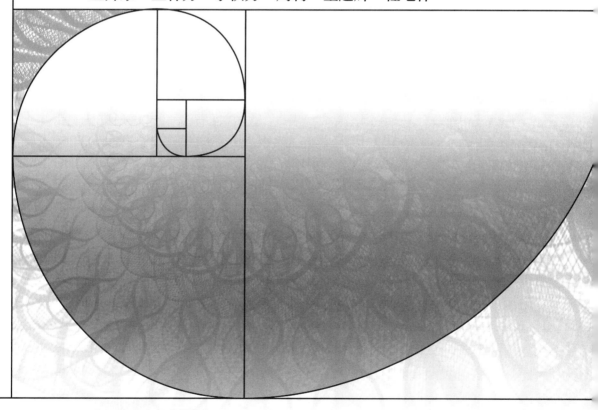

中国教育出版传媒集团

高等教育出版社·北京

内容简介

本书包括概率论与数理统计两部分内容,前四章为概率论部分,主要内容有随机事件与概率、随机变量及其概率分布、随机变量的数字特征、大数定律与中心极限定理;后四章为数理统计部分,主要内容有数理统计的基本概念及抽样分布、参数估计、假设检验、方差分析与回归分析。

本次修订对基础内容进行了优化和整合,增加了综合应用案例、综合性习题、思考与问答,补充了 R 语言应用方面的内容。

本书可作为高等学校理工科、经管类等本科专业的教材或教学参考书。

图书在版编目(CIP)数据

概率论与数理统计 / 李晓莉,张雅文主编. -- 2 版
. -- 北京:高等教育出版社,2022.7
　ISBN 978-7-04-058672-5

　Ⅰ.①概⋯　Ⅱ.①李⋯②张⋯　Ⅲ.①概率论②数理统计　Ⅳ.①O21

　中国版本图书馆 CIP 数据核字(2022)第 086773 号

Gailülun yu Shuli Tongji

策划编辑	李 蕊	责任编辑	高 丛	封面设计	王 洋	版式设计　杜微言
责任绘图	于 博	责任校对	刘娟娟	责任印制	耿 轩	

出版发行	高等教育出版社		网　址	http://www.hep.edu.cn
社　址	北京市西城区德外大街 4 号			http://www.hep.com.cn
邮政编码	100120		网上订购	http://www.hepmall.com.cn
印　刷	固安县铭成印刷有限公司			http://www.hepmall.com
开　本	787 mm×1092 mm　1/16			http://www.hepmall.cn
印　张	17.5		版　次	2014 年 8 月第 1 版
字　数	420 千字			2022 年 7 月第 2 版
购书热线	010-58581118		印　次	2022 年 7 月第 1 次印刷
咨询电话	400-810-0598		定　价	38.00 元

第二版前言

随着社会和科学技术的发展,信息量和知识量急剧增长,对于概率论与数理统计课程来说,其教学内容和教学方式也面临着更高的要求。为更好地培养学生运用概率统计方法分析和解决实际问题的能力,满足学生对知识学习的灵活性和个性化需求,我们在第一版的基础上对教材进行了修订:(1)对基础内容进行优化和整合;(2)每章增加一节综合应用案例,章末配备适当思考与问答;(3)补充 R 语言应用方面内容和部分综合性习题;(4)以二维码形式给出思考与问题提示或解答、习题参考答案及部分习题 R 语言程序等。

本次修订既保持了理论的严谨性,也兼顾了通俗性和直观性。在选材和叙述上尽量从实际出发,由浅入深、由具体到抽象,由一般到特殊,力求语言精练,通俗易懂。增编的内容引入了具有实际应用背景的问题,能够提高学生的学习兴趣,使学生对概率统计的实际应用有更深刻的认识,对培养学生的创新能力和综合素质起到一定的作用。

本书内容符合教育部高等学校大学数学课程教学指导委员会制订的"工科类本科数学基础课程教学基本要求",可作为高等院校理工以及经管等本科专业的教材或教学参考书。各章后的小结,能够帮助读者更好地了解和掌握每章内容及学习重点、难点。每章末配备的习题,可供读者巩固所学知识使用。

本书由李晓莉和张雅文主编,参加编写人员及编写章节如下:李晓莉编写第一、八章,王开永编写第二章,董迎辉编写第三章,王林芳、周莉编写第四章,李秋芳编写第五章及附表,张雅文编写第六章,程毛林编写第七章。

全书最后由李晓莉、张雅文统稿,书中插图由邢溯完成,R 语言程序由李薇宇编译完成。

本书获国家级一流本科专业建设点(数学与应用数学)(苏州科技大学)项目和"十四五"江苏省重点学科(数学)(苏州科技大学)项目的资助,并获批"'十三五'江苏省高等学校重点教材"(编号:2020-1-089)。本书的编写得到了苏州科技大学数学科学学院的大力支持,以及学院统计系全体教师的关心支持和全力配合,此外,高等教育出版社编辑在出版过程中也做了大量的工作,在此一并表示由衷的感谢!我们将继续努力,改进教学,提高水平,为广大学生和读者服务。

限于作者的水平,本书难免有不足之处,敬请同行及专家批评指正。

编　者
2021 年 9 月

第一版前言

概率论与数理统计是研究随机现象客观规律性的重要数学分支,它的基本概念、理论和方法在自然科学领域和社会科学领域中有着极为广泛的应用。因此,概率论与数理统计已成为高等学校理、工、农、经管等各专业的一门重要基础课程。

通过本课程的学习,使学生初步掌握处理随机现象的基本思想和方法,培养学生运用概率统计方法分析和解决实际问题的能力。正是基于这样的教学目的,所以我们在编写本教材时既保持了理论的严谨性,也兼顾了通俗性和直观性。在选材和叙述上尽量从实际出发,由浅入深,由具体到抽象,由一般到特殊,力求语言精练,通俗易懂。部分章节介绍了相关统计方法在 Excel 中的实现,使学生能够利用计算机完成相应的统计计算,从而增强学生解决实际问题的动手能力,对学生创新能力的培养和综合素质的提高也起到一定的作用。

本书内容符合教育部最新制订的"工科类本科数学基础课程教学基本要求",可作为高等学校理工科、经管类等本科专业的教材或教学参考书。各章末的小结,能够帮助读者更好地了解和掌握每章内容及学习重点、难点。每章末配备有适量的习题,供读者巩固所学知识使用。

本书由李晓莉和张雅文主编,参加编写人员及编写章节如下:李晓莉编写第一、八章,王开永编写第二章,董迎辉编写第三章,王林芳编写第四章,李秋芳编写第五章,张雅文编写第六章,程毛林编写第七章。

全书最后由李晓莉、张雅文统稿,书中插图由杜大刚、邢溯完成。

在本书的编写过程中,得到许多同行、同事、朋友及家人的大力支持和帮助,在此表示衷心感谢。

限于编者的水平,本书难免有不妥之处,敬请同行及专家批评指正。

编　者

2013 年 12 月

目　　录

第一章

随机事件与概率

概率论是研究随机现象统计规律的一门数学分支,具有十分丰富的内容,在许多领域都有广泛而深入的应用. 众多数学家为概率论的发展做出了杰出的贡献,使得概率论成为一门严密的演绎科学,从而奠定了随机数学的坚实基础.

本章主要介绍概率论中的基本概念、概率的公理化定义、概率的基本性质以及概率计算中常用的几个公式. 重点是掌握概率的概念、随机事件概率的计算、概率基本公式及应用,难点是如何利用概率的性质和基本公式建立概率模型去分析和解决实际问题.

§1.1 样本空间与随机事件

1.1.1 随机现象与随机试验

在自然界和人类社会活动中,存在着这样两类不同的现象,一类表现为在一定的条件下必然会发生或者必然不会发生,比如,在地球上向上抛掷一个铁球必定会落在地面,在标准大气压下把水加热至 100℃ 必然沸腾,在一个仅装有白球的箱中取出的球一定不是红球等,这类现象称之为必然现象或确定性现象. 另一类现象表现为在一定的条件下,可能会出现这样的结果也可能会出现那样的结果,试验的结果不确定. 比如,掷一枚质地均匀的骰子出现的点数,从一批产品中任取一件是否为合格品,某十字路口一天之中发生汽车意外碰撞的次数,一局游戏中的得分等,这类现象称之为**随机现象**. 随机现象在个别的试验或观察中结果是不确定的,但在大量重复的试验中,会呈现某种规律性. 概率论与数理统计就是研究随机现象统计规律性的数学学科.

研究随机现象的统计规律性,必然要对客观现象进行大量的观察或试验,我们把在相同的条件下可以重复观察或试验的随机现象称为**随机试验**,简称**试验**,通常用字母 E 表示.

随机试验满足如下条件:

(1) 试验可以在相同条件下重复进行.

(2) 每次试验的可能结果不止一个,但试验的所有可能结果是明确的.

(3) 试验前哪个结果出现不确定.

例 1.1.1 随机试验的例子:

E_1:掷一枚硬币,考察哪个面向上.

E_2:掷一枚骰子,考察出现的点数.

E_3:观察一分钟内通过某十字路口的汽车数量.

E_4:考察某种型号的电子元件的使用寿命.

1.1.2 样本空间与随机事件

对于随机试验 E,我们把所出现的每一个可能结果称之为**样本点**,记为 ω,而所有的样本点构成的集合称之为**样本空间**,记为 Ω.

例 1.1.2 表示下面随机试验的样本空间:

(1)掷一枚硬币,考察哪个面向上,样本点有两个,$\omega_1=$"正面向上",$\omega_2=$"反面向上",样本空间是 $\Omega_1=\{\omega_1,\omega_2\}$.

(2)掷一枚均匀的骰子,观察出现的点数,有 6 个样本点,则样本空间为 $\Omega_2=\{1,2,3,4,5,6\}$.

(3)观察一分钟内通过某十字路口的汽车数量,汽车数量可以是 $0,1,2,\cdots,n,\cdots$,所以样本空间表示为 $\Omega_3=\{0,1,2,\cdots,n,\cdots\}$.

(4)考察某种型号的电子元件的使用寿命,如果以 t 表示电子元件的使用寿命,则所有的可能结果为实数空间 $\mathbf{R}$ 的一个子集,即样本空间为 $\Omega_4=\{t\mid t\geqslant 0,t\in\mathbf{R}\}$.

注 (1)样本空间所包含的样本点是与随机试验的目的有关的,如掷一枚骰子,若考察出现的点数,则样本空间为 $\Omega=\{1,2,3,4,5,6\}$;若考察出现点数的奇偶性,则样本空间是 $\Omega=\{$奇数,偶数$\}$.试验条件都相同,但由于考察目的的不同,样本空间可能不同.

(2)样本空间中的样本点可以是数,也可以不是数,如例 1.1.2 中的 Ω_1,Ω_2.

(3)样本空间中的样本点个数可以是有限多个,如例 1.1.2 中的 Ω_1,Ω_2,也可以是无穷多个.无穷多个又可以是可列无穷多个,如例 1.1.2 的 Ω_3,或不可列无穷多个,如例 1.1.2 中的 Ω_4.

对于一个随机试验,我们经常要考察某个试验结果是否会发生,比如,考察掷一枚骰子出现的点数是否大于 3,考察某种型号的电子元件的使用寿命是否不大于 100 h 等.我们称随机试验的可能结果为**随机事件**,简称**事件**,一般用大写的英文字母 $A,B,C,\cdots$ 记之.

任何随机事件都是样本空间的子集,如在例 1.1.2 中,"掷一枚骰子点数大于 3"可以用集合 $A=\{4,5,6\}$ 表示,A 为样本空间 $\Omega_2=\{1,2,3,4,5,6\}$ 的子集;"电子元件的使用寿命不大于 100 h"可以表示为集合 $B=\{t\mid 0\leqslant t\leqslant 100\}$,$B$ 为 $\Omega_4=\{t\mid t\geqslant 0,t\in\mathbf{R}\}$ 的子集.当子集 A 中某个样本点出现时,就说事件 A 发生了.或者说事件 A 发生当且仅当子集 A 中某个样本点出现.

随机事件又可以分为基本事件和复合事件,由样本空间中的单个样本点 ω 构成的单点集 $\{\omega\}$ 称为**基本事件**,而由若干个基本事件组合而成的事件称为**复合事件**.如"掷一枚骰子,考察出现的点数",则 $\{1\},\{2\},\cdots,\{6\}$ 都是基本事件,而"点数大于 3"可以用 $\{4,5,6\}$ 表示,是一个复合事件,它是由三个基本事件 $\{4\},\{5\},\{6\}$ 复合而成的.

在每次试验中必然发生的事件称为**必然事件**,记为 Ω. 这是因为在任何一次试验中,总会出现 Ω 的某个样本点,因此用 Ω 表示必然事件是合理的. 同理我们把在每次试验中都不会发生的事件称为**不可能事件**,记为 $\varnothing$. 严格地讲,必然事件与不可能事件已经不具备随机性,但为研究问题的方便,我们把它们作为随机事件的两个极端情形.

1.1.3 事件间的关系与运算

在同一样本空间中,往往要考虑许多事件,有些事件比较简单,有些比较复杂.概率论的一个基本研究课题就是希望通过对比较简单事件的分析,去分析了解复杂事件.由于事件可以表示为样本空间的子集,所以事件之间的关系和运算完全可以归结为集合间的关系和运算.

1. 事件的包含

若事件 A 发生必导致事件 B 发生,则称事件 B **包含**事件 A,或称事件 A **包含于**事件 B,记作 $A \subset B$ 或 $B \supset A$. 显然,对任意事件 A,$\varnothing \subset A \subset \Omega$.

2. 事件的相等

若事件 B 包含事件 A,且事件 A 包含事件 B,即 $A \subset B$ 且 $B \subset A$,则称事件 A 与事件 B **相等**,记作 $A = B$.

3. 事件的并

设 A 与 B 是任意两个事件,称两个事件 A 与 B 至少有一个发生为事件 A 与事件 B 的**并**,记作 $A \cup B$.

事件的并可以推广到有限个或可列无穷多个事件的情形:

n 个事件 $A_1, A_2, \cdots, A_n$ 至少有一个发生称为 $A_1, A_2, \cdots, A_n$ 这 n 个事件的并,记作 $A_1 \cup A_2 \cup \cdots \cup A_n$ 或 $\bigcup_{i=1}^{n} A_i$.

可列无穷多个事件 $A_1, A_2, \cdots, A_n, \cdots$ 至少有一个发生称为这可列无穷多个事件的并,记作 $\bigcup_{i=1}^{\infty} A_i$.

4. 事件的交

设 A 与 B 是任意两个事件,称"两个事件 A 与 B 同时发生"为事件 A 与 B 的**交**,记作 $A \cap B$ 或 AB.

同样,事件的交也可以推广到有限个或可列无穷多个事件的情形:

n 个事件 $A_1, A_2, \cdots, A_n$ 同时发生称为这 n 个事件的交,记作 $A_1 A_2 \cdots A_n$ 或 $\bigcap_{i=1}^{n} A_i$.

可列无穷多个事件 $A_1, A_2, \cdots, A_n, \cdots$ 同时发生称为这可列无穷多个事件的交,记作 $\bigcap_{i=1}^{\infty} A_i$.

5. 事件的差

设 A 与 B 是任意两个事件,称事件 A 发生而事件 B 不发生为事件 A 与 B 的差,记作 $A - B$.

6. 事件的互不相容

若事件 A 与 B 不能同时发生,即 $AB = \varnothing$,则称事件 A 与 B 是**互不相容**的(或互斥的).

推广到 n 个事件的情形,若 n 个事件 $A_1,A_2,\cdots,A_n$ 中任意两个事件互不相容,即 $A_iA_j = \varnothing\,(1 \leqslant i < j \leqslant n)$,则称这 n 个事件**两两互不相容**.

7. 事件的对立

若事件 A 与 B 满足 $AB = \varnothing$ 且 $A \cup B = \Omega$,则称事件 A 与 B 是对立的,并称事件 B 是事件 A 的**对立事件**(或逆事件);同样,事件 A 也是事件 B 的**对立事件**,记作 $B = \overline{A}$ 或 $A = \overline{B}$.

于是有 $\overline{\overline{A}} = A$,$A\overline{A} = \varnothing$,$A \cup \overline{A} = \Omega$,而 A 与 B 的差 $A - B$ 也可以表示为 $A\overline{B}$.

若用平面上某个矩形区域表示样本空间 Ω,矩形区域内的点表示样本点,则上述事件的关系及运算可以用维恩(Venn)图(也称韦恩图、文氏图)直观地表示出来,如图 1.1 所示.

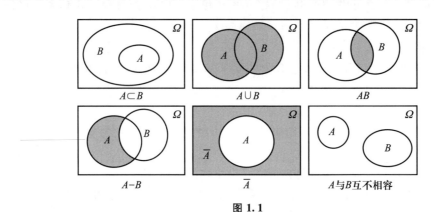

图 1.1

8. 事件的运算律

事件之间的运算律与集合之间的运算律也完全类似:

交换律:$A \cup B = B \cup A$,$A \cap B = B \cap A$.

结合律:$A \cup (B \cup C) = (A \cup B) \cup C$,$A \cap (B \cap C) = (A \cap B) \cap C$.

分配律:$A \cup (B \cap C) = (A \cup B) \cap (A \cup C)$,$A \cap (B \cup C) = (A \cap B) \cup (A \cap C)$.

对偶律(德摩根(De Morgan)律):$\overline{A \cup B} = \overline{A} \cap \overline{B}$,$\overline{A \cap B} = \overline{A} \cup \overline{B}$.

在熟练掌握事件间的关系与运算,以及事件的运算律的基础上,对具体问题进行具体分析,可用基本事件表达复合事件,简单事件表达复杂事件.

例 1.1.3　(1)"A 发生,而 B 与 C 都不发生"可表为 $A\overline{B}\,\overline{C}$ 或 $A(\overline{B \cup C})$.

(2)"A,B,C 中恰有一个发生"可表为 $A\overline{B}\,\overline{C} \cup \overline{A}B\,\overline{C} \cup \overline{A}\,\overline{B}C$.

(3)"A,B,C 中恰有两个发生"可表为 $AB\overline{C} \cup A\overline{B}C \cup \overline{A}BC$.

(4)"A,B,C 中不多于一个发生"可表为 $\overline{A}\,\overline{B}\,\overline{C} \cup A\overline{B}\,\overline{C} \cup \overline{A}B\,\overline{C} \cup \overline{A}\,\overline{B}C$ 或 $\overline{AB \cup BC \cup CA}$.

例 1.1.4　盒子中有 10 只某种型号的电子元件,其中 7 只为一等品,3 只二等品. 从中不放回地依次取出两只,记 $A_i =$"第 i 次取到一等品",$i = 1,2$. 以 A_1,A_2 表示

(1)$B =$"全是一等品";

(2)$C =$"至少有一只一等品".

解　(1)因为 $A_i(i=1,2)$ 表示"第 i 次取到一等品",所以"全是一等品"意为 A_1,A_2 都发生,故表示为 $B=A_1A_2$.

(2)方法一:"至少有一只一等品"可以理解为"或者 A_1 发生,或者 A_2 发生",因此事件 C 表示为 $C=A_1\cup A_2$.

方法二:"至少有一只一等品"也可以理解为"恰有一只一等品"或者"两只都是一等品",因此事件 C 可以用互不相容事件表示为 $C=A_1\bar{A_2}\cup\bar{A_1}A_2\cup A_1A_2$.

方法三:"至少有一只一等品"如果理解为"不会出现两个都不是一等品",那么,事件 C 也可以用对立事件表示,即 $C=\Omega-\overline{A_1\cup A_2}=\Omega-\bar{A_1}\,\bar{A_2}$.

所以事件 $C=$"至少有一只一等品"可表示为

$$C=A_1\cup A_2=A_1\bar{A_2}\cup\bar{A_1}A_2\cup A_1A_2=\Omega-\bar{A_1}\,\bar{A_2}.$$

当然,事件 C 还有其他表示方法,不再一一赘述.

§1.2　随机事件的概率及计算

对于一个随机试验,我们不仅要知道它可能会出现哪些结果,更重要的是研究各种结果发生的可能性的大小,从而揭示随机现象内在的规律性.对随机事件发生可能性大小的数量描述即为我们常说的概率.本节主要介绍概率论发展的历史上,人们针对不同情况,从不同角度对事件的概率给出的几种定义,并给出相应的概率计算公式和性质.

1.2.1　概率的统计定义

定义 1.2.1　在相同的条件下重复进行 n 次试验,若事件 A 发生了 M_n 次,则称比值 $\dfrac{M_n}{n}$ 为事件 A 在 n 次试验中出现的**频率**,记为

$$f_n(A)=\frac{M_n}{n}.\tag{1.2.1}$$

频率的性质:
(1)非负性:对任意事件 A,有 $f_n(A)\geq 0$.
(2)规范性:$f_n(\Omega)=1$.
(3)可加性:若事件 A 与 B 互不相容,则 $f_n(A\cup B)=f_n(A)+f_n(B)$.

在大量的重复试验中,频率常常稳定于某个常数,称为**频率的稳定性**.

通过大量的实践,我们很容易看到,若随机事件 A 出现的可能性越大,一般来讲,其频率 $f_n(A)$ 也越大.由于事件 A 发生的可能性大小与其频率大小有如此密切的关系,加之频率又有稳定性,故可通过频率来定义概率.

定义 1.2.2(概率的统计定义)　在相同的条件下,进行独立重复的 n 次试验,当试验次数 n 很大时,如果某事件 A 发生的频率 $f_n(A)$ 稳定地在 $[0,1]$ 上的某一数值 p 附近摆动,而且一般来说随着试验次数的增多,这种摆动的幅度会越来越小,则称数值 p 为事件 A 的**概**

率,记为 $P(A)=p$.

概率的统计定义一方面肯定了任一随机事件的概率是存在的,另一方面又给出了一个近似计算概率的方法,在实际应用的许多场合中,甚至常常简单地把频率当作概率使用.但定义要求试验次数足够大才能得到频率的稳定性,由于经济成本的限制,尤其是一些破坏性试验,不可能进行大量重复的试验,这些都限制了它的应用.此外,由于数学意义上的不够严格,该定义在理论研究上的使用也很有限.定义所刻画的事件 A 的概率与其频率大小的密切关系在第四章极限理论中我们将给出严格论述.

1.2.2 古典概型

定义 1.2.3 若一个随机试验 E 满足:

(1)样本空间中只有有限个样本点(有限性);

(2)每个样本点的发生是等可能的(等可能性),

则称该随机试验 E 为**古典型随机试验**.

由于这一概型最早被人们所研究,故又称之为**古典概型**.古典概型在概率论的研究中占有相当重要的地位,对它的讨论有助于直观的理解概率论的许多基本概念和性质,是概率论发展初期的主要研究对象.下面给出概率的古典定义.

定义 1.2.4(概率的古典定义) 设古典型随机试验的样本空间为 $\Omega=\{\omega_1,\omega_2,\cdots,\omega_n\}$,若事件 A 中含有 $k(k\leqslant n)$ 个样本点,则称 $\dfrac{k}{n}$ 为事件 A 的**古典概率**,记为

$$P(A)=\frac{k}{n}=\frac{A\text{中含有的样本点数}}{\Omega\text{中总的样本点数}}. \tag{1.2.2}$$

古典概率的性质:

(1)**非负性**:对任意事件 A,$P(A)\geqslant 0$.

(2)**规范性**:$P(\Omega)=1$.

(3)**可加性**:若事件 A 与 B 互不相容,则 $P(A\cup B)=P(A)+P(B)$.

计算样本空间 Ω 和事件 A 中的样本点数时通常要利用排列组合的知识(见第一章的附录),计算时注意避免重复和遗漏.

例 1.2.1 从标号为 $1,2,\cdots,10$ 的 10 个同样大小的球中任取一个,求事件 $A=$ "抽中 2 号球",$B=$ "抽中奇数号球",$C=$ "抽中球的号数不小于 7"的概率.

解 令 i 表示"任取一球为 i 号球",$i=1,2,\cdots,10$,则 $\Omega=\{1,2,3,\cdots,10\}$,而事件 A 中包含 1 个样本点,事件 B 中包含 5 个样本点,事件 C 中包含 4 个样本点,所以有 $P(A)=\dfrac{1}{10}$,$P(B)=\dfrac{5}{10}$,$P(C)=\dfrac{4}{10}$.

例 1.2.2(抽签问题) 设一个袋中有 m 只红球,n 只黑球,它们除颜色外没有区别.现有 $m+n$ 个人依次从袋中随机地取出一球,求第 k 个人取到红球的概率.

解 设 $A_k=$ "第 k 个人取到红球",$k=1,2,\cdots,m+n$.

首先计算样本空间 Ω 的样本点总数:当 $m+n$ 个人抽取 $m+n$ 个球时,相当于对 $m+n$ 个球进行全排列,故所有的排列总数为 $(m+n)!$.

再计算事件 A_k 所包含的样本点:"第 k 个人取到红球"这个事件可以分两步,首先取一个红球分给第 k 个人,一共有 m 种取法,剩下的 $m+n-1$ 个球再进行全排列,即事件 A_k 共有 $m \cdot (m+n-1)!$ 个样本点,所以

$$P(A_k) = \frac{m \cdot (m+n-1)!}{(m+n)!} = \frac{m}{m+n}, \quad k=1,2,\cdots,m+n.$$

从结果来看,事件 A_k 发生的概率与 k 无关,这说明不管第几个人抽,抽到红球的可能性都相同. 这也是抽签方法广泛应用于各种场合的原因.

例 1.2.3(抽样问题) 在工业生产过程中,经常采用下面两种抽样方式进行产品检验,一种称为有放回抽样:每次抽取一件,检验完后仍将产品放回,再进行下一次抽取;另一种称为不放回抽样:每次抽取一件,检验完后不再将产品放回,再抽取下一件.

设有 100 件产品,其中 95 件正品,5 件次品,分别按照上述两种抽样方式抽取 10 件产品,求其中恰有 2 件次品的概率.

解 (1)有放回抽样.

由于每次抽取的产品仍然放回,所以每次都面临的是 100 件产品,那么 10 次抽取共有 100^{10} 种取法,即样本点总数为 100^{10}.

设 A_1="从 100 件产品中有放回依次抽取 10 件产品,其中恰有 2 件次品",即"10 次抽取中有 8 次取得了正品,2 次取得了次品",而 8 次取得的正品都是在 95 件正品中取得的,有 95^8 种取法,2 件次品是在 5 件次品中取到的,故有 5^2 种取法;又因为 2 件次品可以是 10 次抽取中的任何两次,所以有 C_{10}^2 种情况. 因此,事件 A_1 包含的样本点总数为 $C_{10}^2 \times 95^8 \times 5^2$.

依古典概率的定义得

$$P(A_1) = \frac{C_{10}^2 \times 95^8 \times 5^2}{100^{10}} = C_{10}^2 \left(\frac{95}{100}\right)^8 \left(\frac{5}{100}\right)^2 = 0.0746.$$

(2)不放回抽样.

由于每次抽取的产品不再放回,所以第一次抽取时有 100 件产品,第二次抽取时有 99 件产品……以此类推,那么 10 次抽取相当于从 100 个元素中取 10 个元素的不允许重复排列,共有 A_{100}^{10} 种取法,即样本点总数为 A_{100}^{10}.

设 A_2="从 100 件产品中不放回依次抽取 10 件产品,其中恰有 2 件次品",即"10 次抽取中有 8 次取得了正品,2 次取得了次品",而 8 次不放回抽样取到正品应有 A_{95}^8 种取法,2 次取到次品应有 A_5^2 种取法. 又因为 2 件次品可以是 10 次抽取中的任何两次,所以有 C_{10}^2 种情况. 因此,事件 A_2 包含的样本点总数为 $C_{10}^2 A_{95}^8 A_5^2$.

依古典概率的定义得

$$P(A_2) = \frac{C_{10}^2 A_{95}^8 A_5^2}{A_{100}^{10}} = 0.0702.$$

值得注意的是,若是从 100 件产品中,一次取出 10 件,其中恰有 2 件次品的概率与

$P(A_2)$相等,即设 A_3="从 100 件产品中任取 10 件产品,其中恰有 2 件次品",由于 10 件产品是一次抽取的,所以可以不考虑抽取顺序,故

$$P(A_3)=\frac{C_{95}^8 C_5^2}{C_{100}^{10}}=0.070\ 2.$$

其实利用排列组合的性质,不难验证

$$P(A_2)=\frac{C_{10}^2 A_{95}^8 A_5^2}{A_{100}^{10}}=\frac{C_{10}^2\times C_{95}^8\times 8!\times C_5^2\times 2!}{C_{100}^{10}\times 10!}=\frac{C_{95}^8 C_5^2}{C_{100}^{10}}=P(A_3).$$

例 1.2.4(盒子模型) 设有 n 个不同的球,每个球被等可能地放到 N 个不同的盒子中的任一个,假设每个盒子所能容纳的球无限.试求:

(1) 指定的 $n(n\le N)$ 个盒子中各有一球的概率 p_1.

(2) 恰好有 $n(n\le N)$ 个盒子各有一球的概率 p_2.

解 因为每个球都可以相同的可能性放到 N 个盒子中的任一个,所以 n 个球共有 N^n 种不同的放法.

(1) 因为放球的盒子已经被指定,所以只要考虑把 n 个球放到 n 个盒子中的放法,其可能种数为 $n!$,故所求概率为

$$p_1=\frac{n!}{N^n}.$$

(2) 该问题与问题(1)的差别是放有球的 n 个盒子要在 N 个盒子中任意选取,所以可以分为两步:第一步,首先在 N 个盒子中任取 n 个盒子,共有 C_N^n 种取法;第二步,把 n 个球放到 n 个已选中的盒子中,其可能种数为 $n!$.由乘法原则,共有 $C_N^n n!$ 种放法,因此所求概率为

$$p_2=\frac{C_N^n n!}{N^n}=\frac{N!}{N^n(N-n)!}.$$

盒子模型是一类重要的概率模型,可以应用到许多实际问题.下面的生日问题就是历史上著名的一例.

例 1.2.5(生日问题) 考虑由 n 个人组成的班集体,问至少有两人生日相同的概率是多少(一年以 365 天计)?

解 记 A="至少有两人生日相同",首先考虑其逆事件 $\bar{A}$="n 个人生日全不相同",把人看作"球",一年的 365 天看作 365 个"盒子"($N=365$),那么问题就归结为盒子模型,则 $P(\bar{A})=\dfrac{C_N^n n!}{N^n}$.因此,由古典概率的性质可得

$$P(A)=1-\frac{C_N^n n!}{N^n}.$$

下面给出对于不同的 n 时,$P(A)$ 的计算结果(如表 1.1).

表 1.1　例 1.2.5 部分计算结果

n	10	20	30	40	50	60
$P(A)$	0.116 9	0.411 4	0.706 3	0.891 2	0.970 4	0.994 1

由表 1.1 中结果可以看出,当一个集体的人数达到 60 人时,至少有两人生日相同的概率超过 99%,这有些出乎人们意料.

概率的古典定义只能解决满足古典概型要求的概率计算,若样本空间的样本点是等可能的,但是有无穷多个且充满了一个几何体时,可以利用几何方法解决概率的计算.

1.2.3　几何概型

先看一个简单的例子.

例 1.2.6　如果在一个 5 万平方千米的海域里有表面积达 40 平方千米的大陆架贮藏着石油,假如在海域里随意选取一点钻探,问钻到石油的概率是多少?

解　在该题中由于选点的随机性,可以认为该海域中各点被选中的可能性是一样的,因而所求概率自然可以认为贮油海域的面积与整个海域面积之比,即 $p = \dfrac{40}{50\ 000}$.

在这类问题中,试验的一个可能结果是某几何区域中的一个点,这个区域可以是一维、二维、三维的,甚至可以是 n 维的,而试验的每个结果都是等可能的,且所有可能结果充满一个几何区域,记为 Ω. 我们所关心的事件 A 对应这个区域的一个子区域 D,那么事件 A 发生可能性的大小描述为:落在区域 D 的可能性与区域 D 的测度(长度、面积、体积等)成正比而与其位置及形状无关,我们把这一类问题称为**几何概型**. 对于几何概型,事件 A 的概率 $P(A)$ 定义如下:

定义 1.2.5(概率的几何定义)　若以 A 记"在区域 Ω 中随机地取一点,而该点落在区域 D 中"这一事件,则其概率定义为

$$P(A) = \frac{S_A}{S_\Omega}, \tag{1.2.3}$$

其中 S_Ω 为样本空间 Ω 的几何度量,S_A 为事件 A 所表示的区域 D 的几何度量. 称上述概率为**几何概率**.

几何概率的性质:

(1) **非负性:**对任意事件 A,$P(A) \geqslant 0$.

(2) **规范性:**$P(\Omega) = 1$.

(3) **可列可加性:**若 $A_1, A_2, \cdots$ 两两互不相容,则 $P\left(\bigcup_{n=1}^{\infty} A_n \right) = \sum_{n=1}^{\infty} P(A_n)$.

例 1.2.7　假如某公交车每 10 min 一班,某同学随机到达车站等车,问

(1) 该同学等车时间不超过 5 min 的概率是多少?

(2) 该同学等车时间介于 4 min 到 5 min 的概率是多少?

(3) 该同学等车时间不多不少刚好是 5 min 的概率是多少?

解 该问题属于几何概型,样本空间为 $\Omega = \{x \mid 0 \leqslant x \leqslant 10, x \in \mathbf{R}\}$,

(1) 令 A = "等车时间不超过 5 min",则 $P(A) = \dfrac{5}{10} = 0.5$.

(2) 令 B = "等车时间介于 4 min 到 5 min",则 $P(B) = \dfrac{1}{10} = 0.1$.

(3) 令 C = "等车时间刚好是 5 min",则 $P(C) = \dfrac{0}{10} = 0$.

对于问题(3),由于事件 C 表达的样本点集合{5}中只有一个样本点,其几何度量是 0,故其概率为零. 这个问题告诉我们,**概率为零的事件未必是不可能事件**,同理,**概率为 1 的事件也未必是必然事件**.

例 1.2.8(会面问题) 两个不相关的信号在一分钟之内的任何时刻均等可能地进入一个信号控制系统,若两信号进入时间间隔不超过 5 s,则会发生干扰. 求系统发生干扰的概率.

解 以 x, y 分别表示一分钟之内两信号进入系统的时刻(以秒计),则样本空间 Ω 可以表示为

$$\Omega = \{(x, y) \mid 0 \leqslant x \leqslant 60, 0 \leqslant y \leqslant 60\}.$$

令 A = "系统发生干扰",则

$$A = \{(x, y) \mid |x - y| \leqslant 5, (x, y) \in \Omega\}.$$

这是一个几何概率问题,样本空间 Ω 可以表示为二维空间的一个边长为 60 的正方形(如图 1.2 所示),事件 A 为图中阴影部分,所求概率

$$P(A) = \frac{60^2 - 55^2}{60^2} = 0.1597.$$

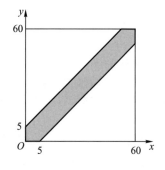

图 1.2

例 1.2.9(布丰(Buffon)投针问题) 平面上画有间隔为 $d(d > 0)$ 的等距平行线,向平面内任意投掷一枚长为 $l(l < d)$ 的针,求针与任一平行线相交的概率.

解 以 x 表示针的中点与最近一条平行线的距离,又以 φ 表示针与此直线间的夹角,如图 1.3 所示,则样本空间 $\Omega = \{(x, \varphi) \mid 0 \leqslant x \leqslant \dfrac{d}{2}, 0 \leqslant \varphi \leqslant \pi\}$,表示为 φOx 平面上的一个矩形,如图 1.4 所示,其面积 $S_\Omega = \dfrac{\pi d}{2}$.

令 A = "针与平行线相交",事件 A 发生当且仅当 $0 \leqslant x \leqslant \dfrac{l}{2} \sin \varphi, 0 \leqslant \varphi \leqslant \pi$,如图 1.4 所示的阴影部分,其面积是 $S_A = \displaystyle\int_0^\pi \frac{l}{2} \sin \varphi \, \mathrm{d}\varphi$,故

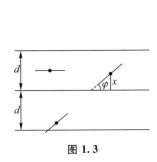

图 1.3

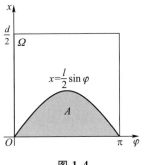

图 1.4

$$P(A) = \frac{S_A}{S_\Omega} = \frac{\int_0^\pi \frac{l}{2}\sin\varphi\,\mathrm{d}\varphi}{\frac{d\pi}{2}} = \frac{2l}{d\pi}.$$

给定 l, d 及 π 的值,可以计算出事件 A 的概率 $P(A)$. 反之,若已知 $P(A)$,l, d 的值,则也可以计算 π 的值. 而关于 $P(A)$ 的值,可以由概率的统计性质,以试验中获得事件 A 的频率近似它,即投掷 N 次,记录针与直线相交的次数 n,那么有

$$\frac{n}{N} \approx P(A) = \frac{2l}{d\pi},$$

故有 $\pi \approx \dfrac{2lN}{dn}$.

表 1.2 是历史上一些学者关于该问题的试验结果.

表 1.2 例 1.2.9 部分模拟结果

试验者	年份	l/d	投掷次数	相交次数	π 的近似值
沃尔夫(Wolf)	1850	0.8	5 000	2 532	3.159 6
福克斯(Fox)	1884	0.75	1 030	489	3.159 5
拉泽里尼(Lazzerini)	1901	0.83	3 408	1 808	3.141 592 9
雷纳(Reina)	1925	0.541 9	2 520	859	3.179 5

这种方法后来发展为一种重要的统计方法——**随机模拟方法**,也称**蒙特卡罗(Monte Carlo)方法**,随着计算机技术的飞速发展,随机模拟方法在众多领域得到了深入和广泛的应用.

1.2.4 概率的公理化定义及概率的性质

前面给出了三种概率模型的三种不同的概率定义,每种定义都是针对不同的问题模型,因此都存在一定的局限性,都不能成为概率的严格数学定义. 19 世纪初,在著名数学家希尔伯特(Hilbert)的倡议下,整个数学界的各个分支掀起公理化的潮流,概率论也不例外,这个流派主张把最基本的假设公理化,其他的结论则由它们演绎推出.1933 年,苏联数学家科尔莫戈洛夫(Kolmogorov)在综合前人成果的基础上,提出了概率的公理化定义,这一公理化体系既概括了以上几种概率定义中的共同性质,又避免了各自的局限性,因此很快得到举世公认,概率论从此成为一个严密的数学分支.

定义 1.2.6(概率的公理化定义)　设随机试验 E 的样本空间为 Ω,对任意事件 A,规定一个实数 $P(A)$,若集合函数 $P(\cdot)$ 满足下列三条公理:

(1)**非负性**:对任意事件 A,$0 \leqslant P(A) \leqslant 1$.

(2)**规范性**:$P(\Omega) = 1$.

(3)**可列可加性(完全可加性)**:对于两两互不相容的事件序列 $A_1, A_2, \cdots$,有

$$P\Big(\bigcup_{i=1}^{\infty} A_i\Big) = \sum_{i=1}^{\infty} P(A_i),$$

则称实数 $P(A)$ 为事件 A 的**概率**.

在概率的公理化定义中,只规定了概率应满足的条件,并没有给出概率的计算公式或计算方法,因而对同一个样本空间,有时可以定义不同的概率,只要符合概率公理化定义的三条公理即可.

例如,抛掷一枚硬币,样本空间为 $\Omega = \{\omega_1, \omega_2\}$,若硬币是均匀的,则定义 $P(\omega_1) = P(\omega_2) = \dfrac{1}{2}$;如果硬币不均匀,比如可以定义 $P(\omega_1) = \dfrac{1}{3}$,$P(\omega_2) = \dfrac{2}{3}$.

容易验证,上述几个特殊情形的概率定义都符合概率的公理化定义.

利用概率定义中的三条公理,可以推导出概率的一些重要性质.

性质 1　$P(\varnothing) = 0$.

证明　因为 $\varnothing = \varnothing \cup \varnothing \cup \cdots \cup \varnothing \cup \cdots$,由公理(3),

$$P(\varnothing) = P(\varnothing) + P(\varnothing) + \cdots + P(\varnothing) + \cdots,$$

又由公理(1),$P(\varnothing) \geqslant 0$,所以 $P(\varnothing) = 0$.

性质 2(有限可加性)　若事件 $A_1, A_2, \cdots, A_n$ 两两互不相容,即 $A_i A_j = \varnothing\ (i \neq j)$,则有

$$P\Big(\bigcup_{i=1}^{n} A_i\Big) = \sum_{i=1}^{n} P(A_i).$$

证明　因为 $\bigcup\limits_{i=1}^{n} A_i = \bigcup\limits_{i=1}^{n} A_i \cup \varnothing \cup \varnothing \cup \cdots$,利用公理(3)及性质 1,有

$$P\Big(\bigcup_{i=1}^{n} A_i\Big) = P\Big(\bigcup_{i=1}^{n} A_i \cup \varnothing \cup \cdots\Big)$$

$$= P(A_1) + \cdots + P(A_n) + P(\varnothing) + \cdots = \sum_{i=1}^{n} P(A_i).$$

性质 3　对任意事件 A,有 $P(\bar{A}) = 1 - P(A)$.

证明　因为 $A \cup \bar{A} = \Omega$,$A \bar{A} = \varnothing$,所以

$$P(A) + P(\bar{A}) = P(A \cup \bar{A}) = P(\Omega) = 1.$$

性质 4 若 $B \subset A$, 则 $P(A-B) = P(A) - P(B)$.

证明 因为 $A = (A-B) \cup B$ 且 $(A-B)B = \varnothing$, 所以
$$P(A) = P((A-B) \cup B) = P(A-B) + P(B).$$

推论 若 $B \subset A$, 则 $P(B) \leqslant P(A)$.

证明 因为 $P(A) - P(B) = P(A-B) \geqslant 0$, 移项即证.

性质 5(加法公式) 对任意的事件 A, B 有
$$P(A \cup B) = P(A) + P(B) - P(AB). \tag{1.2.4}$$

特别地, 若 A 与 B 互不相容, 则有 $P(A \cup B) = P(A) + P(B)$.

证明 因为 $A \cup B = A \cup (B-AB)$ 且 $A(B-AB) = \varnothing$, 所以
$$P(A \cup B) = P(A) + P(B-AB) = P(A) + P(B) - P(AB).$$

加法公式可以推广到 n 个事件, 设 $A_1, A_2, \cdots, A_n$ 为样本空间 Ω 的任意 n 个事件, 则
$$P\left(\bigcup_{i=1}^{n} A_i\right) = \sum_{i=1}^{n} P(A_i) - \sum_{1 \leqslant i < j \leqslant n} P(A_i A_j) + \sum_{1 \leqslant i < j < k \leqslant n} P(A_i A_j A_k) - \cdots +$$
$$(-1)^{n-1} P(A_1 A_2 \cdots A_n).$$

例 1.2.10 从数字 $1, 2, \cdots, 9$ 中有放回地取出 n 个数字, 求取出这些数字的乘积能被 10 整除的概率.

解 令 $A =$ "取出的数字中含 5", $B =$ "取出的数字中含偶数", 则
$$P(AB) = 1 - P(\overline{AB}) = 1 - P(\overline{A} \cup \overline{B}) = 1 - P(\overline{A}) - P(\overline{B}) + P(\overline{A}\,\overline{B})$$
$$= 1 - \frac{8^n}{9^n} - \frac{5^n}{9^n} + \frac{4^n}{9^n}.$$

§1.3 条 件 概 率

1.3.1 条件概率

在许多实际问题中, 常常会遇到求在事件 A 已经发生的条件下事件 B 的概率, 这样的问题属于条件概率, 记作 $P(B|A)$, 而 $P(B)$ 称为无条件概率, 一般来说, 这两个概率值是不相等的.

例如, 若盒中有 10 个球, 只有一只红球, 其余是白球. 由抽签问题我们知道, 从中依次取球, 令 $A_k =$ "第 $k(1 \leqslant k \leqslant 10)$ 次取到红球", 则 $P(A_k) = \dfrac{1}{10}(k = 1, 2, \cdots, 10)$. 但如果已知第一次取到了白球, 则第二次抽取时剩下 9 只球, 其中有一只红球, 那么第二次取到红球的概率就为 $\dfrac{1}{9}$. 此时问题转化为条件概率问题, 即 $P(A_2 | \overline{A}_1) = \dfrac{1}{9}$, 这里显然有 $P(A_2) \neq P(A_2 | \overline{A}_1)$.

下面从另一个角度考虑, 第一次取到白球就是 $\overline{A}_1$, 计算得 $P(\overline{A}_1) = \dfrac{9}{10}$, 第一次取到白球

且第二次取到红球就是 $\bar{A}_1 A_2$,计算得 $P(\bar{A}_1 A_2) = \dfrac{9 \times 1}{10 \times 9}$,可以看到有 $P(A_2 \mid \bar{A}_1) = \dfrac{1}{9} = \dfrac{\dfrac{9 \times 1}{10 \times 9}}{\dfrac{9}{10}} =$

$\dfrac{P(\bar{A}_1 A_2)}{P(\bar{A}_1)}$. 这个结果具有一般性,即条件概率是两个无条件概率的商.

定义 1.3.1　设 A, B 是两个事件,且 $P(A) > 0$,记

$$P(B \mid A) = \frac{P(AB)}{P(A)}, \tag{1.3.1}$$

称 $P(B \mid A)$ 为在事件 A 发生的条件下事件 B 发生的**条件概率**.

不难验证,条件概率 $P(B \mid A)$ 满足概率的公理化定义中的三条公理:

(1) **非负性**:对任意事件 $B, P(B \mid A) \geqslant 0$.

(2) **规范性**: $P(\Omega \mid A) = 1$.

(3) **可列可加性**:设 $B_1, B_2, \cdots, B_n, \cdots$ 两两互不相容,有 $P\left(\bigcup\limits_{i=1}^{\infty} B_i \mid A\right) = \sum\limits_{i=1}^{\infty} P(B_i \mid A)$.

从前面的例子可以看到,条件概率的计算其实有两种方法,其一是利用条件概率的定义,在原来的样本空间 Ω 中分别考虑无条件概率 $P(A)$ 和 $P(AB)$,然后代入定义中的公式计算;其二是考虑由于事件 A 的发生而缩减的样本空间 Ω' ,在 Ω' 中直接计算事件 B 的概率而得到.

例 1.3.1　盒子中有 10 只某种型号的电子元件,其中 7 只为一等品,3 只为二等品. 从中不放回地依次取出两只,若已知第一次取到二等品,问第二次取到的是一等品的概率.

解　设 A_i = "第 i 次取到一等品", $i = 1, 2$,问题即求 $P(A_2 \mid \bar{A}_1)$.

方法一:由于 $P(\bar{A}_1) = \dfrac{3}{10}, P(\bar{A}_1 A_2) = \dfrac{3 \times 7}{10 \times 9} = \dfrac{7}{30}$,所以

$$P(A_2 \mid \bar{A}_1) = \frac{P(\bar{A}_1 A_2)}{P(\bar{A}_1)} = \frac{7}{30} \times \frac{10}{3} = \frac{7}{9}.$$

方法二:由于第一次取到的是二等品,现在盒子中还有 9 只元件,其中 7 只为一等品,所以在这种情形下从中取出一只元件是一等品的概率为 $P(A_2 \mid \bar{A}_1) = \dfrac{7}{9}$.

1.3.2　概率乘法公式

由条件概率的定义,我们自然可以得到下面的定理.

定理 1.3.1　设 A, B 为两个事件,若 $P(A) > 0, P(B) > 0$,则

$$P(AB) = P(A)P(B \mid A) = P(B)P(A \mid B), \tag{1.3.2}$$

称之为**概率乘法公式**.

乘法公式也可以推广到 n 个事件的情形,对于事件 $A_1, A_2, \cdots, A_n$,若有 $P(A_1 A_2 \cdots A_{n-1}) > 0$,

则
$$P(A_1 A_2 \cdots A_n) = P(A_1) P(A_2 | A_1) P(A_3 | A_1 A_2) \cdots P(A_n | A_1 A_2 \cdots A_{n-1}). \quad (1.3.3)$$
利用乘法公式,我们可以计算若干个事件同时发生的概率.

例 1.3.2 盒子中有 10 只某种型号的电子元件,其中 7 只为一等品,3 只为二等品.从中不放回地依次取出 3 只,求直到第三次才取到一等品的概率.

解 设 A_i = "第 i 次取到一等品", $i = 1, 2, 3$, 事件"直到第三次才取到一等品"意味着第一次、第二次都取到了二等品且第三次取到的是一等品,即求概率 $P(\bar{A}_1 \bar{A}_2 A_3)$. 由于
$$P(\bar{A}_1) = \frac{3}{10}, \quad P(\bar{A}_2 | \bar{A}_1) = \frac{2}{9}, \quad P(A_3 | \bar{A}_1 \bar{A}_2) = \frac{7}{8},$$
所以由乘法公式(1.3.3),有
$$P(\bar{A}_1 \bar{A}_2 A_3) = P(\bar{A}_1) P(\bar{A}_2 | \bar{A}_1) P(A_3 | \bar{A}_1 \bar{A}_2) = \frac{3}{10} \times \frac{2}{9} \times \frac{7}{8} = \frac{7}{120}.$$

1.3.3 全概率公式与贝叶斯公式

1. 全概率公式

为了求复杂事件的概率,往往可以把它分解成若干个两两互不相容的简单事件之并,然后利用条件概率和乘法公式,求出这些简单事件的概率,最后利用概率可加性,得到最终结果.

定理 1.3.2 设事件 $A_1, A_2, \cdots, A_n$ 为样本空间 Ω 的一个划分,即 $A_i A_j = \varnothing (1 \leqslant i < j \leqslant n)$, $\bigcup_{i=1}^{n} A_i = \Omega$, 且 $P(A_i) > 0 (i = 1, 2, \cdots, n)$, 那么对于事件 $B \subset \Omega$, 有
$$P(B) = \sum_{i=1}^{n} P(A_i) P(B | A_i), \quad (1.3.4)$$
称之为**全概率公式**.

证明 事实上,由于 $B = \bigcup_{i=1}^{n} A_i B, A_i A_j = \varnothing (1 \leqslant i < j \leqslant n)$, 所以
$$P(B) = P\left(\bigcup_{i=1}^{n} A_i B \right) = \sum_{i=1}^{n} P(A_i B) = \sum_{i=1}^{n} P(A_i) P(B | A_i).$$

例 1.3.3 有两个外观相同的箱子,1 号箱中有 2 个白球和 4 个红球,2 号箱中有 5 个白球和 3 个红球,现随机地从 1 号箱中取出一球放入 2 号箱,然后从 2 号箱随机取出一球,问从 2 号箱取出红球的概率是多少?

解 从 1 号箱取出的球的颜色虽然不知道,但只有两种可能,要么红色,要么白色.当把 1 号箱中取出的球放入 2 号箱后, 2 号箱中球的情况就会随之发生变化.所以令 A = "从 1 号箱中取出的是红球", B = "最后从 2 号箱中取出的是红球",则
$$P(A) = \frac{4}{6} = \frac{2}{3}, \quad P(\bar{A}) = \frac{2}{6} = \frac{1}{3}, \quad P(B | A) = \frac{4}{9}, \quad P(B | \bar{A}) = \frac{3}{9} = \frac{1}{3}.$$
由全概率公式(1.3.4),

$$P(B) = P(A)P(B \mid A) + P(\overline{A})P(B \mid \overline{A}) = \frac{2}{3} \times \frac{4}{9} + \frac{1}{3} \times \frac{1}{3} = \frac{11}{27}.$$

例 1.3.4   某电子设备厂所用的某种电子元件是由三家元件厂提供的,根据以往的记录,这三个厂家的次品率分别为 0.02,0.01,0.03,提供元件的份额分别为 0.15,0.8,0.05. 设这三个厂家的产品在仓库是均匀混合的,且无区别的标志. 在仓库中随机地取一个元件,求它是次品的概率.

解   设 A_i = "取到的元件是由第 i 个厂家生产的", $i = 1,2,3$, B = "取到的元件是次品",则

$$P(A_1) = 0.15, \quad P(A_2) = 0.8, \quad P(A_3) = 0.05,$$
$$P(B \mid A_1) = 0.02, \quad P(B \mid A_2) = 0.01, \quad P(B \mid A_3) = 0.03.$$

由全概率公式(1.3.4),

$$P(B) = \sum_{i=1}^{3} P(A_i)P(B \mid A_i)$$

$$= 0.15 \times 0.02 + 0.8 \times 0.01 + 0.05 \times 0.03 = 0.012\,5.$$

如果在例 1.3.4 中,已经知道取出的产品是次品,问是哪家工厂生产的可能性大,这样问题的概率计算要用到另一个重要的概率公式——贝叶斯(Bayes)公式.

2. 贝叶斯公式

定理 1.3.3   设事件 $A_1, A_2, \cdots, A_n$ 为样本空间 Ω 的一个划分,即 $A_iA_j = \varnothing (1 \leqslant i < j \leqslant n)$, $\bigcup_{i=1}^{n} A_i = \Omega$,且 $P(A_i) > 0 (i = 1, 2, \cdots, n)$,那么对于事件 B,若 $P(B) > 0$,有

$$P(A_j \mid B) = \frac{P(A_jB)}{P(B)} = \frac{P(A_j)P(B \mid A_j)}{\sum_{i=1}^{n} P(A_i)P(B \mid A_i)} \quad (j = 1, 2, \cdots, n), \tag{1.3.5}$$

称之为贝叶斯公式.

例 1.3.5   在例 1.3.4 中,假如已经知道取出的产品是次品,为分析此次品出自何厂,需分别求出此产品由三个厂家生产的概率是多少?

解   设 A_i = "取到的元件是由第 i 个厂家生产的", $i = 1,2,3$, B = "取到的元件是次品",在例 1.3.4 中,由全概率公式已经计算得到 $P(B) = 0.012\,5$,再由贝叶斯公式(1.3.5),

$$P(A_1 \mid B) = \frac{P(A_1B)}{P(B)} = \frac{P(A_1)P(B \mid A_1)}{P(B)} = \frac{0.15 \times 0.02}{0.012\,5} = 0.24,$$

$$P(A_2 \mid B) = \frac{P(A_2B)}{P(B)} = \frac{P(A_2)P(B \mid A_2)}{P(B)} = \frac{0.8 \times 0.01}{0.012\,5} = 0.64,$$

$$P(A_3 \mid B) = \frac{P(A_3B)}{P(B)} = \frac{P(A_3)P(B \mid A_3)}{P(B)} = \frac{0.05 \times 0.03}{0.012\,5} = 0.12.$$

以上计算结果表明,这只产品来自第二家工厂的可能性最大.

例 1.3.6   假设所有儿童中有 1% 患有肺结核,在给患有肺结核的儿童做芒图(Mantoux)试验时,当时出现阳性结果的可能性是 95%,在给不患肺结核的儿童做芒图试验

时,当时出现阳性结果的可能性是 1%. 假设给一个儿童做了芒图试验出现了阳性结果,那么这个儿童患肺结核的概率是多少?

解 设 $A=$"儿童患有肺结核",$B=$"芒图试验结果阳性",由题意

$$P(A)=0.01, \quad P(\overline{A})=0.99, \quad P(B\mid A)=0.95, \quad P(B\mid\overline{A})=0.01.$$

由贝叶斯公式(1.3.5),

$$P(A\mid B)=\frac{P(AB)}{P(B)}=\frac{P(A)P(B\mid A)}{P(A)P(B\mid A)+P(\overline{A})P(B\mid\overline{A})}$$

$$=\frac{0.01\times0.95}{0.01\times0.95+0.99\times0.01}=\frac{95}{194}=0.489\ 7.$$

由此看来,对儿童进行芒图试验检查,呈现阳性结果意味着这个儿童患肺结核的可能性只有 49%. 其原因在于,在 99% 没有患有肺结核的儿童中,也会有一些儿童芒图试验结果呈现阳性,因此,检验结果是阳性不必过于恐慌,应该再采取其他医疗检查手段排除或确诊.

1.3.4 事件的独立性

1. 两个事件的独立性

对于两个随机事件 A 与 B,若事件 A 发生与否对事件 B 的概率有影响,则有 $P(B)\neq P(B\mid A)$;若事件 A 发生与否对事件 B 的概率没有影响,则有 $P(B)=P(B\mid A)$,这时由乘法公式可以得到

$$P(AB)=P(A)P(B\mid A)=P(A)P(B).$$

下面给出两个事件的独立性定义.

定义 1.3.2 若两事件 A,B 满足

$$P(AB)=P(A)P(B), \tag{1.3.6}$$

则称事件 A 与事件 B **相互独立**,简称 A 与 B **独立**.

注 不可能事件 $\varnothing$ 和必然事件 Ω 与任意事件 A 是相互独立的(自证).

定理 1.3.4 设事件 A 与 B 相互独立,则 A 与 $\overline{B}$,$\overline{A}$ 与 B,$\overline{A}$ 与 $\overline{B}$ 各对事件也相互独立.

证明 只证 $\overline{A}$ 与 B 相互独立,其他各对事件的独立性可相仿证明.

若事件 A 与 B 相互独立,则有 $P(AB)=P(A)P(B)$. 又因为

$$B=B\Omega=B(A\cup\overline{A})=BA\cup B\overline{A},$$

而 BA 与 $B\overline{A}$ 互不相容,所以

$$P(B)=P(BA\cup B\overline{A})=P(BA)+P(B\overline{A})=P(AB)+P(\overline{A}B).$$

则

$$P(\overline{A}B)=P(B)-P(AB)=P(B)-P(A)P(B)$$

$$=P(B)(1-P(A))=P(\overline{A})P(B).$$

即事件 $\overline{A}$ 与事件 B 相互独立.

事件的独立性是概率论中一个非常重要的概念,我们可以利用上面的定义判断两个事件是否独立.但在大多数实际问题中,我们常常是从试验所给的条件以及试验的直观意义来判断事件的独立性,然后利用独立性定义的公式计算事件交的概率,这将使得这类问题的概率计算变得简单.

例 1.3.7 盒子中有 10 只某种型号的电子元件,其中 7 只为一等品,3 只为二等品.从中有放回地连取两次,求两次取到的都是一等品的概率.

解 设 $A_i =$ "第 i 次取到一等品",$i = 1,2$,由于是有放回抽样,所以第一次的抽取结果不会影响到第二次抽取,因此两个事件是独立的,故有

$$P(A_1 A_2) = P(A_1) P(A_2) = \frac{7}{10} \times \frac{7}{10} = \frac{49}{100}.$$

2. 多个事件的独立性

事件的独立性可以推广到多个事件的情形.

定义 1.3.3 设 $A_1, A_2, \cdots, A_n$ 是 n 个事件,若对于所有可能的组合 $2 \leqslant k \leqslant n, 1 \leqslant i_1 < i_2 < \cdots < i_k \leqslant n$,都有

$$P(A_{i_1} A_{i_2} \cdots A_{i_k}) = P(A_{i_1}) P(A_{i_2}) \cdots P(A_{i_k}), \tag{1.3.7}$$

则称事件 $A_1, A_2, \cdots, A_n$ **相互独立**.

定义 1.3.4 设 $A_1, A_2, \cdots, A_n$ 是 n 个事件,若其中任意两个事件之间均相互独立,则称 $A_1, A_2, \cdots, A_n$ **两两独立**.

注 相互独立与两两独立是两个不同的概念,注意二者的联系与区别.

比如,对于三个事件 A, B, C,若满足三个等式

$$P(AB) = P(A) P(B), P(AC) = P(A) P(C), P(BC) = P(B) P(C),$$

我们称事件 A, B, C 是两两独立的;而若下面四个等式

$$P(AB) = P(A) P(B),$$
$$P(AC) = P(A) P(C),$$
$$P(BC) = P(B) P(C),$$
$$P(ABC) = P(A) P(B) P(C),$$

同时成立,则称事件 A, B, C 是相互独立的.

性质 1 若事件 $A_1, A_2, \cdots, A_n (n \geqslant 2)$ 相互独立,则其中任意 $k(1 < k < n)$ 个事件也相互独立.

由独立性定义可直接推出.

性质 2 若 n 个事件 $A_1, A_2, \cdots, A_n (n \geqslant 2)$ 相互独立,则将 $A_1, A_2, \cdots, A_n$ 中任意 $m(1 \leqslant m \leqslant n)$ 个事件换成它们的对立事件,所得的 n 个事件仍相互独立.

利用事件的独立性,可以大大简化复杂事件的概率计算.

例 1.3.8 在一次疾病普查中,已知每个人的血清中含有某种病毒的概率是 0.4%,且每个人是否有这种病毒是独立的.现把 20 人的血清进行混合,求混合后的血清中含有这种病毒的概率.

解 设 $A_i =$ "第 i 人的血清中含有病毒",$i = 1, 2, \cdots, 20$,$B =$ "混合后的血清中含有病

毒",则 $B=A_1\cup A_2\cup\cdots\cup A_{20}$,由于 $A_i(i=1,2,\cdots,20)$ 相互独立,故

$$P(B)=P(A_1\cup A_2\cup\cdots\cup A_{20})=1-P(\overline{A_1}\,\overline{A_2}\cdots\overline{A_{20}})$$
$$=1-P(\overline{A_1})P(\overline{A_2})\cdots P(\overline{A_{20}})=1-0.996^{20}=0.077\,0.$$

3. 伯努利概型

在许多随机试验中,我们通常只关心事件 A 发生与否.如抽查产品是否抽到次品、射击是否命中、育种试验中种子是否发芽等.我们把在一次试验中只有两个结果的试验称为**伯努利(Bernoulli)试验**.

在相同的条件下,将一个试验独立重复进行 n 次,称之为 n 重独立试验序列.如果每次试验都是伯努利试验,即每次试验都只有两个结果 A 与 $\overline{A}$,称为 n 重伯努利试验,或称**伯努利概型**.

对于伯努利概型,我们有下面的定理:

定理 1.3.5 在伯努利概型中,设事件 A 的概率为 $P(A)=p(0<p<1)$,则在 n 次试验中事件 A 发生 k 次的概率为

$$p_n(k)=C_n^k p^k(1-p)^{n-k},\quad k=0,1,2,\cdots,n. \tag{1.3.8}$$

证明 由事件的独立性可知,事件 A 在 n 次试验中指定的 k 次发生,其余 $n-k$ 次不发生的概率是 $p^k(1-p)^{n-k}$,而事件 A 在 n 次试验中恰好发生 k 次共有 C_n^k 种不同的方式.根据概率的可加性即得

$$p_n(k)=C_n^k p^k(1-p)^{n-k},\quad k=0,1,2,\cdots,n.$$

顺便指出,公式 (1.3.8) 刚好是二项式 $(p+q)^n$ 展开式的第 $k+1$ 项,故有

$$\sum_{k=0}^{n}p_n(k)=\sum_{k=0}^{n}C_n^k p^k(1-p)^{n-k}=(p+1-p)^n=1.$$

例 1.3.9 某企业生产某种产品,次品率为 0.01.某商场欲进货该产品,按照合同规定,需要对产品进行抽检以决定是否接收这批产品.若任抽取 10 件,次品不超过 1 件才接收,否则拒收.试计算拒收的概率.

解 设 A="任取一件产品是次品",则 $P(A)=0.01$,取 10 件产品,相当于做 10 次伯努利试验.令 B="拒收",则

$$P(B)=\sum_{k=2}^{10}p_{10}(k)=1-\sum_{k=0}^{1}p_{10}(k)$$
$$=1-0.99^{10}-C_{10}^1(0.01)(0.99)^9=0.004\,3.$$

§1.4 综合应用案例

1.4.1 基于转移概率矩阵的市场占有率预测

例 1.4.1 中国移动、中国联通、中国电信为国内移动电话市场的三大运营商,为占领市场各运营商间的竞争一直很激烈.某高校大学生调查组针对大学生移动电话用户的使用

情况及变更意愿进行了问卷调查,收集到问卷数据 326 份,其中现阶段中国移动用户 219,联通用户 62,电信用户 45. 问卷数据还显示下阶段有变更运营商意愿的用户情况是:中国移动用户中有 192 人不变更,12 人打算转到联通,15 人打算转到电信;中国联通用户中有 50 人不变更,8 人打算转到移动,4 人打算转到电信;中国电信用户中有 39 人不变更,4 人打算转到移动,2 人打算转到联通. 基于这些调查数据,计算下阶段三大运营商的市场占有率.

解 为表述问题方便,我们引入符号:

令 A_0="现阶段是中国移动用户",B_0="现阶段是中国联通用户",C_0="现阶段是中国电信用户";A_1="下阶段是中国移动用户",B_1="下阶段是中国联通用户",C_1="下阶段是中国电信用户";$P_i=(P(A_i),P(B_i),P(C_i))$($i=0$ 表示现阶段,$i=1$ 表示下阶段)表示第 i 阶段各运营商的市场占比.

那么根据问卷调查数据,三大运营商(中国移动、中国联通、中国电信)目前市场占有率是

$$P_0=(P(A_0),P(B_0),P(C_0))=(0.671\,8,0.190\,2,0.138\,0).$$

然后我们根据调查问卷中的变更意愿,计算出三大运营商用户之间的变动比例,并用矩阵表示如下:

$$P=\begin{pmatrix} P(A_1\,|\,A_0) & P(B_1\,|\,A_0) & P(C_1\,|\,A_0) \\ P(A_1\,|\,B_0) & P(B_1\,|\,B_0) & P(C_1\,|\,B_0) \\ P(A_1\,|\,C_0) & P(B_1\,|\,C_0) & P(C_1\,|\,C_0) \end{pmatrix}=\begin{pmatrix} \dfrac{192}{219} & \dfrac{12}{219} & \dfrac{15}{219} \\[2mm] \dfrac{8}{62} & \dfrac{50}{62} & \dfrac{4}{62} \\[2mm] \dfrac{4}{45} & \dfrac{2}{45} & \dfrac{39}{45} \end{pmatrix}$$

$$=\begin{pmatrix} 0.876\,7 & 0.054\,8 & 0.068\,5 \\ 0.129\,0 & 0.806\,5 & 0.064\,5 \\ 0.088\,9 & 0.044\,4 & 0.866\,7 \end{pmatrix}.$$

这个矩阵表示了从一种状态到另一种状态的转移概率,我们称之为状态转移概率矩阵. 矩阵每一行的元素之和等于 1,但每一列元素之和不一定是 1.

下面利用全概率公式计算出下阶段中国移动的市场占有率 $P(A_1)$.

$$P(A_1)=P(A_0)P(A_1\,|\,A_0)+P(B_0)P(A_1\,|\,B_0)+P(C_0)P(A_1\,|\,C_0)$$
$$=0.671\,8\times0.876\,7+0.190\,2\times0.129\,0+0.138\,0\times0.088\,9$$
$$=0.625\,8,$$

同理,可以计算出下阶段中国联通和中国电信的市场占有率

$$P(B_1)=0.671\,8\times0.054\,8+0.190\,2\times0.806\,5+0.138\,0\times0.044\,4=0.196\,3,$$
$$P(C_1)=0.671\,8\times0.068\,5+0.190\,2\times0.064\,5+0.138\,0\times0.866\,7=0.177\,9.$$

上面的计算过程可以用矩阵形式表示为

$$P_1=P_0P=(0.671\,8,0.190\,2,0.138\,0)\begin{pmatrix} 0.876\,7 & 0.054\,8 & 0.068\,5 \\ 0.129\,0 & 0.806\,5 & 0.064\,5 \\ 0.088\,9 & 0.044\,4 & 0.866\,7 \end{pmatrix}$$

$$=(0.625\,8,0.196\,3,0.177\,9).$$

这个计算结果表明,依据问卷提供的调查数据,中国移动用户比例较前一阶段有所下降,但仍然占据了很大的市场份额,而中国联通用户的比例和中国电信用户比例都有所上升.

如果下阶段的状态转移概率矩阵 P 不变或者给出新的状态转移概率矩阵,仿照上面步骤可以继续计算 $P_2=(P(A_2),P(B_2),P(C_2))$. 通过状态转移概率矩阵的计算,可以掌握较长时期后用户转移到各运营商的平稳概率.

本章小结

随机事件及其概率是概率论研究的基本内容. 本章介绍了随机试验的样本空间、随机事件、随机事件的概率、随机事件的独立性等基本概念,在概率的公理化定义基础上,推证了概率的基本性质,以及加法公式、条件概率、乘法公式、全概率公式、贝叶斯公式等计算概率的几个常用公式.

要求重点掌握概率的概念、性质、古典概率的计算,熟练应用概率基本公式解决有关概率问题. 本章的难点是在实际问题中如何恰当应用概率的性质和基本公式.

主要内容:

1. 基本概念

样本空间:随机试验的全部基本可能结果组成的集合 Ω,注意集合 Ω 中的元素与随机试验的目的有关;随机事件是样本空间的子集;概率的公理化定义揭示了概率是满足三条公理的实值集合函数 $P(\cdot)$,但并未给出计算概率的途径.

2. 常用公式

加法公式:$P(A\cup B)=P(A)+P(B)-P(AB)$.

当事件 A,B 互不相容时,$P(A\cup B)=P(A)+P(B)$.

条件概率:$P(B\mid A)=\dfrac{P(AB)}{P(A)}$　$(P(A)>0)$.

当事件 A,B 相互独立时,$P(B\mid A)=P(B)$.

乘法公式:$P(AB)=P(A)P(B\mid A)$　$(P(A)>0)$.

当事件 A,B 相互独立时,$P(AB)=P(A)P(B)$.

全概率公式:$P(B)=\displaystyle\sum_{i=1}^{n}P(A_i)P(B\mid A_i)$(用于由因溯果).

贝叶斯公式:$P(A_j\mid B)=\dfrac{P(A_jB)}{P(B)}=\dfrac{P(A_j)P(B\mid A_j)}{\displaystyle\sum_{i=1}^{n}P(A_i)P(B\mid A_i)}$　$(j=1,2,\cdots,n)$(用于由果求因).

3. 容易混淆的概念

事件的互不相容:$AB=\varnothing$,指的是两个事件不能同时发生. 注意$P(AB)=0$,并不能推出 $AB=\varnothing$.

事件的相互独立:$P(AB)=P(A)P(B)$,通俗讲是事件 A 发生与否不会影响事件 B 的发生.

二者之间一般没有必然关系. 不过,若设 $P(A)>0,P(B)>0$,可以证明 A,B 互不相容与 A,B 相互独立不能同时成立(见习题 1 第 25 题).

附录

阶乘计算公式:$n!=1\times2\times\cdots\times(n-1)\times n$.

注 规定 $0!=1$.

排列数公式:$A_n^m=n(n-1)\cdots(n-m+1)=\dfrac{n!}{(n-m)!}$ $(n,m\in\mathbf{N}_+,$ 且 $m\leqslant n)$.

组合数公式:$C_n^m=\dfrac{A_n^m}{m!}=\dfrac{n(n-1)\cdots(n-m+1)}{1\times2\times\cdots\times m}=\dfrac{n!}{m!(n-m)!}$ $(n\in\mathbf{N}_+,m\in\mathbf{N},$ 且 $m\leqslant n)$.

注 规定 $C_n^0=1$.

组合数的两个性质:(1) $C_n^m=C_n^{n-m}$,(2) $C_n^m+C_n^{m-1}=C_{n+1}^m$.

排列数与组合数的关系:$A_n^m=m!\cdot C_n^m$.

二项式定理:$(a+b)^n=C_n^0a^n+C_n^1a^{n-1}b+\cdots+C_n^ra^{n-r}b^r+\cdots+C_n^nb^n$.

思考与问答一

1. 由 $P(AB)=0$ 能推出 A 与 B 互不相容吗? 为什么?

2. 由 A 与 B 互不相容能推出 A 与 B 相互独立吗? 反过来呢?

3. $P(AB),P(B|A),P(B)$ 分别表达什么意思? 试举例说明它们的区别.

4. 许多谚语或成语都包含着一定的概率思想,比如"三个臭皮匠,赛过诸葛亮""常在河边走,哪能不湿鞋""智者千虑,必有一失",等等,试找出更多类似的谚语或成语,并分析其中包含的概率思想.

习题一

1. 写出下列随机试验的样本空间及事件中的样本点:

(1) 掷一颗骰子,记录出现的点数. $A=$ "出现奇数点".

(2) 将一颗骰子掷两次,记录出现点数. $A=$ "两次点数之和为 10",$B=$ "第一次的点数比第二次的点数大 2".

(3) 一个口袋中有 5 只外形完全相同的球,编号分别为 1,2,3,4,5,从中同时取出 3 只球,观察其结果. $A=$ "球的最小号码为 1".

(4) 记录在一段时间内,通过某桥的汽车流量. $A=$ "通过的汽车不足 5 辆",$B=$ "通过的汽车不少于 3 辆".

2. 设 A,B,C 是随机试验 E 的三个事件,试用 A,B,C 表示下列事件:

(1) 仅 A 发生.

(2) A,B,C 中至少有两个发生.

(3) A,B,C 中不多于两个发生.

(4) A,B,C 中恰有两个发生.

(5) A,B,C 中至多有一个发生.

3. 一个工人生产了三件产品,以 $A_i(i=1,2,3)$ 表示第 i 件产品是正品,试用 A_i 表示下列事件:

(1) 没有一件产品是次品.

(2) 至少有一件产品是次品.

(3) 恰有一件产品是次品.

(4) 至少有两件产品不是次品.

4. 在电话号码中任取一个,求后面四个数字全不相同的概率.

5. 一批晶体管共 40 只,其中 3 只是坏的,今从中任取 5 只,求:

(1) 5 只全是好的的概率.

(2) 5 只中有 2 只是坏的的概率.

6. 袋中有编号为 1 到 10 的 10 个球,今从袋中任取 3 个球,求:

(1) 3 个球的最小号码为 5 的概率.

(2) 3 个球的最大号码为 5 的概率.

7. 求下列事件的概率:

(1) 一枚骰子连掷 4 次,至少出现一个 6 点.

(2) 两枚骰子连掷 24 次,至少出现一对 6 点.

8. (1) 教室里有 r 个学生,求他们的生日都不相同的概率(假设每个人出生在每个月的可能性相同).

(2) 房间里有四个人,求至少两个人的生日在同一个月的概率.

9. 从 6 双不同的鞋子中任取 4 只,求:

(1) 其中恰有一双配对的概率.

(2) 至少有两只鞋子配成一双的概率.

10. 设事件 A 与 B 互不相容,$P(A)=0.4,P(B)=0.3$,求 $P(\overline{A}\,\overline{B})$ 与 $P(\overline{A}\cup B)$.

11. 若 $P(AB)=P(\overline{A}\,\overline{B})$ 且 $P(A)=p$,求 $P(B)$.

12. 对任意三事件 A,B,C,试证:$P(AB)+P(AC)-P(BC)\leqslant P(A)$.

13. 随机地向半圆 $0<y<\sqrt{2ax-x^2}$ (a 为正常数) 内掷一点,点落在圆内任何区域的概率与区域的面积成正比,求原点与该点的连线与 x 轴的夹角小于 $\pi/4$ 的概率.

14. 把长为 a 的棒任意折成三段,求它们可以构成三角形的概率.

15. 随机地取两个正数 x 和 y,这两个数中的每一个都不超过 1. 试求 x 与 y 之和不超过 1,积不小于 0.09 的概率.

16. 假设一批产品中一、二、三等品各占 $60\%,30\%,10\%$,从中任取一件,发现它不是三等品,求它是一等品的概率.

17. 设 10 件产品中有 4 件不合格品,从中任取两件,已知所取两件中有一件是不合格品,求另一件也是不合格品的概率.

18. 为防止意外,在矿内同时安装了两种报警系统 A 与 B,两种报警系统都使用时,系统 A 有效的概率是 0.92,系统 B 有效的概率为 0.93,在 A 失效的条件下,B 有效的概率为 0.85. 求:

(1) 发生意外时,这两种报警系统至少有一个有效的概率.

(2) B 失效的条件下,A 有效的概率.

19. 设 $P(A)=0.5,P(B)=0.6,P(B|A)=0.8$,求 $P(A \cup B)$ 与 $P(B-A)$.

20. 甲袋中有 3 个白球、2 个黑球,乙袋中有 4 个白球、4 个黑球,今从甲袋中任取 2 球放入乙袋,再从乙袋中任取一球,求该球是白球的概率.

21. 已知一批产品中 96% 是合格品,检查产品时,一个合格品被误认为是次品的概率是 0.02,一个次品被误认为是合格品的概率是 0.05,求在检查后认为是合格品的产品确是合格品的概率.

22. 玻璃杯成箱出售,每箱 20 只,假设各箱含 0,1,2 只残次品的概率分别为 0.8,0.1,0.1,一顾客欲购一箱玻璃杯,售货员随意取一箱,顾客开箱随意地察看四只,若无残次品,则买下该箱,否则退回. 试求:

(1) 顾客买下该箱的概率 α.

(2) 在顾客买下的一箱中,确无残次品的概率 β.

23. 据数据显示,每 1 000 名 50 岁的男性中,有 3 名患结肠癌. 如果一名男性患结肠癌,那么大便隐血检查表明有隐血的可能性是 50%,如果一名男性没有患结肠癌,那么大便隐血检查表明有隐血的可能性是 3%. 如果对一名男性进行的大便隐血检查表明有隐血,那么他患结肠癌的概率是多少?

24. 甲、乙两人独立地对同一目标各射击一次,命中率分别为 0.6 和 0.5,现已知目标被击中,求甲击中的概率.

25. 设 $P(A)>0,P(B)>0$,证明 A,B 互不相容与 A,B 相互独立不能同时成立.

26. 证明若三事件 A,B,C 相互独立,则 $A \cup B$ 及 $A-B$ 都与 C 独立.

27. 某个公司招聘员工,指定三门考试课程,目前有两种考试方案:

方案一:考试三门课程,至少有两门及格为考试通过.

方案二:在三门课程中任选两门,两门都及格为考试通过.

若某应聘者对三门指定课程及格的概率分别为 a,b,c,且三门课程之间及格与否互不影响.

(1) 分别求该应聘者用方案一和方案二时考试通过的概率.

(2) 哪种方案对应聘者更有利? 为什么?

28. 图 1.5 中 1,2,3,4,5 表示继电器接点,假设每一继电器接点闭合的概率均为 p,且设各继电器闭合与否相互独立,求 L 至 R 是通路的概率.

29. 一射手对同一目标独立地进行四次射击,若至少命中一次的概率为 80/81,求该射手的命中率.

30. 设一批晶体管的次品率为 0.01,今从这批晶体管中抽取 4 个,求其中恰有一个次品

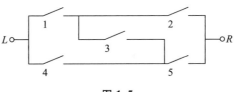

图 1.5

和恰有两个次品的概率.

31. 设在伯努利试验中,成功的概率为 p,求第 n 次试验时得到第 r 次成功的概率.

32. 设一厂家生产的每台仪器以概率 0.7 可以直接出厂,以概率 0.3 需进一步调试,经调试后以概率 0.8 可以出厂,以概率 0.2 定为不合格品不能出厂. 现该厂生产了 $n(n \geqslant 2)$ 台仪器(假定各台仪器的生产过程相互独立). 求:

(1) 全部能出厂的概率 α.

(2) 其中恰有两台不能出厂的概率 β.

(3) 其中至少有两台不能出厂的概率 θ.

33. 将编码分别为 A 和 B 的信息传递出去,当接收站收到时,A 被误收作 B 的概率为 0.02,B 被误收作 A 的概率为 0.01,信息 A 与信息 B 传递的频繁程度为 3:2. 若接收站收到的信息是 A,问原发信息是 A 的概率是多少?

34. 某学院有专业 A、专业 B、专业 C 三个专业,某学期高等数学考试成绩不及格的学生情况如下:

	专业 A	专业 B	专业 C
学生数	131	73	105
不及格人数	18	8	12

(1) 根据表中数据计算该学院三个专业学生高等数学总的不及格率是多少?

(2) 现从该学院学生中任意抽取一名学生,且知他的高等数学成绩不及格,问他是专业 A 的概率是多大?

第二章

随机变量及其概率分布

为了对随机现象进行定量的数学处理,必须把随机现象的结果数量化,这就需要引进随机变量的概念.随机变量的引进使得对随机现象的研究更为抽象和全面,也便于使用微积分中的数学工具刻画概率分布,在数学方法上更为统一.

本章将首先引入随机变量和分布函数的概念,针对离散型和连续型两种类型的随机变量,重点讨论一维和二维随机变量及其概率分布,并介绍常见的分布类型以及随机变量函数的分布等内容.难点是如何利用随机变量分布的概率模型分析并解决实际问题.

§2.1 随机变量与分布函数

2.1.1 随机变量的定义

在第一章对随机事件及其概率的研究中我们发现,在很多随机试验中存在这样一种变量,它们在实数中取值且在试验之前不能确定取何值,我们称这种变量为随机变量.那么随机变量的取值是如何变化的呢?先看下面的例子.

例 2.1.1 现有编号为 $1,2,3$ 的三件产品,其中 1 号为次品,其他为合格品,从中一次取两件,则样本空间 $\Omega=\{(1,2),(1,3),(2,3)\}$.考查两件中的次品数,设为 X,则 X 可以取值为 0 或 1,且有如下对应关系:

$$(1,2)\to X=1,$$
$$(1,3)\to X=1,$$
$$(2,3)\to X=0.$$

在此例中,变量 X 的取值随试验结果的改变而改变,且给定一个试验基本结果,X 就有唯一实数与之对应,这就是随机变量的特征.一般地,我们给出随机变量的定义.

定义 2.1.1 设一随机试验的样本空间为 Ω,若对任一样本点 $\omega\in\Omega$,都有唯一实数 $X(\omega)$ 与之对应,且对任意实数 x,集合 $\{\omega\mid X(\omega)\leqslant x\}$ 都是随机事件,则称 $X=X(\omega)$ 为**随机变量**.以后随机事件 $\{\omega\mid X(\omega)\leqslant x\}$ 也简单记为 $\{X\leqslant x\}$.

通常用大写字母 $X,Y,Z,\cdots$ 或希腊字母 $\xi,\eta,\zeta,\cdots$ 表示随机变量.有了随机变量以后,就可以通过随机变量来表示要考虑的随机事件.

例 2.1.2 一段时间内进入某超市的顾客数记为 X,则 X 是一个随机变量,可以取值 0,$1,2,3,\cdots$.随机事件"此段时间内至少来了 10 名顾客"可表示为 $\{X>9\}$.

例 2.1.3 一台电脑的使用寿命记为 Y,则 Y 是一个随机变量,可以在 $[0,\infty)$ 上取值.随机事件"此电脑可以使用 1 年到 3 年"可表示为 $\{1\leqslant Y\leqslant 3\}$.

例 2.1.4 从一批产品中随机取一件产品,记 Z 为一次抽取中的次品数,则 Z 是一个随机变量,可以取 0 或 1,即

$$Z = Z(\omega) = \begin{cases} 0, & \omega \text{ 为取出一件不是次品}, \\ 1, & \omega \text{ 为取出一件是次品}. \end{cases}$$

从上面的例子可以发现,随机变量的取值可以为有限个、可列无穷多个或不可列无穷多个.根据随机变量在实数中的取值情况,通常将随机变量分成两大类,一类是**离散型随机变量**,即随机变量只取有限个或可列无穷多个值(如例 2.1.2 中的 X,例 2.1.4 中的 Z);另一类是**非离散型随机变量**(如例 2.1.3 中的 Y).对于非离散型随机变量又分为**连续型随机变量**和**非离散非连续型随机变量**(见习题二第 2 题),本书只讨论离散型随机变量和连续型随机变量.

2.1.2 分布函数的定义及性质

为了掌握随机变量 X 的统计规律,我们要了解 X 取各种值的概率,这其中最重要的是事件 $\{X\leqslant x\}$(其中 x 为任意实数)的概率,即 $P(X\leqslant x)$.由于此概率与 x 有关,给定一个实数 x,就唯一对应一实数 $P(X\leqslant x)$,故 $P(X\leqslant x)$ 是一关于 x 的实函数,它完整地刻画了随机变量 X 的概率分布情况,我们称之为分布函数.

定义 2.1.2 设 X 为一随机变量,对任意实数 x,称

$$F(x) = P(X\leqslant x)$$

为随机变量 X 的**分布函数**.

显然,$F(x)$ 是定义在 $(-\infty, +\infty)$ 上的实函数,它具有如下**性质**:

(1) **单调非降性**:若 $x_1 < x_2$,有 $F(x_1)\leqslant F(x_2)$.

(2) **规范性**:对任意实数 x,$0\leqslant F(x)\leqslant 1$,且

$$F(-\infty) = \lim_{x\to-\infty} F(x) = 0, F(+\infty) = \lim_{x\to+\infty} F(x) = 1.$$

(3) **右连续性**:$F(x)$ 对自变量 x 为右连续,即对任意实数 x,有

$$F(x+0) = \lim_{y\to x^+} F(y) = F(x).$$

性质(1)是明显的,因为 $x_1 < x_2$ 时,$F(x_2) - F(x_1) = P(x_1 < X\leqslant x_2)\geqslant 0$,从而 $F(x_1)\leqslant F(x_2)$.性质(2)和(3)的证明这里从略,有兴趣的读者可以参考相关文献.

这三条性质是随机变量的分布函数的基本性质,反之还可以证明:满足这三条性质的函数一定是某个随机变量的分布函数.

有了随机变量的分布函数,那么有关随机变量的一些随机事件的概率就可以用分布函数来计算.下面给出常用的几个公式:

$$P(X\leqslant a) = F(a), \quad P(X<a) = F(a-0), \quad P(X=a) = F(a)-F(a-0),$$

$$P(a<X\leqslant b) = F(b)-F(a), \quad P(a\leqslant X<b) = F(b-0)-F(a-0),$$

$$P(a\leqslant X\leqslant b) = F(b)-F(a-0), \quad P(a<X<b) = F(b-0)-F(a).$$

例 2.1.5 设随机变量 X 的分布函数为

$$F(x) = \begin{cases} 0, & x < 0, \\ A\sin x, & 0 \leqslant x \leqslant \dfrac{\pi}{2}, \\ 1, & x > \dfrac{\pi}{2}. \end{cases}$$

求常数 A 及 $P\left(|X| < \dfrac{\pi}{3}\right)$.

解 由 $F(x)$ 的右连续性可知 $F\left(\dfrac{\pi}{2}\right) = \lim\limits_{x \to \frac{\pi}{2}^+} F(x)$,即

$$\lim_{x \to \frac{\pi}{2}^+} F(x) = 1 = A\sin\frac{\pi}{2},$$

得 $A = 1$. 由于 $F(x)$ 在 $x = \dfrac{\pi}{3}$ 处连续,所以

$$P\left(|X| < \frac{\pi}{3}\right) = P\left(-\frac{\pi}{3} < X < \frac{\pi}{3}\right) = F\left(\frac{\pi}{3} - 0\right) - F\left(-\frac{\pi}{3}\right)$$

$$= F\left(\frac{\pi}{3}\right) - 0 = \sin\frac{\pi}{3} = \frac{\sqrt{3}}{2}.$$

§2.2 离散型随机变量

2.2.1 离散型随机变量的分布列及性质

对于离散型随机变量,常用分布列刻画其概率分布.

定义 2.2.1 设 X 为离散型随机变量,其所有可能取值为 $x_1, x_2, \cdots, x_n, \cdots$,则称随机变量 X 取 x_i 的概率

$$P(X = x_i) = p_i, \quad i = 1, 2, \cdots, n, \cdots$$

为随机变量 X 的**概率分布列**,简称为**分布列**.

离散型随机变量 X 的分布列也可用如下形式表示:

X	x_1	x_2	$\cdots$	x_n	$\cdots$
P	p_1	p_2	$\cdots$	p_n	$\cdots$

或

$$\begin{pmatrix} x_1 & x_2 & \cdots & x_n & \cdots \\ p_1 & p_2 & \cdots & p_n & \cdots \end{pmatrix}.$$

例 2.2.1 一个袋中装有 5 个球,编号为 1,2,3,4,5. 从袋中一次取三个球,以 X 表示

取出的三个球中的最大号码,求 X 的分布列.

解 易知 X 的取值为 $3,4,5$. 下面求取这些值的概率.

$$P(X=3)=\frac{1}{C_5^3}=0.1, \quad P(X=4)=\frac{C_3^2}{C_5^3}=0.3, \quad P(X=5)=\frac{C_4^2}{C_5^3}=0.6,$$

所以,X 的分布列为

X	3	4	5
P	0.1	0.3	0.6

离散型随机变量的分布列具有如下两条**基本性质**:

(1) $p_i \geqslant 0, i=1,2,\cdots$.

(2) $\sum\limits_{i=1}^{\infty} p_i = 1$.

反之,若一实数列满足以上两条性质,则此数列一定是某个离散型随机变量的分布列.

例 2.2.2 设离散型随机变量 X 的分布列为 $P(X=k)=c\frac{2^k}{k!}, k=0,1,2,\cdots$,试求常数 c 的值及 $P(X \geqslant 0.5)$.

解 由分布列的性质知

$$1 = \sum_{k=0}^{\infty} P(X=k) = \sum_{k=0}^{\infty} c\frac{2^k}{k!} = ce^2,$$

所以 $c=e^{-2}$.

$$P(X \geqslant 0.5) = \sum_{k=1}^{\infty} P(X=k) = 1 - P(X=0) = 1 - e^{-2}.$$

对于离散型随机变量 X,由其分布列很容易求出其分布函数

$$F(x) = P(X \leqslant x) = \sum_{i:x_i \leqslant x} p_i. \tag{2.2.1}$$

但由于利用分布列更方便去求有关事件的概率,所以对于离散型随机变量,常用分布列去刻画其分布,很少使用分布函数.

例 2.2.3 设离散型随机变量 X 的分布列为

X	-1	0	1
P	0.3	0.3	0.4

试求 X 的分布函数 $F(x)$,并画出其图像.

解 由式(2.2.1)知:

当 $x<-1$ 时,$F(x)=0$;

当 $-1 \leqslant x<0$ 时,$F(x)=P(X=-1)=0.3$;

当 $0 \leqslant x<1$ 时,$F(x)=P(X=-1)+P(X=0)=0.3+0.3=0.6$;

当 $x \geqslant 1$ 时，$F(x) = P(X = -1) + P(X = 0) + P(X = 1) = 0.3 + 0.3 + 0.4 = 1$.

所以，

$$F(x) = \begin{cases} 0, & x < -1, \\ 0.3, & -1 \leqslant x < 0, \\ 0.6, & 0 \leqslant x < 1, \\ 1, & x \geqslant 1. \end{cases}$$

$F(x)$ 图像见图 2.1.

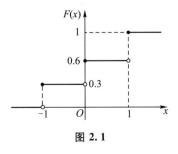

图 2.1

从图 2.1 可以看出离散型随机变量的分布函数特有的性质：离散型随机变量 X 的分布函数 $F(x)$ 是一个单调非降的右连续的阶梯函数，且随机变量 X 的每一个取值 x_i 为 $F(x)$ 的跳跃间断点，具有跃度 $F(x_i) - F(x_i - 0) = p_i$.

2.2.2   常见离散型分布类型

1. 二项分布

在第一章中，我们讨论了伯努利概型，设 X 为 n 重伯努利试验中事件 A 发生的次数，则 X 可以取 $0, 1, \cdots, n$. 若设 $P(A) = p \in (0, 1)$，则 X 的分布列为

$$P(X = k) = C_n^k p^k (1-p)^{n-k}, \quad k = 0, 1, 2, \cdots, n.$$

注意到上述 $P(X = k)$ 的形式恰为 $[p + (1-p)]^n$ 二项展开式中的一般项，我们称上述分布列确定的分布为二项分布.

定义 2.2.2   若离散型随机变量 X 的分布列为

$$P(X = k) = C_n^k p^k (1-p)^{n-k}, \quad k = 0, 1, 2, \cdots, n,$$

其中 $0 < p < 1$，n 为正整数，则称 X 服从参数为 n 与 p 的**二项分布**，记作 $X \sim B(n, p)$.

特别地，当 $n = 1$ 时，X 的分布列为

$$P(X = k) = p^k (1-p)^{1-k}, \quad k = 0, 1,$$

即

X	0	1
P	$1-p$	p

称 X 服从参数为 p 的**两点分布**或"0–1"分布. 所以，两点分布是当 $n = 1$ 时的二项分布，即 $B(1, p)$.

由上述讨论可知，n 重伯努利试验中事件 A 发生的次数服从二项分布.

例 2.2.4   设一运动员进行射击训练，每次射击时命中率为 0.2.

（1）现进行 10 次射击，则至少有 9 次击中的概率是多少？

（2）问最少进行多少次独立射击，才能保证至少击中一次的概率不小于 0.9？

解   设 X 为击中的次数.

（1）由题意知 $X \sim B(10, 0.2)$，故所求概率为

$$P(X \geqslant 9) = P(X=9) + P(X=10)$$
$$= C_{10}^9 (0.2)^9(0.8) + C_{10}^{10}(0.2)^{10} = 4.198\ 4 \times 10^{-6}.$$

（2）设进行 n 次试验，则 $X \sim B(n,0.2)$，故欲求 n，使得

$$P(X \geqslant 1) \geqslant 0.9,$$

即 $P(X<1) \leqslant 0.1$. 所以 $P(X=0) = 0.8^n \leqslant 0.1$. 由于 $0.8^{11} = 0.085\ 9, 0.8^{10} = 0.107\ 4$，所以，最少进行 11 次射击才能保证至少击中一次的概率不小于 0.9.

2. 泊松分布

泊松（Poisson）分布是由法国数学家泊松首先提出的.

定义 2.2.3 若离散型随机变量 X 的分布列为

$$P(X=k) = \frac{\lambda^k}{k!} e^{-\lambda}, \quad k=0,1,2,\cdots,$$

其中 $\lambda > 0$，则称 X 服从参数为 λ 的**泊松分布**，记作 $X \sim P(\lambda)$.

容易验证泊松分布的所有概率和为 1，即

$$\sum_{k=0}^{\infty} P(X=k) = \sum_{k=0}^{\infty} \frac{\lambda^k}{k!} e^{-\lambda} = e^{-\lambda} e^{\lambda} = 1.$$

泊松分布有着极为广泛的应用，如 110 报警台 24 小时内接到的报警次数、单位时间内来到某车站候车的乘客数、单位时间内某放射性物质放射出的粒子数、一平方米内布匹上的疵点数等都能用泊松分布描述.

例 2.2.5 某公司服务台在一分钟内接到的电话次数 X 服从参数为 λ 的泊松分布，已知一分钟内无电话的概率为 e^{-5}，求在一分钟内至少有 2 次电话的概率.

解 由于 $X \sim P(\lambda)$ 且 $P(X=0) = e^{-5}$，则 $e^{-\lambda} = e^{-5}$，故 $\lambda = 5$. 而

$$P(X \geqslant 2) = \sum_{k=2}^{\infty} P(X=k) = 1 - P(X=0) - P(X=1)$$
$$= 1 - e^{-5} - 5e^{-5} = 0.959\ 6.$$

泊松分布的另一个重要作用就是可以作为二项分布的近似计算. 这就是下面的泊松定理.

定理 2.2.1（泊松定理） 设有一二项分布列 $B(n,p_n)$，其中参数满足条件

$$\lim_{n \to \infty} np_n = \lambda > 0, \tag{2.2.2}$$

则对任意非负整数 k 有

$$\lim_{n \to \infty} C_n^k p_n^k (1-p_n)^{n-k} = \frac{\lambda^k}{k!} e^{-\lambda}. \tag{2.2.3}$$

证明 对任意给定的非负整数 k，有

$$C_n^k p_n^k (1-p_n)^{n-k} = \frac{n!}{k!(n-k)!} p_n^k (1-p_n)^{n-k}$$
$$= \frac{1}{k!}\left(1-\frac{1}{n}\right)\left(1-\frac{2}{n}\right)\cdots\left(1-\frac{k-1}{n}\right)\left(1-\frac{np_n}{n}\right)^{-k}(np_n)^k(1-p_n)^n.$$

由式（2.2.2）知

$$\lim_{n \to \infty}\left(1-\frac{1}{n}\right)\left(1-\frac{2}{n}\right)\cdots\left(1-\frac{k-1}{n}\right)\left(1-\frac{np_n}{n}\right)^{-k}=1.$$

$$\lim_{n \to \infty}(np_n)^k=\lambda^k.$$

从而,要证式(2.2.3),只要证

$$\lim_{n \to \infty}(1-p_n)^n=\mathrm{e}^{-\lambda}. \qquad\qquad (2.2.4)$$

由于 $\lim\limits_{n \to \infty}\left(1-\dfrac{\lambda}{n}\right)^n=\mathrm{e}^{-\lambda}$,因此要证式(2.2.4),只要证

$$\lim_{n \to \infty}(1-p_n)^n=\lim_{n \to \infty}\left(1-\frac{\lambda}{n}\right)^n.$$

又 $|1-p_n|<1$,n 充分大时,$\left|1-\dfrac{\lambda}{n}\right|<1$,所以,由初等不等式 $|a^n-b^n|\leqslant n|a-b|$(其中 $|a|\leqslant 1$,$|b|\leqslant 1$)及式(2.2.2)知,当 $n\to\infty$ 时,

$$\left|(1-p_n)^n-\left(1-\frac{\lambda}{n}\right)^n\right|\leqslant n\left|p_n-\frac{\lambda}{n}\right|=|np_n-\lambda|\to 0.$$

从而式(2.2.4)成立.

由泊松定理知,对于二项分布 $B(n,p)$,当 n 很大,而 p 很小时,近似地成立关系式

$$\mathrm{C}_n^k p^k(1-p)^{n-k}\approx\frac{\lambda^k}{k!}\mathrm{e}^{-\lambda},$$

其中 $\lambda=np$.

例 2.2.6　假设在 200 个人中就有 1 个人带有遗传克隆癌症的基因. 问在 800 个人中至少有 8 人带有这种基因的概率是多少?

解　设 800 个人带有这种基因的人数为 X,则 $X\sim B\left(800,\dfrac{1}{200}\right)$. 由于 $n=800$ 很大,$p=\dfrac{1}{200}$ 很小,$np=4$,由泊松定理及附表 1 知

$$P(X\geqslant 8)=1-\sum_{k=0}^{7}P(X=k)=1-\sum_{k=0}^{7}\mathrm{C}_{800}^{k}\left(\frac{1}{200}\right)^k\left(1-\frac{1}{200}\right)^{800-k}$$

$$\approx 1-\sum_{k=0}^{7}\frac{4^k}{k!}\mathrm{e}^{-4}=1-0.949=0.051.$$

例 2.2.7　设某计算机实验室共有 200 台电脑,各台电脑独立工作,且每台电脑发生故障的概率为 0.01. 如果一台电脑的故障只需要一名技术员处理,为使电脑发生故障而不能及时处理的概率不大于 0.02,试问至少应当安排多少名技术员看管?

解　设安排了 n 名技术员,X 为同一时刻发生故障的电脑台数,则 $X\sim B(200,0.01)$. 而相应问题就是要求出使得

$$P(X>n)\leqslant 0.02$$

成立的最小正整数 n. 而由泊松定理知

$$P(X>n) = 1 - \sum_{k=0}^{n} C_{200}^{k} (0.01)^{k} (0.99)^{200-k} \approx 1 - \sum_{k=0}^{n} \frac{2^{k}}{k!} e^{-2},$$

所以 $\sum_{k=0}^{n} \frac{2^{k}}{k!} e^{-2} \geqslant 0.98$. 经查附表 1 知,

$$\sum_{k=0}^{4} \frac{2^{k}}{k!} e^{-2} = 0.947, \quad \sum_{k=0}^{5} \frac{2^{k}}{k!} e^{-2} = 0.983,$$

所以至少安排 5 名技术人员看管.

3. 超几何分布

超几何分布来自第一章介绍的产品不放回取样问题. 设有 N 个产品,其中有 $M(M \leqslant N)$ 个不合格,若从中不放回地随机抽取 $n(n \leqslant N)$ 个,设其中的不合格品的个数为 X,则 X 可取值 $0,1,2,\cdots,\min\{n,M\}$,且

$$P(X=k) = \frac{C_M^k C_{N-M}^{n-k}}{C_N^n}, \quad k = 0,1,2,\cdots,\min\{n,M\}.$$

利用组合公式容易证明

$$\sum_{k=0}^{\min\{n,M\}} \frac{C_M^k C_{N-M}^{n-k}}{C_N^n} = 1.$$

从而上述确实为分布列,其对应的分布称为超几何分布.

定义 2.2.4 若离散型随机变量 X 的分布列为

$$P(X=k) = \frac{C_M^k C_{N-M}^{n-k}}{C_N^n}, \quad k = 0,1,2,\cdots,\min\{n,M\},$$

其中 n,M,N 均为正整数,$M \leqslant N, n \leqslant N$,则称 X 服从参数为 n,M,N 的**超几何分布**,记为 $X \sim H(n,M,N)$.

由上述讨论可知,在一堆产品中不放回的随机抽取,其中取出的不合格品的个数服从超几何分布. 那么,不放回抽取与放回抽取有怎样的联系呢? 从下面定理可以看出两者关系.

定理 2.2.2 设在超几何分布 $H(n,M,N)$ 中,M 是 N 的函数,即 $M = M(N)$ 且

$$\lim_{N \to \infty} \frac{M(N)}{N} = p \, (0 < p < 1),$$

则对任意整数 $k = 0,1,2,\cdots,n$,

$$\lim_{N \to \infty} \frac{C_M^k C_{N-M}^{n-k}}{C_N^n} = C_n^k p^k (1-p)^{n-k}.$$

证明 由于 $0 < p < 1$,故 N 充分大时,$n < M < N$. 易知

$$\frac{C_M^k C_{N-M}^{n-k}}{C_N^n} = \frac{M!}{k!(M-k)!} \cdot \frac{(N-M)!}{(n-k)![N-M-(n-k)]!} \cdot \frac{n!(N-n)!}{N!}$$

$$= \frac{n!}{k!(n-k)!} \cdot \frac{M(M-1)\cdots(M-k+1)(N-M)(N-M-1)\cdots(N-M-n+k+1)}{N(N-1)\cdots(N-n+1)}$$

$$= C_n^k \frac{\dfrac{M}{N}\left(\dfrac{M}{N}-\dfrac{1}{N}\right)\cdots\left(\dfrac{M}{N}-\dfrac{k-1}{N}\right)\left(1-\dfrac{M}{N}\right)\left(1-\dfrac{M}{N}-\dfrac{1}{N}\right)\cdots\left(1-\dfrac{M}{N}-\dfrac{n-k-1}{N}\right)}{\left(1-\dfrac{1}{N}\right)\cdots\left(1-\dfrac{n-1}{N}\right)}$$

$$\to C_n^k p^k(1-p)^{n-k}, \quad N\to\infty.$$

定理 2.2.2 说明,当 N 充分大时,超几何分布可用二项分布近似代替.前面我们已经知道超几何分布是用来描述不放回抽样问题,而二项分布是用来描述有放回抽样问题,这是两种不同的抽样方式,但当 N 很大时,这两种抽样方式差别不大.一般在实际问题中,若 N 远大于 n 时,超几何分布 $H(n,M,N)$ 可以近似用二项分布 $B\left(n,\dfrac{M}{N}\right)$ 来计算概率.

§2.3   连续型随机变量

2.3.1   连续型随机变量的密度函数及性质

连续型随机变量的一切可能取值会充满某个区间,区间内的点是不可列无穷多个,因此就不能用离散型随机变量的分布列来描述连续型随机变量的分布.我们将用密度函数来刻画.

定义 2.3.1   设随机变量 X 的分布函数为 $F(x)$,如果存在一个非负可积实函数 $f(x)$,使得对任意实数 x,有

$$F(x) = \int_{-\infty}^{x} f(t)\,\mathrm{d}t, \tag{2.3.1}$$

则称 X 为**连续型随机变量**,且称 $f(x)$ 为 X 的**概率密度函数**,简称为**密度函数**.

同离散型随机变量的分布列类似,连续型随机变量的密度函数也具有如下两条**基本性质**:

(1)对任意实数 x,有 $f(x)\geqslant 0$.

(2)$\int_{-\infty}^{+\infty} f(x)\,\mathrm{d}x = 1.$ $\tag{2.3.2}$

反之,若一可积实函数具有上述两条性质,则它可以成为某个连续型随机变量的密度函数.

式(2.3.2)可以用来求出密度函数中的某个未知参数.同时,若已知连续型随机变量的密度函数,则由式(2.3.1)可以求出其分布函数.

例 2.3.1   设连续型随机变量 X 的密度函数为

$$f(x) = \begin{cases} Ax, & 0\leqslant x < 1, \\ 2-x, & 1\leqslant x < 2, \\ 0, & \text{其他}. \end{cases}$$

试求常数 A 的值及 X 的分布函数 $F(x)$.

解 由式(2.3.2)知,

$$1 = \int_{-\infty}^{+\infty} f(x)\,\mathrm{d}x = \int_0^1 Ax\,\mathrm{d}x + \int_1^2 (2-x)\,\mathrm{d}x = \frac{1}{2}A + \frac{1}{2},$$

所以得 $A = 1$.

由式(2.3.1)知,对任意 $x \in (-\infty, +\infty)$,

$$F(x) = \int_{-\infty}^{x} f(t)\,\mathrm{d}t.$$

当 $x < 0$ 时, $F(x) = 0$.

当 $0 \leqslant x < 1$ 时, $F(x) = \int_0^x t\,\mathrm{d}t = \frac{1}{2}x^2$.

当 $1 \leqslant x < 2$ 时, $F(x) = \int_0^1 t\,\mathrm{d}t + \int_1^x (2-t)\,\mathrm{d}t = 2x - \frac{1}{2}x^2 - 1$.

当 $x \geqslant 2$ 时, $F(x) = \int_0^1 t\,\mathrm{d}t + \int_1^2 (2-t)\,\mathrm{d}t = 1$.

所以,X 的分布函数为

$$F(x) = \begin{cases} 0, & x < 0, \\ \dfrac{1}{2}x^2, & 0 \leqslant x < 1, \\ 2x - \dfrac{1}{2}x^2 - 1, & 1 \leqslant x < 2, \\ 1, & x \geqslant 2. \end{cases}$$

该分布称为辛普森分布,因其密度函数图形呈三角形,又称为三角形分布.

从定义 2.3.1 还可以得到连续型随机变量以下**几个性质**:

设连续型随机变量 X 的分布函数为 $F(x)$,密度函数为 $f(x)$,则

(1)由式(2.3.1)可以得出,在 $F(x)$ 导数存在的点上有

$$F'(x) = f(x). \tag{2.3.3}$$

上式表明,在 $F(x)$ 的可导点上,可以利用连续型随机变量的分布函数 $F(x)$ 确定其密度函数 $f(x)$. 若 $F(x)$ 的不可导点只有可列个,则在这些点上可以对密度函数 $f(x)$ 任意赋值. 因为改变 $f(x)$ 可列个点上的值不影响其积分,从而分布函数不改变,这也说明连续型随机变量的密度函数不唯一.

若式(2.3.3)成立,则有

$$f(x) = \lim_{\Delta x \to 0^+} \frac{F(x + \Delta x) - F(x)}{\Delta x} = \lim_{\Delta x \to 0^+} \frac{P(x < X \leqslant x + \Delta x)}{\Delta x}.$$

由此可以看出,概率密度函数的定义与物理学中的线密度的定义相类似. 这就是为什么称之为概率密度函数的原因.

(2)$F(x)$ 是实数域上的连续函数.

对任意实数 x,有

$$F(x + \Delta x) - F(x) = \int_x^{x+\Delta x} f(t)\,dt \to 0, \Delta x \to 0.$$

这与离散型随机变量的分布函数是不同的,离散型随机变量的分布函数是右连续的阶梯函数.

（3）连续型随机变量 X 在区间 $(a,b]$ 内取值的概率为

$$P(a < X \leqslant b) = \int_a^b f(x)\,dx.$$

事实上,由式（2.3.1）知

$$P(a < X \leqslant b) = F(b) - F(a) = \int_{-\infty}^b f(x)\,dx - \int_{-\infty}^a f(x)\,dx = \int_a^b f(x)\,dx.$$

（4）连续型随机变量 X 取任一实数点的概率为 0,即对任意实数 a,有 $P(X = a) = 0$.

事实上,由于 X 的分布函数 $F(x)$ 是连续函数,故对实数 a,

$$P(X = a) = F(a) - F(a - 0) = 0.$$

从而在计算事件 $\{a < X \leqslant b\}$ 的概率时,包含端点 a 或去掉端点 b 都不影响其概率,即

$$P(a < X \leqslant b) = P(a < X < b) = P(a \leqslant X < b) = P(a \leqslant X \leqslant b) = \int_a^b f(x)\,dx.$$

这表明连续型随机变量 X 在区间 $(a,b]$ 内取值的概率,可以由其分布函数在两端点函数值之差求得,也可以通过其密度函数求积分得到,其几何意义就是密度函数 $f(x)$ 在区间 $(a,b]$ 上的曲线与 x 轴所围区域的面积,如图 2.2 所示.

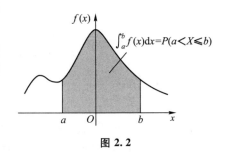

图 2.2

例 2.3.2 设连续型随机变量 X 的分布函数为

$$F(x) = \begin{cases} 0, & x < 0, \\ Ax, & 0 \leqslant x < 1, \\ 1, & x \geqslant 1, \end{cases}$$

试求:（1）常数 A 的值.（2）X 的密度函数 $f(x)$.（3）$P(0.5 < X < 2)$.

解　（1）有两种方法求解.

方法一:利用 $F(x)$ 为连续函数.由于 $F(x)$ 在 $x = 1$ 处连续,故 $\lim\limits_{x \to 1^-} F(x) = F(1)$,即 $\lim\limits_{x \to 1^-} Ax = 1$,故 $A = 1$.

方法二:先求出密度函数 $f(x)$,再利用 $\int_{-\infty}^{+\infty} f(x)\,dx = 1$.由式（2.3.3）知

当 $x < 0$ 时,$f(x) = F'(x) = 0$.

当 $0 < x < 1$ 时,$f(x) = F'(x) = A$.

当 $x > 1$ 时,$f(x) = F'(x) = 0$.

当 $x = 0$ 或 $x = 1$ 时,$F(x)$ 不可导,此时可以对 $f(x)$ 任意赋值,一般采取就近原则.

令 $f(0) = f(1) = 0$,故

$$f(x) = \begin{cases} A, & 0 < x < 1, \\ 0, & \text{其他}, \end{cases}$$

所以

$$1 = \int_{-\infty}^{+\infty} f(x)\,\mathrm{d}x = \int_0^1 A\,\mathrm{d}x = A.$$

（2）由（1）的方法二及 $A = 1$ 知

$$f(x) = \begin{cases} 1, & 0 < x < 1, \\ 0, & \text{其他}. \end{cases}$$

（3）也可用两种方法.

方法一：利用分布函数 $F(x)$.

$$P(0.5 < X < 2) = P(0.5 < X \leqslant 2) = F(2) - F(0.5) = 1 - 0.5 = 0.5.$$

方法二：利用密度函数 $f(x)$.

$$P(0.5 < X < 2) = \int_{0.5}^2 f(x)\,\mathrm{d}x = \int_{0.5}^1 1\,\mathrm{d}x = 0.5.$$

2.3.2　常见连续型分布类型

1. 均匀分布

定义 2.3.2　若连续型随机变量 X 的密度函数为

$$f(x) = \begin{cases} \dfrac{1}{b-a}, & a < x < b, \\ 0, & \text{其他}, \end{cases}$$

则称 X 服从区间 (a,b) 上的**均匀分布**，记作 $X \sim U(a,b)$.

如此定义的 $f(x)$ 显然满足概率密度函数的两条基本性质，容易算出其对应的分布函数为（见图 2.3）

$$F(x) = \begin{cases} 0, & x < a, \\ \dfrac{x-a}{b-a}, & a \leqslant x < b, \\ 1, & x \geqslant b. \end{cases}$$

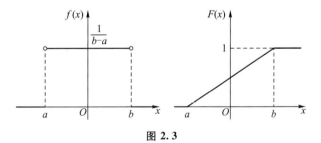

图 2.3

服从均匀分布的随机变量的概率分布具有如下特点：设 $X \sim U(a,b)$，则对任意 $a \leqslant c < d \leqslant b$，

$$P(c < X < d) = \int_c^d \frac{1}{b-a}\,\mathrm{d}x = \frac{d-c}{b-a},$$

即 X 落在区间 (a,b) 的任一子区间内的概率与子区间长度成正比,而与子区间的位置无关. 简单地说,X 在区间 (a,b) 内取值是等可能的,这就是均匀分布名称的由来.

均匀分布在很多方面都有应用. 如在估计计算误差时,如果假定运算中的数据只要保留小数点后面二位,第三位四舍五入,那么每次运算的误差 X 服从 $U(-0.005,0.005)$. 再如乘客在公共汽车站的候车时间 X(单位:min),若假定乘客在任意时刻都可能来到车站,且公共汽车每隔 a min 发出一辆,则 X 服从 $U(0,a)$.

2. 指数分布

定义 2.3.3 若连续型随机变量 X 的密度函数为

$$f(x)=\begin{cases} \lambda\,\mathrm{e}^{-\lambda x}, & x>0, \\ 0, & x\leqslant 0, \end{cases}$$

其中参数 $\lambda>0$,则称 X 服从参数为 λ 的**指数分布**,记作 $X\sim E(\lambda)$.

容易验证 $f(x)$ 满足密度函数两条基本性质,且可以算出对应分布函数为

$$F(x)=\begin{cases} 1-\mathrm{e}^{-\lambda x}, & x>0, \\ 0, & x\leqslant 0. \end{cases}$$

服从指数分布的随机变量只能取非负实数值. 在金融保险领域,指数分布常用来作为保险公司某一产品发生理赔时的索赔额分布. 在其他许多应用概率的领域中,指数分布常用来刻画排队模型中的服务时间分布、某些没有明显"衰老"机理的元器件寿命,如电子元件寿命等. 这其中一个主要原因是指数分布的"无记忆性". 我们通过例题来说明.

例 2.3.3 设某电子元件的寿命 X(单位:h)服从参数为 0.01 的指数分布,随机地取一个元件做寿命试验. 试求:

(1) 此元件测试了 50 h 未损坏的概率.

(2) 若到 100 h 后元件未损坏,求再过 50 h 元件仍未损坏的概率.

解 由题意知 $X\sim E(0.01)$.

(1) $P(X>50)=\displaystyle\int_{50}^{+\infty}0.01\mathrm{e}^{-0.01x}\mathrm{d}x=\mathrm{e}^{-0.5}$.

(2) $P(X>100+50\mid X>100)=\dfrac{P\{(X>150)\cap(X>100)\}}{P(X>100)}=\dfrac{P(X>150)}{P(X>100)}$

$$=\frac{\displaystyle\int_{150}^{+\infty}0.01\mathrm{e}^{-0.01x}\mathrm{d}x}{\displaystyle\int_{100}^{+\infty}0.01\mathrm{e}^{-0.01x}\mathrm{d}x}=\frac{\mathrm{e}^{-1.5}}{\mathrm{e}^{-1}}=\mathrm{e}^{-0.5}.$$

从上例计算结果可知,$P(X>100+50\mid X>100)=P(X>50)$. 也就是说,已经使用了 100 h 的情况下,再使用 50 h 的概率与从头开始使用 50 h 的概率相等. 这就是指数分布的"无记忆性". 一般地,有下面结论.

定理 2.3.1 设随机变量 $X\sim E(\lambda)$,则对一切实数 $s>0$ 及 $t>0$ 有

$$P(X>s+t\mid X>t)=P(X>s).$$

证明留作习题.

3. 正态分布

正态分布是概率论与数理统计中最重要的分布之一. 在实际问题中,很多随机变量的分布可以认为是正态分布,如人的身高、体重,试验中的测量误差,心理试验中的反应时间,智商的测定,各种测试的成绩等. 即使有些不服从正态分布的随机变量,在适当的条件下,这些随机变量的和的分布也可以用正态分布去近似,这是第四章所要讨论的中心极限定理.

定义 2.3.4　若连续型随机变量 X 的密度函数为

$$f(x) = \frac{1}{\sigma\sqrt{2\pi}} e^{-\frac{(x-\mu)^2}{2\sigma^2}}, \quad -\infty < x < +\infty, \tag{2.3.4}$$

其中参数 $-\infty < \mu < +\infty$, $\sigma > 0$,则称 X 服从参数为 μ, σ 的**正态分布**,记作 $X \sim N(\mu, \sigma^2)$. 服从正态分布的随机变量也称为**正态随机变量**,或**正态变量**.

下面说明 $f(x)$ 满足密度函数的两条基本性质. 显然 $f(x) \geq 0$,故只要证明 $\int_{-\infty}^{+\infty} f(x)\,\mathrm{d}x = 1$.

令 $y = \dfrac{x-\mu}{\sigma}$,则

$$\int_{-\infty}^{+\infty} f(x)\,\mathrm{d}x = \frac{1}{\sigma\sqrt{2\pi}} \int_{-\infty}^{+\infty} e^{-\frac{(x-\mu)^2}{2\sigma^2}}\,\mathrm{d}x = \frac{1}{\sqrt{2\pi}} \int_{-\infty}^{+\infty} e^{-\frac{y^2}{2}}\,\mathrm{d}y.$$

从而只要证 $\int_{-\infty}^{+\infty} e^{-\frac{y^2}{2}}\,\mathrm{d}y = \sqrt{2\pi}$. 令 $I = \int_{-\infty}^{+\infty} e^{-\frac{y^2}{2}}\,\mathrm{d}y$,则

$$I^2 = \int_{-\infty}^{+\infty} e^{-\frac{y^2}{2}}\,\mathrm{d}y \int_{-\infty}^{+\infty} e^{-\frac{x^2}{2}}\,\mathrm{d}x = \int_{-\infty}^{+\infty}\int_{-\infty}^{+\infty} e^{-\frac{x^2+y^2}{2}}\,\mathrm{d}x\mathrm{d}y.$$

对积分变量进行极坐标交换,令

$$\begin{cases} x = r\cos\theta, \\ y = r\sin\theta, \end{cases} \quad 0 \leq r < +\infty, 0 \leq \theta \leq 2\pi.$$

故 $I^2 = \int_0^{+\infty}\int_0^{2\pi} e^{-\frac{r^2}{2}} r\,\mathrm{d}r\mathrm{d}\theta = 2\pi \int_0^{+\infty} e^{-\frac{r^2}{2}} r\,\mathrm{d}r = 2\pi$. 又 $I \geq 0$. 所以 $I = \sqrt{2\pi}$.

密度函数 $f(x)$ 的图形如图 2.4 所示,它具有如下几条**性质**:

（1）$f(x)$ 关于 $x = \mu$ 对称,即对任意实数 x,有 $f(\mu+x) = f(\mu-x)$.

（2）$f(x)$ 曲线是中间高、两边低,且在 $x = \mu$ 处, $f(x)$ 达到最大值 $\dfrac{1}{\sigma\sqrt{2\pi}}$.

（3）$f(x)$ 曲线在 $x = \mu \pm \sigma$ 处有两个拐点,且以 x 轴为渐近线.

（4）μ 为 $f(x)$ 的位置参数,即固定 σ,改变 μ 的值,则图形沿 x 轴平移,而不改变其形状（如图 2.5 所示）;

（5）σ 为 $f(x)$ 的形状参数,即固定 μ,改变 σ 的值,当 σ 越小时,曲线越陡峭,当 σ 越大时,曲线越平缓（如图 2.6 所示）.

若随机变量 $X \sim N(\mu, \sigma^2)$,则其分布函数为

$$F(x) = \int_{-\infty}^{x} \frac{1}{\sigma\sqrt{2\pi}} e^{-\frac{(t-\mu)^2}{2\sigma^2}}\,\mathrm{d}t, \quad -\infty < x < +\infty, \tag{2.3.5}$$

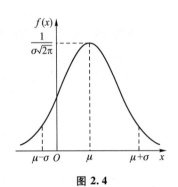

图 2.4

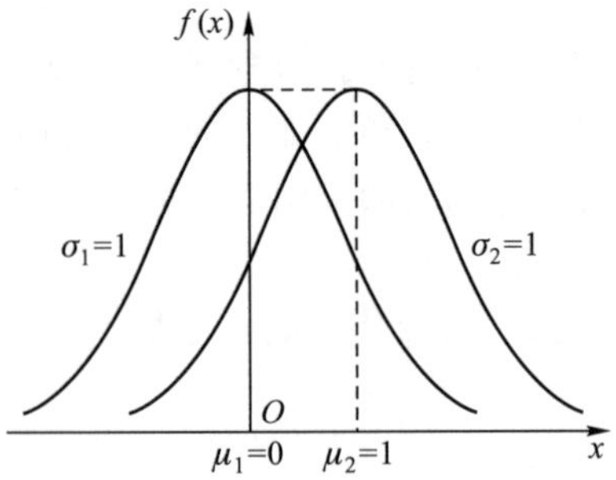

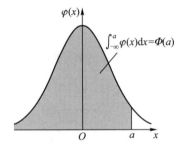

图 2.5

但此积分没有初等表达式.

当 $\mu = 0$ 且 $\sigma = 1$ 时,称正态分布 $N(0,1)$ 为**标准正态分布**,服从标准正态分布 $N(0,1)$ 的变量也称为**标准正态变量**,其对应的密度函数及分布函数分别记为 $\varphi(x)$ 及 $\Phi(x)$,如图 2.7 所示,即对任意实数 x,

$$\varphi(x) = \frac{1}{\sqrt{2\pi}}e^{-\frac{x^2}{2}}, \quad \Phi(x) = \int_{-\infty}^{x} \varphi(t)\,\mathrm{d}t = \int_{-\infty}^{x} \frac{1}{\sqrt{2\pi}}e^{-\frac{t^2}{2}}\,\mathrm{d}t. \tag{2.3.6}$$

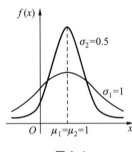

图 2.6

图 2.7

由于 $\varphi(x)$ 的图形关于 $x = 0$ 对称,从而容易得出 $\Phi(x)$ 如下两条性质:

(1) $\Phi(0) = \dfrac{1}{2}$.

(2) 对任意实数 x,$\Phi(-x) = 1 - \Phi(x)$. $\tag{2.3.7}$

对于 $\Phi(x)$ 的计算,本书的附表 2 给出了部分 $x > 0$ 时的 $\Phi(x)$ 值,当 $x < 0$ 时,$\Phi(x)$ 的值可由式(2.3.7)得到.

例 2.3.4 设随机变量 $X \sim N(0,1)$,试求下列概率:

(1) $P(X \leqslant 1.25)$. (2) $P(X > 1.25)$.

(3) $P(X \leqslant -1.25)$. (4) $P(-0.38 \leqslant X \leqslant 1.25)$.

解 (1) $P(X \leqslant 1.25) = \Phi(1.25) = 0.894\,4$.

(2) $P(X > 1.25) = 1 - P(X \leqslant 1.25) = 1 - \Phi(1.25)$

$$= 1 - 0.894\,4 = 0.105\,6.$$

（3）$P(X\leq-1.25)=\Phi(-1.25)=1-\Phi(1.25)=0.1056.$

（4）$P(-0.38\leq X\leq 1.25)=P(-0.38<X\leq 1.25)=\Phi(1.25)-\Phi(-0.38)$
$$=\Phi(1.25)-[1-\Phi(0.38)]=0.5424.$$

对于一般的正态随机变量 $X\sim N(\mu,\sigma^2)$，下面定理表明，可以通过一个线性变换求出其分布函数值 $F(x)$.

定理 2.3.2   设随机变量 $X\sim N(\mu,\sigma^2)$，其分布函数为 $F(x)$，则对任意实数 x，
$$F(x)=\Phi\left(\frac{x-\mu}{\sigma}\right).\tag{2.3.8}$$
进而，对任意实数 $a<b$，有
$$P(a<X\leq b)=\Phi\left(\frac{b-\mu}{\sigma}\right)-\Phi\left(\frac{a-\mu}{\sigma}\right).\tag{2.3.9}$$

证明   在式（2.3.5）中令 $y=\frac{t-\mu}{\sigma}$，从而由式（2.3.6）知，对任意实数 x
$$F(x)=\int_{-\infty}^{x}\frac{1}{\sigma\sqrt{2\pi}}e^{-\frac{(t-\mu)^2}{2\sigma^2}}dt=\int_{-\infty}^{\frac{x-\mu}{\sigma}}\frac{1}{\sqrt{2\pi}}e^{-\frac{y^2}{2}}dy$$
$$=\int_{-\infty}^{\frac{x-\mu}{\sigma}}\varphi(y)dy=\Phi\left(\frac{x-\mu}{\sigma}\right),$$
进而
$$P(a<X\leq b)=F(b)-F(a)=\Phi\left(\frac{b-\mu}{\sigma}\right)-\Phi\left(\frac{a-\mu}{\sigma}\right).$$

例 2.3.5   设随机变量 $X\sim N(20,4)$，试求：

（1）$P(15<X<26)$.

（2）求常数 a，使 $P(X\geq a)=0.305$.

解   （1）由式（2.3.9）知
$$P(15<X<26)=\Phi\left(\frac{26-20}{2}\right)-\Phi\left(\frac{15-20}{2}\right)$$
$$=\Phi(3)-[1-\Phi(2.5)]=0.9924.$$

（2）由于 $P(X<a)=1-P(X\geq a)=0.6950$，即 $\Phi\left(\frac{a-20}{2}\right)=0.695$，而 $\Phi(0.51)=0.6950$，故 $\frac{a-20}{2}=0.51$，即 $a=21.02$.

例 2.3.6   设随机变量 $X\sim N(\mu,\sigma^2)$，试求 $P(|X-\mu|<3\sigma)$.

解 $P(|X-\mu|<3\sigma)=P(\mu-3\sigma<X<\mu+3\sigma)$
$$=\Phi(3)-\Phi(-3)=2\Phi(3)-1=0.9973.$$
类似地，可以计算
$$P(|X-\mu|<\sigma)=2\Phi(1)-1=0.6826,$$

$$P(|X-\mu|<2\sigma)=2\Phi(2)-1=0.954\ 5.$$

上例中的概率反映了正态分布一个十分重要的性质. 由于正态分布的密度函数是处处为正的连续函数, 所以正态随机变量 X 取值为全体实数且在任意区间中取值的概率为正数, 但上例中的概率告诉我们, X 以大于 0.997 的概率在区间 $(\mu-3\sigma,\mu+3\sigma)$ 内取值. 从而, 若以该区间作为 X 的取值范围, 则误差小于 0.003, 这就是在生产实际中经常用到的"3σ原则".

§2.4   二维随机变量及其分布

2.4.1   二维随机变量的联合分布函数及性质

在前面我们介绍了一维随机变量的概率分布, 但在许多实际问题中, 我们常常需要考察两个或两个以上的随机变量, 以便于更好地描述一个随机试验或现象. 例如, 在研究某地气候时, 通常要考虑气温、气压、风力和湿度等. 在反应某人的身体状况时, 要考虑身高、体重、血压等. 这就需要研究多个随机变量分布的情况, 本节将重点考虑二维随机变量的情形.

定义 2.4.1   设一试验的样本空间为 Ω, X 与 Y 为定义在 Ω 上的两个随机变量, 由 X 与 Y 构成的一个向量 (X,Y) 称为**二维随机变量**或**二维随机向量**.

一般地, 若 $X_1,X_2,\cdots,X_n$ 为定义在 Ω 上的随机变量, 则称向量 $(X_1,X_2,\cdots,X_n)$ 为 n **维随机变量**或 n **维随机向量**.

通俗地说, 给定一个试验的样本点 ω, 二维随机变量 $(X(\omega),Y(\omega))$ 可以看作平面上的一个点. 随着试验结果的改变, 二维随机变量 (X,Y) 将在平面内随机取点. 为了更好地描述二维随机变量的分布, 类似于一维随机变量, 我们给出二维随机变量分布函数的定义.

定义 2.4.2   设 (X,Y) 为二维随机变量, 对任意实数 x,y, 称

$$F(x,y)=P(X\leqslant x,Y\leqslant y)$$

为二维随机变量 (X,Y) 的**联合分布函数**.

一般地, 对于 n 维随机变量 $(X_1,X_2,\cdots,X_n)$, 对任意实数 $x_1,x_2,\cdots,x_n$, 称 $F(x_1,x_2,\cdots,x_n)=P(X_1\leqslant x_1,X_2\leqslant x_2,\cdots,X_n\leqslant x_n)$ 为 n 维随机变量 $(X_1,X_2,\cdots,X_n)$ 的联合分布函数.

在上述定义中, 事件 $\{X\leqslant x,Y\leqslant y\}$ 理解为 $\{X\leqslant x\}\cap\{Y\leqslant y\}$. 如果将 (X,Y) 看作平面内的点, 则 $F(x,y)$ 值就是 (X,Y) 落在以 (x,y) 为顶点的而位于该点左下方的无穷矩形区域内的概率, 如图 2.8 所示.

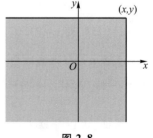

图 2.8

设二维随机变量 (X,Y) 的联合分布函数为 $F(x,y)$, 则其具有如下**性质**:

(1) **单调非降性**: $F(x,y)$ 对每一个变量是单调非降函数, 即对任意固定的 y, 若 $x_1<x_2$, 则 $F(x_1,y)\leqslant F(x_2,y)$; 对任

意固定的 x,若 $y_1 < y_2$,则 $F(x, y_1) \leqslant F(x, y_2)$.

（2）**规范性**：对任意实数 $x, y, 0 \leqslant F(x, y) \leqslant 1$,且

$$F(-\infty, y) = \lim_{x \to -\infty} F(x, y) = 0, \quad F(x, -\infty) = \lim_{y \to -\infty} F(x, y) = 0.$$

$$F(-\infty, -\infty) = \lim_{\substack{x \to -\infty \\ y \to -\infty}} F(x, y) = 0, \quad F(+\infty, +\infty) = \lim_{\substack{x \to +\infty \\ y \to +\infty}} F(x, y) = 1.$$

（3）**右连续性**：$F(x, y)$ 对每一个变量是右连续的，即对任意固定的 y, $F(x+0, y) = \lim_{u \to x^+} F(u, y) = F(x, y)$;对任意固定的 x, $F(x, y+0) = \lim_{v \to y^+} F(x, v) = F(x, y)$.

（4）**增量非负性**：对任意的 $x_1 < x_2, y_1 < y_2$,有

$$F(x_2, y_2) - F(x_1, y_2) - F(x_2, y_1) + F(x_1, y_1) \geqslant 0. \tag{2.4.1}$$

（1）是显然的,（2）与（3）的证明此处略,可参见相关文献. 此处简单地说明一下（4）的证明. 若将 (X, Y) 看作平面内的点,则不等式（2.4.1）的左式就是 (X, Y) 落入图 2.9 阴影区域的概率. 事实上,

$$F(x_2, y_2) - F(x_1, y_2) - F(x_2, y_1) + F(x_1, y_1)$$

$$= P(X \leqslant x_2, Y \leqslant y_2) - P(X \leqslant x_1, Y \leqslant y_2) - P(X \leqslant x_2, Y \leqslant y_1) + P(X \leqslant x_1, Y \leqslant y_1)$$

$$= P(x_1 < X \leqslant x_2, y_1 < Y \leqslant y_2) \geqslant 0.$$

同时可以证明,若一个二元实函数具有上述四个性质,则其必是某二维随机变量的联合分布函数. 但此处必须指出,与一维随机变量的分布函数不同的是,由于维数的增加,使得二维随机变量联合分布函数必须具有性质（4）.

上面我们把二维随机变量 (X, Y) 作为一个整体研究了它的联合分布函数,但 X 与 Y 各自本身作为一维随机变量,也应该有自身的分布函数. 这些分布函数与上述联合分布函数有何关系呢? 下面将讨论这个问题.

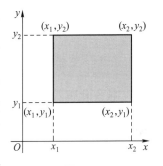

图 2.9

设二维随机变量 (X, Y) 的联合分布函数为 $F(x, y)$, X 与 Y 各自的分布函数记为 $F_X(x)$ 与 $F_Y(y)$,称 $F_X(x)$ 为**二维随机变量** (X, Y) **关于** X **的边缘分布函数**,称 $F_Y(y)$ 为**二维随机变量** (X, Y) **关于** Y **的边缘分布函数**. 由分布函数定义可得,对任意实数 x,

$$F_X(x) = P(X \leqslant x) = P(X \leqslant x, Y < +\infty) = \lim_{y \to +\infty} F(x, y) = F(x, +\infty); \tag{2.4.2}$$

对任意实数 y,

$$F_Y(y) = P(Y \leqslant y) = P(X < +\infty, Y \leqslant y) = \lim_{x \to +\infty} F(x, y) = F(+\infty, y). \tag{2.4.3}$$

例 2.4.1 设二维随机变量 (X, Y) 的联合分布函数为

$$F(x, y) = a(b + \arctan x)(c + \arctan y), \quad -\infty < x, y < +\infty.$$

试求:（1）常数 a, b, c 的值.（2）$P(0 < X \leqslant 1, 0 < Y \leqslant 1)$.（3）$X$ 与 Y 的边缘分布函数 $F_X(x)$ 与 $F_Y(y)$.

解　（1）由 $F(x, y)$ 的规范性知

$$F(+\infty,+\infty)=a\left(b+\frac{\pi}{2}\right)\left(c+\frac{\pi}{2}\right)=1,\qquad(2.4.4)$$

对于任意 x,

$$F(x,-\infty)=a(b+\arctan x)\left(c-\frac{\pi}{2}\right)=0,$$

所以 $c=\dfrac{\pi}{2}$. 对任意 y,

$$F(-\infty,y)=a\left(b-\frac{\pi}{2}\right)(c+\arctan y)=0,$$

所以 $b=\dfrac{\pi}{2}$. 将 $b=c=\dfrac{\pi}{2}$ 代入式(2.4.4)知 $a=\dfrac{1}{\pi^2}$.

(2) 由式(2.4.1)知

$$P(0<X\leqslant1,0<Y\leqslant1)=F(1,1)-F(1,0)-F(0,1)+F(0,0)=\frac{1}{16}.$$

(3) $F_X(x)=\lim\limits_{y\to+\infty}F(x,y)=\dfrac{1}{\pi}\left(\dfrac{\pi}{2}+\arctan x\right),\quad -\infty<x<+\infty,$

$\qquad F_Y(y)=\lim\limits_{x\to+\infty}F(x,y)=\dfrac{1}{\pi}\left(\dfrac{\pi}{2}+\arctan y\right),\quad -\infty<y<+\infty.$

2.4.2 二维离散型随机变量的联合分布列及边缘分布列

1. 联合分布列

定义 2.4.3 设二维随机变量 (X,Y) 只取有限个或可列无穷多个数对,则称 (X,Y) 为二维离散型随机变量.

设二维离散型随机变量 (X,Y) 所有可能取值为 (x_i,y_j), $i,j=1,2,\cdots$,则称
$$p_{ij}=P(X=x_i,Y=y_j),\quad i,j=1,2,\cdots$$
为 (X,Y) 的**联合分布列**. 此联合分布列也可用表格表示,如表 2.1 所示.

表 2.1 二维离散型随机变量 (X,Y) 的联合分布列

X	Y				
	y_1	y_2	$\cdots$	y_j	$\cdots$
x_1	p_{11}	p_{12}	$\cdots$	p_{1j}	$\cdots$
x_2	p_{21}	p_{22}	$\cdots$	p_{2j}	$\cdots$
$\vdots$	$\vdots$	$\vdots$		$\vdots$	
x_i	p_{i1}	p_{i2}	$\cdots$	p_{ij}	$\cdots$
$\vdots$	$\vdots$	$\vdots$		$\vdots$	

与一维离散型随机变量分布列类似,二维离散型随机变量的联合分布列 $p_{ij}(i,j=1,2,\cdots)$ 也具有如下两条**基本性质**:

（1）$p_{ij} \geqslant 0, i, j = 1, 2, \cdots$.

（2）$\sum\limits_{i=1}^{\infty} \sum\limits_{j=1}^{\infty} p_{ij} = 1$.

此时，二维离散型随机变量 (X,Y) 的联合分布函数为

$$\begin{aligned} F(x,y) = P(X \leqslant x, Y \leqslant y) &= \sum_{i:x_i \leqslant x} \sum_{j:y_j \leqslant y} P(X = x_i, Y = y_j) \\ &= \sum_{i:x_i \leqslant x} \sum_{j:y_j \leqslant y} p_{ij}, \quad -\infty < x, y < +\infty. \end{aligned} \tag{2.4.5}$$

例 2.4.2　设 A, B 为随机事件，且 $P(A) = \dfrac{1}{4}, P(B \mid A) = \dfrac{1}{3}, P(A \mid B) = \dfrac{1}{2}$，令

$$X = \begin{cases} 1, & A \text{ 发生}, \\ 0, & A \text{ 不发生}, \end{cases} \qquad Y = \begin{cases} 1, & B \text{ 发生}, \\ 0, & B \text{ 不发生}. \end{cases}$$

试求：（1）二维随机变量 (X,Y) 的联合分布列.

（2）二维随机变量 (X,Y) 的联合分布函数 $F(x,y)$.

解　（1）由于 $P(AB) = P(A)P(B \mid A) = \dfrac{1}{12}, P(B) = \dfrac{P(AB)}{P(A \mid B)} = \dfrac{1}{6}$，所以

$$P(X = 1, Y = 1) = P(AB) = \frac{1}{12},$$

$$P(X = 1, Y = 0) = P(A \bar{B}) = P(A) - P(AB) = \frac{1}{6},$$

$$P(X = 0, Y = 1) = P(\bar{A} B) = P(B) - P(AB) = \frac{1}{12},$$

$$P(X = 0, Y = 0) = P(\bar{A} \bar{B}) = P(\overline{A \cup B})$$

$$= 1 - P(A \cup B) = 1 - [P(A) + P(B) - P(AB)] = \frac{2}{3}.$$

故 (X,Y) 的联合分布列为

X	Y	
	0	1
0	$\dfrac{2}{3}$	$\dfrac{1}{12}$
1	$\dfrac{1}{6}$	$\dfrac{1}{12}$

（2）由式（2.4.5）知

当 $x < 0$ 或 $y < 0$ 时，$F(x,y) = 0$.

当 $0 \leqslant x < 1$ 且 $0 \leqslant y < 1$ 时，$F(x,y) = P(X = 0, Y = 0) = \dfrac{2}{3}$.

当 $0 \leqslant x < 1$ 且 $y \geqslant 1$ 时, $F(x,y) = P(X=0,Y=0) + P(X=0,Y=1) = \dfrac{3}{4}$.

当 $x \geqslant 1$ 且 $0 \leqslant y < 1$ 时, $F(x,y) = P(X=0,Y=0) + P(X=1,Y=0) = \dfrac{5}{6}$.

当 $x \geqslant 1$ 且 $y \geqslant 1$ 时, $F(x,y) = P(X=0,Y=0) + P(X=1,Y=0) + P(X=0,Y=1) + P(X=1,Y=1) = 1$.

故 (X,Y) 的联合分布函数为

$$F(x,y) = \begin{cases} 0, & x<0 \text{ 或 } y<0, \\[2mm] \dfrac{2}{3}, & 0 \leqslant x < 1, 0 \leqslant y < 1, \\[2mm] \dfrac{3}{4}, & 0 \leqslant x < 1, y \geqslant 1, \\[2mm] \dfrac{5}{6}, & x \geqslant 1, 0 \leqslant y < 1, \\[2mm] 1, & x \geqslant 1, y \geqslant 1. \end{cases}$$

2. 边缘分布列

对于二维离散型随机变量 (X,Y), 随机变量 X 与 Y 各自为一维离散型随机变量, 也有自身的分布列, 我们称随机变量 X 的分布列为 (X,Y) **关于 X 的边缘分布列**, 称随机变量 Y 的分布列为 (X,Y) **关于 Y 的边缘分布列**. 下面讨论边缘分布列与联合分布列的关系.

设二维离散型随机变量 (X,Y) 的联合分布列为

$$p_{ij} = P(X=x_i, Y=y_j), \quad i,j = 1,2,\cdots,$$

则 (X,Y) 关于 X 的边缘分布列为

$$P(X=x_i) = P(X=x_i, Y<+\infty) = \sum_{j=1}^{\infty} P(X=x_i, Y=y_j)$$

$$= \sum_{j=1}^{\infty} p_{ij}, \quad i = 1,2,\cdots.$$

由于上述对 p_{ij} 中所有指标 j 求和, 我们给出另一个记号, 记为 $p_{i.}$, 故

$$P(X=x_i) = p_{i.} = \sum_{j=1}^{\infty} p_{ij}, \quad i = 1,2,\cdots. \tag{2.4.6}$$

类似地, (X,Y) 关于 Y 的边缘分布列为

$$P(Y=y_j) = p_{.j} = \sum_{i=1}^{\infty} p_{ij}, \quad j = 1,2,\cdots. \tag{2.4.7}$$

如果将 (X,Y) 的联合分布列用表格形式表示, 由式 $(2.4.6)$ 及式 $(2.4.7)$ 很容易在表格中求得 X 与 Y 的边缘分布列, 如表 2.2 所示. 将表的每一行中的数据分别相加就得到随机变量 X 的边缘分布列, 放在表格最右端, 将表的每一列中的数据分别相加就得到随机变量 Y 的边缘分布列, 放在表格最下端.

表 2.2　二维离散型随机变量(X,Y)的联合分布列与边缘分布列

X	Y					$P(X=x_i)=p_i.$
	y_1	y_2	$\cdots$	y_j	$\cdots$	
x_1	p_{11}	p_{12}	$\cdots$	p_{1j}	$\cdots$	$p_1.$
x_2	p_{21}	p_{22}	$\cdots$	p_{2j}	$\cdots$	$p_2.$
$\vdots$	$\vdots$	$\vdots$		$\vdots$		$\vdots$
x_i	p_{i1}	p_{i2}	$\cdots$	p_{ij}	$\cdots$	$p_i.$
$\vdots$	$\vdots$	$\vdots$		$\vdots$		$\vdots$
$P(Y=y_j)=p_{\cdot j}$	$p_{\cdot1}$	$p_{\cdot2}$	$\cdots$	$p_{\cdot j}$	$\cdots$	

X 的边缘分布列为

$$\begin{pmatrix} x_1 & x_2 & \cdots & x_i & \cdots \\ p_1. & p_2. & \cdots & p_i. & \cdots \end{pmatrix},$$

Y 的边缘分布列为

$$\begin{pmatrix} y_1 & y_2 & \cdots & y_j & \cdots \\ p_{\cdot1} & p_{\cdot2} & \cdots & p_{\cdot j} & \cdots \end{pmatrix}.$$

例 2.4.3　设二维离散型随机变量(X,Y)的联合分布列为

X	Y		
	0	1	2
0	0.1	0.2	a
1	0.1	b	0.2

且 $P(X=0\mid Y=1)=0.4$,试求:(1)常数 a 与 b 的值.(2)X 与 Y 的边缘分布列.

解　(1) 由于 $0.4=P(X=0\mid Y=1)=\dfrac{P(X=0,Y=1)}{P(Y=1)}=\dfrac{0.2}{0.2+b}$,故 $b=0.3$. 又 $1=0.1+0.1+0.2+b+a+0.2=0.6+b+a$,故 $a=0.1$.

(2) (X,Y)的联合分布列为

X	Y			$P(X=x_i)=p_i.$
	0	1	2	
0	0.1	0.2	0.1	0.4
1	0.1	0.3	0.2	0.6
$P(Y=y_j)=p_{\cdot j}$	0.2	0.5	0.3	

所以,X 的边缘分布列为

$$\begin{pmatrix} 0 & 1 \\ 0.4 & 0.6 \end{pmatrix},$$

Y 的边缘分布列为

$$\begin{pmatrix} 0 & 1 & 2 \\ 0.2 & 0.5 & 0.3 \end{pmatrix}.$$

2.4.3 二维连续型随机变量的联合密度函数及边缘密度函数

1. 联合密度函数

定义 2.4.4 设二维随机变量 (X,Y) 的联合分布函数为 $F(x,y)$,如果存在一个二元非负可积实函数 $f(x,y)$,使得对任意实数 x,y,有

$$F(x,y) = \int_{-\infty}^{x} \int_{-\infty}^{y} f(u,v)\,\mathrm{d}v\mathrm{d}u,$$

则称 (X,Y) 为二维连续型随机变量,且称 $f(x,y)$ 为二维随机变量 (X,Y) 的**联合概率密度函数**,简称为**联合密度函数**.

与一维连续型随机变量的密度函数类似,二维连续型随机变量的联合密度函数也具有如下两条**基本性质**:

(1) 对任意实数 x,y,有 $f(x,y) \geq 0$.

(2) $\int_{-\infty}^{+\infty} \int_{-\infty}^{+\infty} f(x,y)\,\mathrm{d}x\mathrm{d}y = 1$.

同时,由定义 2.4.4 还可以得到如下结论:

(3) 在 $F(x,y)$ 偏导数存在的点上有

$$f(x,y) = \frac{\partial^2 F(x,y)}{\partial x \partial y}.$$

(4) 设 G 是平面上的一个区域,则

$$P((X,Y) \in G) = \iint_G f(x,y)\,\mathrm{d}x\mathrm{d}y. \tag{2.4.8}$$

从式(2.4.8)可以知道,二维随机变量 (X,Y) 落入平面上一区域 G 的概率就等于联合密度函数 $f(x,y)$ 在 G 上的积分. 这就把概率的计算转化为了二重积分的计算. 从而 $\{(X,Y) \in G\}$ 的概率就是以曲面 $z=f(x,y)$ 为顶,以平面区域 G 为底的曲顶柱体的体积.

例 2.4.4 设二维连续型随机变量 (X,Y) 的联合密度函数为

$$f(x,y) = \begin{cases} ce^{-(3x+2y)}, & x \geq 0, y \geq 0, \\ 0, & \text{其他}, \end{cases}$$

其中 $c>0$ 为常数,试求:(1) c 的值.(2) $P(X+Y \leq 1)$.

解 (1) $1 = \int_{-\infty}^{+\infty} \int_{-\infty}^{+\infty} f(x,y)\,\mathrm{d}x\mathrm{d}y = \int_0^{+\infty} \int_0^{+\infty} ce^{-(3x+2y)}\,\mathrm{d}x\mathrm{d}y$

$$= c\left(\int_0^{+\infty} e^{-3x}\,\mathrm{d}x\right)\left(\int_0^{+\infty} e^{-2y}\,\mathrm{d}y\right) = \frac{c}{6},$$

故 $c=6$.

（2）设 $G=\{(x,y)\mid x+y\leqslant 1\}$，注意到 $f(x,y)$ 的非零值的区域，最后积分区域为图 2.10 阴影部分. 故由式（2.4.8）知

$$P(X+Y\leqslant 1)=P((X,Y)\in G)$$
$$=\iint\limits_{G}f(x,y)\mathrm{d}x\mathrm{d}y=\int_0^1\left(\int_0^{1-x}6\mathrm{e}^{-(3x+2y)}\mathrm{d}y\right)\mathrm{d}x$$
$$=1-3\mathrm{e}^{-2}+2\mathrm{e}^{-3}.$$

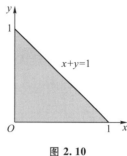

图 2.10

上例中的联合密度函数所对应的分布为**二维指数分布**. 一般地，二维指数分布的联合密度函数为

$$f(x,y)=\begin{cases}\lambda_1\lambda_2\mathrm{e}^{-(\lambda_1x+\lambda_2y)}, & x\geqslant 0 \text{ 且 } y\geqslant 0,\\ 0, & \text{其他},\end{cases}$$

其中参数 $\lambda_1>0,\lambda_2>0$.

下面再介绍另外两个常见的二维连续型分布.

定义 2.4.5　设 G 是平面上面积为 a 的区域（$0<a<+\infty$），若二维连续型随机变量 (X,Y) 的联合密度函数为

$$f(x,y)=\begin{cases}\dfrac{1}{a}, & (x,y)\in G,\\[2mm] 0, & \text{其他},\end{cases}\tag{2.4.9}$$

则称 (X,Y) 服从区域 G 上的**二维均匀分布**，记作 $(X,Y)\sim U(G)$.

定义 2.4.6　若二维连续型随机变量 (X,Y) 的联合密度函数为

$$f(x,y)=\frac{1}{2\pi\sigma_1\sigma_2\sqrt{1-\rho^2}}\exp\left\{-\frac{1}{2(1-\rho^2)}\left[\frac{(x-\mu_1)^2}{\sigma_1^2}-\frac{2\rho(x-\mu_1)(y-\mu_2)}{\sigma_1\sigma_2}+\frac{(y-\mu_2)^2}{\sigma_2^2}\right]\right\},$$
$$-\infty<x,y<+\infty,\tag{2.4.10}$$

其中 $-\infty<\mu_1,\mu_2<+\infty$，$\sigma_1>0,\sigma_2>0$，$|\rho|<1$，则称 (X,Y) 服从参数为 $\mu_1,\mu_2,\sigma_1,\sigma_2,\rho$ 的**二维正态分布**，记作 $(X,Y)\sim N(\mu_1,\mu_2,\sigma_1^2,\sigma_2^2,\rho)$. $z=f(x,y)$ 的图像见图 2.11，在下一章我们会指出这五个参数各自具有的意义.

2. 边缘密度函数

对于二维连续型随机变量 (X,Y)，随机变量 X 与 Y 分别为一维连续型随机变量，具有各自的密度函数，分别记为 $f_X(x)$ 与 $f_Y(y)$，称 $f_X(x)$ 为 (X,Y) **关于 X 的边缘密度函数**，称 $f_Y(y)$ 为 (X,Y) **关于 Y 的边缘密度函数**.

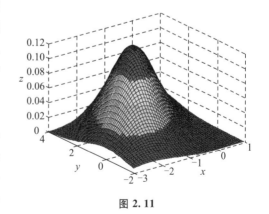

图 2.11

下面讨论边缘密度函数与联合密度函数的关系.

设二维连续型随机变量 (X,Y) 的联合密度函数为 $f(x,y)$，联合分布函数为 $F(x,y)$，关于 X 与 Y 的边缘分布函数分别为 $F_X(x)$ 与 $F_Y(y)$. 则由式（2.4.2）及式（2.4.3）知，对任意

实数 x,
$$F_X(x) = F(x, +\infty) = \int_{-\infty}^{x} \left(\int_{-\infty}^{+\infty} f(u, y) \, dy \right) du;$$

对任意实数 y,
$$F_Y(y) = F(+\infty, y) = \int_{-\infty}^{+\infty} \int_{-\infty}^{y} f(x, v) \, dv dx = \int_{-\infty}^{y} \left(\int_{-\infty}^{+\infty} f(x, v) \, dx \right) dv.$$

从而,由密度函数定义可知,对任意实数 x,
$$f_X(x) = \int_{-\infty}^{+\infty} f(x, y) \, dy; \qquad (2.4.11)$$

对任意实数 y,
$$f_Y(y) = \int_{-\infty}^{+\infty} f(x, y) \, dx. \qquad (2.4.12)$$

例 2.4.5 设二维连续型随机变量 (X, Y) 服从区域 G 上的均匀分布,其中 $G = \{(x, y) \mid x+y \leqslant 1, y > x > 0\}$,试求:(1)关于 X 与 Y 的边缘密度函数 $f_X(x)$ 及 $f_Y(y)$. (2) $P(Y \geqslant 2X)$ 及 $P\left(X > \dfrac{1}{4}\right)$.

解 区域 G 即为图 2.12 中的阴影部分,面积为 $\dfrac{1}{4}$. 从而,由式(2.4.9)知,(X, Y) 的联合密度函数为

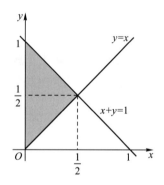

图 2.12

$$f(x, y) = \begin{cases} 4, & x+y \leqslant 1 \text{ 且 } y > x > 0, \\ 0, & \text{其他}. \end{cases}$$

(1) 由式(2.4.11)知,对任意实数 x,有
$$f_X(x) = \int_{-\infty}^{+\infty} f(x, y) \, dy.$$

当 $x < 0$ 或 $x > \dfrac{1}{2}$ 时,$f_X(x) = 0$.

当 $0 \leqslant x \leqslant \dfrac{1}{2}$ 时,$f_X(x) = \int_{x}^{1-x} 4 dy = 4(1 - 2x)$.

$$f_X(x) = \begin{cases} 4(1-2x), & 0 \leqslant x \leqslant \dfrac{1}{2}, \\ 0, & \text{其他}. \end{cases}$$

同样,由式(2.4.12)知,对任意实数 y,有
$$f_Y(y) = \int_{-\infty}^{+\infty} f(x, y) \, dx.$$

当 $y < 0$ 或 $y > 1$ 时,$f_Y(y) = 0$.

当 $0 \leqslant y < \dfrac{1}{2}$ 时,$f_Y(y) = \int_{0}^{y} 4 dx = 4y$.

当 $\dfrac{1}{2} \leqslant y \leqslant 1$ 时,$f_Y(y) = \int_{0}^{1-y} 4 dx = 4(1 - y)$.

$$f_Y(y) = \begin{cases} 4y, & 0 \leqslant y < \dfrac{1}{2}, \\ 4(1-y), & \dfrac{1}{2} \leqslant y \leqslant 1, \\ 0, & \text{其他}. \end{cases}$$

(2)设 $D = \{(x,y) \mid y \geqslant 2x\}$，与 $f(x,y)$ 的非零值区域 G 相交为图 2.13 的阴影部分．故由式(2.4.8)知

$$P(Y \geqslant 2X) = P((X,Y) \in D) = \iint\limits_{D} f(x,y)\,\mathrm{d}x\mathrm{d}y = \int_0^{\frac{1}{3}} \left(\int_{2x}^{1-x} 4\mathrm{d}y \right) \mathrm{d}x = \frac{2}{3}.$$

对于 $P\left(X > \dfrac{1}{4}\right)$ 可以有两种方法求．

方法一：利用(1)中 X 的密度函数 $f_X(x)$．

$$P\left(X > \frac{1}{4}\right) = \int_{\frac{1}{4}}^{+\infty} f_X(x)\,\mathrm{d}x = \int_{\frac{1}{4}}^{\frac{1}{2}} 4(1-2x)\,\mathrm{d}x = \frac{1}{4}.$$

方法二：利用联合密度函数 $f(x,y)$．

$$P\left(X > \frac{1}{4}\right) = P\left(X > \frac{1}{4}, Y < +\infty\right).$$

设 $S = \left\{(x,y) \mid x > \dfrac{1}{4}, y < +\infty \right\}$，与 $f(x,y)$ 的非零值区域 G 相交为图 2.14 的阴影部分．故由式(2.4.8)知

$$P\left(X > \frac{1}{4}\right) = P((X,Y) \in S) = \iint\limits_{S} f(x,y)\,\mathrm{d}x\mathrm{d}y = \int_{\frac{1}{4}}^{\frac{1}{2}} \left(\int_{x}^{1-x} 4\mathrm{d}y \right) \mathrm{d}x = \frac{1}{4}.$$

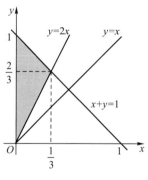

图 2.13

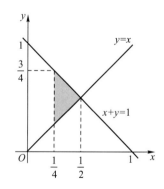

图 2.14

例 2.4.6 设二维连续型随机变量 $(X,Y) \sim N(\mu_1, \mu_2, \sigma_1^2, \sigma_2^2, \rho)$，试求边缘密度函数 $f_X(x)$ 及 $f_Y(y)$．

解 设 $f(x,y)$ 为 (X,Y) 的联合密度函数，即式(2.4.10)．令

$$u = \frac{x - \mu_1}{\sigma_1}, \quad v = \frac{y - \mu_2}{\sigma_2},$$

则由式(2.4.11)知,对任意实数 x,

$$f_X(x) = \int_{-\infty}^{+\infty} f(x,y)\mathrm{d}y = \frac{1}{2\pi\sigma_1\sqrt{1-\rho^2}}\int_{-\infty}^{+\infty}\exp\left\{-\frac{u^2-2\rho uv+v^2}{2(1-\rho^2)}\right\}\mathrm{d}v,$$

对被积函数的指数配方,并令 $t=\dfrac{v-\rho u}{\sqrt{1-\rho^2}}$,得

$$f_X(x) = \frac{1}{2\pi\sigma_1\sqrt{1-\rho^2}}\int_{-\infty}^{+\infty}\exp\left\{-\frac{1}{2}\left[\left(\frac{v-\rho u}{\sqrt{1-\rho^2}}\right)^2+u^2\right]\right\}\mathrm{d}v$$

$$=\frac{1}{2\pi\sigma_1}e^{-\frac{u^2}{2}}\int_{-\infty}^{+\infty}e^{-\frac{t^2}{2}}\mathrm{d}t = \frac{1}{\sigma_1\sqrt{2\pi}}e^{-\frac{(x-\mu_1)^2}{2\sigma_1^2}}.$$

类似可得,对任意实数 y,

$$f_Y(y) = \frac{1}{\sigma_2\sqrt{2\pi}}e^{-\frac{(y-\mu_2)^2}{2\sigma_2^2}}.$$

从上述结果可知,若 $(X,Y)\sim N(\mu_1,\mu_2,\sigma_1^2,\sigma_2^2,\rho)$,则 $X\sim N(\mu_1,\sigma_1^2)$,$Y\sim N(\mu_2,\sigma_2^2)$. 换言之,二维正态分布的边缘分布仍为正态分布.

§2.5   条件分布及随机变量的独立性

2.5.1   条件分布

在很多实际问题中,为了研究两个随机变量彼此之间的相依关系,往往会用到条件分布这一概念. 所谓条件分布,简单来说,就是对于二维随机变量 (X,Y),给定 Y 取某个值或某些值的条件下,随机变量 X 的对应分布. 下面对二维离散型随机变量及二维连续型随机变量分别讨论.

1. 二维离散型随机变量

设 (X,Y) 为二维离散型随机变量,具有联合分布列为

$$p_{ij}=P(X=x_i,Y=y_j),\quad i,j=1,2,\cdots.$$

利用条件概率公式,可以给出条件分布列的定义.

定义 2.5.1   对任意给定的 $j=1,2,\cdots$,若 $P(Y=y_j)=p_{\cdot j}=\sum\limits_{i=1}^{\infty}p_{ij}>0$, 则称

$$P(X=x_i\mid Y=y_j)=\frac{p_{ij}}{p_{\cdot j}},\quad i=1,2,\cdots \tag{2.5.1}$$

为在 $Y=y_j$ 条件下,**随机变量 X 的条件分布列**,记为 $p_{i|j}$,即

$$p_{i|j}=\frac{p_{ij}}{p_{\cdot j}},\quad i=1,2\cdots.$$

对任意给定的 $i=1,2,\cdots$,若 $P(X=x_i)=p_{i\cdot}=\sum\limits_{j=1}^{\infty}p_{ij}>0$,则称

$$P(Y=y_j \mid X=x_i) = \frac{p_{ij}}{p_{i \cdot}}, \quad j=1,2,\cdots \qquad (2.5.2)$$

为在 $X=x_i$ 条件下,**随机变量 Y 的条件分布列**,记为 $p_{j|i}$,即

$$p_{j|i} = \frac{p_{ij}}{p_{i \cdot}}, \quad j=1,2,\cdots.$$

容易验证,条件分布列 $p_{i|j}(p_{j|i}$ 类似$)$具有一般分布列的两条**基本性质**:

(1) 任意 $i,j=1,2,\cdots,p_{i|j} \geqslant 0$.

(2) 对任意给定的 $j=1,2,\cdots$,有 $\sum\limits_{i=1}^{\infty} p_{i|j} = 1$.

有了条件分布列后,就可以给出离散型随机变量的条件分布函数.

定义 2.5.2 在 $Y=y_j$ 条件下,**随机变量 X 的条件分布函数**为

$$F_{X|Y}(x \mid y_j) = P(X \leqslant x \mid Y=y_j) = \sum_{i:x_i \leqslant x} p_{i|j}.$$

在 $X=x_i$ 条件下,**随机变量 Y 的条件分布函数**为

$$F_{Y|X}(y \mid x_i) = P(Y \leqslant y \mid X=x_i) = \sum_{j:y_j \leqslant y} p_{j|i}.$$

例 2.5.1 在例 2.4.2 所求联合分布列中,试求:(1) 在 $Y=0$ 条件下,随机变量 X 的条件分布列.(2) 在 $X=1$ 条件下,随机变量 Y 的条件分布列.

解 由例 2.4.2 的联合分布列分别求出 X 与 Y 的边缘分布列,如下.

X	Y		$P(X=x_i)=p_{i \cdot}$
	0	1	
0	$\dfrac{2}{3}$	$\dfrac{1}{12}$	$p_{1 \cdot} = \dfrac{3}{4}$
1	$\dfrac{1}{6}$	$\dfrac{1}{12}$	$p_{2 \cdot} = \dfrac{1}{4}$
$P(Y=y_j)=p_{\cdot j}$	$p_{\cdot 1} = \dfrac{5}{6}$	$p_{\cdot 2} = \dfrac{1}{6}$	

(1) 由式(2.5.1)知

$$P(X=0 \mid Y=0) = \frac{p_{11}}{p_{\cdot 1}} = \frac{\dfrac{2}{3}}{\dfrac{5}{6}} = \frac{4}{5}, \quad P(X=1 \mid Y=0) = \frac{p_{21}}{p_{\cdot 1}} = \frac{\dfrac{1}{6}}{\dfrac{5}{6}} = \frac{1}{5}.$$

类似地,可以求出在 $Y=1$ 条件下,随机变量 X 的条件分布列.

(2) 由式(2.5.2)知

$$P(Y=0 \mid X=1) = \frac{p_{21}}{p_{2 \cdot}} = \frac{\dfrac{1}{6}}{\dfrac{1}{4}} = \frac{2}{3}, \quad P(Y=1 \mid X=1) = \frac{p_{22}}{p_{2 \cdot}} = \frac{\dfrac{1}{12}}{\dfrac{1}{4}} = \frac{1}{3}.$$

类似地,可以求出在 $X=0$ 条件下,随机变量 Y 的条件分布列.

2. 二维连续型随机变量

对于二维连续型随机变量 (X,Y),其边缘分布仍为连续型,从而对任意实数 x 与 y,$P(X=x)=0$ 且 $P(Y=y)=0$. 因此,就不能像二维离散型随机变量那样,利用条件概率公式来定义条件分布. 下面将利用极限的方法来处理,首先给出二维连续型随机变量 (X,Y) 条件分布函数的定义. 由于此时对任意实数 x 与 y,$P(X\leqslant x\mid Y=y)$ 没有定义(条件概率定义不适用),从而,定义 2.5.2 中的方法不适用. 为此,我们利用极限给上述概率定义一个值,定义

$$P(X\leqslant x\mid Y=y)=\lim_{\varepsilon\to 0^+}P(X\leqslant x\mid y<Y\leqslant y+\varepsilon).$$

此时可以给出条件分布函数定义.

定义 2.5.3 设 (X,Y) 为二维连续型随机变量,对任意给定的实数 y,若对任意实数 x,

$$P(X\leqslant x\mid Y=y)=\lim_{\varepsilon\to 0^+}P(X\leqslant x\mid y<Y\leqslant y+\varepsilon)$$

存在,则称此极限为在 $Y=y$ 条件下,**随机变量 X 的条件分布函数**,记为 $F_{X\mid Y}(x\mid y)$,即对任意实数 x,

$$F_{X\mid Y}(x\mid y)=P(X\leqslant x\mid Y=y)=\lim_{\varepsilon\to 0^+}P(X\leqslant x\mid y<Y\leqslant y+\varepsilon).$$

类似地,可以定义,在 $X=x$ 条件下,**随机变量 Y 的条件分布函数**为 $F_{Y\mid X}(y\mid x)$,即对任意实数 y,

$$F_{Y\mid X}(y\mid x)=P(Y\leqslant y\mid X=x)=\lim_{\varepsilon\to 0^+}P(Y\leqslant y\mid x<X\leqslant x+\varepsilon).$$

下面讨论条件分布函数与联合密度函数及边缘密度函数的关系. 设二维连续型随机变量 (X,Y) 的联合密度函数为 $f(u,v)$,关于 X 与 Y 的边缘密度函数分别为 $f_X(u)$ 及 $f_Y(v)$. 对于给定的实数 y,若 $f(u,v)$ 关于变量 v 在 $v=y$ 处连续,$f_Y(v)$ 在点 y 处连续且 $f_Y(y)>0$,则由积分中值定理知,对任意实数 x,

$$F_{X\mid Y}(x\mid y)=\lim_{\varepsilon\to 0^+}P(X\leqslant x\mid y<Y\leqslant y+\varepsilon)=\lim_{\varepsilon\to 0^+}\frac{\displaystyle\int_{-\infty}^{x}\int_{y}^{y+\varepsilon}f(u,v)\,\mathrm{d}u\mathrm{d}v}{\displaystyle\int_{y}^{y+\varepsilon}f_Y(v)\,\mathrm{d}v}$$

$$=\lim_{\varepsilon\to 0^+}\frac{\displaystyle\int_{-\infty}^{x}\left[\frac{1}{\varepsilon}\int_{y}^{y+\varepsilon}f(u,v)\,\mathrm{d}v\right]\mathrm{d}u}{\displaystyle\frac{1}{\varepsilon}\int_{y}^{y+\varepsilon}f_Y(v)\,\mathrm{d}v}=\frac{\displaystyle\int_{-\infty}^{x}f(u,y)\,\mathrm{d}u}{f_Y(y)}=\int_{-\infty}^{x}\frac{f(u,y)}{f_Y(y)}\mathrm{d}u.$$

上式说明,此时条件分布为连续型的,具有密度函数,称其为条件密度函数.

定义 2.5.4 设二维连续型随机变量 (X,Y) 的联合密度函数 $f(u,v)$ 在点 (x,y) 处连续. 若 Y 的边缘密度函数 $f_Y(v)$ 在点 y 处连续且 $f_Y(y)>0$,则称函数

$$f_{X\mid Y}(x\mid y)=\frac{f(x,y)}{f_Y(y)},\quad -\infty<x<+\infty \tag{2.5.3}$$

为在 $Y=y$ 条件下,**随机变量 X 的条件密度函数**. 此时,

$$F_{X|Y}(x \mid y) = \int_{-\infty}^{x} f_{X|Y}(u \mid y) \mathrm{d}u = \int_{-\infty}^{x} \frac{f(u,y)}{f_Y(y)} \mathrm{d}u.$$

若 X 的边缘密度函数 $f_X(u)$ 在点 x 处连续且 $f_X(x) > 0$,则称函数

$$f_{Y|X}(y \mid x) = \frac{f(x,y)}{f_X(x)}, \quad -\infty < y < +\infty \tag{2.5.4}$$

为在 $X = x$ 条件下,**随机变量 Y 的条件密度函数**. 此时,

$$F_{Y|X}(y \mid x) = \int_{-\infty}^{y} f_{Y|X}(v \mid x) \mathrm{d}v = \int_{-\infty}^{y} \frac{f(x,v)}{f_X(x)} \mathrm{d}v.$$

容易验证,条件密度函数 $f_{X|Y}(x \mid y)$($f_{Y|X}(y \mid x)$ 类似)具有密度函数的两条**基本性质**:

(1) 对任意实数 x,有 $f_{X|Y}(x \mid y) \geq 0$.

(2) $\int_{-\infty}^{+\infty} f_{X|Y}(x \mid y) \mathrm{d}x = \int_{-\infty}^{+\infty} \frac{f(x,y)}{f_Y(y)} \mathrm{d}x = 1.$

例 2.5.2 在例 2.4.5 中,试求条件密度函数 $f_{X|Y}\left(x \mid \dfrac{1}{2}\right)$ 及 $f_{Y|X}(y \mid x)$.

解 由例 2.4.5 知,(X,Y) 的联合密度函数为

$$f(u,v) = \begin{cases} 4, & u+v \leq 1 \ \text{且} \ v > u > 0, \\ 0, & \text{其他}. \end{cases}$$

X 与 Y 的边缘密度函数分别为

$$f_X(u) = \begin{cases} 4(1-2u), & 0 \leq u \leq \dfrac{1}{2}, \\ 0, & \text{其他}, \end{cases} \qquad f_Y(v) = \begin{cases} 4v, & 0 \leq v < \dfrac{1}{2}, \\ 4(1-v), & \dfrac{1}{2} \leq v \leq 1, \\ 0, & \text{其他}. \end{cases}$$

则由式(2.5.3)知

$$f_{X|Y}\left(x \mid \frac{1}{2}\right) = \frac{f\left(x, \dfrac{1}{2}\right)}{f_Y\left(\dfrac{1}{2}\right)} = \frac{1}{2} f\left(x, \frac{1}{2}\right) = \begin{cases} 2, & 0 < x < \dfrac{1}{2}, \\ 0, & \text{其他}. \end{cases}$$

由式(2.5.4)知,当 $0 \leq x < \dfrac{1}{2}$ 时,

$$f_{Y|X}(y \mid x) = \frac{f(x,y)}{f_X(x)}, \quad -\infty < y < +\infty.$$

故当 $0 \leq x < \dfrac{1}{2}$ 时,

$$f_{Y|X}(y \mid x) = \frac{1}{4(1-2x)} f(x,y) = \begin{cases} \dfrac{1}{1-2x}, & x < y \leq 1-x, \\ 0, & \text{其他}. \end{cases}$$

例 2.5.3 设二维连续型随机变量 $(X,Y) \sim N(0,0,1,1,\rho)$,试求条件密度函数 $f_{X|Y}(x \mid y)$

及 $f_{Y\,|\,X}(y\,|\,x)$.

解 由式(2.4.10)知

$$f(u,v) = \frac{1}{2\pi\sqrt{1-\rho^2}}\exp\left\{-\frac{u^2-2\rho uv+v^2}{2(1-\rho^2)}\right\}, \quad -\infty < u,v < +\infty.$$

由例2.4.6知,对任意实数 u 与 v,

$$f_X(u) = \frac{1}{\sqrt{2\pi}}e^{-\frac{u^2}{2}}, \quad f_Y(v) = \frac{1}{\sqrt{2\pi}}e^{-\frac{v^2}{2}}.$$

从而,由式(2.5.3)及式(2.5.4)知,对任意给定的实数 y,

$$f_{X\,|\,Y}(x\,|\,y) = \frac{f(x,y)}{f_Y(y)} = \frac{1}{\sqrt{1-\rho^2}\sqrt{2\pi}}e^{-\frac{(x-\rho y)^2}{2(1-\rho^2)}}, \quad -\infty < x < +\infty;$$

对任意给定的实数 x,

$$f_{Y\,|\,X}(y\,|\,x) = \frac{f(x,y)}{f_X(x)} = \frac{1}{\sqrt{1-\rho^2}\sqrt{2\pi}}e^{-\frac{(y-\rho x)^2}{2(1-\rho^2)}}, \quad -\infty < y < +\infty.$$

上述结果表明,在 $Y=y$ 条件下,随机变量 X 的条件分布为 $N(\rho y, 1-\rho^2)$;在 $X=x$ 条件下,随机变量 Y 的条件分布为 $N(\rho x, 1-\rho^2)$. 一般地,若 $(X,Y) \sim N(\mu_1, \mu_2, \sigma_1^2, \sigma_2^2, \rho)$,可以证明:对任意给定实数 x 与 y,

在 $Y=y$ 条件下,随机变量 X 的条件分布为 $N\left(\mu_1 + \rho\dfrac{\sigma_1}{\sigma_2}(y-\mu_2), \sigma_1^2(1-\rho^2)\right)$;

在 $X=x$ 条件下,随机变量 Y 的条件分布为 $N\left(\mu_2 + \rho\dfrac{\sigma_2}{\sigma_1}(x-\mu_1), \sigma_2^2(1-\rho^2)\right)$.

2.5.2 随机变量的独立性

在第一章,我们讨论了随机事件的独立性,现将这一概念引申到随机变量中.

定义2.5.5 设二维随机变量 (X,Y) 的联合分布函数为 $F(x,y)$,关于 X 与 Y 的边缘分布函数分别为 $F_X(x)$ 及 $F_Y(y)$. 若对任意实数 x 与 y,有

$$P(X \leqslant x, Y \leqslant y) = P(X \leqslant x)P(Y \leqslant y), \tag{2.5.5}$$

即

$$F(x,y) = F_X(x)F_Y(y), \tag{2.5.6}$$

则称**随机变量 X 与 Y 相互独立**,简称为**独立**.

式(2.5.5)表明,随机变量 X 与 Y 相互独立,即对任意实数 x 与 y,随机事件 $\{X \leqslant x\}$ 与 $\{Y \leqslant y\}$ 相互独立. 对于两个随机变量,直接利用式(2.5.5)或式(2.5.6)来判别两者是否独立往往是很复杂的,因为求二维随机变量的联合分布函数就是一个很麻烦的过程. 下面分别对二维离散型随机变量及二维连续型随机变量不加证明地给出一些判断准则.

定理2.5.1 设二维离散型随机变量 (X,Y) 的联合分布列为

$$p_{ij} = P(X=x_i, Y=y_j), \quad i,j=1,2,\cdots,$$

则 X 与 Y 相互独立的充要条件为对任意 x_i 与 y_j，$i,j=1,2,\cdots$，有

$$P(X=x_i,Y=y_j)=P(X=x_i)P(Y=y_j),$$

即 $p_{ij}=p_{i\cdot}p_{\cdot j}$.

对于二维离散型随机变量 (X,Y)，若 X 与 Y 相互独立，则由上式可知，在 $Y=y_j$ 条件下，随机变量 X 的条件分布列为 $p_{i|j}=\dfrac{p_{ij}}{p_{\cdot j}}=p_{i\cdot}$，$i=1,2,\cdots$，这就是随机变量 X 的分布列，条件 $Y=y_j$ 对其不产生影响. 同样可得，在 $X=x_i$ 条件下，随机变量 Y 的条件分布列为 $p_{j|i}=\dfrac{p_{ij}}{p_{i\cdot}}=p_{\cdot j}$，$j=1,2,\cdots$.

定理 2.5.2　设二维连续型随机变量 (X,Y) 的联合密度函数为 $f(x,y)$，关于 X 与 Y 的边缘密度函数分别为 $f_X(x)$ 及 $f_Y(y)$，则 X 与 Y 相互独立的充要条件为 $f(x,y)=f_X(x)f_Y(y)$ 几乎处处成立.

上式"几乎处处成立"理解为：在平面上，使 $f(x,y)=f_X(x)f_Y(y)$ 不成立的点组成的区域面积为零. 特别地，当 $f(x,y)$，$f_X(x)$ 及 $f_Y(y)$ 为连续函数时，可以证明，X 与 Y 相互独立的充要条件为对任意实数 x 与 y，$f(x,y)=f_X(x)f_Y(y)$ 成立.

由定理 2.5.2 可以得出如下结论.

定理 2.5.3　设 (X,Y) 为二维连续型随机变量，其关于 X 与 Y 的边缘密度函数分别为 $f_X(x)$ 及 $f_Y(y)$. 若 X 与 Y 相互独立，则 $f_X(x)f_Y(y)$ 为 (X,Y) 的一个联合密度函数.

此定理说明，当两个随机变量相互独立时，边缘分布可以确定联合分布.

例 2.5.4　在例 2.4.2 中，随机变量 X 与 Y 相互独立吗？

解　由例 2.4.2 的联合分布列分别求出 X 与 Y 的边缘分布列如下.

X	Y		$P(X=x_i)=p_{i\cdot}$
	0	1	
0	$\dfrac{2}{3}$	$\dfrac{1}{12}$	$p_{1\cdot}=\dfrac{3}{4}$
1	$\dfrac{1}{6}$	$\dfrac{1}{12}$	$p_{2\cdot}=\dfrac{1}{4}$
$P(Y=y_j)=p_{\cdot j}$	$p_{\cdot1}=\dfrac{5}{6}$	$p_{\cdot2}=\dfrac{1}{6}$	

由于 $P(X=0,Y=0)=\dfrac{2}{3}\neq P(X=0)P(Y=0)=\dfrac{3}{4}\times\dfrac{5}{6}=\dfrac{5}{8}$. 所以，$X$ 与 Y 不相互独立.

这一点也可以从定理 2.5.1 后的说明及例 2.5.1 看出，因为

$$P(X=0\mid Y=0)=\dfrac{4}{5}\neq P(X=0)=\dfrac{3}{4}.$$

例 2.5.5　设随机变量 X 与 Y 相互独立，且 $P(Y=1)=P(X=1)=p$，$P(Y=0)=P(X=0)=1-p$，其中 $0<p<1$. 设

$$Z = \begin{cases} 1, & X+Y \text{ 为偶数}, \\ 0, & X+Y \text{ 为奇数}. \end{cases}$$

（1）试求 Z 的分布列.（2）p 取何值时，X 与 Z 相互独立？

解 （1）由于 X 与 Y 相互独立，所以

$$P(Z=0) = P(X+Y=1)$$
$$= P(X=0,Y=1)+P(X=1,Y=0) = 2p(1-p),$$
$$P(Z=1) = P(X+Y=0)+P(X+Y=2)$$
$$= P(X=0,Y=0)+P(X=1,Y=1) = (1-p)^2+p^2.$$

（2）由于 $P(X=0,Z=0)=P(X=0,Y=1)=(1-p)p$. 要使 X 与 Z 相互独立，则必有

$$P(X=0,Z=0) = P(X=0)P(Z=0),$$

即

$$(1-p)p = 2p(1-p)^2.$$

故 $p=\dfrac{1}{2}$. 而当 $p=\dfrac{1}{2}$ 时，同上计算可以验证

$$P(X=0,Z=1) = P(X=0)P(Z=1),$$
$$P(X=1,Z=0) = P(X=1)P(Z=0),$$
$$P(X=1,Z=1) = P(X=1)P(Z=1).$$

所以，$p=\dfrac{1}{2}$ 时，X 与 Z 相互独立.

例 2.5.6 在例 2.4.5 中，随机变量 X 与 Y 相互独立吗？

解 由例 2.4.5 知，(X,Y) 的联合密度函数为

$$f(x,y) = \begin{cases} 4, & x+y \leq 1 \text{ 且 } y>x>0, \\ 0, & \text{其他}. \end{cases}$$

X 与 Y 的边缘密度函数分别为

$$f_X(x) = \begin{cases} 4(1-2x), & 0 \leq x \leq \dfrac{1}{2}, \\ 0, & \text{其他}, \end{cases} \qquad f_Y(y) = \begin{cases} 4y, & 0 \leq y < \dfrac{1}{2}, \\ 4(1-y), & \dfrac{1}{2} \leq y \leq 1, \\ 0, & \text{其他}. \end{cases}$$

由于当 $x+y<1$ 且 $y>x>0$ 时，$f(x,y) \neq f_X(x)f_Y(y)$，且区域 $\{(x,y) \mid x+y<1 \text{ 且 } y>x>0\}$ 面积不为 0，所以 X 与 Y 不相互独立.

例 2.5.7 设二维随机变量 $(X,Y) \sim N(\mu_1,\mu_2,\sigma_1^2,\sigma_2^2,\rho)$，则 X 与 Y 相互独立的充要条件为 $\rho=0$.

证明 设 (X,Y) 的联合密度函数 $f(x,y)$ 如式 (2.4.10)，则由例 2.4.6 知，X 与 Y 的边缘密度函数分别为

$$f_X(x) = \frac{1}{\sigma_1\sqrt{2\pi}} e^{-\frac{(x-\mu_1)^2}{2\sigma_1^2}}, \quad -\infty < x < +\infty,$$

$$f_Y(y) = \frac{1}{\sigma_2 \sqrt{2\pi}} \mathrm{e}^{-\frac{(y-\mu_2)^2}{2\sigma_2^2}}, \quad -\infty < y < +\infty.$$

若 X 与 Y 相互独立,由于 $f(x,y)$, $f_X(x)$, $f_Y(y)$ 都为连续函数. 从而,由定理 2.5.2 知,对任意实数 x 与 y,

$$f(x,y) = f_X(x)f_Y(y).$$

所以, $\rho = 0$.

反之,若 $\rho = 0$,则式(2.4.10)可化为

$$f(x,y) = \frac{1}{2\pi\sigma_1\sigma_2}\exp\left\{-\frac{1}{2}\left[\frac{(x-\mu_1)^2}{\sigma_1^2} + \frac{(y-\mu_2)^2}{\sigma_2^2}\right]\right\} = f_X(x)f_Y(y), \quad -\infty < x, y < +\infty,$$

故由定理 2.5.2 知, X 与 Y 相互独立.

上面我们讨论了两个随机变量的相互独立. 一般地,对于 n 个随机变量也可类似定义.

定义 2.5.6 设 n 维随机变量 $(X_1, X_2, \cdots, X_n)$ 的联合分布函数为 $F(x_1, x_2, \cdots, x_n)$,关于 X_i 的边缘分布函数为 $F_{X_i}(x_i)$, $i = 1, 2, \cdots, n$,若对任意实数 $x_1, x_2, \cdots, x_n$,有

$$F(x_1, x_2, \cdots, x_n) = F_{X_1}(x_1)F_{X_2}(x_2)\cdots F_{X_n}(x_n),$$

则称 $X_1, X_2, \cdots, X_n$ **相互独立**.

下面不加证明地给出两个常用的结论.

定理 2.5.4 (1)设随机变量 $X_1, X_2, \cdots, X_n$ 相互独立,则从中任取 $k(2 \leqslant k \leqslant n)$ 个随机变量 $X_{i_1}, X_{i_2}, \cdots, X_{i_k}$ 也相互独立.

(2)设随机变量 $X_1, X_2, \cdots, X_n$ 相互独立, A_1 和 A_2 是集合 $\{1, 2, \cdots, n\}$ 的两个互不相交的非空子集,且 A_1 含 k_1 个元素, A_2 含 k_2 个元素. 设 g 与 h 分别为 k_1 元和 k_2 元的连续函数,则随机变量 $Y_1 = g(X_i)$, $i \in A_1$ 与 $Y_2 = h(X_j)$, $j \in A_2$ 相互独立.

§2.6 随机变量函数的分布

在很多实际问题中,我们不仅仅要研究一维和二维随机变量的概率分布,还要研究由这些随机变量所构造的函数的概率分布. 下面分别对一维随机变量函数的概率分布及二维随机变量函数的概率分布进行讨论.

2.6.1 一维随机变量函数的分布

设 $g(x)$ 为一元实函数,若随机变量 X 的分布已知,下面要讨论 $Y = g(X)$ 的分布. 对此问题,将根据 X 为离散型随机变量及连续型随机变量分两种情形讨论.

1. 离散型情形

设离散型随机变量 X 的分布列为

X	x_1	x_2	$\cdots$	x_n	$\cdots$
P	p_1	p_2	$\cdots$	p_n	$\cdots$

则 $Y=g(X)$ 也为离散型随机变量,下面求 $Y=g(X)$ 的分布列.

由随机变量 X 的取值知 $Y=g(X)$ 可能取值为 $g(x_1),g(x_2),\cdots,g(x_n),\cdots$,且

$$P(Y=g(x_i))=P(X=x_i)=p_i, \quad i=1,2,\cdots.$$

所以,用表格表示如下:

Y	$g(x_1)$	$g(x_2)$	$\cdots$	$g(x_n)$	$\cdots$
P	p_1	p_2	$\cdots$	p_n	$\cdots$

若上述 $g(x_i)(i=1,2,\cdots)$ 互不相同,则上表为所求 $Y=g(X)$ 的分布列;若上述 $g(x_i)(i=1,2,\cdots)$ 中有相同值,则将相同值分别合并,同时把它们所对应的概率相加,此时所得分布列为 $Y=g(X)$ 的分布列.

例 2.6.1 设离散型随机变量 X 的分布列为

X	-1	0	1
P	$\dfrac{1}{3}$	$\dfrac{1}{4}$	$\dfrac{5}{12}$

试求:$(1) Y=(X+3)^2$ 的分布列.$(2) Z=X^2+3$ 的分布列.

解 (1) 由 X 的分布列知,Y 的取值及对应概率如下:

Y	4	9	16
P	$\dfrac{1}{3}$	$\dfrac{1}{4}$	$\dfrac{5}{12}$

由于此时 Y 取值互不相同,故上述为 Y 的分布列.

(2) 由 X 的分布列知,Z 的取值及对应概率如下:

Z	4	3	4
P	$\dfrac{1}{3}$	$\dfrac{1}{4}$	$\dfrac{5}{12}$

由于 Z 取值有相同,将其合并且对应概率相加得 Z 的分布列如下:

Z	4	3
P	$\dfrac{3}{4}$	$\dfrac{1}{4}$

2. 连续型情形

设连续型随机变量 X 的密度函数为 $f_X(x)$,若 $Y=g(X)$ 也为连续型随机变量,下面求 Y

的密度函数 $f_Y(y)$.

由于函数 g 的任意性,对 Y 的密度函数很难给出一般的公式. 但是,它有一个一般的思想:先求 $Y=g(X)$ 的分布函数 $F_Y(y)$,再在 $F_Y(y)$ 可导处关于 y 求导得 $f_Y(y)$,在 $F_Y(y)$ 可列个不可导处可对 $f_Y(y)$ 任意赋值.

例 2.6.2 设连续型随机变量 $X \sim U(0,1)$,试求 $Y=-2X+3$ 的密度函数 $f_Y(y)$.

解 由 $X \sim U(0,1)$ 知 X 的密度函数为

$$f_X(x) = \begin{cases} 1, & 0<x<1, \\ 0, & \text{其他}. \end{cases}$$

下面求 Y 的分布函数 $F_Y(y)$,再关于 y 求导. 对任意实数 y,

$$F_Y(y) = P(Y \leqslant y) = P(-2X+3 \leqslant y) = P\left(X \geqslant \frac{3-y}{2}\right) = \int_{\frac{3-y}{2}}^{+\infty} f_X(x)\,\mathrm{d}x.$$

当 $\dfrac{3-y}{2}<0$,即 $y>3$ 时,$F_Y(y)=\displaystyle\int_0^1 1\mathrm{d}x=1$,故 $f_Y(y)=F_Y'(y)=0$.

当 $0<\dfrac{3-y}{2}<1$,即 $1<y<3$ 时,$F_Y(y)=\displaystyle\int_{\frac{3-y}{2}}^1 1\mathrm{d}x=\dfrac{y}{2}-\dfrac{1}{2}$,故 $f_Y(y)=F_Y'(y)=\dfrac{1}{2}$.

当 $\dfrac{3-y}{2}>1$,即 $y<1$ 时,$F_Y(y)=0$,故 $f_Y(y)=F_Y'(y)=0$.

当 $y=1$ 或 $y=3$ 时,可对 $f_Y(y)$ 任意赋值,此处定义 $f_Y(1)=f_Y(3)=0$. 故

$$f_Y(y) = \begin{cases} \dfrac{1}{2}, & 1<y<3, \\ 0, & \text{其他}. \end{cases}$$

从上述计算过程中可以发现,Y 的分布函数 $F_Y(y)$ 只不过是中间量,有的时候不必要完全求出 $F_Y(y)$ 的表达式,只要计算到能够对其求导即可. 看下面例子.

例 2.6.3 设连续型随机变量 $X \sim N(\mu,\sigma^2)$,试求 $Y=aX+b(a\neq0)$ 的密度函数 $f_Y(y)$.

解 由 $X \sim N(\mu,\sigma^2)$ 知 X 的密度函数为

$$f_X(x) = \frac{1}{\sigma\sqrt{2\pi}}\mathrm{e}^{-\frac{(x-\mu)^2}{2\sigma^2}}, \quad -\infty<x<+\infty.$$

设 X 的分布函数为 $F_X(x)$,下面求 Y 的分布函数 $F_Y(y)$,再关于 y 求导. 先讨论 $a>0$ 的情形,对任意实数 y,

$$F_Y(y) = P(Y \leqslant y) = P(aX+b \leqslant y) = P\left(X \leqslant \frac{y-b}{a}\right) = F_X\left(\frac{y-b}{a}\right).$$

所以

$$f_Y(y) = F_Y'(y) = f_X\left(\frac{y-b}{a}\right)\frac{1}{a} = \frac{1}{a\sigma\sqrt{2\pi}}\mathrm{e}^{-\frac{[y-(a\mu+b)]^2}{2(a\sigma)^2}}.$$

当 $a<0$ 时,可类似求得 Y 的密度函数

$$f_Y(y) = \frac{1}{-a\sigma\sqrt{2\pi}}e^{-\frac{[y-(a\mu+b)]^2}{2(a\sigma)^2}}, \quad -\infty < y < +\infty.$$

从而,无论 $a>0$ 或 $a<0$,Y 的密度函数为

$$f_Y(y) = \frac{1}{|a|\sigma\sqrt{2\pi}}e^{-\frac{[y-(a\mu+b)]^2}{2(a\sigma)^2}}, \quad -\infty < y < +\infty.$$

从上例可得到正态分布的一条重要**性质**:

若 $X \sim N(\mu,\sigma^2)$,则 $Y = aX+b(a\neq0) \sim N(a\mu+b, a^2\sigma^2)$. 特别地,若随机变量 $X \sim N(\mu,\sigma^2)$,则

$$\frac{X-\mu}{\sigma} \sim N(0,1). \tag{2.6.1}$$

在上面两个例子中,所讨论的函数 $g(x)$ 都是严格单调的. 对这样的函数 $g(x)$,$Y = g(X)$ 的密度函数有一个一般的公式. 我们以下面定理形式给出.

定理 2.6.1　设连续型随机变量 X 的密度函数为 $f_X(x)$,对于实函数 $y=g(x)$,记 $\alpha = \min\{g(-\infty),g(+\infty)\}$,$\beta = \max\{g(-\infty),g(+\infty)\}$. 若 $y=g(x)$ 严格单调,其反函数 $h(y) = g^{-1}(y)$ 在区间 (α,β) 上有导数且导函数连续,则 $Y = g(X)$ 的密度函数

$$f_Y(y) = \begin{cases} f_X(h(y))\,|h'(y)|, & \alpha < y < \beta, \\ 0, & \text{其他}. \end{cases}$$

证明　不妨设 $g(x)$ 为严格单调增函数,则 $\alpha = g(-\infty)$,$\beta = g(+\infty)$ 且 $Y = g(X)$ 在 (α,β) 内取值. 此时,不妨设 $-\infty < \alpha < \beta < +\infty$. 先求 Y 的分布函数 $F_Y(y)$,再对其关于 y 求导.

当 $y<\alpha$ 时,$F_Y(y) = P(Y\leq y) = 0$,故 $f_Y(y) = F_Y'(y) = 0$.

当 $y>\beta$ 时,$F_Y(y) = P(Y\leq y) = 1$,故 $f_Y(y) = F_Y'(y) = 0$.

当 $\alpha < y < \beta$ 时,

$$F_Y(y) = P(Y\leq y) = P(g(X)\leq y) = P(X\leq h(y)) = \int_{-\infty}^{h(y)} f_X(x)\,dx.$$

故

$$f_Y(y) = F_Y'(y) = f_X(h(y))h'(y).$$

当 $y=\alpha$ 或 $y=\beta$ 时,定义 $f_Y(y) = 0$. 从而,

$$f_Y(y) = \begin{cases} f_X(h(y))h'(y), & \alpha < y < \beta, \\ 0, & \text{其他}. \end{cases}$$

同理可证,当 $g(x)$ 是严格单调减函数时,结论仍成立.

例 2.6.4　设连续型随机变量 $X \sim N(\mu,\sigma^2)$,试求 $Y = e^X$ 的密度函数 $f_Y(y)$.

解　我们利用定理 2.6.1 求此密度函数. 由 $X \sim N(\mu,\sigma^2)$ 知,X 的密度函数为

$$f_X(x) = \frac{1}{\sigma\sqrt{2\pi}}e^{-\frac{(x-\mu)^2}{2\sigma^2}}, \quad -\infty < x < +\infty.$$

函数 $y=g(x)=e^x$ 严格单调递增,$\alpha=0$,$\beta=+\infty$,$y=g(x)$ 的反函数 $h(y)=g^{-1}(y)=\ln y$ 在 $(0,+\infty)$ 上有导数 $h'(y)=\frac{1}{y}$ 且 $h'(y)$ 连续,故由定理 2.6.1 知

$$f_Y(y) = \begin{cases} f_X(\ln y)\dfrac{1}{y}, & 0 < y < +\infty, \\ 0, & \text{其他}, \end{cases} = \begin{cases} \dfrac{1}{y\sigma\sqrt{2\pi}}e^{-\frac{(\ln y - \mu)^2}{2\sigma^2}}, & 0 < y < +\infty, \\ 0, & \text{其他}. \end{cases}$$

上述密度函数对应的分布称为**对数正态分布**,此分布是金融保险中所讨论的重尾分布之一,有着十分重要的应用.

定理 2.6.1 仅仅解决了一类函数的分布问题. 当函数 $g(x)$ 不满足定理 2.6.1 条件时,仍需按照之前所提出的一般思想来解决.

例 2.6.5 设连续型随机变量 $X \sim N(0,1)$,试求 $Y = X^2$ 的密度函数 $f_Y(y)$.

解 此时,$g(x) = x^2$ 不单调,故不能用定理 2.6.1. 先求 Y 的分布函数 $F_Y(y)$,再对其关于 y 求导.

当 $y < 0$ 时,$F_Y(y) = P(Y \leqslant y) = P(X^2 \leqslant y) = 0$,故 $f_Y(y) = F_Y'(y) = 0$.

当 $y > 0$ 时,$F_Y(y) = P(Y \leqslant y) = P(X^2 \leqslant y) = P(-\sqrt{y} \leqslant X \leqslant \sqrt{y}) = \Phi(\sqrt{y}) - \Phi(-\sqrt{y})$.

故

$$f_Y(y) = F_Y'(y) = \frac{1}{\sqrt{y}}\varphi(\sqrt{y}) = \frac{1}{\sqrt{2\pi}}y^{-\frac{1}{2}}e^{-\frac{y}{2}}.$$

当 $y = 0$ 时,定义 $f_Y(y) = 0$. 从而,

$$f_Y(y) = \begin{cases} \dfrac{1}{\sqrt{2\pi}}y^{-\frac{1}{2}}e^{-\frac{y}{2}}, & y > 0, \\ 0, & \text{其他}. \end{cases}$$

上述密度函数所对应的分布称为自由度为 1 的 χ^2(卡方)分布,记作 $\chi^2(1)$. 一般的 χ^2 分布将在第五章介绍.

2.6.2 二维随机变量函数的分布

若二维随机变量 (X,Y) 的分布已知,$g(x,y)$ 为二元实函数,求 $Z = g(X,Y)$ 的分布. 这一问题比一维的情形更复杂,没有一个统一的方法. 本节我们仅对 $Z = g(X,Y) = X + Y$ 情形进行讨论.

1. 二维离散型情形

设二维离散型随机变量 (X,Y) 的联合分布列为

$$p_{ij} = P(X = x_i, Y = y_j), \quad i,j = 1,2,\cdots,$$

则 $Z = X + Y$ 所有可能取值为 $x_i + y_j, i,j = 1,2,\cdots$,且

$$P(Z = z_k) = P(X + Y = z_k) = \sum_{i=1}^{\infty} P(X = x_i, Y = z_k - x_i), \quad k = 1,2,\cdots.$$

由 X 与 Y 对称性,也有

$$P(Z = z_k) = P(X + Y = z_k) = \sum_{j=1}^{\infty} P(X = z_k - y_j, Y = y_j), \quad k = 1,2,\cdots.$$

特别地,若 X 与 Y 相互独立,则 $Z = X + Y$ 的分布列可写成

$$P(Z=z_k) = \sum_{i=1}^{\infty} P(X=x_i)P(Y=z_k-x_i), \quad k=1,2,\cdots,$$

或者

$$P(Z=z_k) = \sum_{j=1}^{\infty} P(X=z_k-y_j)P(Y=y_j), \quad k=1,2,\cdots.$$

例 2.6.6 设二维离散型随机变量 (X,Y) 的联合分布列为

X	Y		
	-1	0	1
0	$\dfrac{1}{5}$	$\dfrac{1}{15}$	$\dfrac{2}{15}$
1	$\dfrac{4}{15}$	$\dfrac{2}{15}$	$\dfrac{1}{5}$

试求: $Z=X+Y$ 的分布列.

解 $Z=X+Y$ 所有可能取值为 $-1,0,1,2$.

$$P(Z=-1) = P(X=0,Y=-1) = \frac{1}{5},$$

$$P(Z=0) = P(X=0,Y=0)+P(X=1,Y=-1) = \frac{1}{3},$$

$$P(Z=1) = P(X=0,Y=1)+P(X=1,Y=0) = \frac{4}{15},$$

$$P(Z=2) = P(X=1,Y=1) = \frac{1}{5}.$$

故 Z 的分布列为

Z	-1	0	1	2
P	$\dfrac{1}{5}$	$\dfrac{1}{3}$	$\dfrac{4}{15}$	$\dfrac{1}{5}$

例 2.6.7 设随机变量 $X \sim P(\lambda_1), Y \sim P(\lambda_2)$ 且 X 与 Y 相互独立,试求 $Z=X+Y$ 的分布列.

解 $Z=X+Y$ 的所有可能取值为 $0,1,2,\cdots$. 由 X 与 Y 相互独立知,对任意非负整数 k,

$$P(Z=k) = \sum_{i=0}^{\infty} P(X=i)P(Y=k-i) = \sum_{i=0}^{k} \frac{\lambda_1^i}{i!}e^{-\lambda_1} \frac{\lambda_2^{k-i}}{(k-i)!}e^{-\lambda_2}$$

$$= \frac{1}{k!}e^{-(\lambda_1+\lambda_2)} \sum_{i=0}^{k} \frac{k!}{i!(k-i)!}\lambda_1^i \lambda_2^{k-i} = \frac{(\lambda_1+\lambda_2)^k}{k!}e^{-(\lambda_1+\lambda_2)},$$

即 $Z \sim P(\lambda_1+\lambda_2)$.

上例说明泊松分布对加法是封闭的,称为**泊松分布的可加性**.一般地,设随机变量 $X_i \sim P(\lambda_i)$,$i=1,2,\cdots,n$,且 $X_1,X_2,\cdots,X_n$ 相互独立,则

$$\sum_{i=1}^{n} X_i \sim P\left(\sum_{i=1}^{n} \lambda_i\right).$$

类似地,可证明**二项分布也具有可加性**(对第一个参数).此处仅给出结论:设随机变量 $X_i \sim B(n_i,p)$,$i=1,2,\cdots,m$,且 $X_1,X_2,\cdots,X_m$ 相互独立,则

$$\sum_{i=1}^{m} X_i \sim B\left(\sum_{i=1}^{m} n_i,p\right).$$

特别地,若随机变量 $X_i \sim B(1,p)$,$i=1,2,\cdots,n$,且 $X_1,X_2,\cdots,X_n$ 相互独立,则

$$\sum_{i=1}^{n} X_i \sim B(n,p),$$

即服从二项分布 $B(n,p)$ 的随机变量可以分成 n 个相互独立且服从同一个两点分布的随机变量之和.

2. 二维连续型情形

设二维连续型随机变量 (X,Y) 的联合密度函数为 $f(x,y)$,关于 X 与 Y 的边缘密度函数分别为 $f_X(x)$ 及 $f_Y(y)$,下面求 $Z=X+Y$ 的密度函数 $f_Z(z)$.

先求 Z 的分布函数 $F_Z(z)$.任意实数 z,

$$F_Z(z)=P(Z\leqslant z)=P(X+Y\leqslant z)=\iint_{x+y\leqslant z} f(x,y)\mathrm{d}x\mathrm{d}y$$

$$=\int_{-\infty}^{+\infty}\left(\int_{-\infty}^{z-x} f(x,y)\mathrm{d}y\right)\mathrm{d}x=\int_{-\infty}^{+\infty}\left(\int_{-\infty}^{z} f(x,t-x)\mathrm{d}t\right)\mathrm{d}x$$

$$=\int_{-\infty}^{z}\left(\int_{-\infty}^{+\infty} f(x,t-x)\mathrm{d}x\right)\mathrm{d}t,$$

故

$$f_Z(z)=\int_{-\infty}^{+\infty} f(x,z-x)\mathrm{d}x.$$

由 X 与 Y 的对称性,同理可得,对任意实数 z,

$$f_Z(z)=\int_{-\infty}^{+\infty} f(z-y,y)\mathrm{d}y.$$

特别地,若 X 与 Y 相互独立,则 $Z=X+Y$ 的密度函数 $f_Z(z)$ 可写成

$$f_Z(z)=\int_{-\infty}^{+\infty} f_X(x)f_Y(z-x)\mathrm{d}x$$

或者

$$f_Z(z)=\int_{-\infty}^{+\infty} f_X(z-y)f_Y(y)\mathrm{d}y.$$

例 2.6.8 设随机变量 $X\sim E(\lambda_1)$,$Y\sim E(\lambda_2)$($\lambda_1\neq\lambda_2$),且 X 与 Y 相互独立,试求 $Z=X+Y$ 的密度函数 $f_Z(z)$.

解 由 $X\sim E(\lambda_1)$,$Y\sim E(\lambda_2)$ 知,X 与 Y 的密度函数分别为

$$f_X(x) = \begin{cases} \lambda_1 e^{-\lambda_1 x}, & x>0, \\ 0, & x \leqslant 0, \end{cases} \qquad f_Y(y) = \begin{cases} \lambda_2 e^{-\lambda_2 y}, & y>0, \\ 0, & y \leqslant 0. \end{cases}$$

因为 X 与 Y 相互独立,从而对任意实数 z,

$$f_Z(z) = \int_{-\infty}^{+\infty} f_X(x) f_Y(z-x) \, dx.$$

由 $f_X(x)$ 及 $f_Y(y)$ 的表达式知 $f_Z(z)$ 的非零值的区域为

$$\begin{cases} x>0, \\ z-x>0, \end{cases}$$

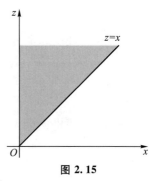

图 2.15

如图 2.15 所示的阴影区域. 从而,当 $z \leqslant 0$ 时,$f_Z(z) = 0$. 当 $z>0$ 时,

$$f_Z(z) = \int_0^z \lambda_1 e^{-\lambda_1 x} \lambda_2 e^{-\lambda_2(z-x)} \, dx = \frac{\lambda_1 \lambda_2}{\lambda_2 - \lambda_1} (e^{-\lambda_1 z} - e^{-\lambda_2 z}).$$

故,

$$f_Z(z) = \begin{cases} \dfrac{\lambda_1 \lambda_2}{\lambda_2 - \lambda_1} (e^{-\lambda_1 z} - e^{-\lambda_2 z}), & z>0, \\ 0, & z \leqslant 0. \end{cases}$$

例 2.6.9 设随机变量 $X \sim N(0, \sigma_1^2)$,$Y \sim N(0, \sigma_2^2)$,且 X 与 Y 相互独立,试求 $Z = X+Y$ 的密度函数 $f_Z(z)$.

解 由 $X \sim N(0, \sigma_1^2)$,$Y \sim N(0, \sigma_2^2)$ 知,X 与 Y 的密度函数分别为

$$f_X(x) = \frac{1}{\sigma_1 \sqrt{2\pi}} e^{-\frac{x^2}{2\sigma_1^2}}, \quad -\infty < x < +\infty,$$

$$f_Y(y) = \frac{1}{\sigma_2 \sqrt{2\pi}} e^{-\frac{y^2}{2\sigma_2^2}}, \quad -\infty < y < +\infty.$$

因为 X 与 Y 相互独立,从而对任意实数 z,

$$f_Z(z) = \int_{-\infty}^{+\infty} f_X(x) f_Y(z-x) \, dx$$

$$= \frac{1}{2\pi \sigma_1 \sigma_2} \int_{-\infty}^{+\infty} \exp\left\{ -\frac{1}{2} \left[\frac{x^2}{\sigma_1^2} + \frac{(z-x)^2}{\sigma_2^2} \right] \right\} dx$$

$$= \frac{1}{\sqrt{2\pi} \sqrt{\sigma_1^2 + \sigma_2^2}} e^{-\frac{z^2}{2(\sigma_1^2 + \sigma_2^2)}} \int_{-\infty}^{+\infty} \frac{\sqrt{\sigma_1^2 + \sigma_2^2}}{\sqrt{2\pi} \sigma_1 \sigma_2} \exp\left\{ -\frac{\sigma_1^2 + \sigma_2^2}{2\sigma_1^2 \sigma_2^2} \left(x - \frac{\sigma_1^2}{\sigma_1^2 + \sigma_2^2} z \right)^2 \right\} dx$$

$$= \frac{1}{\sqrt{\sigma_1^2 + \sigma_2^2} \sqrt{2\pi}} e^{-\frac{z^2}{2(\sigma_1^2 + \sigma_2^2)}},$$

即

$$Z = X+Y \sim N(0, \sigma_1^2 + \sigma_2^2).$$

由上述结论、例 2.6.3 及定理 2.5.4(2) 知,若随机变量 $X \sim N(\mu_1, \sigma_1^2)$,$Y \sim N(\mu_2, \sigma_2^2)$ 且 X 与 Y 相互独立,则 $X+Y \sim N(\mu_1+\mu_2, \sigma_1^2+\sigma_2^2)$,这就是**正态分布的可加性**(对两个参数). 一

般地,若随机变量 $X_i \sim N(\mu_i, \sigma_i^2)(i = 1, 2, \cdots, n)$ 且 $X_1, X_2, \cdots, X_n$ 相互独立,$a_i(i = 1, 2, \cdots, n)$ 为不全为零的常数,则

$$\sum_{i=1}^{n} a_i X_i \sim N\left(\sum_{i=1}^{n} a_i \mu_i, \sum_{i=1}^{n} a_i^2 \sigma_i^2\right). \tag{2.6.2}$$

§2.7　综合应用案例

2.7.1　吸烟的危害性

例 2.7.1　吸烟不但有害自身健康,还可能会造成胎儿先天性畸形. 有学者调查研究了 5 200 名孕妇,数据表明:其丈夫不吸烟者,胎儿先天性畸形率为 0.8%;每天吸烟 1~10 支者,畸形率为 1.4%;每天吸烟 10 支以上者,畸形率为 2.1%. 假设男性吸烟率为 60%,在吸烟的男性中"每天吸烟 1~10 支者"和"每天吸烟 10 支以上者"的比例为 3∶7. 为讨论父亲吸烟导致胎儿先天性畸形的概率分布,我们令

$$X = \begin{cases} 0, & \text{不吸烟}, \\ 1, & \text{每天吸 } 1\sim10 \text{ 支}, \\ 2, & \text{每天吸 } 10 \text{ 支以上}. \end{cases} \qquad Y = \begin{cases} 1, & \text{胎儿先天性畸形}, \\ 0, & \text{其他}. \end{cases}$$

(1) 求二维随机变量 (X, Y) 的联合分布列和边缘分布列.

(2) 求当 $Y = 1$ 时随机变量 X 的条件分布列.

解　(1) 由问题中的条件知,

$P(X = 0) = 0.4, P(X = 1) = 0.6 \times 0.3 = 0.18, P(X = 2) = 0.6 \times 0.7 = 0.42,$

$P(Y = 1 \mid X = 0) = 0.008, P(Y = 1 \mid X = 1) = 0.014, P(Y = 1 \mid X = 2) = 0.021,$

由此求出二维随机变量 (X, Y) 的联合分布列 $P(X = x_i, Y = y_j)$:

$P(X = 0, Y = 0) = P(X = 0)P(Y = 0 \mid X = 0) = 0.4 \times (1 - 0.008) = 0.396\ 8,$

$P(X = 0, Y = 1) = P(X = 0)P(Y = 1 \mid X = 0) = 0.4 \times 0.008 = 0.003\ 2,$

$P(X = 1, Y = 0) = P(X = 1)P(Y = 0 \mid X = 1) = 0.18 \times (1 - 0.014) = 0.177\ 48,$

$P(X = 1, Y = 1) = P(X = 1)P(Y = 1 \mid X = 1) = 0.18 \times 0.014 = 0.002\ 52,$

$P(X = 2, Y = 0) = P(X = 2)P(Y = 0 \mid X = 2) = 0.42 \times (1 - 0.021) = 0.411\ 18,$

$P(X = 2, Y = 1) = P(X = 2)P(Y = 1 \mid X = 2) = 0.42 \times 0.021 = 0.008\ 82.$

列表表示为

X	Y	
	0	1
0	0.396 8	0.003 2
1	0.177 48	0.002 52
2	0.411 18	0.008 82

易知两个边缘分布列分别为

X	0	1	2
P	0.4	0.18	0.42

Y	0	1
P	0.985 46	0.014 54

（2）求当 $Y=1$ 时随机变量 X 的条件分布列，即求

$$P(X=0\mid Y=1)=\frac{P(X=0,Y=1)}{P(Y=1)}=\frac{0.003\ 2}{0.014\ 54}=0.220\ 1,$$

$$P(X=1\mid Y=1)=\frac{P(X=1,Y=1)}{P(Y=1)}=\frac{0.002\ 52}{0.014\ 54}=0.173\ 3,$$

$$P(X=2\mid Y=1)=\frac{P(X=2,Y=1)}{P(Y=1)}=\frac{0.008\ 82}{0.014\ 54}=0.606\ 6.$$

以上所求出的条件分布概率值与使用贝叶斯公式计算的结果是一致的．从计算结果可知，如果检查得知胎儿患有先天性畸形，其父亲是烟民的概率高达 0.779 9．

2.7.2　家用电器的保修条款制订

例 2.7.2　经检测，某种品牌的家用电器使用寿命 X（单位：年）服从指数分布 $E\left(\dfrac{1}{12}\right)$，试讨论如下问题：

（1）在保修条例中有如下条款：

1° 自购买之日起三个月内，如发生质量问题包退换；

2° 自购买之日起三个月至一年内，如发生质量问题免费维修．

试分别计算上述两个事件发生的概率．

（2）若要求发生质量问题包退换的概率不超过 1%，免费维修的概率不超过 5%，试重新给出这两种情况的保修条款．

解　因为产品寿命 $X\sim E\left(\dfrac{1}{12}\right)$，密度函数为

$$f(x)=\begin{cases}\dfrac{1}{12}\mathrm{e}^{-\frac{1}{12}x}, & x>0,\\[2mm] 0, & x\leqslant 0.\end{cases}$$

（1）令 $A=$"寿命不超过三个月"，$B=$"寿命大于三个月但不超过一年"，则

$$P(A)=P\left(X\leqslant\frac{1}{4}\right)=\int_0^{\frac{1}{4}}\frac{1}{12}\mathrm{e}^{-\frac{1}{12}x}\mathrm{d}x=1-\mathrm{e}^{-\frac{1}{12\times4}}=0.020\ 6,$$

$$P(B)=P\left(\frac{1}{4}<X\leqslant 1\right)=\int_{\frac{1}{4}}^{1}\frac{1}{12}\mathrm{e}^{-\frac{1}{12}x}\mathrm{d}x=-\mathrm{e}^{-\frac{1}{12}}+\mathrm{e}^{-\frac{1}{12\times4}}=0.059\ 3.$$

（2）若要求发生质量问题包退换的概率为 1%，免费维修的概率为 5%，即分别求 x_1 和 x_2，使得满足

$$P(X\leqslant x_1)\leqslant 0.01,\quad P(x_1<X\leqslant x_2)\leqslant 0.05.$$

由 $P(X\leqslant x_1)=1-\mathrm{e}^{-\frac{x_1}{12}}\leqslant 0.01$，解不等式有 $x_1\leqslant 0.1206$，取 $x_1=0.1206$.

由 $P(0.1206<X\leqslant x_2)=\mathrm{e}^{-\frac{0.1206}{12}}-\mathrm{e}^{-\frac{x_2}{12}}\leqslant 0.05$，解不等式有 $x_2\leqslant 0.7425$，取 $x_2=0.7425$.

把单位"年"换算成"天"，即可给出满足要求的保修条款：

1° 自购买之日起 44 天内，如发生质量问题包退换；

2° 自购买之日 44 天至 271 天内，如发生质量问题免费维修.

本章小结

随机变量是概率论与数理统计中的一个最重要的基本概念，它为很多随机问题的量化处理提供了一个简单和统一途径．本章重点讨论了随机变量的概念、随机变量概率分布的概念及两类重要的随机变量，即离散型随机变量和连续型随机变量．作为一维的推广，在多维随机变量中，重点讨论了二维离散型随机变量和二维连续型随机变量．在此基础上，还讨论了随机变量的条件分布、随机变量的独立性及随机变量函数的分布等问题.

要求重点掌握一维和二维离散型和连续型随机变量的定义、性质及常用分布．熟练使用随机变量的独立性的判断准则，灵活处理随机变量函数的分布问题.

主要内容：

1. 基本概念

随机变量：随机变量是从试验的样本空间到实数集上的映射.

分布函数：随机变量 X 的分布函数为 $F(x)=P(X\leqslant x)$，$x\in(-\infty,+\infty)$.

随机变量的独立性：随机变量 X 与 Y 相互独立，若满足对任实数 x,y，

$$F(x,y)=F_X(x)F_Y(y).$$

2. 常用公式

由随机变量的分布函数求事件的概率：

$$P(X\leqslant a)=F(a),P(X<a)=F(a-0),P(X=a)=F(a)-F(a-0),$$
$$P(a<X\leqslant b)=F(b)-F(a),P(a\leqslant X<b)=F(b-0)-F(a-0),$$
$$P(a\leqslant X\leqslant b)=F(b)-F(a-0),P(a<X<b)=F(b-0)-F(a).$$

离散型随机变量的分布列的一条基本性质：$\sum_{i=1}^{\infty}p_i=1.$

连续型随机变量的密度函数的一条基本性质：$\int_{-\infty}^{+\infty}f(x)\mathrm{d}x=1.$

由连续型随机变量的密度函数求事件的概率及分布函数：

$$P(a<X\leqslant b)=\int_a^b f(x)\mathrm{d}x,\quad F(x)=\int_{-\infty}^x f(t)\mathrm{d}t,x\in(-\infty,+\infty).$$

由连续型随机变量的分布函数求其密度函数：$f(x)=F'(x).$

一般正态分布的分布函数与标准正态分布的分布函数的关系：

$$F(x)=\Phi\left(\frac{x-\mu}{\sigma}\right).$$

由二维离散型随机变量的联合分布列求其边缘分布列：

$$P(X=x_i)=p_{i\cdot}=\sum_{j=1}^{\infty}p_{ij},\quad i=1,2,\cdots,$$

$$P(Y=y_j)=p_{\cdot j}=\sum_{i=1}^{\infty}p_{ij},\quad j=1,2,\cdots.$$

由二维连续型随机变量的联合密度函数求其边缘密度函数：

$$f_X(x)=\int_{-\infty}^{+\infty}f(x,y)\mathrm{d}y,\quad f_Y(y)=\int_{-\infty}^{+\infty}f(x,y)\mathrm{d}x.$$

由二维连续型随机变量的联合密度函数求随机变量和的密度函数：

$$f_Z(z)=\int_{-\infty}^{+\infty}f(x,z-x)\mathrm{d}x=\int_{-\infty}^{+\infty}f(z-y,y)\mathrm{d}y.$$

3. 几个重要结论

具有可加性的分布：泊松分布，二项分布（对第一个参数），正态分布，χ^2 分布等.

正态分布的几条性质：

（1）若 $X\sim N(\mu,\sigma^2)$，则 $Y=aX+b(a\neq0)\sim N(a\mu+b,a^2\sigma^2)$. 特别地，$\dfrac{X-\mu}{\sigma}\sim N(0,1)$.

（2）若 $(X,Y)\sim N(\mu_1,\mu_2,\sigma_1^2,\sigma_2^2,\rho)$，则 $X\sim N(\mu_1,\sigma_1^2)$，$Y\sim N(\mu_2,\sigma_2^2)$，且 X 与 Y 相互独立的充要条件为 $\rho=0$.

（3）若 $(X,Y)\sim N(\mu_1,\mu_2,\sigma_1^2,\sigma_2^2,\rho)$，则对任意给定实数 x 与 y，

在 $Y=y$ 条件下，随机变量 X 的条件分布为

$$N\left(\mu_1+\rho\frac{\sigma_1}{\sigma_2}(y-\mu_2),\sigma_1^2(1-\rho^2)\right);$$

在 $X=x$ 条件下，随机变量 Y 的条件分布为

$$N\left(\mu_2+\rho\frac{\sigma_2}{\sigma_1}(x-\mu_1),\sigma_2^2(1-\rho^2)\right).$$

思考与问答二

1. 若 $f(x)$ 是连续型随机变量 X 的密度函数，那么 $f(x)$ 是一定是连续函数吗？$f(x)$ 是唯一的吗？若 $F(x)$ 是连续型随机变量 X 的分布函数，那么 $F(x)$ 是一定是连续函数吗？$F(x)$ 是唯一的吗？

2. 若已知二维连续型随机变量 (X,Y) 的联合密度函数为 $f(x,y)$，是否可以求出两个边缘密度函数 $f_X(x)$，$f_Y(y)$？反过来呢？

3. 若 n 个随机变量 $X_1,X_2,\cdots,X_n$ 相互独立且 $X_i\sim N(\mu,\sigma^2)(i=1,2,\cdots,n)$，那么 $\dfrac{1}{n}\sum_{i=1}^{n}X_i$ 服从什么分布？

4. 对于随机变量 X 与 Y,若都服从相同的分布,那么是否有 $X = Y$?

习题二

1. 试说明下列函数能否为某随机变量的分布函数:

$$F_1(x) = \begin{cases} 0, & x<0, \\ \sin x, & 0 \leqslant x < \dfrac{\pi}{2}, \\ 1, & x \geqslant \dfrac{\pi}{2}. \end{cases} \qquad F_2(x) = \begin{cases} 0, & x<0, \\ \dfrac{\ln(1+x)}{1+x}, & x \geqslant 0. \end{cases}$$

2. 设随机变量 X 的分布函数为

$$F(x) = \begin{cases} 0, & x<-1, \\ \dfrac{1}{4}, & x=-1, \\ ax+b, & -1<x<1, \\ 1, & x \geqslant 1, \end{cases}$$

且 $P(X=1) = \dfrac{1}{2}$,试求:(1)常数 a,b 的值.(2)$P(-2<X<1)$.

3. 将编号为 $1,2,3,4$ 的四个球随机地放入 3 个不同的盒子中,每个盒子所放球的个数不限,以 X 表示放球最多的盒子中球的个数,试求 X 的分布列及其分布函数 $F(x)$.

4. 现定期发行某种彩票,每注 1 元,中奖率为 p. 某人每次购买 1 注,如果没有中奖下次再继续购买 1 注,直至中奖为止. 试求该人购买次数 X 的分布列.

5. 将一颗骰子抛掷两次,以 X 表示两次中得到的小的点数,试求 X 的分布列.

6. 设随机变量 X 的分布列为

X	0	1	2	3
P	$c^2 - \dfrac{3}{2}c$	$\dfrac{1}{5}$	$\dfrac{7}{2} - 2c$	$\dfrac{3}{10}$

试求:(1)常数 c 的值.(2)在 $X \leqslant 2$ 的条件下 $X>0$ 的概率.

7. 设离散型随机变量 X 的分布函数为

$$F(x) = \begin{cases} 0, & x<-2, \\ 0.2, & -2 \leqslant x < 1, \\ 0.4, & 1 \leqslant x < 2, \\ 1, & x \geqslant 2. \end{cases}$$

试求:(1)X 的分布列.(2)$P(0 \leqslant X \leqslant 2)$.

8. 设连续型随机变量 X 的分布函数为

$$F(x) = \begin{cases} c, & x<0, \\ a+be^{-\frac{x^3}{2}}, & x \geqslant 0. \end{cases}$$

试求:(1)常数 a,b,c 的值.(2)随机变量 X 的密度函数.

9. 设连续型随机变量 X 的密度函数为

$$f(x) = \begin{cases} ax^2, & 0 \leqslant x \leqslant 1, \\ 2-x, & 1 < x \leqslant 2, \\ 0, & \text{其他}. \end{cases}$$

试求:(1)常数 a 的值.(2)随机变量 X 的分布函数.(3)$P\left(\dfrac{1}{2} < X < \dfrac{3}{2}\right)$.

10. 设连续型随机变量 $X \sim E(\lambda)$,证明:对一切实数 $s>0,t>0$ 有
$$P(X>s+t \mid X>t) = P(X>s).$$

11. 设离散型随机变量 X 的分布列为
$$P(X=k) = (1-p)^{k-1}p, \quad k=1,2,\cdots,$$
其中 $0<p<1$,证明:对任意正整数 m,n 有
$$P(X>n+m \mid X>m) = P(X>n).$$

(上述分布列对应的分布称为参数为 p 的几何分布,上述性质称为几何分布的无记忆性.)

12. 某人购买某种彩票,若已知中奖的概率为 0.001,现购买 2 000 张彩票,试求:(1)此人中奖的概率.(2)至少有 3 张彩票中奖的概率(用泊松分布近似计算).

13. 假设测量的随机误差 $X \sim N(0,4)$,试求在 10 次独立重复测量中,至少有二次测量误差的绝对值大于 3.92 的概率.

14. 一个完全不懂中文的外国人去参加一个中文考试,假设此考试有 5 个选择题,每题有 4 个选择,其中只有一个正确答案,试求:此人能答对 3 题以上而及格的概率.

15. 一大楼有 5 台同类型的供水设备,设每台设备是否被使用相互独立,调查表明在任一时刻 t 每台设备被使用的概率为 0.1,问在同一时刻,

(1) 恰好有 2 台设备被使用的概率是多少?

(2) 至少有 3 台设备被使用的概率是多少?

(3) 至多有 3 台设备被使用的概率是多少?

16. 某人家中,在时间间隔 t(以小时计)内接到电话的次数 X 服从参数为 $2t$ 的泊松分布.

(1) 若他外出计划用时 10 min,问其间电话铃响一次的概率是多少?

(2) 若他希望外出时没有电话的概率至少为 0.5,问他外出应该控制最长时间是多少?

17. 一电话总机每分钟收到呼唤的次数服从参数为 4 的泊松分布,求:

(1) 某一分钟恰有 8 次呼唤的概率.

(2) 某一分钟的呼唤次数大于 3 的概率.

18. 假设一保险公司在任何长为 t 的时间内发生索赔的次数 $N(t)$ 服从参数为 $\lambda t(\lambda>0)$ 的泊松分布,试求:(1)相继两次索赔之间时间间隔 Y 的分布.(2)在保险公司 6 h 内无索赔的情况下,再过 4 h 仍无索赔的概率.

19. 设随机变量 $X \sim N(1,4)$,试求:

(1) $P(X<6)$.　(2) $P(-2<X<3)$.　(3) $P(X>7)$.

20. 设顾客在某银行的窗口等待服务的时间 X(单位:min)服从指数分布,其密度为

$$f(x) = \begin{cases} \dfrac{1}{5}e^{-\frac{x}{5}}, & x>0, \\ 0, & \text{其他}. \end{cases}$$

某顾客在窗口等待服务,若超过 10 min 他就离开,他一个月要到银行 5 次,以 Y 表示一个月内他未等到服务而离开窗口的次数,试求 Y 的分布列,并求 $P(Y \geqslant 1)$.

21. 设 K 在 $(0,5)$ 上服从均匀分布,求 x 的方程 $4x^2 + 4Kx + K + 2 = 0$ 有实根的概率.

22. 设随机变量 $Z \sim U(-2,2)$,随机变量

$$X = \begin{cases} -1, & Z \leqslant -1, \\ 1, & Z > -1, \end{cases} \qquad Y = \begin{cases} -1, & Z \leqslant 1, \\ 1, & Z > 1. \end{cases}$$

试求:(1)二维随机变量 (X,Y) 的联合分布列.(2)(X,Y) 的联合分布函数 $F(x,y)$.

23. 设二维连续型随机变量 (X,Y) 的联合密度函数为

$$f(x,y) = \begin{cases} k(x+y), & 0<x<1, 0<y<1, \\ 0, & \text{其他}. \end{cases}$$

试求:(1)常数 k 的值.(2)X 与 Y 的边缘密度函数 $f_X(x)$ 及 $f_Y(y)$.(3)$P(X+Y<1)$ 及 $P\left(X<\dfrac{1}{2}\right)$.

24. 设二维连续型随机变量 (X,Y) 的联合密度函数为

$$f(x,y) = \begin{cases} 1, & 0<x<1, 0<y<2x, \\ 0, & \text{其他}. \end{cases}$$

试求:(1)X 与 Y 的边缘密度函数 $f_X(x)$ 及 $f_Y(y)$.(2)X 与 Y 相互独立吗?(3)$Z=2X-Y$ 的密度函数 $f_Z(z)$.

25. 设二维离散型随机变量 (X,Y) 的联合分布列

X	Y		
	0	1	2
1	0.1	0.2	0.1
2	0.15	0.3	0.15

试求:(1)X 与 Y 的边缘分布列.(2)在 Y 的条件下,X 的条件分布列.(3)X 与 Y 相互独立吗?

26. 设二维连续型随机变量 (X,Y) 的联合密度函数为

$$(1)\ f(x,y) = \begin{cases} \dfrac{6}{5}x^2(4xy+1), & 0<x<1, 0<y<1, \\ 0, & \text{其他}. \end{cases}$$

$$(2)\ f(x,y) = \begin{cases} 24y(1-x-y), & x>0, y>0, x+y<1, \\ 0, & \text{其他}. \end{cases}$$

试求:条件密度函数 $f_{Y|X}(y|x)$ 及 $f_{X|Y}(x|y)$.

27. 设随机变量 $X \sim N(0,1)$,试求 $Y = |X|$ 的密度函数.

28. 设连续型随机变量 X 的密度函数为

$$f(x) = \begin{cases} \dfrac{1}{2}, & -1 < x < 0, \\ \dfrac{1}{4}, & 0 \le x < 2, \\ 0, & \text{其他.} \end{cases}$$

令 $Y = X^2$,$F(x,y)$ 为二维随机变量 (X,Y) 的联合分布函数.求:(1) Y 的密度函数 $f_Y(y)$.
(2) $F\left(-\dfrac{1}{2}, 4\right)$.

29. 设随机变量 $X \sim U(0,1)$,试求:$Y = \mathrm{e}^X$ 的密度函数.

30. 设连续型随机变量 X 的密度函数为

$$f(x) = \begin{cases} \dfrac{1}{2} x^{-\frac{1}{2}}, & 1 < x < 4, \\ 0, & \text{其他.} \end{cases}$$

$F(x)$ 为随机变量 X 的分布函数.求:(1) $F(x)$.(2) 随机变量 $Y = F(X)$ 的密度函数.

31. 设随机变量 X 的分布函数 $F(x)$ 为严格单调的连续函数.

(1) 试证明随机变量 $Y = F(X)$ 服从均匀分布 $U(0,1)$.

(2) 若对任意实数 x,$F(x) < 1$ 且 $R(x) = -\ln(1 - F(x))$,试证明随机变量 $Z = R(X)$ 服从指数分布 $E(1)$.

32. 设离散型随机变量 X 的分布列为

X	-1	0	1	2
P	$2a$	$\dfrac{1}{4}$	a	$\dfrac{1}{2}$

试求:(1) 常数 a 的值.(2) $Y = X^2 - 2$ 的分布列.

33. 设随机变量 $X \sim U(0,1)$,$Y \sim E(1)$,且 X 与 Y 相互独立,$Z = X + Y$,试求:(1) $P(X - Y \ge -2)$.(2) Z 的密度函数.

34. 设离散型随机变量 X 的分布列为

X	-1	1
P	0.4	0.6

连续型随机变量 Y 的密度函数为 $f(y)$ 且 X 与 Y 相互独立.问随机变量 $X + Y$ 为连续型吗?若是,求其密度函数.

35. 三角形分布是以下限为 a、众数为 c、上限为 b 的具有三个参数的连续概率分布类型,常用于商务决策、项目管理、风险性成本管理等研究领域. 在实际应用中, a,b,c 又分别称为最小值、最大值和最可能值. 三角形分布的概率密度函数形式为

$$f(x)=\begin{cases}\dfrac{2(x-a)}{(b-a)(c-a)}, & a\leqslant x<c,\\[2mm] \dfrac{2(b-x)}{(b-a)(b-c)}, & c\leqslant x\leqslant b,\\[2mm] 0, & \text{其他}.\end{cases}$$

现某公司承接一项工程,根据经验和调研数据,确定工程的最小成本、最可能成本和最大成本分别是 25 万元、30 万元、38 万元,设工程所需成本为 X 万元.

（1）写出工程所需成本的密度函数.

（2）求 $P(X\leqslant 30)$.

36. 一台机器制造直径(单位:cm)为 X 的轴,另一台机器制造内径(单位:cm)为 Y 的轴套, (X,Y) 的联合密度函数为

$$f(x,y)=\begin{cases}2\,500, & 0.49<x<0.51, 0.51<y<0.53,\\ 0, & \text{其他}.\end{cases}$$

若轴套的内径比轴的直径大 0.004 但不大于 0.036,则认为两者能配合成套,产品合格. 现任取一个轴和一个轴套,问能刚好配合成套的概率是多少?

第三章

随机变量的数字特征

在第二章中,我们介绍了可以完整描述随机变量概率特性的分布函数.然而在实际问题中,有时人们并不需要全面掌握随机变量的概率分布,而只需知道随机变量的某些数字特征量即可.例如,在考察电子元件的质量时,我们关心的是电子元件的平均寿命和电子元件寿命的离散情况,平均寿命长并且离散程度小,电子元件的质量就好.概率论中,把描述随机变量数量方面的特征的量称为数字特征,数字特征是由随机变量的分布函数确定的,是对分布函数进行某种运算的结果.

本章将讨论一些常用的随机变量的数字特征,主要包括刻画随机变量取值平均位置的数学期望,描述随机变量偏离平均值程度的方差,反映两个随机变量之间联系的协方差和相关系数等.这些量在概率论与数理统计的研究中起着非常重要的作用.

§3.1 数 学 期 望

3.1.1 数学期望的定义

在很多实际问题中,我们不但对随机变量的分布感兴趣,有时还想知道这一随机变量的平均值是多少.例如,若随机变量 X 表示一个路口在某时间段内经过的车辆数,那么这个路口在这段时间内平均经过的车辆是多少呢?即随机变量 X 的平均值是多少呢?在具体给出随机变量的平均值定义之前,先看下面的例子.

现考虑某个变量 X,它的所有可能不同取值为 $x_1, x_2, \cdots, x_m$,现进行了 n 次试验,所得到的试验结果如下:

X	x_1	x_2	$\cdots$	x_m
频数	n_1	n_2	$\cdots$	n_m

显然 $n_1+n_2+\cdots+n_m=n$. 从而,这 n 次试验结果所得到的 X 的平均值为

$$\frac{n_1 x_1 + n_2 x_2 + \cdots + n_m x_m}{n} = \sum_{i=1}^{m} \frac{n_i}{n} x_i.$$

在上式中,$\dfrac{n_i}{n}$ 为 $X=x_i$ 出现的频率. 若再做 n 次试验,此时又会得到 X 的另一个平均值. 那么,X 的平均值到底是多少呢? 出现上述不同平均值的原因,就是在每一组试验中所得

到的 $X = x_i$ 的频率会有所不同,即 $X = x_i$ 的频率带有随机波动性.但前面已经指出频率具有某种稳定性,$X = x_i$ 的频率会稳定在它的概率 p_i 附近.因此,上述计算的 X 的平均值会稳定在 $\sum\limits_{i=1}^{m} p_i x_i$ 附近,这个数就是变量 X 的"真正的平均值"或者"理论平均值",也是我们期望 X 能够取到的值,称之为 X 的数学期望.

下面分别对离散型随机变量及连续型随机变量给出数学期望的定义.

定义 3.1.1 设离散型随机变量 X 的分布列为 $p_i = P(X = x_i)$,$i = 1, 2, \cdots$.若

$$\sum_{i=1}^{\infty} |x_i| \, p_i < +\infty , \tag{3.1.1}$$

则称

$$E(X) = \sum_{i=1}^{\infty} x_i p_i$$

为离散型随机变量 X 的**数学期望**,或称为该**分布的数学期望**,简称为**期望**或**均值**.若式(3.1.1)不成立,则称随机变量 X 的数学期望不存在.

在上述定义中,式(3.1.1)是为了保证数学期望在无穷项级数求和时,其值不受各项次序变动影响,这是因为随机变量的取值次序可先可后.

例 3.1.1 某射击队现需要从两名射击运动员中选拔出一名参加运动会,根据过去的记录显示,两人的技术水平如下:

甲射手				乙射手		
击中环数	8	9	10	击中环数	8	9	10
概率	0.2	0.2	0.6	概率	0.1	0.5	0.4

问哪个射手技术比较好?

解 设 X 表示甲射手的击中环数,Y 表示乙射手的击中环数,则甲、乙两人的平均击中环数分别为

$$E(X) = 8 \times 0.2 + 9 \times 0.2 + 10 \times 0.6 = 9.4 \ \text{环},$$
$$E(Y) = 8 \times 0.1 + 9 \times 0.5 + 10 \times 0.4 = 9.3 \ \text{环}.$$

由于 $E(X) > E(Y)$,故甲射手技术比较好.

随机变量的数学期望并不总是存在,下面给出一个数学期望不存在的离散型随机变量的例子.

例 3.1.2 传说过去在圣彼得堡街头流行着一种赌博,规则是由参加者先付一定数目的钱,比如 1 000 卢布,然后掷分币,当第一次出现人像面朝上时一局赌博终止,若到第 n 次才出现人像面朝上,参加者收回 2^n 个卢布,$n = 1, 2, 3, \cdots$,求参加赌博者所赢得金钱数额的数学期望.

解 设随机变量 X 表示参加赌博者所赢得的金钱数额,则 X 的取值为

$$x_n = 2^n - 1\ 000, \quad n = 1, 2, \cdots,$$

相应的概率为

$$P(X = x_n) = \frac{1}{2^n}, \quad n = 1, 2, \cdots,$$

因此,

$$\sum_{n=1}^{\infty} x_n p_n = \sum_{n=1}^{\infty} (2^n - 1\,000) \times \frac{1}{2^n} = +\infty.$$

所以 X 的数学期望不存在.

下面给出几种常见离散型分布的数学期望.

1. 二项分布

设随机变量 $X \sim B(n, p)$,则

$$E(X) = \sum_{k=0}^{n} k C_n^k p^k (1-p)^{n-k} = np \sum_{k=1}^{n} C_{n-1}^{k-1} p^{k-1} (1-p)^{(n-1)-(k-1)} = np.$$

特别地,若随机变量 X 服从参数为 p 的两点分布,即二项分布 $B(1, p)$,则 $E(X) = p$.

2. 泊松分布

设随机变量 $X \sim P(\lambda)$,则

$$E(X) = \sum_{k=0}^{\infty} k \frac{\lambda^k}{k!} \mathrm{e}^{-\lambda} = \lambda \sum_{k=1}^{\infty} \frac{\lambda^{k-1}}{(k-1)!} \mathrm{e}^{-\lambda} = \lambda.$$

3. 超几何分布

设随机变量 $X \sim H(n, M, N)$,记 $r = \min\{n, M\}$,则

$$E(X) = \sum_{k=0}^{r} k \frac{C_M^k C_{N-M}^{n-k}}{C_N^n} = \frac{nM}{N} \sum_{k=1}^{r} \frac{C_{M-1}^{k-1} C_{(N-1)-(M-1)}^{(n-1)-(k-1)}}{C_{N-1}^{n-1}} = \frac{nM}{N}.$$

由定义 3.1.1 知离散型随机变量 X 的数学期望为 X 的取值的加权平均,其权重恰为其取值的概率. 对于连续型随机变量 X,我们可以利用微元法的思想,用微分 $f(x)\mathrm{d}x$ 来代替离散情形中的随机变量取值的概率,用积分号代替求和号,则连续型随机变量的数学期望的定义具有如下的积分形式.

定义 3.1.2   设连续型随机变量 X 的密度函数为 $f(x)$,若

$$\int_{-\infty}^{+\infty} |x| f(x) \mathrm{d}x < +\infty, \tag{3.1.2}$$

则称

$$E(X) = \int_{-\infty}^{+\infty} x f(x) \mathrm{d}x$$

为连续型随机变量 X 的**数学期望**,或称为该**分布的数学期望**,简称为**期望**或**均值**. 若式 (3.1.2) 不成立,则称随机变量 X 的数学期望不存在.

下面给出几种常见连续型分布的数学期望.

1. 均匀分布

设随机变量 $X \sim U(a, b)$,则

$$E(X) = \int_a^b x \frac{1}{b-a} \mathrm{d}x = \frac{a+b}{2}.$$

这一结果是很容易理解的.因为 X 在区间 (a,b) 上取值是等可能的,所以,它取值的平均值就应为 (a,b) 的中点.

2. 指数分布

设随机变量 $X \sim E(\lambda)$,则

$$E(X) = \int_0^{+\infty} x\lambda e^{-\lambda x} dx = -\int_0^{+\infty} x de^{-\lambda x} = \frac{1}{\lambda}.$$

因此,当用指数分布来描述各种元件的使用寿命时,其平均寿命为指数分布中的参数 λ 的倒数,λ 越大,平均寿命则越短.

3. 正态分布

设随机变量 $X \sim N(\mu, \sigma^2)$,则

$$E(X) = \frac{1}{\sigma\sqrt{2\pi}} \int_{-\infty}^{+\infty} x e^{-\frac{(x-\mu)^2}{2\sigma^2}} dx$$

$$\overset{x=\mu+t}{=} \frac{1}{\sigma\sqrt{2\pi}} \int_{-\infty}^{+\infty} (t+\mu) e^{-\frac{t^2}{2\sigma^2}} dt$$

$$= \frac{1}{\sigma\sqrt{2\pi}} \int_{-\infty}^{+\infty} t e^{-\frac{t^2}{2\sigma^2}} dt + \frac{\mu}{\sigma\sqrt{2\pi}} \int_{-\infty}^{+\infty} e^{-\frac{t^2}{2\sigma^2}} dt.$$

在上式求和的第一项中,由于被积函数为奇函数,所以积分为零;而在第二项中,由于 $\int_{-\infty}^{+\infty} \frac{1}{\sigma\sqrt{2\pi}} e^{-\frac{t^2}{2\sigma^2}} dt = 1$,所以 $E(X) = \mu$.

特别地,当 $X \sim N(0,1)$,我们有 $E(X) = 0$.

与离散型类似,也有数学期望不存在的连续型分布.

例 3.1.3(柯西(Cauchy)分布) 设连续型随机变量 X 的密度函数为

$$f(x) = \frac{1}{\pi(1+x^2)}, \quad -\infty < x < +\infty,$$

试求 X 的数学期望.

解 由于 $\int_{-\infty}^{+\infty} |x| f(x) dx = \int_{-\infty}^{+\infty} \frac{|x|}{\pi(1+x^2)} dx = 2\int_0^{+\infty} \frac{x}{\pi(1+x^2)} dx = +\infty$,所以 X 的数学期望不存在.

3.1.2 随机变量函数的数学期望

在实际问题中,经常需要求随机变量函数的数学期望.例如,已知某商场第一季度的销售额 X 和第二季度的销售额 Y,求该商场上半年的平均销售额,即求函数 $Z = X+Y$ 的期望.对于随机变量 X,它的函数 $Y = g(X)$ 通常也是一个随机变量.如果能够求出随机变量函数的分布,则可按照定义 3.1.1 或定义 3.1.2 求出相应的数学期望.但是,求随机变量函数的分布往往比较烦琐,甚至有的时候很难求出.如果能够避求随机变量函数的分布,而直接利用随机变量的分布来求其数学期望,那将会带来很大方便.下面不加证明地给出计算随

机变量函数的数学期望的公式.

定理 3.1.1 设 $Y = g(X)$ 为随机变量 X 的函数,

(1) 若 X 为离散型随机变量,其分布列为 $p_i = P(X = x_i)$, $i = 1, 2, \cdots$, 且 $\sum\limits_{i=1}^{+\infty} g(x_i) p_i$ 绝对收敛,则

$$E(Y) = E(g(X)) = \sum_{i=1}^{\infty} g(x_i) p_i. \tag{3.1.3}$$

(2) 若 X 为连续型随机变量,其密度函数为 $f(x)$, 且 $\int_{-\infty}^{+\infty} g(x) f(x) \, \mathrm{d}x$ 绝对收敛,则

$$E(Y) = E(g(X)) = \int_{-\infty}^{+\infty} g(x) f(x) \, \mathrm{d}x. \tag{3.1.4}$$

例 3.1.4 已知随机变量 X 的分布函数为

$$F(x) = \begin{cases} 0, & x < -1, \\ \dfrac{1}{3}, & -1 \leqslant x < 0, \\ \dfrac{2}{3}, & 0 \leqslant x < 1, \\ 1, & x \geqslant 1. \end{cases}$$

又设 $Y = 1 + X^2$, 试求 Y 的数学期望.

解 由于 X 的分布函数为右连续阶梯函数,所以 X 是离散型随机变量,且

$$P(X = -1) = F(-1) - F(-1 - 0) = \frac{1}{3},$$

$$P(X = 0) = F(0) - F(0 - 0) = \frac{1}{3},$$

$$P(X = 1) = F(1) - F(1 - 0) = \frac{1}{3}.$$

从而由式(3.1.3)知

$$E(Y) = E(1 + X^2) = (1 + (-1)^2) \times \frac{1}{3} + (1 + 0^2) \times \frac{1}{3} + (1 + 1^2) \times \frac{1}{3} = \frac{5}{3}.$$

例 3.1.5 某商店按季节出售某种商品,每售出 1 件可获纯利润 300 元,如果到季末该商品尚有剩余,则每件将亏损 100 元. 设每年该商店该种商品的销售量(单位:件) $X \sim U(2\,000, 4\,000)$,问该商店应进货多少件才能获得最大的期望利润?

解 设该商店应进货 a 件, $2\,000 \leqslant a \leqslant 4\,000$,则利润为

$$Z = \begin{cases} 300X - 100(a - X), & X \leqslant a, \\ 300a, & X > a. \end{cases}$$

由于 $X \sim U(2\,000, 4\,000)$, 故 X 的密度函数为

$$f(x) = \begin{cases} \dfrac{1}{2\,000}, & 2\,000 \leqslant x \leqslant 4\,000, \\ 0, & \text{其他}. \end{cases}$$

从而,由式(3.1.4)知

$$E(Z) = \int_{2\,000}^{a} (300x - 100(a-x)) \frac{1}{2\,000} \mathrm{d}x + \int_{a}^{4\,000} 300a \frac{1}{2\,000} \mathrm{d}x$$

$$= -\frac{1}{10} (a^2 - 7\,000a + 2\,000^2).$$

记

$$g(a) = -\frac{1}{10} (a^2 - 7\,000a + 2\,000^2),$$

由

$$g'(a) = -\frac{1}{10} (2a - 7\,000) = 0,$$

得

$$a = 3\,500.$$

因此,该商店应进货 3 500 件才能获得最大的期望利润.

上述定理可以推广到多维随机变量函数的情形,在此仅给出二维的结论.

定理 3.1.2 设 $Z = g(X,Y)$ 为二维随机变量 (X,Y) 的函数.

(1) 若 (X,Y) 为二维离散型随机变量,其联合分布列为

$$p_{ij} = P(X = x_i, Y = y_j), \quad i,j = 1,2,\cdots,$$

且 $\sum\limits_{i=1}^{\infty} \sum\limits_{j=1}^{\infty} g(x_i, y_j) p_{ij}$ 绝对收敛,则

$$E(Z) = E(g(X,Y)) = \sum_{i=1}^{\infty} \sum_{j=1}^{\infty} g(x_i, y_j) p_{ij}.$$

特别地,

$$E(X) = \sum_{i=1}^{\infty} \sum_{j=1}^{\infty} x_i p_{ij} = \sum_{i=1}^{\infty} x_i p_{i\cdot},$$

$$E(Y) = \sum_{i=1}^{\infty} \sum_{j=1}^{\infty} y_j p_{ij} = \sum_{j=1}^{\infty} y_j p_{\cdot j}.$$

(2) 若 (X,Y) 为二维连续型随机变量,其联合密度函数为 $f(x,y)$,且 $\int_{-\infty}^{+\infty} \int_{-\infty}^{+\infty} g(x,y)f(x,y)\mathrm{d}x\mathrm{d}y$ 绝对收敛,则

$$E(Z) = E(g(X,Y)) = \int_{-\infty}^{+\infty} \int_{-\infty}^{+\infty} g(x,y)f(x,y)\mathrm{d}x\mathrm{d}y.$$

特别地,

$$E(X) = \int_{-\infty}^{+\infty} \int_{-\infty}^{+\infty} xf(x,y)\mathrm{d}x\mathrm{d}y = \int_{-\infty}^{+\infty} xf_X(x)\mathrm{d}x,$$

$$E(Y) = \int_{-\infty}^{+\infty} \int_{-\infty}^{+\infty} yf(x,y)\mathrm{d}x\mathrm{d}y = \int_{-\infty}^{+\infty} yf_Y(y)\mathrm{d}y.$$

例 3.1.6 设二维离散型随机变量 (X,Y) 的联合分布列为

X	Y		
	−1	0	1
1	0.2	0.1	0.1
2	0.1	0	0.1
3	0	0.3	0.1

试求: $E(X), E(Y), E(\min\{X,Y\}), E\left(\dfrac{Y}{X}\right)$.

解　由定理 3.1.2(1) 知

$$E(X) = 1\times(0.1+0.2+0.1) + 2\times(0.1+0.1) + 3\times(0.3+0.1) = 2.$$

$$E(Y) = -1\times(0.2+0.1) + 0\times(0.1+0.3) + 1\times(0.1+0.1+0.1) = 0.$$

$$E(\min\{X,Y\}) = -1\times(0.2+0.1) + 0\times(0.1+0.3) + 1\times(0.1+0.1+0.1) = 0.$$

$$E\left(\frac{Y}{X}\right) = -1\times0.2 - \frac{1}{2}\times0.1 + 0\times(0.1+0.3) + 1\times0.1 + \frac{1}{2}\times0.1 + \frac{1}{3}\times0.1 = -\frac{1}{15}.$$

例 3.1.7　设二维连续型随机变量 (X,Y) 在区域 $D = \{(x,y) \mid 0<x<y<1\}$ 中服从均匀分布, 试求 $E(X), E(Y)$ 及 $E(XY)$.

解　随机变量 (X,Y) 的联合密度为

$$f(x,y) = \begin{cases} 2, & 0<y<1, 0<x<y, \\ 0, & \text{其他}. \end{cases}$$

由定理 3.1.2(2) 知

$$E(X) = \int_{-\infty}^{+\infty}\int_{-\infty}^{+\infty} xf(x,y)\,\mathrm{d}x\mathrm{d}y = \int_0^1\left(\int_0^y 2x\mathrm{d}x\right)\mathrm{d}y = \frac{1}{3},$$

$$E(Y) = \int_{-\infty}^{+\infty}\int_{-\infty}^{+\infty} yf(x,y)\,\mathrm{d}x\mathrm{d}y = \int_0^1\left(\int_0^y 2y\mathrm{d}x\right)\mathrm{d}y = \frac{2}{3},$$

$$E(XY) = \int_{-\infty}^{+\infty}\int_{-\infty}^{+\infty} xyf(x,y)\,\mathrm{d}x\mathrm{d}y = \int_0^1\left(\int_0^y 2xy\mathrm{d}x\right)\mathrm{d}y = \frac{1}{4}.$$

3.1.3　数学期望的性质

随机变量的数学期望具有如下若干**性质**(下面所涉及的随机变量的数学期望均假设存在):

性质 1　设 c 为常数, 则 $E(c) = c$.

性质 2　设 a 为常数, X 为随机变量, 则 $E(aX) = aE(X)$.

性质 3　设 X 与 Y 为随机变量, 则 $E(X+Y) = E(X) + E(Y)$.

性质 2 和性质 3 说明数学期望具有线性性质. 此性质可以推广到有限个随机变量的和的情形, 即对任意 n 个随机变量 $X_1, X_2, \cdots, X_n$ 和 n 个常数 $a_1, a_2, \cdots, a_n$, 有

$$E\left(\sum_{i=1}^n a_i X_i\right) = \sum_{i=1}^n a_i E(X_i).$$

数学期望的线性性质告诉我们,即使不知道若干个随机变量的联合分布,而仅知道它们各自的边缘分布,仍可利用数学期望的线性性质求出它们的线性组合的数学期望.

性质 4 设 X 与 Y 为相互独立的随机变量,则 $E(XY)=E(X)E(Y)$.

一般地,若随机变量 $X_1,X_2,\cdots,X_n$ 相互独立,则

$$E(X_1 X_2 \cdots X_n)=E(X_1)E(X_2)\cdots E(X_n).$$

注 性质 4 的逆命题不一定成立,即若 $E(XY)=E(X)E(Y)$,则 X 与 Y 不一定独立.

证明 性质 1 及性质 2 显然. 下面仅就连续型随机变量证明性质 3 及性质 4. 设 (X,Y) 为二维连续型随机变量具有联合密度函数为 $f(x,y)$,关于 X 与 Y 的边缘密度函数分别为 $f_X(x)$ 及 $f_Y(y)$. 从而,

$$
\begin{aligned}
E(X+Y) &= \int_{-\infty}^{+\infty}\int_{-\infty}^{+\infty}(x+y)f(x,y)\,\mathrm{d}x\mathrm{d}y \\
&= \int_{-\infty}^{+\infty}\int_{-\infty}^{+\infty}xf(x,y)\,\mathrm{d}x\mathrm{d}y+\int_{-\infty}^{+\infty}\int_{-\infty}^{+\infty}yf(x,y)\,\mathrm{d}x\mathrm{d}y \\
&= \int_{-\infty}^{+\infty}x\left(\int_{-\infty}^{+\infty}f(x,y)\,\mathrm{d}y\right)\mathrm{d}x+\int_{-\infty}^{+\infty}y\left(\int_{-\infty}^{+\infty}f(x,y)\,\mathrm{d}x\right)\mathrm{d}y \\
&= \int_{-\infty}^{+\infty}xf_X(x)\,\mathrm{d}x+\int_{-\infty}^{+\infty}yf_Y(y)\,\mathrm{d}y \\
&= E(X)+E(Y).
\end{aligned}
$$

若 X 与 Y 相互独立,则

$$
\begin{aligned}
E(XY) &= \int_{-\infty}^{+\infty}\int_{-\infty}^{+\infty}xyf(x,y)\,\mathrm{d}x\mathrm{d}y \\
&= \int_{-\infty}^{+\infty}\int_{-\infty}^{+\infty}xyf_X(x)f_Y(y)\,\mathrm{d}x\mathrm{d}y \\
&= \left(\int_{-\infty}^{+\infty}xf_X(x)\,\mathrm{d}x\right)\left(\int_{-\infty}^{+\infty}yf_Y(y)\,\mathrm{d}y\right) \\
&= E(X)E(Y).
\end{aligned}
$$

例 3.1.8 设随机变量 $X\sim U(0,4)$,$Y\sim N(2,1)$,求 $2X-Y+4$ 的数学期望.

解 由 $X\sim U(0,4)$ 及 $Y\sim N(2,1)$ 知 $E(X)=2$,$E(Y)=2$. 故
$$E(2X-Y+4)=2E(X)-E(Y)+4=6.$$

例 3.1.9 设随机变量 $X\sim N(1,9)$,$Y\sim U(0,1)$,$Z\sim B(5,0.5)$,且 X,Y,Z 相互独立,求 $(2X+Y)(Z+1)$ 的数学期望.

解 由 $X\sim N(1,9)$,$Y\sim U(0,1)$,$Z\sim B(5,0.5)$ 知
$$E(X)=1,\quad E(Y)=\frac{1}{2},\quad E(Z)=\frac{5}{2}.$$
又由于 X,Y,Z 相互独立,故由性质 4 得
$$E[(2X+Y)(Z+1)]=E(2X+Y)E(Z+1)$$
$$=[2E(X)+E(Y)][E(Z)+1]=\frac{35}{4}.$$

例 3.1.10 某学校校车载有 15 位乘客,自学校开出,沿途乘客有 10 个站点可以下车.

如果到达一个站点没有乘客下车校车就不停. 设每位乘客在各个站点下车是等可能的, 且各乘客是否下车相互独立, 用 X 表示停车的次数, 求该校车的平均停车次数 $E(X)$.

解 设随机变量

$$X_i = \begin{cases} 0, & \text{第 } i \text{ 个站点无人下车}, \\ 1, & \text{第 } i \text{ 个站点有人下车}, \end{cases} \quad i = 1, 2, \cdots, 10,$$

故 $X = X_1 + X_2 + \cdots + X_{10}$. 由题意知, 任一位乘客在第 i 个站点不下车的概率是 0.9, 又因为各乘客是否下车相互独立, 所以 15 位乘客在第 i 个站点都不下车的概率 0.9^{15}. 从而, 对 $i = 1, 2, \cdots, 10$,

$$P(X_i = 1) = 1 - 0.9^{15}, \quad P(X_i = 0) = 0.9^{15},$$

故 $E(X_i) = 0 \times 0.9^{15} + 1 \times (1 - 0.9^{15}) = 1 - 0.9^{15}$. 所以,

$$E(X) = E(X_1) + E(X_2) + \cdots + E(X_{10}) = 10 \times (1 - 0.9^{15}) \approx 8,$$

即该校车平均停车 8 次.

在这个例子中, 我们很难求出随机变量 X 的分布, 上面的计算巧妙地利用了数学期望的性质绕过了直接去求 X 的分布这一困难. 将一个复杂的随机变量分解成若干个简单随机变量之和, 然后利用性质 3 来求数学期望, 这是一个很重要、很常用的方法.

§3.2 方 差

3.2.1 方差的定义

数学期望是随机变量最重要的数字特征之一, 它反映了随机变量的平均取值水平. 但这个数字特征无法反映出随机变量取值的波动程度, 或者说离其平均值的偏离程度. 例如, 设甲、乙两只股票的投资回报率分别用随机变量 X 与 Y 来表示, 其分布列分别为

X	-10%	20%
P	0.4	0.6

Y	-2.5%	15%
P	0.4	0.6

显然, $E(X) = E(Y) = 8\%$, 但随机变量 X 与其均值之间的偏离程度要比 Y 与其均值之间的偏离程度大. 为了更好地从数值上刻画随机变量取值的波动程度, 本节将介绍随机变量的另一个数字特征——方差.

定义 3.2.1 对于随机变量 X, 若 $E\{[X - E(X)]^2\} < +\infty$, 则称 $E\{[X - E(X)]^2\}$ 为随机变量 X 的**方差**, 记作 $D(X)$ 或 $\mathrm{Var}(X)$, 即

$$D(X) = E\{[X - E(X)]^2\}.$$

称 $\sqrt{D(X)}$ 为随机变量 X 的**标准差**或**均方差**, 记作 $\sigma(X)$.

从上述定义知, 随机变量 X 的方差表明了随机变量 X 的取值与其数学期望 $E(X)$ 的偏离程度, 若 $D(X)$ 较小, 则说明 X 的取值比较集中在 $E(X)$ 附近; 若 $D(X)$ 较大, 则说明 X 的

取值相对 $E(X)$ 比较分散. 但由于随机变量的标准差与随机变量的量纲一致, 因而在实际应用中, 人们经常使用随机变量的标准差刻画随机变量取值的分散程度.

从方差的定义知, 随机变量 X 的方差实际上是随机变量 X 的函数 $g(X)=[X-E(X)]^2$ 的数学期望, 因而, 若 X 为离散型随机变量, 其分布列为 $p_i=P(X=x_i)$, $i=1,2,\cdots$, 则由式 (3.1.3) 知

$$D(X)=\sum_{i=1}^{\infty}[x_i-E(X)]^2 p_i;$$

若 X 为连续型随机变量, 其密度函数为 $f(x)$, 则由式 (3.1.4) 知

$$D(X)=\int_{-\infty}^{+\infty}[x-E(X)]^2 f(x)\,\mathrm{d}x.$$

在实际计算方差 $D(X)$ 时, 经常使用下面的公式:

$$D(X)=E(X^2)-[E(X)]^2.$$

事实上,

$$D(X)=E\{[X-E(X)]^2\}=E\{X^2-2XE(X)+[E(X)]^2\}$$
$$=E(X^2)-[E(X)]^2.$$

现在计算一下本节开始例子中的 X 与 Y 的方差.

$$E(X^2)=(-0.1)^2\times0.4+0.2^2\times0.6=0.028,$$
$$D(X)=E(X^2)-[E(X)]^2=0.0216.$$
$$E(Y^2)=(-0.025)^2\times0.4+0.15^2\times0.6=0.01375,$$
$$D(Y)=E(Y^2)-[E(Y)]^2=0.00735.$$

从而 $D(X)>D(Y)$. 因此, 在股票甲和股票乙的平均投资回报率相同的情况下, 我们应选择投资回报波动性较小的股票, 即选择投资股票乙.

下面给出几种常见分布的方差.

1. 二项分布

设随机变量 $X\sim B(n,p)$, 则 $E(X)=np$, 且

$$E(X^2)=\sum_{k=0}^{n}k^2 C_n^k p^k(1-p)^{n-k}=\sum_{k=0}^{n}[k(k-1)+k]C_n^k p^k(1-p)^{n-k}$$
$$=\sum_{k=0}^{n}k(k-1)C_n^k p^k(1-p)^{n-k}+\sum_{k=0}^{n}kC_n^k p^k(1-p)^{n-k}$$
$$=n(n-1)p^2\sum_{k=2}^{n}C_{n-2}^{k-2}p^{k-2}(1-p)^{(n-2)-(k-2)}+E(X)$$
$$=n(n-1)p^2+np.$$

从而

$$D(X)=E(X^2)-[E(X)]^2=n(n-1)p^2+np-(np)^2=np(1-p).$$

2. 泊松分布

设随机变量 $X\sim P(\lambda)$, 则 $E(X)=\lambda$, 且

$$E(X^2)=\sum_{k=0}^{\infty}k^2\frac{\lambda^k}{k!}\mathrm{e}^{-\lambda}=\sum_{k=0}^{\infty}[k(k-1)+k]\frac{\lambda^k}{k!}\mathrm{e}^{-\lambda}$$

$$
\begin{aligned}
&= \sum_{k=0}^{\infty} k(k-1)\frac{\lambda^{k}}{k!}\mathrm{e}^{-\lambda} + \sum_{k=0}^{\infty} k\frac{\lambda^{k}}{k!}\mathrm{e}^{-\lambda} \\
&= \lambda^{2} \sum_{k=2}^{\infty} \frac{\lambda^{k-2}}{(k-2)!}\mathrm{e}^{-\lambda} + E(X) \\
&= \lambda^{2} + \lambda.
\end{aligned}
$$

从而

$$
D(X) = E(X^{2}) - [E(X)]^{2} = \lambda^{2} + \lambda - \lambda^{2} = \lambda.
$$

3. 超几何分布

设随机变量 $X \sim H(n,M,N)$，记 $r = \min\{n,M\}$，则 $E(X) = \dfrac{nM}{N}$，且

$$
\begin{aligned}
E(X^{2}) &= \sum_{k=0}^{r} k^{2}\frac{C_{M}^{k}C_{N-M}^{n-k}}{C_{N}^{n}} = \sum_{k=0}^{r} [k(k-1)+k]\frac{C_{M}^{k}C_{N-M}^{n-k}}{C_{N}^{n}} \\
&= \sum_{k=0}^{r} k(k-1)\frac{C_{M}^{k}C_{N-M}^{n-k}}{C_{N}^{n}} + \sum_{k=0}^{r} k\frac{C_{M}^{k}C_{N-M}^{n-k}}{C_{N}^{n}} \\
&= \frac{M(M-1)n(n-1)}{N(N-1)} \sum_{k=2}^{r} \frac{C_{M-2}^{k-2}C_{(N-2)-(M-2)}^{(n-2)-(k-2)}}{C_{N-2}^{n-2}} + E(X) \\
&= \frac{M(M-1)n(n-1)}{N(N-1)} + \frac{nM}{N}.
\end{aligned}
$$

从而

$$
\begin{aligned}
D(X) &= E(X^{2}) - [E(X)]^{2} = \frac{M(M-1)n(n-1)}{N(N-1)} + \frac{nM}{N} - \left(\frac{nM}{N}\right)^{2} \\
&= \frac{nM(N-M)(N-n)}{N^{2}(N-1)}.
\end{aligned}
$$

4. 均匀分布

设随机变量 $X \sim U(a,b)$，则 $E(X) = \dfrac{a+b}{2}$，且

$$
E(X^{2}) = \int_{a}^{b} x^{2}\frac{1}{b-a}\mathrm{d}x = \frac{1}{3}(b^{2}+ab+a^{2}).
$$

从而

$$
D(X) = E(X^{2}) - [E(X)]^{2} = \frac{1}{3}(b^{2}+ab+a^{2}) - \frac{(a+b)^{2}}{4} = \frac{(b-a)^{2}}{12}.
$$

5. 指数分布

设随机变量 $X \sim E(\lambda)$，则 $E(X) = \dfrac{1}{\lambda}$，且

$$
E(X^{2}) = \int_{0}^{+\infty} x^{2}\lambda\mathrm{e}^{-\lambda x}\mathrm{d}x = -\int_{0}^{+\infty} x^{2}\mathrm{d}\mathrm{e}^{-\lambda x} = 2\int_{0}^{+\infty} x\mathrm{e}^{-\lambda x}\mathrm{d}x = \frac{2}{\lambda^{2}}.
$$

从而

$$D(X) = E(X^2) - [E(X)]^2 = \frac{2}{\lambda^2} - \frac{1}{\lambda^2} = \frac{1}{\lambda^2}.$$

6. 正态分布

设随机变量 $X \sim N(\mu, \sigma^2)$，则 $E(X) = \mu$，且

$$E(X^2) = \frac{1}{\sigma\sqrt{2\pi}} \int_{-\infty}^{+\infty} x^2 e^{-\frac{(x-\mu)^2}{2\sigma^2}} dx \xrightarrow{t = \frac{x-\mu}{\sigma}} \frac{1}{\sqrt{2\pi}} \int_{-\infty}^{+\infty} (t\sigma+\mu)^2 e^{-\frac{t^2}{2}} dt$$

$$= \frac{\sigma^2}{\sqrt{2\pi}} \int_{-\infty}^{+\infty} t^2 e^{-\frac{t^2}{2}} dt + \frac{2\sigma\mu}{\sqrt{2\pi}} \int_{-\infty}^{+\infty} t e^{-\frac{t^2}{2}} dt + \frac{\mu^2}{\sqrt{2\pi}} \int_{-\infty}^{+\infty} e^{-\frac{t^2}{2}} dt$$

$$= \frac{\sigma^2}{\sqrt{2\pi}} \int_{-\infty}^{+\infty} (-t) de^{-\frac{t^2}{2}} + \mu^2 = \sigma^2 + \mu^2.$$

从而

$$D(X) = E(X^2) - [E(X)]^2 = \sigma^2.$$

3.2.2 方差的性质

随机变量的方差具有如下若干性质（下面所涉及的随机变量的方差均假设存在）：

性质 1 设 c 为常数，则 $D(c) = 0$.

性质 2 设 X 为随机变量，则 $D(X) = 0$ 的充要条件为 $P[X = E(X)] = 1$.

性质 3 设 a, b 为常数，X 为随机变量，则 $D(aX+b) = a^2 D(X)$.

性质 4 设 X 与 Y 为相互独立的随机变量，则 $D(X \pm Y) = D(X) + D(Y)$.

一般地，若随机变量 $X_1, X_2, \cdots, X_n$ 相互独立，$a_1, a_2, \cdots, a_n$ 为任意常数，则

$$D\left(\sum_{i=1}^n a_i X_i\right) = \sum_{i=1}^n a_i^2 D(X_i).$$

证明 性质 1 显然．性质 2 可以利用第四章的切比雪夫（Chebyshev）不等式证明，此处略．下面证明性质 3 和性质 4.

性质 3 的证明：

$$D(aX+b) = E\{[aX+b-E(aX+b)]^2\}$$
$$= E\{[a[X-E(X)]]^2\} = a^2 D(X).$$

性质 4 的证明：

$$D(X \pm Y) = E\{[(X \pm Y) - E(X \pm Y)]^2\}$$
$$= E\{[X-E(X)]^2\} + E\{[Y-E(Y)]^2\} \pm 2E\{[X-E(X)][Y-E(Y)]\}$$
$$= D(X) + D(Y) \pm 2E[XY - XE(Y) - YE(X) + E(X)E(Y)]$$
$$= D(X) + D(Y) \pm 2[E(XY) - E(X)E(Y) - E(Y)E(X) + E(X)E(Y)]$$
$$= D(X) + D(Y) \pm 2[E(XY) - E(X)E(Y)].$$

由于 X 与 Y 相互独立，从而 $E(XY) = E(X)E(Y)$，所以

$$D(X \pm Y) = D(X) + D(Y).$$

利用数学期望的线性性质和上述性质 4，可以很容易求出二项分布的期望和方差．

例 3.2.1　设随机变量 $X \sim B(n,p)$，试求 $E(X)$ 及 $D(X)$．

解　设随机变量 $X_1, X_2, \cdots, X_n$ 相互独立，且 $X_i(i=1,2,\cdots,n)$ 都服从参数为 p 的两点分布，即二项分布 $B(1,p)$．从而由二项分布的可加性（见例 2.6.7 后的叙述）知

$$X = X_1 + X_2 + \cdots + X_n \sim B(n,p).$$

又由于对任意的 $i=1,2,\cdots,n, E(X_i)=E(X_i^2)=p$，故 $D(X_i)=p(1-p)$．所以，由数学期望和方差的性质知

$$E(X) = E(X_1)+E(X_2)+\cdots+E(X_n) = np,$$
$$D(X) = D(X_1)+D(X_2)+\cdots+D(X_n) = np(1-p).$$

例 3.2.2　设随机变量 $X \sim N(0,1)$，$Y \sim N(-1,12)$，且 X 与 Y 相互独立，试求随机变量 $Z=2X-Y+1$ 的密度函数．

解　由正态分布的线性性质（见例 2.6.3 和式（2.6.2））知 $Z=2X-Y+1$ 仍服从正态分布．又由于

$$E(Z) = E(2X-Y+1) = 2E(X)-E(Y)+1 = 2,$$
$$D(Z) = D(2X-Y+1) = 4D(X)+D(Y) = 16.$$

从而 $Z=2X-Y+1 \sim N(2,16)$．故 $Z=2X-Y+1$ 的密度函数为

$$f(z) = \frac{1}{4\sqrt{2\pi}} e^{-\frac{(z-2)^2}{32}}, \quad -\infty < z < +\infty.$$

例 3.2.3　已知随机变量 X 的方差 $D(X)$ 存在且 $D(X)>0$．设随机变量

$$X^* = \frac{X-E(X)}{\sqrt{D(X)}} = \frac{X-E(X)}{\sigma(X)},$$

证明 $E(X^*)=0$ 且 $D(X^*)=1$．通常称 X^* 为随机变量 X 的标准化随机变量．

证明　由数学期望和方差的性质易知

$$E(X^*) = \frac{1}{\sigma(X)} E[X-E(X)] = 0,$$

$$D(X^*) = \frac{1}{\sigma^2(X)} D[X-E(X)] = \frac{1}{D(X)} D(X) = 1.$$

§3.3　协方差与相关系数

3.3.1　协方差与相关系数的定义

对于二维随机变量，除了要考虑各个随机变量自身的数字特征之外，还需要研究两个随机变量之间相互关联的信息．协方差与相关系数就是描述两个随机变量之间相互关联程度的数字特征．

注意到在上节方差的性质 4 的证明中，有

$$E\{[X-E(X)][Y-E(Y)]\} = E(XY)-E(X)E(Y).$$

由期望的性质知,如果 X 与 Y 相互独立,则由 $E(XY)=E(X)E(Y)$ 知,$E\{[X-E(X)][Y-E(Y)]\}=0$;如果 $E\{[X-E(X)][Y-E(Y)]\}\neq0$,则说明 X 与 Y 不相互独立,其间存在某种关系程度,因此可用它来描述两个随机变量之间的关联程度. 为此引入下列定义.

定义 3.3.1   对于二维随机变量 (X,Y),若
$$E\{[X-E(X)][Y-E(Y)]\}$$
存在,则称其为随机变量 X 与 Y 的**协方差**,记作 $\mathrm{Cov}(X,Y)$,即
$$\mathrm{Cov}(X,Y)=E\{[X-E(X)][Y-E(Y)]\}.$$

根据数学期望的性质,容易得到一个常用的协方差计算公式:
$$\mathrm{Cov}(X,Y)=E(XY)-E(X)E(Y). \tag{3.3.1}$$

协方差 $\mathrm{Cov}(X,Y)$ 是描述 X 与 Y 相互关联程度的一个特征数,但它是有量纲的量,比如 X 表示人的身高(cm),Y 表示人的体重(kg),则 $\mathrm{Cov}(X,Y)$ 带有量纲(cm·kg). 为了消除量纲的影响,现对协方差除以相同的量纲,于是得到一个新的概念:相关系数. 下面我们给出相关系数的定义.

定义 3.3.2   对于二维随机变量 (X,Y),若 $D(X),D(Y)$ 存在,且 $D(X)>0,D(Y)>0$,则称
$$\frac{\mathrm{Cov}(X,Y)}{\sqrt{D(X)}\sqrt{D(Y)}}$$
为随机变量 X 与 Y 的**相关系数**,记作 ρ_{XY},即
$$\rho_{XY}=\frac{\mathrm{Cov}(X,Y)}{\sqrt{D(X)}\sqrt{D(Y)}}. \tag{3.3.2}$$

对于随机变量 X 与 Y 的相关系数 ρ_{XY},可以给出另一种解释:设随机变量 X 与 Y 的标准化随机变量分别为
$$X^*=\frac{X-E(X)}{\sqrt{D(X)}}, \quad Y^*=\frac{Y-E(Y)}{\sqrt{D(Y)}},$$
则有 $E(X^*)=E(Y^*)=0$. 故由式(3.3.1)知
$$\begin{aligned}
\mathrm{Cov}(X^*,Y^*) &= E(X^*Y^*)-E(X^*)E(Y^*) \\
&= E\left[\frac{X-E(X)}{\sqrt{D(X)}}\frac{Y-E(Y)}{\sqrt{D(Y)}}\right] \\
&= \frac{E\{[X-E(X)][Y-E(Y)]\}}{\sqrt{D(X)}\sqrt{D(Y)}} \\
&= \frac{\mathrm{Cov}(X,Y)}{\sqrt{D(X)}\sqrt{D(Y)}}=\rho_{XY}.
\end{aligned}$$

即随机变量 X 与 Y 的相关系数是它们相应的标准化随机变量的协方差.

例 3.3.1   设二维连续型随机变量 (X,Y) 的联合密度函数为

$$f(x,y) = \begin{cases} 1, & 0<x<1, 0<y<2x, \\ 0, & \text{其他}, \end{cases}$$

试求 $\mathrm{Cov}(X,Y)$ 及 ρ_{XY}.

解   由式(3.3.1)及式(3.3.2)知,要先求 $E(X), E(Y), D(X), D(Y), E(XY)$. 由随机变量函数的数学期望公式知

$$E(X) = \int_0^1 \left(\int_0^{2x} x\mathrm{d}y \right) \mathrm{d}x = \frac{2}{3}, \quad E(Y) = \int_0^1 \left(\int_0^{2x} y\mathrm{d}y \right) \mathrm{d}x = \frac{2}{3},$$

$$E(X^2) = \int_0^1 \left(\int_0^{2x} x^2\mathrm{d}y \right) \mathrm{d}x = \frac{1}{2}, \quad E(Y^2) = \int_0^1 \left(\int_0^{2x} y^2\mathrm{d}y \right) \mathrm{d}x = \frac{2}{3},$$

$$E(XY) = \int_0^1 \left(\int_0^{2x} xy\mathrm{d}y \right) \mathrm{d}x = \frac{1}{2}.$$

从而

$$D(X) = E(X^2) - [E(X)]^2 = \frac{1}{18}, \quad D(Y) = E(Y^2) - [E(Y)]^2 = \frac{2}{9},$$

$$\mathrm{Cov}(X,Y) = E(XY) - E(X)E(Y) = \frac{1}{18}, \quad \rho_{XY} = \frac{\mathrm{Cov}(X,Y)}{\sqrt{D(X)}\sqrt{D(Y)}} = \frac{1}{2}.$$

例 3.3.2   设二维随机变量 $(X,Y) \sim N(\mu_1, \mu_2, \sigma_1^2, \sigma_2^2, \rho)$,试求随机变量 X 与 Y 的相关系数 ρ_{XY}.

解   由例 2.4.6 知 $X \sim N(\mu_1, \sigma_1^2), Y \sim N(\mu_2, \sigma_2^2)$,故

$$E(X) = \mu_1, \quad D(X) = \sigma_1^2, \quad E(Y) = \mu_2, \quad D(Y) = \sigma_2^2.$$

设 (X,Y) 的联合密度函数为 $f(x,y)$,如式(2.4.10),则

$$\mathrm{Cov}(X,Y) = \int_{-\infty}^{+\infty} \int_{-\infty}^{+\infty} (x-\mu_1)(y-\mu_2)f(x,y)\mathrm{d}x\mathrm{d}y.$$

令 $u = \dfrac{x-\mu_1}{\sigma_1}, v = \dfrac{y-\mu_2}{\sigma_2}, \mathrm{d}u\mathrm{d}v = \dfrac{1}{\sigma_1\sigma_2}\mathrm{d}x\mathrm{d}y$,则

$$\mathrm{Cov}(X,Y) = \frac{\sigma_1\sigma_2}{2\pi\sqrt{1-\rho^2}} \int_{-\infty}^{+\infty} \int_{-\infty}^{+\infty} uv\mathrm{e}^{-\frac{1}{2(1-\rho^2)}(u^2-2\rho uv+v^2)} \mathrm{d}u\mathrm{d}v$$

$$= \frac{\sigma_1\sigma_2}{2\pi\sqrt{1-\rho^2}} \int_{-\infty}^{+\infty} \int_{-\infty}^{+\infty} uv\mathrm{e}^{-\frac{1}{2(1-\rho^2)}[(u-\rho v)^2+(1-\rho^2)v^2]} \mathrm{d}u\mathrm{d}v$$

$$= \frac{\sigma_1\sigma_2}{\sqrt{2\pi}} \int_{-\infty}^{+\infty} v\mathrm{e}^{-\frac{v^2}{2}} \left(\int_{-\infty}^{+\infty} u \frac{1}{\sqrt{2\pi}\sqrt{1-\rho^2}} \mathrm{e}^{-\frac{(u-\rho v)^2}{2(1-\rho^2)}} \mathrm{d}u \right) \mathrm{d}v$$

$$= \frac{\sigma_1\sigma_2}{\sqrt{2\pi}} \int_{-\infty}^{+\infty} \rho v^2 \mathrm{e}^{-\frac{v^2}{2}} \mathrm{d}v = \rho\sigma_1\sigma_2,$$

其中,倒数第二步括号内的积分为正态分布 $N(\rho v, 1-\rho^2)$ 的数学期望 ρv. 所以

$$\rho_{XY} = \frac{\mathrm{Cov}(X,Y)}{\sqrt{D(X)}\sqrt{D(Y)}} = \frac{\rho\sigma_1\sigma_2}{\sigma_1\sigma_2} = \rho.$$

上式表明,二维正态分布中的第五个参数是随机变量 X 与 Y 的相关系数.

3.3.2　协方差与相关系数的性质

协方差具有如下若干**性质**(下设 X,Y,Z 为随机变量,a,b 为任意常数,且所涉及的数学期望与方差均假设存在):

性质 1　$\mathrm{Cov}(X,Y)=\mathrm{Cov}(Y,X),\mathrm{Cov}(X,X)=D(X).$

性质 2　$\mathrm{Cov}(aX,bY)=ab\mathrm{Cov}(X,Y),\mathrm{Cov}(X,a)=0.$

性质 3　$\mathrm{Cov}(X+Y,Z)=\mathrm{Cov}(X,Z)+\mathrm{Cov}(Y,Z).$

更一般地,对任意 $n+m$ 个随机变量 $X_1,X_2,\cdots,X_n,Y_1,Y_2,\cdots,Y_m$ 和 $n+m+2$ 个常数 $a_1,a_2,\cdots,a_{n+1},b_1,b_2,\cdots,b_{m+1}$,有

$$\mathrm{Cov}\Big(\sum_{i=1}^{n}a_iX_i+a_{n+1},\sum_{j=1}^{m}b_jY_j+b_{m+1}\Big)=\sum_{i=1}^{n}\sum_{j=1}^{m}a_ib_j\mathrm{Cov}(X_i,Y_j).$$

性质 4　$D(aX+bY)=a^2D(X)+b^2D(Y)+2ab\mathrm{Cov}(X,Y).$

性质 5　若随机变量 X 与 Y 相互独立,则 $\mathrm{Cov}(X,Y)=0.$

证明　性质 1 由协方差的定义立得.

性质 2 的证明:
$$\mathrm{Cov}(aX,bY)=E(aXbY)-E(aX)E(bY)$$
$$=ab[E(XY)-E(X)E(Y)]=ab\mathrm{Cov}(X,Y).$$
$$\mathrm{Cov}(X,a)=E(Xa)-E(X)E(a)=aE(X)-aE(X)=0.$$

性质 3 的证明:
$$\mathrm{Cov}(X+Y,Z)=E[(X+Y)Z]-E(X+Y)E(Z)$$
$$=E(XZ)+E(YZ)-E(X)E(Z)-E(Y)E(Z)$$
$$=[E(XZ)-E(X)E(Z)]+[E(YZ)-E(Y)E(Z)]$$
$$=\mathrm{Cov}(X,Z)+\mathrm{Cov}(Y,Z).$$

性质 4 的证明:
$$D(aX+bY)=E\{[(aX+bY)-E(aX+bY)]^2\}$$
$$=E\{[aX-E(aX)]^2\}+E\{[bY-E(bY)]^2\}+$$
$$2abE\{[X-E(X)][Y-E(Y)]\}$$
$$=a^2D(X)+b^2D(Y)+2ab\mathrm{Cov}(X,Y).$$

性质 5 的证明:由于 X 与 Y 相互独立,故 $E(XY)=E(X)E(Y)$. 所以,
$$\mathrm{Cov}(X,Y)=E(XY)-E(X)E(Y)=0.$$

例 3.3.3　设二维随机变量 $(X,Y)\sim N\left(3,-3,1,9,-\dfrac{1}{2}\right)$. 又设 $Z=X+\dfrac{Y}{3}$,试求:(1) $E(Z),D(Z)$. (2) $\mathrm{Cov}(X,Z)$.

解　(1) 由题意知 $X\sim N(3,1),Y\sim N(-3,9)$ 且 $\rho_{XY}=-\dfrac{1}{2}$. 因此
$$E(X)=3,\quad D(X)=1,\quad E(Y)=-3,\quad D(Y)=9.$$

由期望和方差的性质可得

$$E(Z) = E\left(X + \frac{Y}{3}\right) = 2,$$

$$D(Z) = D\left(X + \frac{Y}{3}\right) = D(X) + \frac{1}{9}D(Y) + \frac{2}{3}\text{Cov}(X,Y)$$

$$= D(X) + \frac{1}{9}D(Y) + \frac{2}{3}\rho_{XY}\sqrt{D(X)}\sqrt{D(Y)} = 1.$$

（2）$\text{Cov}(X,Z) = \text{Cov}\left(X, X + \frac{Y}{3}\right) = \text{Cov}(X,X) + \frac{1}{3}\text{Cov}(X,Y)$

$$= D(X) + \frac{1}{3}\text{Cov}(X,Y)$$

$$= D(X) + \frac{1}{3}\rho_{XY}\sqrt{D(X)}\sqrt{D(Y)} = \frac{1}{2}.$$

相关系数反映了两个随机变量之间相互关联的程度,但到底反映了两个随机变量之间哪一种相互关系呢？为此,下面将讨论相关系数的性质.

定理 3.3.1　设 (X,Y) 为二维随机变量,且它们的相关系数 ρ_{XY} 存在,则

（1）$|\rho_{XY}| \leqslant 1$.

（2）$|\rho_{XY}| = 1$ 充要条件是 X 与 Y 以概率 1 有线性关系,即存在常数 $a(a \neq 0)$,b 使得

$$P(Y = aX + b) = 1,$$

其中,当 $\rho_{XY} = 1$ 时,$a > 0$;当 $\rho_{XY} = -1$ 时,$a < 0$.

证明　（1）设随机变量 X 与 Y 的标准化随机变量分别为 X^* 及 Y^*,则 $E(X^*) = E(Y^*) = 0$,$D(X^*) = D(Y^*) = 1$,且 $\rho_{XY} = \text{Cov}(X^*, Y^*)$. 从而由协方差性质 4 知

$$D(X^* \pm Y^*) = D(X^*) + D(Y^*) \pm 2\text{Cov}(X^*, Y^*) = 2(1 \pm \rho_{XY}).$$

$$(3.3.3)$$

由于 $D(X^* \pm Y^*) \geqslant 0$,所以 $-1 \leqslant \rho_{XY} \leqslant 1$.

（2）充分性:若 $Y = aX + b$,则

$$\text{Cov}(X,Y) = a\text{Cov}(X,X) = aD(X), \quad D(Y) = a^2 D(X).$$

故

$$\rho_{XY} = \frac{\text{Cov}(X,Y)}{\sqrt{D(X)}\sqrt{D(Y)}} = \frac{aD(X)}{|a|D(X)} = \frac{a}{|a|} = \begin{cases} 1, & a > 0, \\ -1, & a < 0. \end{cases}$$

必要性:由式（3.3.3）知,当 $\rho_{XY} = 1$ 时,$D(X^* - Y^*) = 2(1 - \rho_{XY}) = 0$. 从而由方差的性质 2 知 $P(X^* - Y^* = 0) = 1$,即

$$P\left(Y = \frac{\sqrt{D(Y)}}{\sqrt{D(X)}}X + \frac{\sqrt{D(X)}E(Y) - \sqrt{D(Y)}E(X)}{\sqrt{D(X)}}\right) = 1.$$

此时,取 $a = \dfrac{\sqrt{D(Y)}}{\sqrt{D(X)}} > 0$,$b = \dfrac{\sqrt{D(X)}E(Y) - \sqrt{D(Y)}E(X)}{\sqrt{D(X)}}$.

当 $\rho_{XY} = -1$ 时,$D(X^* + Y^*) = 2(1 + \rho_{XY}) = 0$. 同样可得

$$P(X^* + Y^* = 0) = 1,$$

即

$$P\left(Y = -\frac{\sqrt{D(Y)}}{\sqrt{D(X)}}X + \frac{\sqrt{D(X)}\,E(Y) + \sqrt{D(Y)}\,E(X)}{\sqrt{D(X)}} \right) = 1.$$

此时,取 $a = -\dfrac{\sqrt{D(Y)}}{\sqrt{D(X)}} < 0, b = \dfrac{\sqrt{D(X)}\,E(Y) + \sqrt{D(Y)}\,E(X)}{\sqrt{D(X)}}.$

从上述定理的结论可以看出,相关系数是衡量随机变量之间线性相关程度的一个数字特征,因此也常称其为"线性相关系数". 相关系数 ρ_{XY} 取值在 -1 到 1 之间,当 $\rho_{XY} > 0$ 时,称随机变量 X 与 Y **正相关**,这时 X 与 Y 同时增加或同时减少;当 $\rho_{XY} < 0$ 时,称随机变量 X 与 Y **负相关**,这时 X 增加而 Y 减少,或者 Y 增加而 X 减少;当 $\rho_{XY} = 1$ 时,称随机变量 X 与 Y **完全正相关**;当 $\rho_{XY} = -1$ 时,称随机变量 X 与 Y **完全负相关**;当 $\rho_{XY} = 0$ 时,称随机变量 X 与 Y **不相关**;当 $0 < |\rho_{XY}| < 1$ 时,表示随机变量 X 与 Y 有"**一定程度**"的**线性关系**,这种线性关系随着 $|\rho_{XY}|$ 的值大而增强.

对于不相关此处给出两点说明:

(1) 当 $\rho_{XY} = 0$,即 $\mathrm{Cov}(X, Y) = 0$ 时,称随机变量 X 与 Y 不相关,这种不相关是指随机变量 X 与 Y 之间不存在线性关系,但 X 与 Y 之间可能有着其他的函数关系.

(2) 由协方差的性质 5 知,当随机变量 X 与 Y 相互独立时,$\mathrm{Cov}(X, Y) = 0$,故 $\rho_{XY} = 0$. 换句话说,若随机变量 X 与 Y 相互独立,则必不相关,但反之不一定成立. 从而表明"不相关"是比"相互独立"更弱的一个概念.

例 3.3.4 设离散型随机变量 X 的分布列为

X	-1	0	1
P	$\dfrac{1}{6}$	$\dfrac{2}{3}$	$\dfrac{1}{6}$

令 $Y = X^2$,问:X 与 Y 是否不相关? 是否相互独立?

解

$$E(X) = (-1) \times \frac{1}{6} + 0 \times \frac{2}{3} + 1 \times \frac{1}{6} = 0,$$

$$E(Y) = E(X^2) = (-1)^2 \times \frac{1}{6} + 0^2 \times \frac{2}{3} + 1^2 \times \frac{1}{6} = \frac{1}{3},$$

$$E(Y^2) = E(X^4) = (-1)^4 \times \frac{1}{6} + 0^4 \times \frac{2}{3} + 1^4 \times \frac{1}{6} = \frac{1}{3},$$

$$D(X) = E(X^2) - [E(X)]^2 = \frac{1}{3},$$

$$D(Y) = E(Y^2) - [E(Y)]^2 = \frac{1}{3} - \left(\frac{1}{3}\right)^2 = \frac{2}{9},$$

$$E(XY) = E(X^3) = (-1)^3 \times \frac{1}{6} + 0^3 \times \frac{2}{3} + 1^3 \times \frac{1}{6} = 0.$$

所以

$$\mathrm{Cov}(X,Y) = E(XY) - E(X)E(Y) = 0,$$

即 $\rho_{XY} = 0$，故 X 与 Y 不相关．

由于 $P(X=0, Y=0) = P(X=0) = \frac{2}{3} \neq P(X=0)P(Y=0) = [P(X=0)]^2 = \frac{4}{9}$，所以 X 与 Y
不相互独立．

上例说明，虽然 X 与 Y 之间不存在线性关系，但它们之间存在着另一种函数关系 $Y = X^2$．同时也说明"不相关"一般推不出"相互独立"．但对于二维正态分布而言，这两者却是一致的．

例 3.3.5　设二维随机变量 $(X,Y) \sim N(\mu_1, \mu_2, \sigma_1^2, \sigma_2^2, \rho)$，则 X 与 Y 相互独立充要条件为 X 与 Y 不相关，即 $\rho_{XY} = \rho = 0$．

证明　由例 2.5.7 及例 3.3.2 可得．

§3.4　其他特征数

3.4.1　矩的概念

除了前面已讨论的数字特征外，随机变量还有其他的一些数字特征．首先介绍随机变量矩的概念，最常用的矩有两种：原点矩和中心矩．

定义 3.4.1　设 X 为随机变量，k 为正整数．

(1) 若 $E(X^k)$ 存在，则称其为随机变量 X 的 **k 阶原点矩**，记作 μ_k，即

$$\mu_k = E(X^k).$$

(2) 若 $E\{[X-E(X)]^k\}$ 存在，则称其为随机变量 X 的 **k 阶中心矩**，记作 v_k，即

$$v_k = E\{[X-E(X)]^k\}.$$

显然，$\mu_1 = E(X)$，$v_1 = 0$，$v_2 = D(X)$．

中心矩与原点矩有如下转换公式（设 $\mu_0 = 1$）：

$$v_k = E\{[X-E(X)]^k\} = E(X-\mu_1)^k = \sum_{i=0}^{k} C_k^i \mu_i (-\mu_1)^{k-i}, \quad k = 1, 2, \cdots.$$

前四阶的关系如下：

$$v_1 = 0,$$
$$v_2 = \mu_2 - \mu_1^2,$$
$$v_3 = \mu_3 - 3\mu_2\mu_1 + 2\mu_1^3,$$
$$v_4 = \mu_4 - 4\mu_1\mu_3 + 6\mu_1^2\mu_2 - 3\mu_1^4.$$

例 3.4.1　设随机变量 $X \sim U(a,b)$，试求随机变量 X 的 k 阶原点矩及 k 阶中心矩．

解 由于 $X \sim U(a,b)$，则 $E(X) = \dfrac{a+b}{2}$. 对于正整数 k，

$$\mu_k = E(X^k) = \int_a^b \frac{x^k}{b-a}\mathrm{d}x = \frac{b^{k+1}-a^{k+1}}{(b-a)(k+1)};$$

$$v_k = E\{[X-E(X)]^k\} = \int_a^b \frac{1}{b-a}\left(x-\frac{a+b}{2}\right)^k \mathrm{d}x$$

$$= \frac{1}{(b-a)(k+1)}\left[\left(\frac{b-a}{2}\right)^{k+1} - \left(\frac{a-b}{2}\right)^{k+1}\right]$$

$$= \frac{(b-a)^k[1-(-1)^{k+1}]}{2^{k+1}(k+1)} = \begin{cases} \dfrac{(b-a)^k}{2^k(k+1)}, & k \text{ 为偶数}, \\ 0, & k \text{ 为奇数}. \end{cases}$$

3.4.2 偏度与峰度

定义 3.4.2 设随机变量 X 的三阶中心矩存在，则称

$$Sk(X) = \frac{E\{[X-E(X)]^3\}}{[\sqrt{D(X)}]^3} = \frac{v_3}{[\sigma(X)]^3}$$

为随机变量 X 的偏度系数，简称为**偏度**.

偏度系数反映了随机变量分布关于其数学期望偏斜的程度.

当 $Sk(X) > 0$ 时，称 X 的分布为正偏或右偏，见图 3.1(a)；

当 $Sk(X) = 0$ 时，称 X 的分布关于其数学期望 $E(X)$ 对称，见图 3.1(b)；

当 $Sk(X) < 0$ 时，称 X 的分布为负偏或左偏，见图 3.1(c).

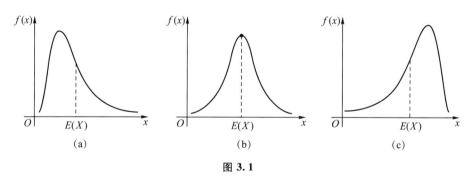

图 3.1

例如，若 $X \sim N(\mu,\sigma^2)$，则 $v_3 = 0$，所以其偏度系数为 0.

定义 3.4.3 设随机变量 X 的四阶中心矩存在，则称

$$K(X) = \frac{E\{[X-E(X)]^4\}}{[\sqrt{D(X)}]^4} - 3 = \frac{v_4}{[\sigma(X)]^4} - 3$$

为随机变量 X 的**峰度系数**，简称为**峰度**.

若 $X \sim N(\mu,\sigma^2)$，易算其四阶中心矩 $v_4 = 3\sigma^4$，所以其峰度系数为 0.

峰度系数反映了随机变量分布的陡峭程度,但陡与不陡是相对的,上述定义是以正态分布的陡峭程度作为标准的.

当 $K(X)>0$ 时,随机变量 X 的分布形状比正态分布更尖峭.

当 $K(X)=0$ 时,随机变量 X 的分布形状与正态分布陡峭程度相当.

当 $K(X)<0$ 时,随机变量 X 的分布形状比正态分布更平坦.

3.4.3   变异系数

方差(或标准差)反映了随机变量取值的波动程度,在两个随机变量的数学期望相等或比较接近时,方差越大说明此随机变量取值的波动较另一随机变量大. 但若两个随机变量的数学期望相差较大时,取值较大的随机变量的方差也应该允许大一些. 为了客观地比较两个随机变量取值的波动大小,常用下面的变异系数来进行比较.

定义 3.4.4   设随机变量 X 的方差存在,则称

$$CV(X) = \frac{\sqrt{D(X)}}{E(X)} = \frac{\sigma(X)}{E(X)}$$

为随机变量 X 的**变异系数**或标准差率.

例 3.4.2   如某地区 7 岁男童的平均身高 $E(X)$ 为 123.10 cm,标准差 $\sigma(X)$ 为 4.71 cm;平均体重 $E(Y)$ 为 22.29 kg,标准差 $\sigma(Y)$ 为 2.26 kg. 由于单位不同,我们不能因为 4.71>2.26 而说身高的波动大于体重的波动,需要有另一个不受单位限制的指标来比较,变异系数则除去了单位对两个资料比较的影响,由变异系数定义计算可得

$$CV(X) = \frac{4.71}{123.1} = 0.038\ 3, \quad CV(Y) = \frac{2.26}{22.29} = 0.101\ 4,$$

这说明体重的波动比身高的波动大.

§3.5   综合应用案例

3.5.1   数据标准化在学生成绩评价中的应用

评价学生的学业成绩常常是将每位学生各门课程的成绩进行简单相加后排序. 然而由于各门课程性质不同,试卷难易程度不同,其得分价值也就不尽相同,因此把这些没有经过处理的原始分数直接累加后排序,以此用来评价学生的学业成绩是不科学的. 一个常用的方法是利用标准化变量将原始数据进行标准化处理,然后再计算总分.

例 3.5.1   某中学语数英三门课程联考,其卷面分值都是 120 分. 假设抽取了 10 位同学的语文、数学和英语成绩,如表 3.1 所示:

表 3.1　10 位学生语数英考试成绩

序号	语文	数学	英语
1	85	119	109
2	108	118	108
3	95	88	88
4	84	78	116
5	80	68	102
6	79	99	96
7	72	115	89
8	100	100	100
9	68	91	72
10	102	92	88

（1）如何对不同科目的成绩进行比较,比如 8 号同学三门课程都是 100 分,那么这三个 100 分的价值是一样的吗? 如何评价哪一门课程考得更好一些?

（2）按照问题（1）的处理方法,求出各学生三门课程的总分,并给出排序.

解　（1）学生的考试分数除了和学生的学习水平以及试卷总分有关外,还和考题的难易程度有关,直接用不同课程的考试原始分数进行比较是不科学的.

我们知道平均值和标准差是衡量数据分布的重要指标,平均值代表了数据分布的平均程度,标准差衡量数据分布的离散程度,一个常用的方法就是利用平均值和标准差构造标准化分数,统一度量尺度,从而可以对不同课程的分数进行比较:

$$标准分 = \frac{数据值 - 平均值}{标准差}$$

由例 3.2.3 可知,这是标准化随机变量,其特点是无量纲,均值为 0,标准差为 1. 根据这 10 名同学的考分分别计算三门课程成绩的平均分和标准差（见表 3.2）:

表 3.2　三门课程成绩的平均分和标准差

	语文	数学	英语
平均分	87.3	96.8	96.8
标准差	12.69	16.14	12.29

利用上述的标准分计算公式,计算 10 位同学的标准分如表 3.3 所示:

表 3.3   10 位学生语数外标准分

序号	语文	数学	英语
1	−0.181	1.375	0.993
2	1.631	1.314	0.911
3	0.607	−0.545	−0.716
4	−0.260	−1.165	1.562
5	−0.575	−1.784	0.423
6	−0.654	0.136	−0.065
7	−1.206	1.128	−0.635
8	1.001	0.198	0.260
9	−1.521	−0.359	−2.018
10	1.158	−0.297	−0.716

标准分是统一度量尺度后的数值,可以比较大小,数值越大成绩越好. 虽然 8 号同学的语文、数学、英语的原始分数都是 100 分,但它们的标准分不同,分别是 1.001,0.198, 0.260,从标准分来看,语文好于英语,英语好于数学.

(2)因为标准分有正有负,为符合我们通常的计分习惯,在计算标准成绩总分时,一般会对标准分进行一个线性变换,这样得到的分数我们不妨称为 T 分数:

$$T 分数 = a × 标准分 + b,$$

比如取 $a = 10, b = 50$,计算每一位同学每门课程的 T 分数如表 3.4 所示:

表 3.4   10 位学生的 T 分数

序号	语文 T 分数	数学 T 分数	英语 T 分数
1	48.19	63.75	59.93
2	66.31	63.14	59.11
3	56.07	44.55	42.84
4	47.40	38.35	65.62
5	44.25	32.16	54.23
6	43.46	51.36	49.35
7	37.94	61.28	43.65
8	60.01	51.98	52.60
9	34.79	46.41	29.82
10	61.58	47.03	42.84

然后分别计算原始分数和 T 分数的总分并排序,从表 3.5 看出两个总分的排序是有差别的:

表 3.5 10 位学生的原始总分与 T 分数总分排序对比

序号	原始分总分	排序	T 分数总分	排序
1	313	2	171.87	2
2	334	1	188.56	1
3	271	8	143.46	7
4	278	5	151.37	5
5	250	9	130.64	9
6	274	7	144.17	6
7	276	6	142.87	8
8	300	3	164.59	3
9	231	10	111.02	10
10	282	4	151.45	4

有了标准化这个手段,无论不同科目的满分是否相同,标准化后的分数都可以进行比较和累加总分.

更一般地,在多指标评价体系中,各个指标通常具有不同的量纲和数量级,除了上述的标准化变量方法外,还可以根据实际问题选择其他方法,比如"极值法""归一化方法"等,目的就是使得数据无量纲化,尺度统一,以便于不同单位或量级的指标能够进行比较和加权.

3.5.2 数学期望和方差在投资组合问题中的应用

20 世纪 50 年代,哈里·马科维茨(Harry Markowitz)的投资组合选择理论奠定了现代金融学的理论基础,证券投资中最重要的两个概念是收益和风险,他首次将概率统计理论与方法引入了投资组合选择的研究中,通过把收益和风险分别定义为均值和方差从而给出了投资组合收益和风险的精确测度. 同时他也提出了通过证券多样化的投资来降低投资组合总风险的思路.

例 3.5.2 设有一笔资金,总金额为 W_0,现有两种可投资的证券 S_1 与 S_2. 投资者将所有的资金按比例 π_1 与 π_2 分别投资证券 S_1 与 S_2,于是 (π_1, π_2) 就形成了一个投资组合. 用随机变量 R_1 与 R_2 分别表示投资证券 S_1 与 S_2 的收益率. 如果已知 R_1 和 R_2 的均值(表示平均收益)分别为 μ_1 和 μ_2,方差(表示风险水平)分别为 σ_1^2 和 σ_2^2,R_1 和 R_2 的相关系数为 ρ. 要使得投资组合的总风险最小,投资比例 π_1 与 π_2 应取多少?

解 投资组合 (π_1, π_2) 的收益为

$$R = \pi_1 R_1 + \pi_2 R_2,$$

则该投资组合的风险为

$$D(R) = \pi_1^2 D(R_1) + \pi_2^2 D(R_2) + 2\rho \pi_1 \pi_2 \sqrt{D(R_1)D(R_2)}$$
$$= \pi_1^2 \sigma_1^2 + \pi_2^2 \sigma_2^2 + 2\rho \pi_1 \pi_2 \sigma_1 \sigma_2.$$

利用 $\pi_1+\pi_2=1$，投资组合 (π_1,π_2) 的风险 $D(R)$ 又可表示为

$$D(R)=\pi_1^2\sigma_1^2+(1-\pi_1)^2\sigma_2^2+2\rho\pi_1(1-\pi_1)\sigma_1\sigma_2.$$

记该投资组合的收益的标准差为 $\sigma_R=\sqrt{D(R)}$. 当 $\rho=-1$ 时，

$$\sigma_R=|\pi_1\sigma_1-\pi_2\sigma_2|.$$

如果取 $\pi_1=\dfrac{\sigma_1}{\sigma_1+\sigma_2}$，$\pi_2=\dfrac{\sigma_2}{\sigma_1+\sigma_2}$，那么投资组合 (π_1,π_2) 的收益的标准差为 0，这意味着该投资组合是无风险的投资组合. 当 $\rho=1$ 时，易见

$$\sigma_R=\pi_1\sigma_1+\pi_2\sigma_2.$$

而当 $\rho<1$ 时，应有

$$\sigma_R<\pi_1\sqrt{D(R_1)}+\pi_2\sqrt{D(R_2)}.$$

这意味着投资组合 (π_1,π_2) 的收益的标准差小于组合中证券 S_1 与 S_2 的标准差的加权平均值.

对于给定的 ρ,σ_1,σ_2，要使得投资组合的风险达到最小化，只需令

$$\dfrac{\mathrm{d}D(R)}{\mathrm{d}\pi_1}=2\pi_1\sigma_1^2-2(1-\pi_1)\sigma_2^2+2\rho\sigma_1\sigma_2-4\pi_1\rho\sigma_1\sigma_2=0,$$

便可求得投资证券 S_1 的最优比例为

$$\pi_1^*=\dfrac{\sigma_2^2-\rho\sigma_1\sigma_2}{\sigma_1^2+\sigma_2^2-2\rho\sigma_1\sigma_2},$$

投资证券 S_2 的最优比例为

$$\pi_2^*=1-\pi_1^*=\dfrac{\sigma_1^2-\rho\sigma_1\sigma_2}{\sigma_1^2+\sigma_2^2-2\rho\sigma_1\sigma_2}.$$

例如，如果 $\sigma_1^2=900,\sigma_2^2=400,\rho=-0.5$，那么要使得投资组合的方差达到最小值，投资证券 S_1 的最优比例应为

$$\pi_1^*=\dfrac{400+0.5\times20\times30}{400+900+2\times0.5\times20\times30}=0.368,$$

投资证券 S_2 的最优比例应为

$$\pi_2^*=1-\pi_1^*=0.632.$$

本章小结

数字特征反映了随机变量的重要性质，在概率论与数理统计中起着重要的作用. 本章介绍了数学期望、方差、协方差、相关系数等一些常用的数字特征的基本概念和重要性质.

要求重点掌握数学期望、方差、协方差、相关系数等数字特征的计算和性质. 本章的难点是在实际问题中如何灵活运用期望、方差的性质求解一些随机变量函数的数字特征.

主要内容：

1. 基本概念

数学期望：反映了随机变量所取数值的集中位置，也称为均值.

$$E(X) = \begin{cases} \displaystyle\sum_{i=1}^{\infty} x_i p_i, & \text{离散型随机变量,} \\[3mm] \displaystyle\int_{-\infty}^{+\infty} xf(x)\,\mathrm{d}x, & \text{连续型随机变量.} \end{cases}$$

方差:衡量了随机变量的取值与其数学期望的偏离程度.

$$D(X) = E\{[X-E(X)]^2\}.$$

协方差和相关系数:描述了两个随机变量之间的线性关联程度.

$$\mathrm{Cov}(X,Y) = E\{[X-E(X)][Y-E(Y)]\}.$$

$$\rho_{XY} = \frac{\mathrm{Cov}(X,Y)}{\sqrt{D(X)}\sqrt{D(Y)}}.$$

k 阶原点矩: $\mu_k = E(X^k)$.

k 阶中心矩: $v_k = E\{[X-E(X)]^k\}$.

2. 数字特征的性质

期望的性质:

(1) $E\left(\displaystyle\sum_{i=1}^{n} a_i X_i + a_{n+1}\right) = \displaystyle\sum_{i=1}^{n} a_i E(X_i) + a_{n+1}$.

(2) 设 X 与 Y 为相互独立的随机变量,则 $E(XY) = E(X)E(Y)$.

方差的性质:

(1) $D(aX+bY+c) = a^2 D(X) + b^2 D(Y) + 2ab\mathrm{Cov}(X,Y)$

$\qquad\qquad\qquad = a^2 D(X) + b^2 D(Y) + 2ab\rho_{XY}\sqrt{D(X)}\sqrt{D(Y)}$.

(2) 若随机变量 $X_1, X_2, \cdots, X_n$ 相互独立,则 $D\left(\displaystyle\sum_{i=1}^{n} a_i X_i\right) = \displaystyle\sum_{i=1}^{n} a_i^2 D(X_i)$.

协方差的性质:

$$\mathrm{Cov}\left(\sum_{i=1}^{n} a_i X_i + a_{n+1}, \sum_{j=1}^{m} b_j Y_j + b_{m+1}\right) = \sum_{i=1}^{n}\sum_{j=1}^{m} a_i b_j \mathrm{Cov}(X_i, Y_j).$$

3. 容易混淆的概念

随机变量不相关:若 $\mathrm{Cov}(X,Y) = 0$ 或 $\rho_{XY} = 0$.

随机变量相互独立:若 $F(x,y) = F_X(x)F_Y(y)$.

若随机变量 X 与 Y 相互独立,则 X 与 Y 一定不相关,但反之不一定成立. 特例,若 (X,Y) 服从二维正态分布,则 X 与 Y 相互独立是 X 与 Y 不相关的充要条件.

4. 常用分布及其数学期望与方差

分布名称及记号	分布列或概率密度	数学期望	方差
两点分布 $B(1,p)$	$P(X=k) = p^k(1-p)^{1-k}$, $k=0,1\,(0<p<1)$	p	$p(1-p)$
二项分布 $B(n,p)$	$P(X=k) = \mathrm{C}_n^k p^k(1-p)^{n-k}$, $k=0,1,2,\cdots,n\,(0<p<1)$	np	$np(1-p)$

续表

分布名称及记号	分布列或概率密度	数学期望	方差
超几何分布 $H(n,M,N)$	$P(X=k)=\dfrac{C_M^k C_{N-M}^{n-k}}{C_N^n}$, $k=0,1,2,\cdots,\min\{n,M\}$	$\dfrac{nM}{N}$	$\dfrac{nM(N-M)(N-n)}{N^2(N-1)}$
泊松分布 $P(\lambda)$	$P(X=k)=\dfrac{\lambda^k}{k!}e^{-\lambda}$, $k=0,1,2,\cdots(\lambda>0)$	λ	λ
几何分布 $G(p)$	$P(X=k)=p(1-p)^{k-1}$, $k=1,2,\cdots(0<p<1)$	$\dfrac{1}{p}$	$\dfrac{1-p}{p^2}$
均匀分布 $U(a,b)$	$f(x)=\begin{cases}\dfrac{1}{b-a}, & a<x<b, \\ 0, & \text{其他}.\end{cases}$	$\dfrac{a+b}{2}$	$\dfrac{(b-a)^2}{12}$
指数分布 $E(\lambda)$	$f(x)=\begin{cases}\lambda e^{-\lambda x}, & x>0, \\ 0, & x\leqslant 0.\end{cases}$ $(\lambda>0)$	$\dfrac{1}{\lambda}$	$\dfrac{1}{\lambda^2}$
正态分布 $N(\mu,\sigma^2)$	$f(x)=\dfrac{1}{\sigma\sqrt{2\pi}}e^{-\frac{(x-\mu)^2}{2\sigma^2}}$, $-\infty<x<+\infty\ (\sigma>0)$	μ	σ^2
伽马分布 $\Gamma(\alpha,\beta)$	$f(x)=\dfrac{\beta^\alpha x^{\alpha-1}e^{-\beta x}}{\Gamma(\alpha)},x>0.$ $(\alpha>0,\beta>0)$	$\dfrac{\alpha}{\beta}$	$\dfrac{\alpha}{\beta^2}$

思考与问答三

1. 对于随机变量 X 与 Y，若 $E(X)=E(Y)$ 且 $D(X)=D(Y)$，那么是否一定有 X 与 Y 服从相同的分布？

2. 假设三个娃娃机中都包含小红心仪的娃娃. 设一号娃娃机中每个娃娃的价值为 a_1 元，抓一次娃娃需要投入 c_1 元；二号娃娃机中每个娃娃的价值为 a_2 元，抓一次娃娃需要投入 c_2 元；三号娃娃机中每个娃娃的价值为 a_3 元，抓一次娃娃需要投入 c_3 元. 小红在三台娃娃机上每次抓到娃娃的概率分别为 p_1,p_2 和 p_3，问应该选择哪台娃娃机？

习题三

1. 将 4 个不同色的球随机地放入 4 个盒子中，每个盒子所放球的个数不限，试求空盒子数的数学期望.

2. 现定期发行某种彩票，每注 1 元，中奖率为 p. 某人每次购买 1 注，如果没有中奖下次再继续购买 1 注，直至中奖为止. 试求该人购买次数 X 的数学期望.

3. 某路观光巴士在每个整点的第 10 min,30 min 及 50 min 从车站出发. 假设一游客在早 9 点的第 X min 到达车站,且 X 服从 $(0,60)$ 上的均匀分布,求该游客平均等候时间.

4. 设某设备寿命 X(以年计)服从 $\lambda=\dfrac{1}{4}$ 的指数分布. 按规定:出售的设备在售出的一年内损坏可予以调换. 若出售一台设备赢利 100 元,调换一台设备厂方需花费 300 元. 求厂方出售一台设备净赢利的数学期望.

5. 设灯泡的寿命(单位:h)具有以下的密度函数

$$f(x)=\begin{cases}\dfrac{1\,000}{x^2}, & x>0,\\ 0, & \text{其他}.\end{cases}$$

现任取 5 只灯泡,用 Y 表示 5 只灯泡中寿命大于 1 500 h 的只数,试求 Y^2 的数学期望.

6. 设离散型随机变量 X 的分布函数为

$$F(x)=\begin{cases}0, & x<-1,\\ \dfrac{1}{4}, & -1\leqslant x<0,\\ \dfrac{1}{2}, & 0\leqslant x<2,\\ 1, & x\geqslant 2.\end{cases}$$

试求:$E(X),D(-4X)$ 及 $E(2\,|X|-3)$.

7. 设连续型随机变量 X 的密度函数为

$$f(x)=\begin{cases}kx^2, & 0<x<2,\\ 0, & \text{其他}.\end{cases}$$

试求:$(1)k.$ $(2)E(X^2),E\left(\dfrac{1}{X^2}\right).$

8. 设连续型随机变量 X 的密度函数为

$$f(x)=\begin{cases}\dfrac{1}{3}\mathrm{e}^{-x}, & x>0,\\ \dfrac{2}{3}\mathrm{e}^{x}, & x\leqslant 0.\end{cases}$$

试求:$(1)E(X),D(X)$ 及 $E(\mathrm{e}^{-\frac{X}{2}}).$ $(2)\mathrm{Cov}(X,|X|).$ $(3)X$ 与 $|X|$ 不相关吗? 相互独立吗?

9. 设二维离散型随机变量 (X,Y) 的联合分布列为

X	Y		
	-1	0	1
0	$\dfrac{1}{10}$	$\dfrac{3}{10}$	$\dfrac{1}{10}$
1	$\dfrac{2}{10}$	$\dfrac{1}{10}$	$\dfrac{2}{10}$

试求:(1)$E(X),E(Y)$及$E(X^2+Y^2)$.(2)$\mathrm{Cov}(X,Y)$.(3)X与Y不相关吗? 相互独立吗?

10. 设二维连续型随机变量$(X,Y)\sim U(D),D=\{(x,y)\mid x^2+y^2\leqslant 1\}$,即

$$f(x,y)=\begin{cases}\dfrac{1}{\pi}, & x^2+y^2\leqslant 1,\\[2mm] 0, & 其他.\end{cases}$$

试求:(1)$E(X),E(Y),E(XY)$.(2)ρ_{XY}.(3)X与Y不相关吗? 相互独立吗?

11. 设随机变量$X\sim U(1,2)$,$Y\sim U(1,2)$且X与Y相互独立,设事件$A=\{X\leqslant a\}$,$B=\{Y>a\}$,已知$P(A\cup B)=\dfrac{3}{4}$,试求:(1)常数a的值.(2)$E\left(\dfrac{1}{XY}\right)$.

12. 设随机变量$X\sim P(\lambda)$且$E[(X-1)(X-2)]=1$,随机变量$Y\sim B\left(8,\dfrac{1}{2}\right)$且$X$与$Y$相互独立,试求:$E(X-3Y-4)$及$D(X-3Y-4)$.

13. 设二维随机变量$(X,Y)\sim N\left(1,1,1,4,\dfrac{1}{4}\right)$,$U=X+Y-5$,$V=3X-Y-2$. 试求:(1)$E(U),E(V),D(U),D(V)$.(2)$U,V$相互独立吗?

14. 设随机变量$X\sim P(2)$,$Y\sim U(0,6)$且$\rho_{XY}=\dfrac{1}{\sqrt{6}}$,若$Z=2X-3Y-3$,试求:$E(Z)$及$D(Z)$.

15. 将一枚均匀的硬币连续掷n次,以X和Y分别表示正面向上和反面向上的次数,试求:X与Y的相关系数ρ_{XY}.

16. 设X与Y为随机变量,$\xi=aX+b$,$\eta=cY+d$,其中常数$a>0,c>0$,证明:$\rho_{\xi\eta}=\rho_{XY}$.

17. 设随机变量X与Y相互独立,且$D(X)=4D(Y)$,试求:$Z_1=2X+3Y$与$Z_2=2X-3Y$的相关系数.

18. 设随机变量$X\sim E(\lambda)$,试求:(1)X的k阶原点矩、三阶及四阶中心矩.(2)X的偏度、峰度及变异系数.

19. 设A与B为两个随机事件,记

$$X=\begin{cases}1, & A发生,\\ -1, & A不发生.\end{cases}\qquad Y=\begin{cases}1, & B发生,\\ -1, & B不发生.\end{cases}$$

证明:随机变量X与Y不相关的充要条件是A与B相互独立.

20. 设a为任意常数,证明

$$D(X)\leqslant E(X-a)^2$$

当且仅当$a=E(X)$时等号成立.

21. 设X为非负的连续型随机变量,其分布函数为$F(x)$,若X的数学期望存在,证明$E(X)=\displaystyle\int_0^\infty [1-F(x)]\mathrm{d}x$.

22. 设X为取非负整数值的随机变量,证明$E(X)=\displaystyle\sum_{n=1}^\infty P(X\geqslant n)$.

23. 设某种商品销售一件可获利 5 元,而积压一件损失 2 元,若该种商品的销售量 X 服从期望为 1 000 的指数分布,现进货 1 000 件该种商品,求获利的期望值.

24. 设有 n 个人体检,为查某项疾病需要验血. 现有验血方案如下:按 k 个人一组进行分组,同组 k 个人的部分血样混在一起化验. 若结果为阴性,则说明 k 个人的血样都呈阴性,此 k 个人都无此疾病,这 k 个人只需化验 1 次;若结果为阳性,则说明 k 个人中至少有一个人的血样呈阳性反应,应对 k 个人的剩余血样逐个化验,找出患有此疾病者,此时这 k 个人需化验 k 次. 设该疾病的患病率为 0.1,且是否患有此病是相互独立的. 问:

(1) 分组验血方案能否减少工作量?

(2) 如果分组验血能减少工作量,如何分组(每组多少人)可以最大程度减少工作量?

第四章
大数定律与中心极限定理

概率论与数理统计是研究随机现象统计规律性的科学,但随机现象的统计规律性只有在相同条件下进行大量重复试验或观察才能呈现出来.所谓一个事件发生的频率具有稳定性,是指当试验的次数无限增大时,在某种收敛意义下逼近某一定数,这就是所谓的"大数定律".没有这一定律,"概率"这一概率论中最基本的概念将失去它的客观意义.同样,所谓某一试验可能发生的各种结果的频率分布情况近似某一分布(如测量误差的分布近似于正态分布),也是从某种极限意义上来讲.没有"中心极限定理"我们无从解释上述这种现象,而且中心极限定理也将是下面数理统计部分大样本推断的基础.

从下一章开始讲述的数理统计的理论和应用中,我们将看到有一个很重要、很基本的问题,就是我们总是要通过有限样本的概率性质来推断总体的概率性质,而有限样本的概率性质(如它的分布函数)有时是比较难获得的,需要借助于它的极限性质来近似.本章主要讲述随机变量序列最基本的两种类型的极限定理,即"大数定律"和"中心极限定理".

§4.1 大 数 定 律

在第一章我们知道事件的频率 $\dfrac{M_n}{n}$ 当 n 充分大时具有稳定性,能否从数学上加以证明?在实践中人们还认识到大量随机现象的平均结果也具有稳定性.

概率论中用来阐明大量随机现象平均结果稳定性的一系列定理统称为**大数定律**.

定义 4.1.1 设 $Y_1, Y_2, \cdots, Y_n, \cdots$ 是一个随机变量序列,a 是一个常数.若对于任意正数 ε,有

$$\lim_{n \to \infty} P(\mid Y_n - a \mid < \varepsilon) = 1,$$

则称序列 $Y_1, Y_2, \cdots, Y_n, \cdots$ **依概率收敛于** a,记为

$$Y_n \xrightarrow{P} a.$$

定义 4.1.2 对于随机变量序列 $\{X_n\}$,令 $\overline{X}_n = \dfrac{1}{n} \sum_{i=1}^{n} X_i$,若对于任意正数 ε,有

$$\lim_{n \to \infty} P(\mid \overline{X}_n - E(\overline{X}_n) \mid < \varepsilon) = 1.$$

则称 $\{X_n\}$ **服从大数定律**.

4.1.1　切比雪夫不等式

随机变量 X 的方差 $D(X)$ 表明 X 在其数学期望 $E(X)$ 的周围取值的分散程度. 因此,对任意的正数 ε,事件 $|X-E(X)|\geqslant\varepsilon$ 的概率应该与 $D(X)$ 有关. 俄国数学家切比雪夫巧妙地用数学不等式表示了它们之间的定量关系.

定理 4.1.1　设随机变量 X 的数学期望 $E(X)$ 和方差 $D(X)$ 均存在,则对于任意正数 ε,恒有

$$P(|X-E(X)|\geqslant\varepsilon)\leqslant\frac{D(X)}{\varepsilon^2}, \tag{4.1.1}$$

等价地有

$$P(|X-E(X)|<\varepsilon)\geqslant1-\frac{D(X)}{\varepsilon^2}. \tag{4.1.2}$$

称之为切比雪夫不等式.

证明　仅就连续型随机变量的情形来证明式(4.1.1). 设随机变量 X 的概率密度为 $f(x)$,则有

$$P(|X-E(X)|\geqslant\varepsilon)=\int_{|x-E(X)|\geqslant\varepsilon}f(x)\,\mathrm{d}x.$$

由于在区间 $(|x-E(X)|\geqslant\varepsilon)$ 上,$\dfrac{[x-E(X)]^2}{\varepsilon^2}\geqslant1$,所以

$$\begin{aligned}P(|X-E(X)|\geqslant\varepsilon)&\leqslant\int_{|x-E(X)|\geqslant\varepsilon}\frac{[x-E(X)]^2}{\varepsilon^2}f(x)\,\mathrm{d}x\\&\leqslant\int_{-\infty}^{+\infty}\frac{[x-E(X)]^2}{\varepsilon^2}f(x)\,\mathrm{d}x\\&=\frac{1}{\varepsilon^2}\int_{-\infty}^{+\infty}[x-E(X)]^2f(x)\,\mathrm{d}x=\frac{D(X)}{\varepsilon^2}.\end{aligned}$$

因为事件 $(|X-E(X)|<\varepsilon)$ 与事件 $(|X-E(X)|\geqslant\varepsilon)$ 是对立事件,所以式(4.1.2)成立.

从式(4.1.1)或式(4.1.2)可以看出,$D(X)$ 愈小,事件 $\{|X-E(X)|<\varepsilon\}$ 的概率愈大,即 X 的取值越集中在 $E(X)$ 附近. 因此,方差作为描述随机变量与其期望值离散程度的一个量是恰当的.

切比雪夫不等式表明在 X 分布未知的情况下,可利用 X 的期望 $E(X)=\mu$ 及方差 $D(X)=\sigma^2$ 对 X 的概率分布进行估计. 例如,

$$P(|X-\mu|<3\sigma)\geqslant1-\frac{\sigma^2}{9\sigma^2}=\frac{8}{9}=0.888\ 9.$$

例 4.1.1　对某小麦新品种做发芽试验,一颗种子在试验中发芽的概率未知,记为 p. 问要种多少颗小麦种子才能认为发芽的相对频率与 p 相差不超过 $\dfrac{1}{10}$ 的概率达到 95%.

解 设 M_n 表示种 n 颗种子发芽的颗数,则发芽的相对频率是 $\dfrac{M_n}{n}$,现在要确定 n,使得

$$P\left(\left|\frac{M_n}{n}-p\right|<\frac{1}{10}\right)\geqslant\frac{95}{100},$$

或

$$P\left(\left|M_n-np\right|\geqslant\frac{n}{10}\right)\leqslant\frac{5}{100}.$$

由于 M_n 服从二项分布,所以 $E(M_n)=np,D(M_n)=np(1-p)\leqslant\dfrac{n}{4}$,应用切比雪夫不等式,有

$$P\left(\left|M_n-np\right|\geqslant\frac{n}{10}\right)\leqslant\frac{np(1-p)}{\left(\frac{n}{10}\right)^2}\leqslant\frac{25}{n}.$$

取 n 满足 $\dfrac{25}{n}\leqslant\dfrac{5}{100}$,即 $n\geqslant500$. 故至少要种 500 粒小麦种子才能认为发芽的相对频率与 p 相差不超过 $\dfrac{1}{10}$ 的概率达到 95%.

4.1.2 伯努利大数定律

定理 4.1.2(伯努利大数定律) 设 M_n 是 n 次重复独立试验中事件 A 发生的次数,p 是事件 A 在一次试验中发生的概率,则对于任意正数 ε,恒有

$$\lim_{n\to\infty}P\left(\left|\frac{M_n}{n}-p\right|<\varepsilon\right)=1. \tag{4.1.3}$$

证明 由于 $M_n\sim B(n,p)$,$E(M_n)=np,D(M_n)=np(1-p)$,所以

$$E\left(\frac{M_n}{n}\right)=p,\quad D\left(\frac{M_n}{n}\right)=\frac{p(1-p)}{n}.$$

由切比雪夫不等式

$$P\left(\left|\frac{M_n}{n}-p\right|<\varepsilon\right)\geqslant1-\frac{p(1-p)}{n\varepsilon^2},$$

从而

$$\lim_{n\to\infty}P\left(\left|\frac{M_n}{n}-p\right|<\varepsilon\right)\geqslant1.$$

但概率不能大于 1,所以式(4.1.3)成立.

伯努利大数定律从理论上证明了频率的稳定性,事件 A 发生的频率 $\dfrac{M_n}{n}$ 依概率收敛于 A 的概率 p. 也就是说,只要 n 足够大,就能有很大的概率使 $\dfrac{M_n}{n}$ 与 p 的偏差 $\left|\dfrac{M_n}{n}-p\right|$ 充分小,因

此,可以把频率 $\dfrac{M_n}{n}$ 作为概率 p 的近似值.

若事件 A 的概率很小,则正如伯努利大数定律所指出的,事件 A 的频率也很小,例如,设 $P(A)=0.001$,则在 1 000 次试验中只能期望事件 A 大约发生 1 次.由此可见,概率很小的随机事件在个别试验中实际上是不太可能发生的,通常把这一原理称为小概率事件的实际不可能性原理.

注 小概率事件不是不可能事件.如"大海捞针"是小概率事件,但"水中捞月"是不可能事件.那么多小的概率可以算小概率事件呢?这要考虑到事件的意义和后果.比如说"炮弹不能爆炸"的概率若为 1%,可以忽略这种小概率事件,但若"降落伞张不开"的概率为 1%,则绝对不能忽略.若一个事件的概率既不接近于 0 也不接近于 1,我们就难以对这一事件的发生与否作出推断.比如掷一枚硬币出现正面的概率为 $\dfrac{1}{2}$,我们无法对一次试验中正面出现与否作出较大把握的推断.因此,在概率统计中建立概率接近于 0(或 1)的规律具有特别重要的意义.

例 4.1.2 从某工厂生产的产品中任取 200 件来检查,结果发现其中有 6 件次品,能否相信该工厂产品的次品率 $p=1\%$?

解 假设该工厂的次品率 $p=1\%$,则检查 200 件产品发现其中次品数 $X\geqslant 6$ 的概率

$$P(X\geqslant 6)=\sum_{k=6}^{200}\mathrm{C}_{200}^{k}(0.01)^{k}(0.99)^{200-k}$$

$$=1-\sum_{k=0}^{5}\mathrm{C}_{200}^{k}(0.01)^{k}(0.99)^{200-k}=0.016\,0.$$

在工业生产中一般是把概率小于 0.05 的事件认为是小概率事件,由此可见上述事件 $\{X\geqslant 6\}$ 是小概率事件.按小概率事件的实际不可能性原理,小概率事件在个别试验中实际上是不太可能发生的,而现在却发生了,所以不能相信工厂产品的次品率 $p\leqslant 1\%$.

4.1.3 切比雪夫大数定律

定理 4.1.3(切比雪夫大数定律) 设 $X_1,X_2,\cdots,X_n,\cdots$ 是一列两两不相关的随机变量序列,具有数学期望 $E(X_i)=\mu_i$ 和有界的方差 $D(X_i)=\sigma_i^2\leqslant c<+\infty$,则对于任意正数 ε,恒有

$$\lim_{n\to\infty}P\left(\left|\frac{1}{n}\sum_{i=1}^{n}X_i-\frac{1}{n}\sum_{i=1}^{n}\mu_i\right|<\varepsilon\right)=1. \tag{4.1.4}$$

证明 令 $\overline{X}_n=\dfrac{1}{n}\sum_{i=1}^{n}X_i$,由于 $X_1,X_2,\cdots,X_n,\cdots$ 两两不相关,则

$$E(\overline{X}_n)=\frac{1}{n}\sum_{i=1}^{n}\mu_i,\quad D(\overline{X}_n)=\frac{1}{n^2}\sum_{i=1}^{n}\sigma_i^2\leqslant\frac{1}{n^2}nc=\frac{c}{n},$$

由切比雪夫不等式可以得到

$$P(|\overline{X}_n-E(\overline{X}_n)|<\varepsilon)\geqslant 1-\frac{D(\overline{X}_n)}{\varepsilon^2}\geqslant 1-\frac{c}{n\varepsilon^2}\to 1\quad(n\to\infty).$$

但概率不能大于 1,所以必有

$$\lim_{n\to\infty}P\left(\left|\frac{1}{n}\sum_{i=1}^{n}X_i-\frac{1}{n}\sum_{i=1}^{n}\mu_i\right|<\varepsilon\right)=1.$$

注 切比雪夫大数定律只要随机变量序列 $X_1,X_2,\cdots,X_n,\cdots$ 互不相关,假如 $X_1,X_2,\cdots,$ $X_n,\cdots$ 是相互独立的随机变量,方差存在且有共同的上界,则 $X_1,X_2,\cdots,X_n,\cdots$ 必定服从大数定律.

在切比雪夫大数定律中,若 $X_1,X_2,\cdots,X_n,\cdots$ 独立同分布,就有

推论(辛钦(Khinchin)大数定律) 设 $X_1,X_2,\cdots,X_n,\cdots$ 是相互独立同分布的随机变量序列,存在有限的数学期望 $E(X_i)=\mu$,则对于任意正数 ε,有

$$\lim_{n\to\infty}P\left(\left|\frac{1}{n}\sum_{i=1}^{n}X_i-\mu\right|<\varepsilon\right)=1. \tag{4.1.5}$$

记 $\overline{X}_n=\frac{1}{n}\sum_{i=1}^{n}X_i$,辛钦大数定律说明,大量重复观察数据的算术平均值比较稳定地围绕在其数学期望附近,也就是说无论对于多么小的正数 ε,只要 n 足够大,我们就有很大的概率保证 $\overline{X}_n$ 与 μ 之差不超过 ε.

实际中要确定某一个量,我们常用多次观测结果的平均值,这是因为一次观测值可能存在较大偏差,但如果把多次观测结果 $X_1,X_2,\cdots,X_n$ 看作相互独立同分布的随机变量,其均值 $\overline{X}_n=\frac{1}{n}\sum_{i=1}^{n}X_i$ 的取值与真值 μ 的偏差会很小.

例 4.1.3 设随机变量序列 $\{X_n\}$ 相互独立同分布,$X_i\sim U(0,1)$,$i=1,2,\cdots$,令 $Y_n=\frac{1}{n}\sum_{i=1}^{n}X_i$,证明 $Y_n\xrightarrow{P}\frac{1}{2}$.

证明 由于 $\mu=E(X_i)=\frac{1}{2}$,$D(X_i)=\frac{1}{12}$,所以 $E(Y_n)=\frac{1}{2}$,$D(Y_n)=\frac{1}{12n}$,则对任意的 $\varepsilon>0$,有

$$P\left(\left|Y_n-\frac{1}{2}\right|<\varepsilon\right)\geqslant 1-\frac{1}{12n\varepsilon^2},$$

所以

$$\lim_{n\to\infty}P\left(\left|Y_n-\frac{1}{2}\right|<\varepsilon\right)=1.$$

根据辛钦大数定律,对于独立同分布的随机变量序列,只要其数学期望存在,就服从大数定律,因此 $\{X_n\}$ 服从辛钦大数定律.

在伯努利大数定律中,M_n 实际上就是 n 个相互独立的服从"0-1"分布的随机变量的和,而频率 $\frac{M_n}{n}$ 就是前 n 个随机变量的算术平均值.所以,伯努利大数定律同样阐述了大量随机现象平均结果具有稳定性这一论断.

§4.2　中心极限定理

在随机变量的各种分布中,正态分布占有特别重要的地位,在某些条件下,即使原来并不服从正态分布的一些独立的随机变量,当随机变量的个数无限增加时,它们的和的分布也是趋于正态分布的. 在概率论里,把研究在什么条件下,大量独立随机变量和的分布以正态分布为极限分布的这一类定理称为**中心极限定理**.

一般说来,如果一个随机变量是由大量相互独立的随机因素的影响所形成,而其中每一个因素在总的影响中所起的作用都是很微小的,则这种随机变量通常都服从或近似服从正态分布. 这就是数理统计中大样本推断的理论基础.

4.2.1　问题的直观背景

我们知道,n 个相互独立的服从"0-1"分布的随机变量之和服从二项分布,或者说二项分布可以看作是 n 个相互独立的"0-1"分布的和.

设 X_i 服从"0-1"分布,$i=1,2,\cdots$. 我们考虑:当 $n\to\infty$ 时,和 $Y_n=\sum_{i=1}^{n}X_i$ 的极限分布是什么. 我们以 $p=0.3$ 为例,以 $n=2,4,8,16,32,64$ 等情况为例,观察 $Y_n=\sum_{i=1}^{n}X_i$ 的概率分布的变化情况,见图 4.1.

从图 4.1 看出,n 愈大,和 $Y_n=\sum_{i=1}^{n}X_i$ 的分布越近似于正态分布. 说明"0-1"分布的和(二项分布)的极限分布是正态分布.

再设 $X_i\sim U(0,1)$,$i=1,2,\cdots$,我们同样考虑当 $n\to\infty$ 时,和 $Y_n=\sum_{i=1}^{n}X_i$ 的分布的变化趋势. 以 $n=1,2,3,4$ 等情况为例,观察 $Y_n=\sum_{i=1}^{n}X_i$ 的概率密度函数图的变化情况,如图 4.2 所示.

从图 4.2 的变化趋势看出,n 越大 Y_n 的分布越接近正态分布. 而且当 $n=4$ 时,4 个独立的均匀分布的和已经与正态分布比较接近了. 可见独立均匀分布和的极限分布应该是正态分布.

若原始分布不是"0-1"分布或均匀分布时情况又如何呢? 可以证明,不管原始分布是什么分布,独立同分布的随机变量的和的极限分布都是正态分布.

概率论中有关论证随机变量和的极限分布是正态分布的一般定理,通常叫做中心极限定理.

4.2.2　林德伯格-莱维中心极限定理

定理 4.2.1(林德伯格-莱维(**Lindeberg-Lévy**)中心极限定理)　设随机变量序列 X_1,

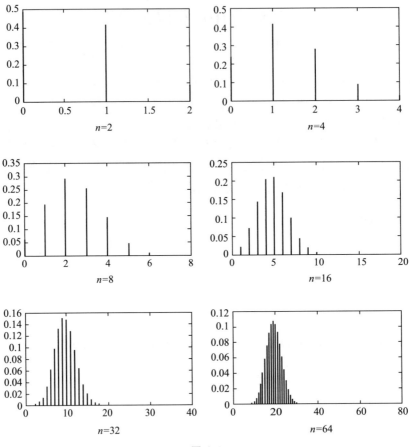

图 4.1

$X_2, \cdots, X_n, \cdots$ 相互独立,具有相同的分布,且 $E(X_i) = \mu, D(X_i) = \sigma^2$,则对任意实数 x,有

$$\lim_{n \to \infty} P\left(\frac{\sum_{i=1}^{n} X_i - n\mu}{\sqrt{n}\,\sigma} \leqslant x\right) = \int_{-\infty}^{x} \frac{1}{\sqrt{2\pi}} e^{-\frac{t^2}{2}} dt = \Phi(x).$$

$(4.2.1)$

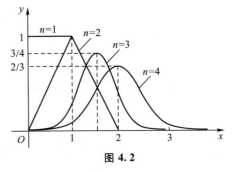

图 4.2

由于随机变量 $X_1, X_2, \cdots, X_n, \cdots$ 独立同分布,和 $\sum_{i=1}^{n} X_i$ 的数学期望 $E\left(\sum_{i=1}^{n} X_i\right) = n\mu$,方差 $D\left(\sum_{i=1}^{n} X_i\right) = n\sigma^2$,定理表明当 n 充分大时,标准化随机变量 $Y_n = \dfrac{\sum_{i=1}^{n} X_i - n\mu}{\sqrt{n}\,\sigma}$ 近似地服从标准

正态分布 $N(0,1)$. 从而和 $\sum\limits_{i=1}^{n} X_i$ 近似地服从正态分布 $N(n\mu, n\sigma^2)$. 所以,可以用正态分布来近似计算随机变量之和 $\sum\limits_{i=1}^{n} X_i$ 取值的概率. 或者说要求随机变量之和 $\sum\limits_{i=1}^{n} X_i$ 落在某个区间上的概率,只需要将和标准化,然后利用标准正态分布函数来做近似计算,即得

$$P\left(a < \sum_{i=1}^{n} X_i \leqslant b\right) = P\left(\frac{a-n\mu}{\sqrt{n}\,\sigma} < \frac{\sum\limits_{i=1}^{n} X_i - n\mu}{\sqrt{n}\,\sigma} \leqslant \frac{b-n\mu}{\sqrt{n}\,\sigma}\right)$$

$$\approx \Phi\left(\frac{b-n\mu}{\sqrt{n}\,\sigma}\right) - \Phi\left(\frac{a-n\mu}{\sqrt{n}\,\sigma}\right).$$

例 4.2.1 一册 400 页的书中,每一页的印刷错误的个数服从泊松分布 $P(0.2)$,各页有多少个印刷错误是相互独立的. 求这册书的印刷错误不多于 88 个的概率.

解 设随机变量 X_i 表示第 i 页的印刷错误的个数,则 $X_i \sim P(0.2)$,易知

$$E(X_i) = 0.2, \quad D(X_i) = 0.2, \quad i = 1, 2, \cdots, 400.$$

因为 $X_1, X_2, \cdots, X_{400}$ 是相互独立的,所以按定理 4.2.1 得所求概率

$$P\left(0 \leqslant \sum_{i=1}^{400} X_i \leqslant 88\right) = P\left(-\frac{80}{\sqrt{80}} \leqslant \frac{\sum\limits_{i=1}^{400} X_i - 400 \times 0.2}{\sqrt{400 \times 0.2}} \leqslant \frac{88 - 80}{\sqrt{80}}\right)$$

$$\approx \Phi(0.89) - \Phi(-8.94) = 0.813\,3.$$

例 4.2.2 计算机进行加法运算时,对每个加数四舍五入取整,取整误差服从 $(-0.5, 0.5)$ 上的均匀分布,若把 1 200 个数相加,试计算

(1) 误差总和绝对值不超过 15 的概率.

(2) 误差总和绝对值不超过多少的概率为 0.95?

解 设 X_i 表示第 i 个加数的取整误差,由题意 $X_i \sim U(-0.5, 0.5)$,$i = 1, 2, \cdots, 1\,200$,从而 $E(X_i) = 0$,$D(X_i) = \dfrac{1}{12}$,且 $X_1, X_2, \cdots, X_{1\,200}$ 相互独立.

设 X 表示 1 200 个加数的误差总和,$X = \sum\limits_{i=1}^{1\,200} X_i$,则

$$E(X) = 1\,200 \times 0 = 0, \quad D(X) = 1\,200 \times \frac{1}{12} = 100.$$

由定理 4.2.1,可计算

(1) $P(|X| \leqslant 15) = P\left(\dfrac{|X-0|}{\sqrt{100}} \leqslant 1.5\right) \approx 2\Phi(1.5) - 1 = 0.866\,4.$

(2) 要使 $P(|X| \leqslant a) = P\left(\dfrac{|X|}{10} \leqslant \dfrac{a}{10}\right) = 2\Phi\left(\dfrac{a}{10}\right) - 1 = 0.95$,只需 $\Phi\left(\dfrac{a}{10}\right) = 0.975$. 查表得 $\dfrac{a}{10} = 1.96$. 故 $a = 19.6$. 所以 1 200 个加数误差总和的绝对值不超过 15 的概率是

0.866 4,而误差总和绝对值不超过 19.6 的概率为 0.95.

例 4.2.3 掷一颗骰子 100 次,记第 i 次掷出的点数为 X_i,$i = 1, 2, \cdots, 100$,其算术平均

为 $\bar{X} = \dfrac{1}{100} \sum\limits_{i=1}^{100} X_i$,试求概率 $P(3 \leqslant \bar{X} \leqslant 4)$.

解 由题意可得

$$E(X_i) = 1 \times \frac{1}{6} + 2 \times \frac{1}{6} + \cdots + 6 \times \frac{1}{6} = 3.5,$$

$$D(X_i) = 1^2 \times \frac{1}{6} + 2^2 \times \frac{1}{6} + \cdots + 6^2 \times \frac{1}{6} - \left(\frac{35}{10}\right)^2 = \frac{35}{12},$$

$$E(\bar{X}) = 3.5, \quad D(\bar{X}) = \frac{35}{12 \times 100} = \frac{7}{240}.$$

利用林德伯格-莱维中心极限定理,可得

$$P(3 \leqslant \bar{X} \leqslant 4) \approx \Phi\left(\frac{4 - 3.5}{\sqrt{\dfrac{7}{240}}}\right) - \Phi\left(\frac{3 - 3.5}{\sqrt{\dfrac{7}{240}}}\right)$$

$$= 2\Phi(2.927\ 7) - 1 = 2 \times 0.998\ 3 - 1 = 0.996\ 6.$$

这表明:掷 100 次骰子的平均点数在 3 到 4 的概率近似为 0.996 6,很接近于 1.

事实上,当 n 充分大时,由近似公式

$$P\left(a < \sum_{i=1}^{n} X_i \leqslant b\right) \approx \Phi\left(\frac{b - n\mu}{\sqrt{n}\,\sigma}\right) - \Phi\left(\frac{a - n\mu}{\sqrt{n}\,\sigma}\right),$$

立即可得

$$P(a < \bar{X}_n \leqslant b) = P\left(\frac{a - \mu}{\dfrac{\sigma}{\sqrt{n}}} < \frac{\bar{X}_n - \mu}{\dfrac{\sigma}{\sqrt{n}}} \leqslant \frac{b - \mu}{\dfrac{\sigma}{\sqrt{n}}}\right) \approx \Phi\left(\frac{b - \mu}{\dfrac{\sigma}{\sqrt{n}}}\right) - \Phi\left(\frac{a - \mu}{\dfrac{\sigma}{\sqrt{n}}}\right).$$

4.2.3 棣莫弗-拉普拉斯中心极限定理

定理 4.2.2(棣莫弗-拉普拉斯(de Moivre-Laplace)中心极限定理) 设 M_n 是 n 次重复独立试验中事件 A 发生的次数,$p(0 < p < 1)$ 是事件 A 在一次试验中发生的概率,则对任意实数 x

$$\lim_{n \to \infty} P\left(\frac{M_n - np}{\sqrt{np(1-p)}} \leqslant x\right) = \int_{-\infty}^{x} \frac{1}{\sqrt{2\pi}} e^{-\frac{t^2}{2}} dt = \Phi(x). \tag{4.2.2}$$

证明 设随机变量 X_i 表示事件 A 在第 i 次试验中发生的次数($i = 1, 2, \cdots$),则这些随机变量相互独立,服从相同的"0-1"分布,且

$$E(X_i) = p, D(X_i) = p(1-p), \quad i = 1, 2, \cdots.$$

注意到 $M_n = \sum\limits_{i=1}^{n} X_i$,所以由定理 4.2.1 得

$$\lim_{n \to \infty} P\left(\frac{M_n - np}{\sqrt{np(1-p)}} \leqslant x \right) = \lim_{n \to \infty} P\left(\frac{\sum_{i=1}^{n} X_i - np}{\sqrt{np(1-p)}} \leqslant x \right)$$

$$= \frac{1}{\sqrt{2\pi}} \int_{-\infty}^{x} e^{-\frac{t^2}{2}} dt = \Phi(x).$$

我们已知在 n 次独立试验中事件 A 发生的次数 $M_n \sim B(n,p)$，所以棣莫弗-拉普拉斯中心极限定理表明：当 n 充分大时，服从二项分布 $B(n,p)$ 的随机变量 M_n 将近似地服从正态分布 $N(np, np(1-p))$．因此

$$P(a < M_n \leqslant b) = P\left(\frac{a-np}{\sqrt{np(1-p)}} < \frac{M_n-np}{\sqrt{np(1-p)}} \leqslant \frac{b-np}{\sqrt{np(1-p)}} \right)$$

$$\approx \Phi\left(\frac{b-np}{\sqrt{np(1-P)}} \right) - \Phi\left(\frac{a-np}{\sqrt{np(1-p)}} \right).$$

例 4.2.4 某电站供应 10 000 户居民用电，设在高峰时每户用电的概率为 0.8，且各户用电与否及用电量多少是相互独立的．求：

(1) 同一时刻有 8 100 户以上用电的概率．

(2) 若每户用电功率为 100 W，则电站至少需要供电多少功率才能保证以 0.975 的概率供应居民用电？

解 (1) 设随机变量 M_n 表示 10 000 户中在同一时刻用电的户数，则 $M_n \sim B(10\ 000, 0.8)$，于是

$$np = 10\ 000 \times 0.8 = 8\ 000, \sqrt{np(1-p)} = \sqrt{10\ 000 \times 0.8 \times 0.2} = 40.$$

所求概率为

$$P(8\ 100 \leqslant M_n \leqslant 10\ 000) = P\left(\frac{8\ 100 - 8\ 000}{40} \leqslant \frac{M_n - np}{\sqrt{np(1-p)}} \leqslant \frac{10\ 000 - 8\ 000}{40} \right)$$

$$= P\left(2.5 \leqslant \frac{M_n - np}{\sqrt{np(1-p)}} \leqslant 50 \right) \approx \Phi(50) - \Phi(2.5)$$

$$= 1 - 0.993\ 8 = 0.006\ 2.$$

(2) 若每户用电功率为 100 W，则 M_n 户用电功率为 $100 M_n$ W. 设电站供电功率为 Q W，则按题意有

$$P(100 M_n \leqslant Q) = P\left(M_n \leqslant \frac{Q}{100} \right)$$

$$= P\left(\frac{M_n - np}{\sqrt{np(1-p)}} \leqslant \frac{Q/100 - 8\ 000}{40} \right)$$

$$\approx \Phi\left(\frac{Q/100 - 8\ 000}{40} \right) = 0.975.$$

查附表 2 知，$\Phi(1.96) = 0.975$．由此得

$$\frac{\dfrac{Q}{100} - 8\,000}{40} = 1.96,$$

解得

$$Q = 807\,840.$$

所以,电站供电功率应不少于 807.84 kW.

在第二章中曾用泊松分布近似计算二项分布,那么二项分布的泊松逼近与正态逼近哪个更好? 当二项分布 $B(n,p)$ 的 p 不太接近 0 或 1,而 n 又比较大时(这时 np 比较大),用正态逼近来计算有关二项分布的概率最好,在这种情况下,可能泊松逼近用不上,因为泊松分布是研究稀有事件的. 当 p 很小时(p 很大时,作为对立事件来处理)n 较大($np \leqslant 5$)时,用泊松逼近比用正态逼近要精确,但用正态逼近也能得到较好的近似.

§4.3　综合应用案例

4.3.1　大数定律的应用

伯努利大数定律表述了在试验条件不变的情况下,当试验次数 n 充分大时,事件 A 发生的频率 $\dfrac{M_n}{n}$ 依概率收敛于事件 A 发生的概率 $P(A) = p$. 定理提供了通过试验来确定事件概率 p 的近似值的可行方法,这也是利用计算机进行随机模拟的蒙特卡罗方法的理论基础.

例 4.3.1　应用蒙特卡罗方法估计圆周率 π.

设二维随机变量 (X, Y) 在正方形区域 G 内服从二维均匀分布,正方形边长为 2,其内切圆 D 的半径为 1,根据均匀分布的性质,有

$$P\{(X, Y) \in D\} = \frac{S(D)}{S(G)} = \frac{\pi \times 1^2}{2 \times 2} = \frac{\pi}{4}.$$

随机模拟方法步骤如下:

(1) 产生 n 组落在正方形区域 G 内的随机点 (x, y),其中 $X \sim U(-1, 1)$,$Y \sim U(-1, 1)$;

(2) 统计满足 $x^2 + y^2 \leqslant 1$ 的随机点个数 k,则随机点 (x, y) 落在区域 D 内的频率为 $\dfrac{k}{n}$;

(3) n 足够大时用 $\dfrac{4k}{n}$ 近似估算 π.

下面用数学实验来求圆周率的近似值. 当实验次数 n 分别为 100,500,1 000,2 000,5 000,8 000,10 000 时,R 语言编程输出结果如表 4.1 所示:

表 4.1　数学实验 R 语言输出结果

实验次数 n	100	500	1 000	2 000	5 000	8 000	10 000
D 内随机点 k	81	389	814	1 539	3 902	6 259	7 786
$\dfrac{4k}{n}$	3.24	3.112	3.256	3.078	3.121 6	3.129 5	3.114 4

模拟实验结果如图 4.3 所示:

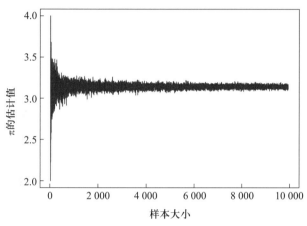

例 4.3.1　R 语言程序代码

图 4.3　实验次数 n 与 π 模拟值图示

实验结果表明,随着实验次数 n 的增加,$\dfrac{4k}{n}$ 逐渐稳定并以概率收敛于圆周率 π 值.

4.3.2　中心极限定理的应用

中心极限定理在概率理论上具有非常重要的意义,它表明在满足一定条件下独立随机变量之和的极限分布是正态分布,也是大样本统计推断的基础,同时也被广泛应用于许多实际问题的研究.

例 4.3.2　某高校为了充分调动大学生的学习积极性和主动性,提高高等数学课程的教学质量,对高等数学的教学采取学生自主选课的形式.假设某年级有 2 000 名学生选课,任课教师有 15 名,在线上选课系统中每位学生随机选择一位教师.考虑如下问题:

(1) 每位教师的选课人数服从什么概率分布?

(2) 每位教师的选课人数超过 150 的概率是多大?

(3) 上课教室的座位应该安排多少个,才能以 95% 的概率保证选课的学生有座位?

解　根据选课系统的选课规则,我们给出假设:

1° 学生选择任何一位老师的概率相同,即 $p = \dfrac{1}{15}$;

2° 学生之间的选择是相互独立的.

因为每一位老师面临的学生选课情况都相同,我们以第 k 位教师($k=1,2,\cdots,15$)为例讨论上述问题.

令

$$X_i=\begin{cases}1, & \text{第 } i \text{ 个学生选择第 } k \text{ 位教师,}\\ 0, & \text{其他.}\end{cases}\qquad i=1,2,\cdots,2\,000.$$

由假设,$X_i\sim B\left(1,\dfrac{1}{15}\right)$,且 $X_1,X_2,\cdots,X_{2\,000}$ 相互独立,再令 $Y=\sum\limits_{i=1}^{2\,000}X_i$,则随机变量 Y 即为选择第 k 位教师的学生人数.

(1)因为 $X_i\sim B\left(1,\dfrac{1}{15}\right)$,且 $X_1,X_2,\cdots,X_{2\,000}$ 相互独立,由二项分布的可加性,$Y=\sum\limits_{i=1}^{2\,000}X_i\sim B\left(2\,000,\dfrac{1}{15}\right)$.

再由中心极限定理 4.2.2,当 n 足够大时,$Y=\sum\limits_{i=1}^{n}X_i\overset{\text{近似}}{\sim}N(np,np(1-p))$,这里 $n=2\,000$,$p=\dfrac{1}{15}$,即第 k 位教师的选课人数近似服从正态分布:

$$Y=\sum_{i=1}^{2\,000}X_i\overset{\text{近似}}{\sim}N\left(\frac{2\,000}{15},\frac{2\,000\times14}{15^2}\right).$$

因此对于下面的概率问题,我们可以利用正态分布近似计算.

(2)第 k 位教师的选课人数超过 150 人的概率,即

$$P(Y>150)=1-P(Y\leqslant150)=1-P\left(\frac{Y-\dfrac{2\,000}{15}}{\sqrt{\dfrac{2\,000\times14}{15^2}}}\leqslant\frac{150-\dfrac{2\,000}{15}}{\sqrt{\dfrac{2\,000\times14}{15^2}}}\right)$$

$$\approx1-\Phi\left(\frac{150-\dfrac{2\,000}{15}}{\sqrt{\dfrac{2\,000\times14}{15^2}}}\right)\approx1-\Phi(1.49)=0.068\,1.$$

(3)设上课教室的座位应该安排 m 个,欲以 95% 的概率保证选课的学生有座位,即求 m 满足

$$P(Y\leqslant m)\approx\Phi\left(\frac{m-\dfrac{2\,000}{15}}{\sqrt{\dfrac{2\,000\times14}{15^2}}}\right)\geqslant0.95,$$

查附表 3,有 $\dfrac{m-\dfrac{2\,000}{15}}{\sqrt{\dfrac{2\,000\times14}{15^2}}}\geqslant1.645$,求解不等式得,$m\geqslant151.68$. 因此教室至少需要安排

152 个座位,才能以 95% 的概率保证选课的学生有座位.

本章小结

　　人们在长期实践中认识到频率具有稳定性,即当实验次数增大时频率稳定在一个数的附近. 这一事实显示了可以用一个数来表征事件发生的可能性的大小. 这使得人们认识到概率是客观存在的,进而由频率的三条性质的启发和抽象给出了概率的定义,因而频率的稳定性是概率定义的客观基础. 伯努利大数定理则以严密的数学形式论证了频率的稳定性.

　　中心极限定理表明,在相当一般的条件下,当独立随机变量的个数增加时,其和的分布趋于正态分布. 这一事实阐明了正态分布的重要性. 中心极限定理揭示了为什么在实际应用中会经常遇到正态分布,也就是揭示了产生正态分布的源泉. 另一方面,它提供了独立同分布随机变量之和 $\sum\limits_{k=1}^{n} X_k$(其中 X_k 的方差存在)的近似分布,只要和式中加项的个数充分大,就可以不必考虑和式中的随机变量服从什么分布,都可以用正态分布来近似,这在应用上是有效和重要的.

　　中心极限定理的内容包含极限,因而称它为极限定理是很自然的. 又由于它在统计中的重要性,所以称它为中心极限定理,这是波利亚(Pólya)在 1920 年取的名字.

1. 基本概念

　　大数定律:概率论中用来阐明大量随机现象平均结果稳定性的一系列定理统称为大数定律. 具体的数学表达形式就是:对于相互独立的随机变量序列 $\{X_n\}$,令 $\overline{X}_n = \dfrac{1}{n}\sum\limits_{i=1}^{n} X_i$,若对于任意正数 ε,有 $\lim\limits_{n\to\infty} P(\,|\,\overline{X}_n - E(\overline{X}_n)\,| < \varepsilon) = 1$,则称 $\{X_n\}$ 服从大数定律;中心极限定理:把大量独立随机变量和的极限分布是正态分布这一类定理称为中心极限定理.

2. 常用公式

　　切比雪夫不等式:设随机变量 X 具有数学期望 $E(X)$ 和方差 $D(X)$,则对于任意正数 ε,恒有

$$P(\,|\,X - E(X)\,| \geqslant \varepsilon) \leqslant \frac{D(X)}{\varepsilon^2},$$

或

$$P(\,|\,X - E(X)\,| < \varepsilon) \geqslant 1 - \frac{D(X)}{\varepsilon^2}.$$

　　根据林德伯格-莱维中心极限定理,得到独立同分布随机变量和的正态近似计算公式:设随机变量序列 $X_1, X_2, \cdots, X_n, \cdots$ 独立同分布,且 $E(X_i) = \mu$,$D(X_i) = \sigma^2$,则当 n 充分大时有

$$P\left(a < \sum_{i=1}^{n} X_i \leqslant b\right) \approx \Phi\left(\frac{b - n\mu}{\sqrt{n}\,\sigma}\right) - \Phi\left(\frac{a - n\mu}{\sqrt{n}\,\sigma}\right).$$

或令 $\overline{X}_n = \dfrac{1}{n}\sum\limits_{i=1}^{n} X_i$,则

$$P(a < \overline{X}_n \leqslant b) \approx \Phi\left(\dfrac{b-\mu}{\dfrac{\sigma}{\sqrt{n}}}\right) - \Phi\left(\dfrac{a-\mu}{\dfrac{\sigma}{\sqrt{n}}}\right).$$

根据棣莫弗-拉普拉斯中心极限定理,得到二项分布的正态近似计算公式:设 $M_n \sim B(n,p)$,则当 n 充分大时,有

$$P(a < M_n \leqslant b) \approx \Phi\left(\dfrac{b-np}{\sqrt{np(1-p)}}\right) - \Phi\left(\dfrac{a-np}{\sqrt{np(1-p)}}\right).$$

顺便指出,因为二项分布是离散型分布,而正态分布是连续型分布,所以用正态分布作为二项分布的近似计算中,做些修正可以提高精度. 若 $a < b$ 均为整数,一般可先做如下修正后再用正态近似

$$P(a \leqslant M_n \leqslant b) = P(a-0.5 < M_n < b+0.5)$$
$$\approx \Phi\left(\dfrac{a+0.5-np}{\sqrt{np(1-p)}}\right) - \Phi\left(\dfrac{b+0.5-np}{\sqrt{np(1-p)}}\right).$$

譬如 $M_n \sim B(25,0.4)$,$P(5 \leqslant M_n \leqslant 15)$ 的值为图 4.4 中长条矩形的面积,其精确值为 0.978 0.

使用修正的正态近似

$$P(5 \leqslant M_n \leqslant 15) = P(5-0.5 < M_n < 15+0.5)$$
$$\approx \Phi\left(\dfrac{15+0.5-10}{\sqrt{6}}\right) - \Phi\left(\dfrac{5-0.5-10}{\sqrt{6}}\right) = 2\Phi(2.245) - 1$$
$$= 0.975\ 4.$$

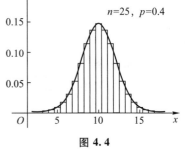

图 4.4

不用修正的正态近似

$$P(5 \leqslant M_n \leqslant 15) \approx \Phi\left(\dfrac{15-10}{\sqrt{6}}\right) - \Phi\left(\dfrac{5-10}{\sqrt{6}}\right) = 2\Phi(2.041) - 1 = 0.958\ 8.$$

可见不用修正的正态近似误差较大.

思考与问答四

1. 设随机事件 A 发生的概率为 $P(A) = p$,若在 n 次独立重复的试验中事件 A 发生了 k 次,其发生的频率为 $f_n(A) = \dfrac{k}{n}$,那么是否有 $\lim\limits_{n \to \infty} f_n(A) = \lim\limits_{n \to \infty} \dfrac{k}{n} = p$ 成立?

2. 抛掷质地均匀的骰子 100 次,其点数之和的平均值是多少?标准差是多少?点数之和近似服从什么分布?

习题四

1. 用切比雪夫不等式估计下列各题的概率.

(1) 废品率为 0.03,1 000 个产品中废品多于 20 个且少于 40 个的概率.

(2) 200 个新生婴儿中,男孩多于 80 个且少于 120 个的概率(假定生男孩和生女孩的

概率均为 0.5).

2. 用棣莫弗–拉普拉斯中心极限定理计算上题的概率.

3. 已知正常成人男性血液中每毫升含白细胞数的平均值是 7 300 个,标准差是 700,利用切比雪夫不等式估计每毫升血液中白细胞数在 5 200~9 400 的概率.

4. 如果 $X_1, X_2, \cdots, X_n$ 是 n 个相互独立同分布的随机变量,$E(X_i) = \mu$,$D(X_i) = 8$($i = 1, 2, \cdots, n$). 对于 $\overline{X} = \dfrac{1}{n} \sum\limits_{i=1}^{n} X_i$,写出 $\overline{X}$ 所满足的切比雪夫不等式,并估计 $P(|\overline{X} - \mu| < 4)$.

5. 设 $\{X_n\}$ 为独立的随机变量序列,且

$$P(X_n = 1) = p_n, \quad P(X_n = 0) = 1 - p_n, \quad n = 1, 2, \cdots$$

证明 $\{X_n\}$ 服从大数定律.

6. 袋装茶叶用机器装袋,每袋的净重为随机变量,其期望值为 100 g,标准差为 10 g,一大盒内装 200 袋,求一盒茶叶净重大于 20.5 kg 的概率.

7. 生产灯泡的合格率为 0.6,求 10 000 个灯泡中合格灯泡数在 5 800~6 200 的概率.

8. 从大批发芽率为 0.9 的种子中随机抽取 1 000 粒,试估计这 1 000 粒种子发芽率不低于 0.88 的概率.

9. 某车间有同型号机床 200 部,每部开动的概率均为 0.7,假定各机床开关是独立的,开动时每部要消耗电能 15 个单位. 问电厂最少要供应这个车间多少电能,才能以 95% 的概率保证不致因供电不足而影响生产.

10. 一个复杂的系统,由 100 个相互独立起作用的部件构成. 在整个运行期间,每个部件损坏的概率均为 0.1,为了使整个系统起作用,至少需要有 85 个部件工作. 求整个系统起作用的概率.

11. 在人寿保险公司里有 10 000 个同一年龄的人参加人寿保险. 在这一年中,这些人的死亡率为 0.6%,参加保险的人在一年的头一天交付保险费 12 元,死亡时,家属可以从保险公司领取 1 000 元. 求

(1) 保险公司一年中获利不少于 40 000 元的概率.

(2) 保险公司亏本的概率.

12. 设随机变量 $X_1, X_2, \cdots, X_{48}$ 相互独立且都在 $[0, 1]$ 上服从均匀分布. 令 $\overline{X} = \dfrac{1}{48} \sum\limits_{i=1}^{48} X_i$,试用中心极限定理计算 $P\left(\left| \overline{X} - \dfrac{1}{2} \right| < 0.04 \right)$ 的值.

13. 为确定某城市成年男子中吸烟者的比例 p,任意调查 n 个男子,记其中的吸烟人数为 m,问 n 至少为多大才能保证 $\dfrac{m}{n}$ 与 p 的差异小于 0.01 的概率大于 95%.

14. 某门课程的一套试题由 100 个单项选择组成,每题 1 分,有 4 个答案选项可选. 假设某位学生只会做其中 50 道题,剩下的题目靠随机猜测,问最后这位学生及格(及格线 60 分)的概率是多少?

15. 某互联网站有 10 000 个相互独立的用户,已知每个用户在平时任一时刻访问网站的概率为 0.2. 应用中心极限定理解决以下问题:

（1）在任一时刻有 1 880~2 120 个用户访问该网站的概率.

（2）假设每个用户访问该网站时需要 128 KB 的宽带流量，问至少供应多少 KB 的宽带，才能以 95% 的概率保证用户不会因宽带不足而无法访问网站？

（3）假设要调查用户是否访问该网站，问至少要调查多少用户，才能以 90% 的概率保证调查所得的访问频率与 0.2 的差异小于 0.01？

第五章

数理统计的基本概念及抽样分布

数理统计学是一门研究怎样以有效的方式收集、整理和分析带有随机性的数据,以便对所考察的问题作出推断和预测,并为以后的决策和行动提供依据和建议的学科. 数理统计不同于一般的资料统计,它更侧重于对随机现象本身的规律性进行资料的收集、整理和分析. 由于大量随机现象必然呈现其规律性,因而从理论上来讲,只要对随机现象进行足够多次的观察,被研究的随机现象的规律性就一定能够清楚地呈现出来. 但由于各种条件的限制,客观上只允许我们对随机现象进行次数不多的观察试验,也就是说,我们只能获得局部的观察资料. 数理统计的任务就是研究如何通过有限的观察资料,来尽可能地获取对随机现象整体的精确而可靠的结论.

由于数理统计的推断是基于部分抽取的数据,而这些数据又不能包括研究对象的全部信息,所以获得的结论必然包含着某种不确定性,而概率就是这种不确定性的度量. 可见,在数理统计中必然要用到概率论的理论和方法,由此可以说,概率论是数理统计的基础,而数理统计是概率论的重要应用.

§5.1 数理统计的基本概念

5.1.1 总体与样本

1. 总体

一个统计问题有它明确的研究对象,研究对象的全体称为**总体**. 总体中的每一个成员称为**个体**. 例如,要研究某个厂家生产的电视机的质量问题,这批电视机的全体就是总体,其中的每一台电视机就是个体. 在实际统计研究中,人们往往关心的是有关研究对象的某一项或几项数量指标,从而考察该数量指标的分布情况. 这时,总体实际上就是每个个体所具有的数量指标的全体. 由于每个个体的出现是随机的,所以,相应的数量指标的出现也是带有随机性的. 我们可以把这种数量指标看作一个随机变量,而随机变量的分布就是该数量指标在总体中的分布,这样,总体就可以用一个随机变量及其分布来描述. 例如,我们要研究某批电视机的寿命时,关心的数量指标就是寿命,而每台电视机的寿命有长有短,是一个随机变量,那么这批电视机的寿命就可以用随机变量 X 表示,或用其分布函数 $F(x)$ 表示. 类似地,在研究某地区中小学生的发育状况时,我们一般关心的数量指标是身高和体重,那么此总体就可以用二维随机变量 (X,Y) 或其联合分布函数 $F(x,y)$ 来表示. 因此在理论上,可以把总体与概率分布等同起来. 习惯上, 当总体分布为指数分布时, 我们就称其为指数分布总体; 当总体分布为正态分布时, 称其为正态分布总体或简称正态总体. 两个总体即使其所含个体的性质完全不同, 只要有相同的概率分布, 在统计学中就视为是同一总体. 另外, 若总体包含的个体数目是有限的, 则称其为有限总体; 若总体包含的个体数目是无限的, 则称其为无限总体.

2. 样本

总体的分布一般是未知的, 或只知道是包含了未知参数的某个分布, 为了了解总体的分布情况, 我们从总体中随机的抽取 n 个个体 $X_1, X_2, \cdots, X_n$, 记其指标值为 $x_1, x_2, \cdots, x_n$, 则称 $X_1, X_2, \cdots, X_n$ 为总体的一个**样本**, n 称为**样本容量**. 由于抽取的个体都带有随机性, 所以容量为 n 的样本可以是这 n 个个体组成, 也可以由另外 n 个个体组成, 因此, 容量为 n 的样本可以看作 n 维随机变量 $(X_1, X_2, \cdots, X_n)$. 不过一旦取定了一个样本, 就得到 n 个具体的数据 $(x_1, x_2, \cdots, x_n)$, 称为样本的一次观察值, 简称**样本值**. 需要说明的是, 今后在符号上我们不严格区分样本和样本值, 从上下文的叙述中自然可以看出哪个是样本, 哪个是样本值.

从总体中按照某种抽样规则抽取若干个个体的过程称为**抽样**. 抽样方法可以有很多种, 为了能由样本对总体作出较为可靠的推断, 就希望样本能够很好地反映和代表总体. 这就需要对抽样方法提出一些要求, 实际中最常用的抽样方法叫做**简单随机抽样**, 它有如下两个要求:

(1) 代表性: 总体中每一个个体都有同等机会被抽入样本, 这意味着样本中每个个体与所考察的总体具有相同的分布, 因此, 任一样本中的每个个体都具有代表性.

(2) 独立性: 样本中每个个体取什么值并不影响其他个体的取值, 这意味着, 样本 $X_1, X_2, \cdots, X_n$ 是相互独立的随机变量.

由简单随机抽样方法得到的样本就称为**简单随机样本**, 简单随机样本是实际应用中最常见的情形, 以后如不特别说明, 所抽取的样本均为简单随机样本.

简单随机样本的联合分布由总体的分布决定. 假设样本 $X_1, X_2, \cdots, X_n$ 来自总体 X, 记 X 的分布函数为 $F(x)$, 于是, 从独立同分布的条件出发, 可求得样本 $(X_1, X_2, \cdots, X_n)$ 的联合分布函数为

$$F^*(x_1, x_2, \cdots, x_n) = \prod_{i=1}^{n} F(x_i).$$

其中 $(x_1, x_2, \cdots, x_n)$ 为 $(X_1, X_2, \cdots, X_n)$ 的任一样本值.

显然, 上式适用于一切随机变量, 但实际应用时通常是从离散型的分布列或连续型的密度函数出发的.

(1) 总体 X 为离散型

假设总体 X 是离散型随机变量, 且具有分布列 $P(X=x) = p(x)$ 时, 样本 $(X_1, X_2, \cdots, X_n)$ 的联合分布列为

$$\begin{aligned} p^*(x_1, x_2, \cdots, x_n) &= P(X_1 = x_1, X_2 = x_2, \cdots X_n = x_n) \\ &= P(X_1 = x_1) P(X_2 = x_2) \cdots P(X_n = x_n) \end{aligned} \tag{5.1.1}$$

$$= p(x_1)p(x_2)\cdots p(x_n) = \prod_{i=1}^{n} p(x_i).$$

（2）总体 X 为连续型

假设总体 X 是连续型随机变量,且具有概率密度函数 $f(x)$,样本 $(X_1, X_2, \cdots, X_n)$ 的联合概率密度函数

$$f^*(x_1, x_2, \cdots, x_n) = f(x_1)f(x_2)\cdots f(x_n) = \prod_{i=1}^{n} f(x_i). \tag{5.1.2}$$

3. 总体、样本、样本值的关系

我们抽样后得到的资料都是具体的、确定的值. 例如我们从某班大学生中抽取 10 个人测量他们的身高,得到的是 10 个身高数据,它们是样本取到的值而不是样本,我们只能观察到随机变量的取值而见不到随机变量. 统计就是从手中已有的资料——样本值,去推断总体的分布情况——总体分布 $F(x)$ 的性质,而样本是联系二者的桥梁. 总体分布决定了样本取值的概率规律,也就是样本取到样本值的规律,因而可以由样本值去推断总体. 三者之间的关系如图 5.1 所示.

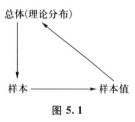

图 5.1

5.1.2　经验分布函数及样本直方图

统计学中所研究的一切问题,归根结底是通过样本推断总体. 总体一般是未知的或者是部分未知的,为了得到对总体直观、明确的描述,我们可以把从总体中随机抽取的样本数据进行初步的整理分析,从而显示其统计规律性.

1. 经验分布函数

我们把总体 X 的分布函数

$$F(x) = P(X \leqslant x) \tag{5.1.3}$$

称为总体分布函数. 从总体中抽取容量为 n 的样本 $X_1, X_2, \cdots, X_n$,得到 n 个样本观察值 $x_1, x_2, \cdots, x_n$. 我们给出如下经验分布函数的定义.

定义 5.1.1　设 $X_1, X_2, \cdots, X_n$ 是取自总体 X 的一个样本,且总体分布函数为 $F(x)$. 把样本观察值从小到大排列为 $x_{(1)} \leqslant x_{(2)} \leqslant \cdots \leqslant x_{(n)}$,则称函数

$$F_n(x) = \begin{cases} 0, & x < x_{(1)}, \\ \dfrac{k}{n}, & x_{(k)} \leqslant x < x_{(k+1)}, \quad k = 1, 2, \cdots, n-1, \\ 1, & x \geqslant x_{(n)} \end{cases} \tag{5.1.4}$$

为**经验分布函数**.

经验分布函数 $F_n(x)$ 是样本观察值 $x_1, x_2, \cdots, x_n$ 中不大于 x 的值出现的频率,故 $0 \leqslant F_n(x) \leqslant 1$,并且是非降、右连续的函数,也就是说,它具有分布函数的基本性质. 经验分布函数的图形如图 5.2 所示.

对不同的样本值,得到的经验分布函数不同. 当样本容量较大时,经验分布函数 $F_n(x)$

是总体分布函数 $F(x)$ 的良好近似. 一般来说 n 越大,近似的效果越好;当 $n\to\infty$ 时,$F_n(x)$ 以概率 1 一致收敛于 $F(x)$,即

$$P(\lim_{n\to\infty}\sup_{-\infty<x<+\infty}|F_n(x)-F(x)|=0)=1.$$

这就是著名的**格利文科(Glivenko)定理**,它是我们可以由样本推断总体的基本理论依据.

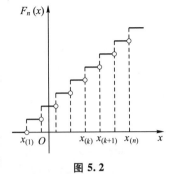

图 5.2

2. 直方图

样本数据的整理是统计研究的基础. 整理数据的最常用方法之一是给出其频数频率分布表,并根据需要作出样本的**频率直方图**,简称直方图. 作直方图的步骤如下:

(1) 找出样本观察值 $x_1,x_2,\cdots,x_n$ 中的最小值和最大值,分别记作 $x_{(1)}$ 与 $x_{(n)}$,即

$$x_{(1)}=\min(x_1,x_2,\cdots,x_n),\quad x_{(n)}=\max(x_1,x_2,\cdots,x_n).$$

(2) 适当选取略小于 $x_{(1)}$ 的数 a 与略大于 $x_{(n)}$ 的数 b,把区间 (a,b) 分为若干个子区间 $(a=t_0,t_1),(t_1,t_2),\cdots,(t_{i-1},t_i),\cdots,(t_{l-1},b=t_l)$,子区间的个数一般为 8 至 15 个,子区间的长度 $\Delta t_i=t_i-t_{i-1}(i=1,2,\cdots,l)$,各子区间的长度可以相等,也可以不等.

(3) 计算样本观察值落在各子区间内的频数 n_i 及频率 $f_i=\dfrac{n_i}{n}(i=1,2,\cdots,l)$.

(4) 在 x 轴上截取各子区间,以 $\dfrac{f_i}{\Delta t_i}$ 为高作小矩形,各个小矩形的面积 ΔS_i 就等于样本观察值落在该子区间内的频率,即

$$\Delta S_i=\Delta t_i\cdot\frac{f_i}{\Delta t_i}=f_i\quad(i=1,2,\cdots,l).$$

所有小矩形的面积总和等于 1,这样作出的所有小矩形就构成了直方图.

因为当样本容量 n 充分大时,随机变量 X 落在各个子区间 (t_{i-1},t_i) 内的频率近似等于其概率,即 $f_i\approx P(t_{i-1}<X<t_i)(i=1,2,\cdots,l)$,所以直方图大致描述了总体 X 的概率分布.

例 5.1.1 测量 100 个某种机械零件的质量,得到样本观察值(单位:g)如下:

246	251	259	254	246	253	237	252	250	251
249	244	249	244	243	246	256	247	252	252
250	247	255	249	247	252	252	242	245	240
260	263	254	240	255	250	256	246	249	253
246	255	244	245	257	252	250	249	255	248
258	242	252	259	249	244	251	250	241	253
250	265	247	249	253	247	248	251	251	249
246	250	252	256	245	254	258	248	255	251
249	252	254	246	250	251	247	253	252	255
254	247	252	257	258	247	252	264	248	244

绘出零件质量的频率分布表并作直方图.

解 因为样本观察值中的最小值是 237, 最大值是 265, 所以我们把数据的分布区间确定为 $(236.5, 266.5)$, 并把这个区间等分为 10 个子区间:

$$(236.5, 239.5], (239.5, 242.5], \cdots, (263.5, 266.5)$$

由此得到零件质量的频数频率分布表 (如表 5.1 所示). 直方图如图 5.3 所示 (利用 Excel 绘制).

表 5.1 例 5.1.1 零件质量频数 (频率) 分布表

零件质量	频数	频率	累积频率
$(236.5, 239.5]$	1	1%	1%
$(239.5, 242.5]$	5	5%	6%
$(242.5, 245.5]$	9	9%	15%
$(245.5, 248.5]$	19	19%	34%
$(248.5, 251.5]$	24	24%	58%
$(251.5, 254.5]$	22	22%	80%
$(254.5, 257.5]$	11	11%	91%
$(257.5, 260.5]$	6	6%	97%
$(260.5, 263.5]$	1	1%	98%
$(263.5, 266.5)$	2	2%	100%
合计	100	1	

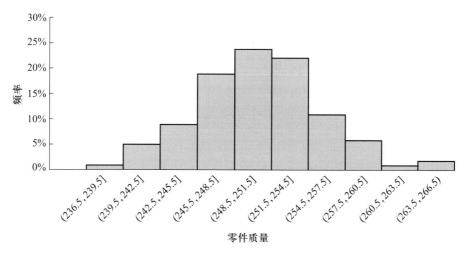

图 5.3 零件质量直方图

除了直方图外, 还有茎叶图、饼图等许多表示形式, 它们各有不同特点, 需要的时候可以根据要求选择相应的统计工具绘制.

§5.2 统计量和抽样分布

5.2.1 统计量

既然样本是来自总体,样本的观察值中就含有总体各方面的信息,但这些信息较为分散,有时显得杂乱无章. 为了将这些分散在样本中的有关总体的信息集中起来,更好地反映总体的各种特征,需要对样本进行加工,表和图是其中一类加工形式,从中我们可以获得对总体的初步认识. 为了从样本中获得对总体参数的认识,首先必须把分散在样本中的信息集中起来,用样本的某个函数 $g(X_1, X_2, \cdots, X_n)$ 表示. 因为样本 $X_1, X_2, \cdots, X_n$ 可以看作是 n 维随机变量 $(X_1, X_2, \cdots, X_n)$,所以任何样本函数 $g(X_1, X_2, \cdots, X_n)$ 都是 n 维随机变量的函数,显然也是随机变量. 根据样本 $X_1, X_2, \cdots, X_n$ 的观察值 $x_1, x_2, \cdots, x_n$ 计算得到的函数值 $g(x_1, x_2, \cdots, x_n)$ 就是样本函数 $g(X_1, X_2, \cdots, X_n)$ 的观察值.

定义 5.2.1 设 $X_1, X_2, \cdots, X_n$ 是来自总体的 X 一个简单随机样本,$g(X_1, X_2, \cdots, X_n)$ 是样本 $X_1, X_2, \cdots, X_n$ 的函数,若 $g(X_1, X_2, \cdots, X_n)$ 中不含任何未知参数,则称这类样本函数为统计量.

统计量是完全由样本决定的量,不能与任何未知的量有关,特别是统计量不能依赖于未知参数,这一点从统计量的意义看是显然的,因为统计量的作用就在于对未知参数进行推断. 例如,设 $X_1, X_2, \cdots, X_n$ 是从正态总体 $N(\mu, \sigma^2)$ 中抽取的样本,令 $T = X_1 - \mu$,若 μ 为已知的,则 T 是统计量;若 μ 为未知的,则 T 就不是统计量. 由样本构造统计量,实际上是对样本中所含的总体信息按照某种要求进行加工,把分散在样本中的信息集中到统计量的取值上,不同的统计推断要求构造不同的统计量,统计量在数理统计中的地位就相当于随机变量在概率论中的地位.

下面列举几个数理统计中常用的重要统计量.

（1）样本均值
$$\overline{X} = \frac{1}{n} \sum_{i=1}^{n} X_i. \tag{5.2.1}$$

（2）样本方差
$$S^2 = \frac{1}{n-1} \sum_{i=1}^{n} (X_i - \overline{X})^2. \tag{5.2.2}$$

（3）样本标准差
$$S = \sqrt{S^2} = \sqrt{\frac{1}{n-1} \sum_{i=1}^{n} (X_i - \overline{X})^2}. \tag{5.2.3}$$

（4）样本 k 阶原点矩
$$A_k = \frac{1}{n} \sum_{i=1}^{n} X_i^k, \quad k = 1, 2, \cdots, \tag{5.2.4}$$

（5）样本 k 阶中心矩

$$B_k = \frac{1}{n} \sum_{i=1}^{n} (X_i - \overline{X})^k, \quad k = 2, 3, \cdots. \tag{5.2.5}$$

实际中利用样本方差 S^2 进行计算或证明时经常会采用以下简化公式：

$$S^2 = \frac{1}{n-1} \sum_{i=1}^{n} (X_i - \overline{X})^2 = \frac{1}{n-1} \Big(\sum_{i=1}^{n} X_i^2 - n\overline{X}^2 \Big) \tag{5.2.6}$$

一般地，统计量的观察值用相应的小写字母表示. 上述各统计量的观察值相应记为

$$\overline{x} = \frac{1}{n} \sum_{i=1}^{n} x_i, \quad s^2 = \frac{1}{n-1} \sum_{i=1}^{n} (x_i - \overline{x})^2, \quad s = \sqrt{\frac{1}{n-1} \sum_{i=1}^{n} (x_i - \overline{x})^2},$$

$$a_k = \frac{1}{n} \sum_{i=1}^{n} x_i^k (k = 1, 2, \cdots), \quad b_k = \frac{1}{n} \sum_{i=1}^{n} (x_i - \overline{x})^k (k = 2, 3, \cdots).$$

从应用的角度看，重要的是能够借助计算器完成样本矩的观察值的计算，这在以后的统计分析中会经常遇到. 当样本容量 n 较大时，相同的样本观察值 x_i 往往可能重复出现，为了使计算简化，应把所得到的数据资料整理如表 5.2，其中 $n = \sum_{i=1}^{l} n_i$. 于是，样本均值 $\overline{x}$，样本方差 s^2 及样本 k 阶原点矩和样本 k 阶中心矩可以分别按下列公式计算：

$$\overline{x} = \frac{1}{n} \sum_{i=1}^{l} n_i x_{(i)}, \tag{5.2.7}$$

$$s^2 = \frac{1}{n-1} \sum_{i=1}^{l} n_i (x_{(i)} - \overline{x})^2, \tag{5.2.8}$$

$$a_k = \frac{1}{n} \sum_{i=1}^{l} n_i x_{(i)}^k, \quad k = 1, 2, \cdots, \tag{5.2.9}$$

$$b_k = \frac{1}{n} \sum_{i=1}^{l} n_i (x_{(i)} - \overline{x})^k, \quad k = 2, 3, \cdots. \tag{5.2.10}$$

表 5.2　频数分布表

观察值	$x_{(1)}$	$x_{(2)}$	$\cdots$	$x_{(l)}$	总计
频数	n_1	n_2	$\cdots$	n_l	n

5.2.2　三大抽样分布

由于样本 $X_1, X_2, \cdots, X_n$ 可以看作是 n 维随机变量 $(X_1, X_2, \cdots, X_n)$，具有一定的概率分布，即样本分布. 统计量既是样本的已知函数，同时它也是随机变量，也有其概率分布. 统计量的概率分布称为**抽样分布**. 确定各种统计量的抽样分布，是数理统计学的一个基本问题. 近代统计学的创始人之一，英国统计学家费希尔（Fisher）曾把抽样分布、参数估计和假设检验看作统计推断的三个中心内容.

很多统计推断是基于正态分布的假设，以标准正态分布为基石而构造的三个著名统计

量在实际中有着广泛的应用.这是因为这三个统计量不仅有明确的背景,而且其抽样分布的密度函数也有明显表达式,它们被称为统计中的"三大抽样分布",下面我们将对它们分别加以介绍和说明.

1. χ^2 分布

定义 5.2.2   设 $X_1,X_2,\cdots,X_n$ 相互独立,且都服从标准正态分布 $N(0,1)$,则称随机变量

$$\chi^2 = X_1^2 + X_2^2 + \cdots + X_n^2 \tag{5.2.11}$$

所服从的分布为**自由度为 n 的 χ^2 分布**,记作 $\chi^2 \sim \chi^2(n)$. 其中自由度 n 为相互独立的随机变量的个数.

可以证明,χ^2 分布的密度函数为

$$f_{\chi^2}(x) = \begin{cases} \dfrac{1}{2^{\frac{n}{2}}\Gamma\left(\dfrac{n}{2}\right)} x^{\frac{n}{2}-1}\mathrm{e}^{-\frac{x}{2}}, & x>0, \\ 0, & x\leqslant 0. \end{cases} \tag{5.2.12}$$

该密度函数的图形是一个取值为非负的偏态分布,图 5.4 分别绘出自由度 $n=1$,$n=4$ 及 $n=6$ 的 χ^2 分布的密度函数曲线.

由定义 5.2.2,不难得到以下结论:

(1)设 $X_1,X_2,\cdots,X_n$ 相互独立,且都服从正态总体 $N(\mu,\sigma^2)$,则统计量

$$\chi^2 = \frac{1}{\sigma^2}\sum_{i=1}^{n}(X_i-\mu)^2 \sim \chi^2(n). \tag{5.2.13}$$

(2)设 $X_1 \sim \chi^2(n_1)$,$X_2 \sim \chi^2(n_2)$,且 X_1 与 X_2 相互独立,则

$$X_1+X_2 \sim \chi^2(n_1+n_2), \tag{5.2.14}$$

即 χ^2 分布具备可加性.

(3)若 $X \sim \chi^2(n)$,则 $E(X)=n$,$D(X)=2n$.

对于 χ^2 分布来说,要利用其密度函数的表达式(5.2.12)计算概率是困难的.为了便于计算服从 χ^2 分布的随机变量的有关概率,下面我们引入分位数的概念.

定义 5.2.3   当随机变量 $\chi^2 \sim \chi^2(n)$ 时,对给定的正数 α,$0<\alpha<1$,称满足 $P(\chi^2 > \chi_\alpha^2(n)) = \alpha$ 的点 $\chi_\alpha^2(n)$ 是自由度为 n 的 χ^2 分布的 α **上侧分位数**,如图 5.5 所示.

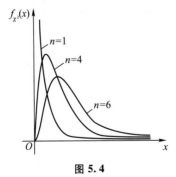

图 5.4

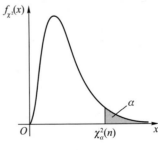

图 5.5

附表 4 为 χ^2 分布的 α 上侧分位数表. 例如取 $n = 10, \alpha = 0.05$, 可以查表得 $\chi^2_{0.05}(10) = 18.307$.

2. t 分布

定义 5.2.4 设随机变量 X 与 Y 相互独立, 且 $X \sim N(0,1)$, $Y \sim \chi^2(n)$, 则称随机变量

$$T = \frac{X}{\sqrt{Y/n}} \tag{5.2.15}$$

为服从自由度为 n 的 t **分布**, 记作 $T \sim t(n)$.

t 分布是 1908 年由英国化学家和数学家戈塞特 (Gosset) 以笔名 "Student" 发表的一篇论文中首先提出的. 可以推导 t 分布的密度函数是

$$f_t(x) = \frac{\Gamma\left(\dfrac{n+1}{2}\right)}{\sqrt{n\pi}\,\Gamma\left(\dfrac{n}{2}\right)} \left(1 + \frac{x^2}{n}\right)^{-\frac{n+1}{2}} \quad (-\infty < x < +\infty), \tag{5.2.16}$$

图 5.6 分别给出了自由度 $n = 2, n = 6$ 及 $n = \infty$ 时的 t 分布的密度曲线. 可以证明, 当 $n \to \infty$ 时, t 分布的密度函数 (5.2.16) 趋于标准正态分布的密度函数 (2.3.6), 即当 $n \to \infty$ 时, t 分布的密度函数曲线趋于 $N(0,1)$ 的密度函数曲线.

t 分布的 α 上侧分位数的概念和 χ^2 分布的 α 上侧分位数类似.

定义 5.2.5 若随机变量 $T \sim t(n)$, 对给定的正数 α, $0 < \alpha < 1$, 称满足 $P(T > t_\alpha(n)) = \alpha$ 的点 $t_\alpha(n)$ 是自由度为 n 的 t 分布的 α **上侧分位数**, 如图 5.7 所示.

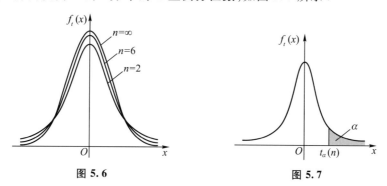

图 5.6   图 5.7

附表 5 为 t 分布的 α 上侧分位数表. 设 $n = 10, \alpha = 0.05$, 查表得 $t_{0.05}(10) = 1.812$.

3. F 分布

定义 5.2.6 若 $X \sim \chi^2(n_1)$, $Y \sim \chi^2(n_2)$, 且 X 与 Y 相互独立, 则称随机变量

$$F = \frac{X/n_1}{Y/n_2} \tag{5.2.17}$$

服从**自由度为** (n_1, n_2) **的** F **分布**, 记作 $F \sim F(n_1, n_2)$. 其中 n_1 称为**第一自由度**, n_2 称为**第二自由度**.

由定义 5.2.6 可得到 F 分布的重要性质:若 $F \sim F(n_1, n_2)$,则 $\dfrac{1}{F} \sim F(n_2, n_1)$.

F 分布由费希尔首先提出,其密度函数是

$$f_F(x) = \begin{cases} \dfrac{\Gamma\left(\dfrac{n_1+n_2}{2}\right)}{\Gamma\left(\dfrac{n_1}{2}\right)\Gamma\left(\dfrac{n_2}{2}\right)} \left(\dfrac{n_1}{n_2}\right)^{\frac{n_1}{2}} x^{\frac{n_1}{2}-1} \left(1+\dfrac{n_1}{n_2}x\right)^{-\frac{n_1+n_2}{2}}, & x>0, \\ 0, & x\leqslant 0. \end{cases} \tag{5.2.18}$$

F 分布的密度函数曲线如图 5.8 所示. 由于 F 分布具有两个参数,它的密度函数曲线较为复杂. 图 5.8 中画出的是自由度分别为 $(1,10)$,$(5,10)$ 及 $(10,10)$ 的曲线.

和 χ^2 分布、t 分布类似,我们给出 F 分布的 α 上侧分位数的概念.

定义 5.2.7   当随机变量 $F \sim F(n_1, n_2)$ 时,对给定的正数 α,$0<\alpha<1$,称满足 $P(F>F_\alpha(n_1,n_2))=\alpha$ 的点 $F_\alpha(n_1,n_2)$ 是 F 分布的 α **上侧分位数**,如图 5.9 所示.

附表 6 为 F 分布的 α 上侧分位数表. 例如查附表 6,当 $n_1=5$,$n_2=10$,$\alpha=0.05$,则有 $F_{0.05}(5,10)=3.33$.

由 F 分布的 α 上侧分位数可以求出 F 分布的 α 下侧分位数. 利用 F 分布的性质和定义 5.2.7 可以证明

$$F_{1-\alpha}(n_1, n_2) = \dfrac{1}{F_\alpha(n_2, n_1)}. \tag{5.2.19}$$

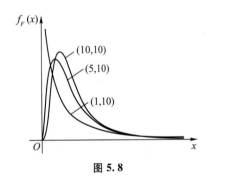

图 5.8

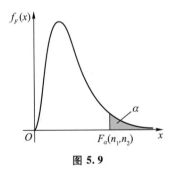

图 5.9

利用上式可以计算当 $n_1=5$,$n_2=10$,$\alpha=0.05$ 时,有 $F_{0.95}(5,10)=\dfrac{1}{F_{0.05}(10,5)}=\dfrac{1}{4.74}\approx$ 0.210 97.

§5.3   正态总体统计量的抽样分布

来自正态总体的样本均值 $\overline{X}$ 和样本方差 S^2 的抽样分布是应用最为广泛的抽样分布,下面我们分别加以介绍.

5.3.1 单个正态总体的统计量的分布

首先讨论单个正态总体的统计量的分布. 设从总体 X 中抽取容量为 n 的样本 X_1, $X_2, \cdots, X_n$, 样本均值与样本方差分别记为

$$\overline{X} = \frac{1}{n} \sum_{i=1}^{n} X_i, \quad S^2 = \frac{1}{n-1} \sum_{i=1}^{n} (X_i - \overline{X})^2.$$

定理 5.3.1 设总体 X 服从正态分布 $N(\mu, \sigma^2)$, 则样本均值 $\overline{X}$ 服从正态分布 $N\left(\mu, \dfrac{\sigma^2}{n}\right)$, 即

$$\overline{X} \sim N\left(\mu, \frac{\sigma^2}{n}\right). \tag{5.3.1}$$

证明 因为随机变量 $X_1, X_2, \cdots, X_n$ 相互独立, 并且与总体 X 服从相同的正态分布 $N(\mu, \sigma^2)$, 所以由式 (2.6.2) 可知, 它们的线性组合

$$\overline{X} = \frac{1}{n} \sum_{i=1}^{n} X_i = \sum_{i=1}^{n} \frac{1}{n} X_i$$

服从正态分布 $N\left(\mu, \dfrac{\sigma^2}{n}\right)$.

推论 5.3.1 设总体 X 服从正态分布 $N(\mu, \sigma^2)$, 则统计量 $U = \dfrac{\overline{X} - \mu}{\sigma / \sqrt{n}}$ 服从标准正态分布 $N(0, 1)$, 即

$$U = \frac{\overline{X} - \mu}{\sigma / \sqrt{n}} \sim N(0, 1). \tag{5.3.2}$$

证明 由定理 5.3.1 知, $\overline{X} \sim N\left(\mu, \dfrac{\sigma^2}{n}\right)$. 所以将 $\overline{X}$ 标准化, 按式 (2.6.1) 即得 (5.3.2).

定理 5.3.2 设总体 X 服从正态分布 $N(\mu, \sigma^2)$, 则统计量 $\chi^2 = \dfrac{1}{\sigma^2} \sum\limits_{i=1}^{n} (X_i - \mu)^2$ 服从自由度为 n 的 χ^2 分布, 即

$$\chi^2 = \frac{1}{\sigma^2} \sum_{i=1}^{n} (X_i - \mu)^2 \sim \chi^2(n). \tag{5.3.3}$$

证明 因为 $X_i \sim N(\mu, \sigma^2)$, 所以按式 (2.6.1) 得 $\dfrac{X_i - \mu}{\sigma} \sim N(0, 1)$, $i = 1, 2, \cdots, n$, 又因为 $X_1, X_2, \cdots, X_n$ 相互独立, 所以 $\dfrac{X_1 - \mu}{\sigma}, \dfrac{X_2 - \mu}{\sigma}, \cdots, \dfrac{X_n - \mu}{\sigma}$ 也相互独立. 于是由定义 5.2.2 可知

$$\chi^2 = \frac{1}{\sigma^2} \sum_{i=1}^{n} (X_i - \mu)^2 = \sum_{i=1}^{n} \left(\frac{X_i - \mu}{\sigma}\right)^2 \sim \chi^2(n).$$

定理 5.3.3 设总体 X 服从正态分布 $N(\mu, \sigma^2)$, 则

（1）样本均值 $\overline{X}$ 与样本方差 S^2 相互独立.

（2）统计量 $\chi^2 = \dfrac{(n-1)S^2}{\sigma^2}$ 服从自由度为 $n-1$ 的 χ^2 分布，即

$$\chi^2 = \frac{(n-1)S^2}{\sigma^2} \sim \chi^2(n-1). \tag{5.3.4}$$

证明从略.

定理 5.3.4 设总体 X 服从正态分布 $N(\mu,\sigma^2)$，则统计量 $T = \dfrac{\overline{X}-\mu}{S/\sqrt{n}}$ 服从自由度为 $n-1$ 的 t 分布，即

$$T = \frac{\overline{X}-\mu}{S/\sqrt{n}} \sim t(n-1). \tag{5.3.5}$$

证明 由推论 5.3.1 知，统计量

$$U = \frac{\overline{X}-\mu}{\dfrac{\sigma}{\sqrt{n}}} \sim N(0,1).$$

又由定理 5.3.3 知，统计量

$$\chi^2 = \frac{(n-1)S^2}{\sigma^2} \sim \chi^2(n-1).$$

因为样本均值 $\overline{X}$ 与样本方差 S^2 相互独立，所以统计量 $U = \dfrac{\overline{X}-\mu}{\dfrac{\sigma}{\sqrt{n}}}$ 与 $\chi^2 = \dfrac{(n-1)S^2}{\sigma^2}$ 也相互独立.

于是，由定义 5.2.4 可知，统计量

$$T = \frac{U}{\sqrt{\dfrac{\chi^2}{n-1}}} = \frac{\overline{X}-\mu}{S/\sqrt{n}} \sim t(n-1).$$

例 5.3.1 设总体 X 服从正态分布 $N(\mu,\sigma^2)$，从总体中抽取容量为 16 的样本.

（1）已知 $\sigma=2$，求概率 $P(|\overline{X}-\mu|<0.5)$.

（2）未知 σ，但已知 $s^2=5.33$，求概率 $P(|\overline{X}-\mu|<0.5)$.

解 （1）已知总体 $X \sim N(\mu,\sigma^2)$，$n=16$，则由定理 5.3.1 知

$$U = \frac{\overline{X}-\mu}{\dfrac{2}{\sqrt{16}}} = 2(\overline{X}-\mu) \sim N(0,1),$$

于是

$$P(|\overline{X}-\mu|<0.5) = P(2|\overline{X}-\mu|<1) = P(|U|<1)$$

$$= \varPhi(1) - \varPhi(-1) = 2\varPhi(1) - 1.$$

查附表 2 得 $\varPhi(1) = 0.841\ 3$，由此所求的概率

$$P(\,|\,\overline{X} - \mu\,| < 0.5) = 2 \times 0.841\ 3 - 1 = 0.682\ 6.$$

（2）已知总体 $X \sim N(\mu, \sigma^2)$，$n = 16$，$s^2 = 5.33$，则由定理 5.3.4 知

$$T = \frac{\overline{X} - \mu}{S/\sqrt{n}} = \frac{\overline{X} - \mu}{\sqrt{5.33}/\sqrt{16}} = \sqrt{\frac{16}{5.33}}(\overline{X} - \mu) \sim t(15),$$

所以有

$$P(\,|\,\overline{X} - \mu\,| < 0.5) = P\left(\left|\sqrt{\frac{16}{5.33}}(\overline{X} - \mu)\right| < 0.866\right) = P(\,|\,T\,| < 0.866)$$

$$= 1 - P(\,|\,T\,| \geqslant 0.866) = 1 - [\,P(T \leqslant -0.866) + P(T \geqslant 0.866)\,],$$

查附表 5 得 $t_{0.20}(15) = 0.866$，即

$$P(T \geqslant t_{0.20}(15)) = P(T \geqslant 0.866) = 0.20.$$

又 t 分布的密度函数曲线关于纵坐标轴是对称的，所以有

$$P(T \leqslant -0.866) = 0.20,$$

由此得所求的概率 $P(\,|\,\overline{X} - \mu\,| < 0.5) = 1 - (0.20 + 0.20) = 0.60.$

5.3.2 两个正态总体的统计量的分布

现在讨论两个正态总体的统计量的分布．从总体 X 中抽取容量为 n_1 的样本 X_1，$X_2, \cdots, X_{n_1}$；从总体 Y 中抽取容量为 n_2 的样本 $Y_1, Y_2, \cdots, Y_{n_2}$；假设所有的抽样都是相互独立的，由此得到的样本 $X_i(i = 1, 2, \cdots, n_1)$ 与 $Y_j(j = 1, 2, \cdots, n_2)$ 都是相互独立的随机变量．我们把取自两个总体的样本均值分别记作 $\overline{X} = \dfrac{1}{n_1} \sum\limits_{i=1}^{n_1} X_i$，$\overline{Y} = \dfrac{1}{n_2} \sum\limits_{j=1}^{n_2} Y_j$；样本方差分别记作 $S_1^2 = \dfrac{1}{n_1 - 1} \sum\limits_{i=1}^{n_1} (X_i - \overline{X})^2$，$S_2^2 = \dfrac{1}{n_2 - 1} \sum\limits_{j=1}^{n_2} (Y_j - \overline{Y})^2$.

定理 5.3.5 设总体 X 服从正态分布 $N(\mu_1, \sigma_1^2)$，总体 Y 服从正态分布 $N(\mu_2, \sigma_2^2)$，则统计量 $U = \dfrac{(\overline{X} - \overline{Y}) - (\mu_1 - \mu_2)}{\sqrt{\dfrac{\sigma_1^2}{n_1} + \dfrac{\sigma_2^2}{n_2}}}$ 服从标准正态分布 $N(0,1)$，即

$$U = \frac{(\overline{X} - \overline{Y}) - (\mu_1 - \mu_2)}{\sqrt{\dfrac{\sigma_1^2}{n_1} + \dfrac{\sigma_2^2}{n_2}}} \sim N(0,1). \tag{5.3.6}$$

证明 由定理 5.3.1 知 $\overline{X} \sim N\left(\mu_1, \dfrac{\sigma_1^2}{n_1}\right)$，$\overline{Y} \sim N\left(\mu_2, \dfrac{\sigma_2^2}{n_2}\right)$，因为 $\overline{X}$ 与 $\overline{Y}$ 相互独立，所以由式（2.6.2）知

$$\overline{X} - \overline{Y} \sim N\left(\mu_1 - \mu_2, \frac{\sigma_1^2}{n_1} + \frac{\sigma_2^2}{n_2}\right).$$

按式(2.6.1)标准化后得

$$U = \frac{(\overline{X} - \overline{Y}) - (\mu_1 - \mu_2)}{\sqrt{\dfrac{\sigma_1^2}{n_1} + \dfrac{\sigma_2^2}{n_2}}} \sim N(0, 1).$$

当 $\sigma_1 = \sigma_2 = \sigma$ 时,我们得到下面的推论.

推论 5.3.2 设总体 X 服从正态分布 $N(\mu_1, \sigma^2)$,总体 Y 服从正态分布 $N(\mu_2, \sigma^2)$,则统计量

$$U = \frac{(\overline{X} - \overline{Y}) - (\mu_1 - \mu_2)}{\sigma\sqrt{\dfrac{1}{n_1} + \dfrac{1}{n_2}}} \sim N(0, 1). \tag{5.3.7}$$

定理 5.3.6 设总体 X 服从正态分布 $N(\mu_1, \sigma^2)$,总体 Y 服从正态分布 $N(\mu_2, \sigma^2)$,则统

计量 $T = \dfrac{(\overline{X} - \overline{Y}) - (\mu_1 - \mu_2)}{S_\omega\sqrt{\dfrac{1}{n_1} + \dfrac{1}{n_2}}}$ 服从自由度为 $n_1 + n_2 - 2$ 的 t 分布,即

$$T = \frac{(\overline{X} - \overline{Y}) - (\mu_1 - \mu_2)}{S_\omega\sqrt{\dfrac{1}{n_1} + \dfrac{1}{n_2}}} \sim t(n_1 + n_2 - 2), \tag{5.3.8}$$

其中 $S_\omega = \sqrt{\dfrac{(n_1 - 1)S_1^2 + (n_2 - 1)S_2^2}{n_1 + n_2 - 2}}$ 为合并样本标准差.

证明 由推论 5.3.2 知

$$U = \frac{(\overline{X} - \overline{Y}) - (\mu_1 - \mu_2)}{\sigma\sqrt{\dfrac{1}{n_1} + \dfrac{1}{n_2}}} \sim N(0, 1),$$

又由定理 5.3.3 有

$$\frac{(n_1 - 1)S_1^2}{\sigma^2} \sim \chi^2(n_1 - 1), \qquad \frac{(n_2 - 1)S_2^2}{\sigma^2} \sim \chi^2(n_2 - 1),$$

因为 S_1^2 与 S_2^2 相互独立,所以由式(5.2.14)可知,统计量

$$\chi^2 = \frac{(n_1 - 1)S_1^2}{\sigma^2} + \frac{(n_2 - 1)S_2^2}{\sigma^2} \sim \chi^2(n_1 + n_2 - 2),$$

因为 $\overline{X}$ 与 S_1^2 相互独立,$\overline{Y}$ 与 S_2^2 相互独立,可以证明统计量 U 与 χ^2 也相互独立. 于是由定义 5.2.4 可知,统计量

$$T = \frac{U}{\sqrt{\dfrac{\chi^2}{n_1+n_2-2}}} = \frac{(\overline{X}-\overline{Y})-(\mu_1-\mu_2)}{S_\omega\sqrt{\dfrac{1}{n_1}+\dfrac{1}{n_2}}} \sim t(n_1+n_2-2).$$

定理 5.3.7 设总体 X 服从正态分布 $N(\mu_1,\sigma_1^2)$，总体 Y 服从正态分布 $N(\mu_2,\sigma_2^2)$，则统计量 $F = \dfrac{\dfrac{\sum\limits_{i=1}^{n_1}(X_i-\mu_1)^2}{n_1\sigma_1^2}}{\dfrac{\sum\limits_{j=1}^{n_2}(Y_j-\mu_2)^2}{n_2\sigma_2^2}}$ 服从自由度为 (n_1,n_2) 的 F 分布，即

$$F = \frac{\dfrac{\sum\limits_{i=1}^{n_1}(X_i-\mu_1)^2}{n_1\sigma_1^2}}{\dfrac{\sum\limits_{j=1}^{n_2}(Y_j-\mu_2)^2}{n_2\sigma_2^2}} \sim F(n_1,n_2). \tag{5.3.9}$$

证明 由定理 5.3.2 知

$$\chi_1^2 = \frac{1}{\sigma_1^2}\sum_{i=1}^{n_1}(X_i-\mu_1)^2 \sim \chi^2(n_1), \quad \chi_2^2 = \frac{1}{\sigma_2^2}\sum_{j=1}^{n_2}(Y_j-\mu_2)^2 \sim \chi^2(n_2),$$

因为所有的 X_i 与 Y_j 都是相互独立的，所以 χ_1^2 与 χ_2^2 也相互独立．于是由定义 5.2.6 可知，统计量

$$F = \frac{\dfrac{\chi_1^2}{n_1}}{\dfrac{\chi_2^2}{n_2}} = \frac{\dfrac{\sum\limits_{i=1}^{n_1}(X_i-\mu_1)^2}{n_1\sigma_1^2}}{\dfrac{\sum\limits_{j=1}^{n_2}(Y_j-\mu_2)^2}{n_2\sigma_2^2}} \sim F(n_1,n_2).$$

定理 5.3.8 设总体 X 服从正态分布 $N(\mu_1,\sigma_1^2)$，总体 Y 服从正态分布 $N(\mu_2,\sigma_2^2)$，则统计量 $F = \dfrac{S_1^2/\sigma_1^2}{S_2^2/\sigma_2^2}$ 服从自由度为 (n_1-1,n_2-1) 的 F 分布，即

$$F = \frac{S_1^2/\sigma_1^2}{S_2^2/\sigma_2^2} \sim F(n_1-1,n_2-1). \tag{5.3.10}$$

证明 由定理 5.3.3 知

$$\chi_1^2 = \frac{(n_1-1)S_1^2}{\sigma_1^2} \sim \chi^2(n_1-1), \quad \chi_2^2 = \frac{(n_2-1)S_2^2}{\sigma_2^2} \sim \chi^2(n_2-1),$$

因为 S_1^2 与 S_2^2 相互独立,所以 χ_1^2 与 χ_2^2 也相互独立. 于是由定义 5.2.6 可知,统计量

$$F = \frac{\dfrac{\chi_1^2}{n_1-1}}{\dfrac{\chi_2^2}{n_2-1}} = \frac{S_1^2/\sigma_1^2}{S_2^2/\sigma_2^2} \sim F(n_1-1, n_2-1).$$

例 5.3.2　设总体 $X \sim N(52, 5^2)$, $Y \sim N(55, 10^2)$, 从总体 X 与 Y 中分别抽取容量 $n_1 = 10$ 与 $n_2 = 8$ 的样本,求下列概率.

(1) $P(|\overline{X} - \overline{Y}| < 8)$. (2) $P\left(0.92 < \dfrac{S_1^2}{S_2^2} < 1.68\right)$.

解　(1) 由定理 5.3.5 知,统计量

$$U = \frac{(\overline{X} - \overline{Y}) - (52-55)}{\sqrt{\dfrac{5^2}{10} + \dfrac{10^2}{8}}} = \frac{\overline{X} - \overline{Y} + 3}{\sqrt{15}} \sim N(0,1),$$

我们有

$$P(|\overline{X} - \overline{Y}| < 8) = P(-8 < \overline{X} - \overline{Y} < 8) = P\left(\frac{-5}{\sqrt{15}} < \frac{\overline{X} - \overline{Y} + 3}{\sqrt{15}} < \frac{11}{\sqrt{15}}\right)$$

$$= P(-1.29 < U < 2.84) = \Phi(2.84) - \Phi(-1.29) = \Phi(2.84) - [1 - \Phi(1.29)].$$

查附表 2 得 $\Phi(2.84) = 0.9977$, $\Phi(1.29) = 0.9015$, 由此得所求的概率

$$P(|\overline{X} - \overline{Y}| < 8) = 0.9977 - (1 - 0.9015) = 0.8992.$$

(2) 由定理 5.3.8 知,统计量

$$F = \frac{\dfrac{S_1^2}{5^2}}{\dfrac{S_2^2}{10^2}} = \frac{4S_1^2}{S_2^2} \sim F(9,7),$$

所以有

$$P\left(0.92 < \frac{S_1^2}{S_2^2} < 1.68\right) = P\left(3.68 < \frac{4S_1^2}{S_2^2} < 6.72\right) = P(3.68 < F < 6.72)$$

$$= P(F > 3.68) - P(F \geq 6.72).$$

查附表 6 得 $F_{0.05}(9,7) = 3.68$, $F_{0.01}(9,7) = 6.72$, 即

$$P(F \geq F_{0.05}(9,7)) = P(F \geq 3.68) = 0.05,$$

$$P(F \geq F_{0.01}(9,7)) = P(F \geq 6.72) = 0.01.$$

由此得所求的概率

$$P\left(0.92 < \frac{S_1^2}{S_2^2} < 1.68\right) = 0.05 - 0.01 = 0.04.$$

§5.4 综合应用案例

5.4.1 数据集中性描述

随机变量的分布具有两个明显的基本特征,即集中性和离散性. 常用的刻画变量集中趋势的统计指标有算术平均数(样本均值)、中位数、众数以及调和平均数、几何平均数等,不同场合应当使用不同的刻画集中趋势的统计指标.

算术平均数 $\overline{X}$ 是样本中所有数据参与计算得到的,属于数值平均数,计算简单用途广泛,但是易受极端值的影响. 中位数 M_d 是把数据按照从小到大顺序排列后居于50%分位数的观察值(若数据是偶数个,则取中间两个数值的算术平均数). 它不易受极端值的影响,因此当一组数据中的波动较大时,常用它来描述这组数据的集中趋势. 众数 M_o 是数据资料中出现次数最多的那个观察值,同样不易受到极端值的影响. 日常生活中诸如"最佳""最受欢迎""最满意"等都与众数有关. 中位数和众数都是位置平均数.

对于具有单峰分布的大多数变量来说,如果数据的分布是对称的,如正态分布,此时中位数、算术平均数、众数三者完全相等;如果数据分布是左偏的,会拉动算术平均数向极小值方向偏移,而众数和中位数不受极值的影响,因此三者的关系是:算术平均数<中位数<众数;如果数据分布是右偏的,必然拉动算术平均数向极大值方向偏移,则三者关系为:众数<中位数<算术平均数.

例 5.4.1 为研究某城市居民的收入情况,某调查公司在城市里随机调查100个人的年薪收入,得到100个样本观察值,数据排序后如表5.3所示:

表5.3 100位被调查者的年薪数据表 单位:万元

3.89	4.20	4.50	4.80	5.22	5.25	5.31	5.32	5.38	5.41
5.45	5.49	5.50	5.50	5.57	5.57	5.61	5.63	5.65	5.66
5.66	5.66	5.68	5.72	5.72	5.72	5.73	5.75	5.78	5.78
5.79	5.82	5.83	5.83	5.92	5.92	5.99	5.99	6.02	6.04
6.12	6.13	6.18	6.18	6.19	6.19	6.20	6.25	6.26	6.27
6.27	6.38	6.44	6.46	6.47	6.47	6.55	6.56	6.56	6.67
6.67	6.73	6.76	7.16	7.18	7.19	8.50	8.98	9.52	9.87
10.20	10.56	10.65	12.12	12.30	12.65	15.32	15.32	18.30	18.56
23.80	24.65	25.10	25.68	27.64	28.95	28.98	32.00	35.65	56.50
65.58	75.80	78.52	89.80	120.00	135.00	155.00	165.00	220.00	300.00

试根据数据表对该城市居民的年薪收入进行合理的数据分析.

解 首先根据样本数据画出直方图:

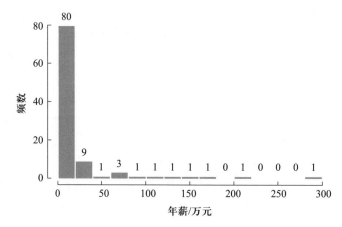

图 5.10　年薪数据直方图

由图 5.10 可见收入数据分布很不均衡,极差 = 300 − 3.89 = 296.11 万元,跨度比较大,数据分布明显呈现右偏状态,左尾部数据集中,有 80 个数据不大于 20 万元,而在 200 万 ~ 300 万元只有两个数据.

通过计算可得,样本均值 $\bar{x}$ = 22.762 5 万元,样本标准差 s = 46.027 万元,中位数 M_d = 6.27 万元,显然中位数 M_d 比样本均值 $\bar{x}$ 要小得多,说明至少一半人的收入远远落后于算术平均数. 然而在许多场合的收入统计报告中就是以收入的算术平均数作为"平均收入",难怪现实中经常会有人调侃自己"又被平均了". 对于这类波动比较大的偏态分布来说,此时以中位数作为数据集中性代表的度量是比较合理的,显然 6.27 万元比 22.762 5 万元更能代表该城市普通居民的年薪收入状况.

进一步观察还可以发现这组数据的算术平均数位于第 80 和第 81 个数之间的,也就是说有 20 个人的收入高于算术平均数,占总人数的 20%,再计算这 20 个人年薪总和,大约占 100 位被调查者年薪总和的 75.3%,近似符合所谓的"二八定律".

5.4.2　数据变异性描述

变量的分布具有集中性和变异性两方面特征,只有表示集中性的平均数是不够的,还必须考虑变量的离散性,或称为变异性. 用来表示变异性的指标较多,其中以标准差和变异系数应用最为广泛. 下面我们通过例子来说明.

例 5.4.2　现有三个小麦品种:A_1,A_2 和 A_3. 为了研究它们穗长分布情况,从中分别抽取 12 个测得数据如表 5.4 所示:

表 5.4　小麦穗长数据表　　　　　　　　　　　　　　　　　单位:cm

A_1	9.5	10.0	9.5	9.1	10.1	8.2	8.9	8.5	10.0	7.9	9.0	8.5
A_2	6.3	6.8	7.4	6.8	7.1	7.2	6.5	6.2	6.7	7.0	7.2	5.8
A_3	11.3	12.0	11.9	12.0	11.0	10.8	10.9	10.5	12.4	11.4	11.8	11.5

试问哪一个品种的穗长整齐?

解 根据表 5.4 中的数据,可分别计算各品种小麦穗长的样本均值和标准差:

$A_1: \bar{x}_1 = 9.1 \text{ cm}, s_1 = 0.736 \text{ cm};$

$A_2: \bar{x}_2 = 6.75 \text{ cm}, s_2 = 0.476 \text{ cm};$

$A_3: \bar{x}_3 = 11.458 \text{ cm}, s_3 = 0.579 \text{ cm}.$

从上述结果中我们可以大致看出三个品种小麦穗长分布的集中程度和离散程度. 标准差是衡量一个样本变量分布变异程度的重要特征数,但当比较两个或多个样本数据时,由于均值相差悬殊或度量单位不同,仅仅用标准差来说明它们的变异程度是不合适的. 为了克服这一缺点,将样本标准差除以样本均值,得出的百分比就是变异系数 CV,其计算公式为

$$CV = \frac{s}{\bar{x}} \times 100\%.$$

变异系数是样本数据的相对变异量,是不带有任何单位度量的纯数. 用变异系数可以比较不同样本相对变异程度的大小. 分别计算三个品种穗长的变异系数:

$A_1: CV_1 = \frac{s_1}{\bar{x}_1} \times 100\% = \frac{0.736}{9.1} \times 100\% \approx 8\%;$

$A_2: CV_2 = \frac{s_2}{\bar{x}_2} \times 100\% = \frac{0.476}{6.75} \times 100\% \approx 7\%;$

$A_3: CV_3 = \frac{s_3}{\bar{x}_3} \times 100\% = \frac{0.579}{11.458} \times 100\% \approx 5\%.$

从三个小麦品种穗长的变异系数可以看出,A_3 小麦穗长的整齐度优于 A_2 优于 A_1.

本章小结

数理统计的根本任务是从局部(样本)的观测资料出发揭示整体(总体)的统计特性. 本章作为数理统计的序篇,给出了从概率论向数理统计过渡的必要准备. 所有这些准备集中到一点,就是要把概率论方法引入到数理统计中来,所以本章列举的所有内容,从引入总体、样本、样本矩及统计量分布等概念,到正态总体中几类重要的抽样分布结论,都起着承上启下的特别作用. 涉及本章的基本概念,除样本值以及与此有关的概念外,都要充分揭示它们的随机性内涵.

1. 基本概念

总体 X——体现某种特征的数量指标——随机变量.

样本 $X_1, X_2, \cdots, X_n$——与总体 X 同分布——n 维随机变量.

统计量 $g(X_1, X_2, \cdots, X_n)$——不含未知参数的样本函数——随机变量.

样本矩——k 阶原点矩和 k 阶中心矩——随机变量.

2. 统计三大抽样分布

χ^2 统计量: $\chi^2 = \sum_{i=1}^{n} X_i^2 \sim \chi^2(n)$,其中 $X_i \sim N(0,1)$, $X_1, X_2, \cdots, X_n$ 相互独立.

T 统计量：$T = \dfrac{X}{\sqrt{Y/n}} \sim t(n)$，其中 $X \sim N(0,1)$，$Y \sim \chi^2(n)$，X 与 Y 相互独立．

F 统计量：$F = \dfrac{X/n_1}{Y/n_2} \sim F(n_1, n_2)$，其中 $X \sim \chi^2(n_1)$，$Y \sim \chi^2(n_2)$，X 与 Y 相互独立．

这三类统计量分布的推导，已超越本课程大纲的范围，只能不加证明地引入它们的结论，对此希望读者明确它们各自的成立条件、表达形式及其服从的分布，并能切实掌握这些分布数值表的结构以及在诸多统计应用中的查表计算．

3. 正态总体统计量的抽样分布

以正态总体为前提的几类抽样分布，就其初始定义而言，都与随机变量的函数有关，隶属概率论范畴，鉴于其在统计中的重要性和应用的普遍性，特别安排在本章中以定理的形式加以讲解和证明．它们分别是

单正态总体统计量及抽样分布：

$$U = \frac{\overline{X} - \mu}{\sigma / \sqrt{n}} \sim N(0,1), \qquad T = \frac{\overline{X} - \mu}{S / \sqrt{n}} \sim t(n-1),$$

$$\chi^2 = \frac{(n-1)S^2}{\sigma^2} \sim \chi^2(n-1), \qquad \chi^2 = \frac{1}{\sigma^2} \sum_{i=1}^{n} (X_i - \mu)^2 \sim \chi^2(n).$$

双正态总体统计量及抽样分布：

$$U = \frac{(\overline{X} - \overline{Y}) - (\mu_1 - \mu_2)}{\sigma \sqrt{\dfrac{1}{n_1} + \dfrac{1}{n_2}}} \sim N(0,1), \qquad T = \frac{(\overline{X} - \overline{Y}) - (\mu_1 - \mu_2)}{S_\omega \sqrt{\dfrac{1}{n_1} + \dfrac{1}{n_2}}} \sim t(n_1 + n_2 - 2),$$

$$F = \frac{S_1^2 / \sigma_1^2}{S_2^2 / \sigma_2^2} \sim F(n_1 - 1, n_2 - 1), \qquad F = \frac{\dfrac{\sum_{i=1}^{n_1} (X_i - \mu_1)^2}{n_1 \sigma_1^2}}{\dfrac{\sum_{j=1}^{n_2} (Y_j - \mu_2)^2}{n_2 \sigma_2^2}} \sim F(n_1, n_2).$$

它们是建立其他抽样分布的基础，在以后的统计推断中发挥着非常重要的作用．

4. 学习要求

在以后的统计学习中，通过借助计算器、统计数表和统计软件等统计工具，在掌握基本的统计思想和统计方法的基础上，希望能够完成简单的统计计算和统计分析工作．

思考与问答五

1. 简述 t 分布与 F 分布之间的关系．

2. 设 X_1，X_2，$\cdots$，X_n 为来自总体 X 的一个简单随机样本，记 $\overline{X}$，S^2 分别是样本均值和

样本方差,则 $\overline{X}$ 与 S^2 一定是相互独立的吗?

习题五

1. 有放回地从装有一个白球和两个黑球的罐子里取球,令 $X=0$ 表示取到白球, $X=1$ 表示取到黑球,写出容量为 5 的简单随机样本 $X_1,X_2,\cdots,X_5$ 的联合分布列.

2. 设总体 X 服从泊松分布 $P(\lambda)$,求容量为 n 的简单随机样本 $X_1,X_2,\cdots,X_n$ 的联合分布列.

3. 设一批灯泡的寿命 X (单位:h)服从参数为 λ 的指数分布, λ 未知,从该批灯泡中采用简单随机抽样抽取容量为 10 的一个样本 $X_1,X_2,\cdots,X_{10}$,写出样本的联合概率密度函数.

4. 园艺研究所调查了 3 个品种草莓的维生素 C 含量(单位:mg/100 g),测定结果如下:

品种 1:117,99,107,112,113,106,108,102,120,88;

品种 2:81,77,79,76,85,87,74,69,72,80;

品种 3:80,82,78,84,89,73,86,88,75,79;

试从样本均值、标准差和变异系数几个指标评估不同品种间维生素 C 含量的区别,并给出分析结论.

5. 在某大学二年级某班 44 名学生的期末考试成绩中,概率论与数理统计课程采用闭卷考试,考试成绩如下:

92	83	73	77	90	74	60	65	79	56	71
68	89	46	62	79	37	69	66	70	65	73
88	82	71	80	82	97	73	74	79	39	81
63	63	54	85	99	52	50	52	73	58	62

试根据所给数据编制频数频率分布表,并绘制频率直方图.

6. 设总体 $X \sim N(\mu,\sigma^2)$,其中 μ 已知, σ^2 未知, X_1,X_2,X_3 是从中抽取的简单随机样本,指出下列各项中哪些是统计量?哪些不是统计量,为什么?

$$\frac{1}{\sigma^2}(X_1^2+X_2^2+X_3^2), \quad X_1+3\mu, \quad \max(X_1,X_2,X_3), \quad \frac{1}{3}(X_1+X_2+X_3)$$

7. 设总体 $X \sim N(\mu,\sigma^2)$,从中抽取样本 $X_1,X_2,\cdots,X_n$,记样本均值为 $\overline{X}$,样本方差为 S^2 ,若再抽取一个样本 X_{n+1} ,证明:统计量 $\sqrt{\dfrac{n}{n+1}}\,\dfrac{X_{n+1}-\overline{X}}{S} \sim t(n-1)$.

8. 查书后附表写出 $\chi^2_{0.01}(12)$, $\chi^2_{0.99}(12)$, $t_{0.01}(12)$, $t_{0.99}(12)$, $F_{0.01}(10,12)$, $F_{0.99}(10,12)$ 的值.

9. 设 $X_1,X_2,\cdots,X_{16}$ 是来自正态总体 $N(\mu,\sigma^2)$ 的简单随机样本, $\overline{X}$ 是样本均值, S^2 是样本方差,写出下列统计量的抽样分布:

$(1)\ \dfrac{4(\overline{X}-\mu)}{\sigma}$; $\qquad (2)\ \dfrac{4(\overline{X}-\mu)}{S}$; $\qquad (3)\ \dfrac{16\,(\overline{X}-\mu)^2}{\sigma^2}$;

(4) $\dfrac{16\,(\overline{X}-\mu)^2}{S^2}$;　　　　　(5) $\dfrac{\sum\limits_{i=1}^{16}(X_i-\mu)^2}{\sigma^2}$;　　　　　(6) $\dfrac{\sum\limits_{i=1}^{16}(X_i-\overline{X})^2}{\sigma^2}$;

(7) $\dfrac{\sum\limits_{i=1}^{8}(X_i-\mu)^2}{\sum\limits_{i=9}^{16}(X_i-\mu)^2}$;　　　　　(8) $\dfrac{2\,(X_2-X_1)^2}{(X_4-X_3)^2+(X_6-X_5)^2}$.

10. 设总体 X 服从正态分布 $N(\mu,5^2)$.

(1) 从总体中抽取容量为 64 的样本,求样本均值 $\overline{X}$ 与总体均值 μ 之差的绝对值小于 1 的概率 $P(|\overline{X}-\mu|<1)$.

(2) 抽取样本容量 n 为多大时,才能使概率 $P(|\overline{X}-\mu|<1)$ 达到 0.95?

11. 从正态总体 $N(\mu,0.5^2)$ 中抽取容量为 10 的样本 $X_1,X_2,\cdots,X_{10}$.

(1) 已知 $\mu=0$,求 $\sum\limits_{i=1}^{10}X_i^2\geqslant 4$ 的概率 .

(2) 未知 μ ,求 $\sum\limits_{i=1}^{10}(X_i-\overline{X})^2<2.85$ 的概率 .

12. 设总体 $X\sim N(50,6^2)$,总体 $Y\sim N(46,4^2)$,从总体 X 中抽取容量为 10 的样本,从总体 Y 中抽取容量为 8 的样本,求下列概率:

(1) $P(0<\overline{X}-\overline{Y}<8)$. (2) $P\left(\dfrac{S_1^2}{S_2^2}<8.28\right)$.

13. 设总体 $X\sim N(8,2^2)$,抽取样本 $X_1,X_2,\cdots,X_{10}$,求下列概率:

(1) $P\{\max(X_1,X_2,\cdots,X_{10})>10\}$. (2) $P\{\min(X_1,X_2,\cdots,X_{10})\leqslant 5\}$.

14. 设总体 $X\sim U(0,\theta)$,从中抽取样本 $X_1,X_2,\cdots,X_5$,记 $\overline{X}$ 为样本均值, S^2 为样本方差,求 $E(\overline{X})$, $E(\overline{X}^2)$ 和 $E(S^2)$.

第六章

参 数 估 计

数理统计的基本问题是根据样本提供的信息对总体的分布或分布参数做出统计推断. 统计推断可以分为两大类:一类是参数估计,另一类是假设检验. 本章主要介绍参数估计的有关基本概念与基本理论,需要解决的问题主要有以下三方面:一是根据所抽取的样本为被估计的参数制定一个估计方法,进而做出估计;二是评价此估计是否良好;三是给出参数的估计区间以保证一定的估计精度和可靠程度.

§6.1 点 估 计

设 $X_1, X_2, \cdots, X_n$ 为来自具有分布函数 $F(x, \theta)$ 的总体 X 的样本,其中 θ 为未知参数(它可以是一个数,也可以是一个向量), $\theta \in \Theta$, Θ 是 θ 可能取值的范围, $x_1, x_2, \cdots, x_n$ 为样本的一组观察值. 所谓参数的点估计就是根据样本的观察值求出参数的估计值,也就是要构造适当的统计量 $\hat{\theta}(X_1, X_2, \cdots, X_n)$,用它的观察值 $\hat{\theta}(x_1, x_2, \cdots, x_n)$ 来估计未知参数 θ ,这里称 $\hat{\theta}(X_1, X_2, \cdots, X_n)$ 为 θ 的**估计量**,称 $\hat{\theta}(x_1, x_2, \cdots, x_n)$ 为 θ 的**估计值**. 为方便统称估计量和估计值为**估计**,并简记为 $\hat{\theta}$. 这种用样本统计量来估计总体的未知参数的方法称为**参数的点估计方法**. 常用的构造估计量的方法有矩估计法、最大似然估计法、最小二乘法、贝叶斯估计法等,这里我们仅介绍前两种方法.

6.1.1 矩估计法

矩估计法简称矩法,它是参数估计中一种常用而有效的方法,于 1894 年由英国统计学家皮尔逊(Pearson)提出. 这种估计法虽然古老,但由于其直观、简便,且有时可以在不知道总体分布的情况下进行,故在实际中被广泛应用. 它的基本思想就是以样本矩作为相应总体矩的估计量,而以样本矩的连续函数作为相应总体矩的连续函数的估计量,这种估计方法称为**矩估计法**,得到的估计称为**矩估计**.

设总体 X 含有 l 个未知参数 $\theta_1, \theta_2, \cdots, \theta_l, X_1, X_2, \cdots, X_n$ 是来自总体 X 的样本,假设总体 X 的 k 阶原点矩 $\mu_k = E(X^k)$ 存在, $A_k = \dfrac{1}{n} \sum_{i=1}^{n} X_i^k$ 为样本的 k 阶原点矩,第四章的大数定理告诉我们,当样本容量 n 趋于无穷时, A_k 依概率收敛于 μ_k. 因此当样本容量足够大时,我们有理由用 A_k 的观察值估计 μ_k.

基于上述基本思想,下面给出矩估计量的具体求法:

（1）计算各阶总体原点矩 μ_k，注意到 $\theta_1,\theta_2,\cdots,\theta_l$ 是总体 X 的 l 个未知参数，因此总体 X 的 k 阶原点矩 μ_k 应是 $\theta_1,\theta_2,\cdots,\theta_l$ 的函数 $(k=1,2,\cdots,l)$.

（2）用样本的 k 阶原点矩 A_k 代替式中的 μ_k，这时式中的 $\theta_k(k=1,2,\cdots,l)$ 就变成了各阶样本原点矩 A_k 的函数，即一个统计量，在这里就是一个估计量，记为 $\hat{\theta}_k$.

于是我们就得到 $\theta_1,\theta_2,\cdots,\theta_l$ 的矩估计 $\hat{\theta}_k=\theta(A_1,A_2,\cdots,A_l)(k=1,2,\cdots,l)$.

需要注意的是总体有几个未知参数就求几个总体的原点矩，最后以样本原点矩替换总体原点矩，求出未知参数估计量.

例 6.1.1　设总体 X 服从 $(0,\theta)$ 上的均匀分布，θ 为未知参数，$X_1,X_2,\cdots,X_n$ 为 X 的一个样本，试求 θ 的矩估计.

解　因为 $\mu_1=E(X)=\dfrac{0+\theta}{2}=\dfrac{\theta}{2}$，用 $A_1=\dfrac{1}{n}\sum_{i=1}^{n}X_i=\overline{X}$ 代替 μ_1，即 $\overline{X}=\dfrac{\theta}{2}$，解之，得到 θ 的矩估计 $\hat{\theta}=2\overline{X}$.

例 6.1.2　设总体 X 的均值与方差分别为 μ 与 σ^2，且均未知，$X_1,X_2,\cdots,X_n$ 为 X 的一个样本，求 μ 与 σ^2 的矩估计.

解　计算总体的一阶、二阶原点矩：
$$\begin{cases}\mu_1=E(X)=\mu,\\ \mu_2=E(X^2)=D(X)+[E(X)]^2=\sigma^2+\mu^2.\end{cases}$$

用样本矩 $A_1=\overline{X},A_2=\dfrac{1}{n}\sum_{i=1}^{n}X_i^2$ 代替总体矩 μ_1,μ_2，解之，得

$$\begin{cases}\hat{\mu}=A_1=\overline{X},\\ \widehat{\sigma^2}=A_2-\overline{X}^2=\dfrac{1}{n}\sum_{i=1}^{n}X_i^2-\overline{X}^2=\dfrac{1}{n}\sum_{i=1}^{n}(X_i-\overline{X})^2.\end{cases}$$

例 6.1.2 告诉我们，总体均值 $\mu=E(X)$ 的矩估计是样本均值 $\overline{X}$，总体方差 $\sigma^2=D(X)$ 的矩估计是样本的二阶中心矩 $B_2=\dfrac{1}{n}\sum_{i=1}^{n}(X_i-\overline{X})^2$.

矩估计法虽然简单，适用性广，但对原点矩不存在的总体（如柯西分布）不适用，并且矩估计量可能不唯一，例如，参数为 λ 的泊松分布的均值与方差均为 λ，因而 $\overline{X}$ 与 B_2 都可作为 λ 的矩估计量，这在应用中是不方便的. 矩估计法的优点是不需要知道总体的分布形式，适用范围广. 当总体的分布类型已知时，仍采用矩估计法制定估计量就会浪费许多信息，因此有必要探求更能充分利用信息的估计方法.

6.1.2　最大似然估计法

最大似然估计法是由费希尔为改进矩法而于 1912 年提出来的，这种方法在理论上较为优良，适用范围也较广，是一种非常重要的点估计方法. 但应用这种方法的前提是总体 X 的分布形式必须已知. 下面通过实例来说明最大似然估计法的基本思想.

例 6.1.3　设某人忘了某块林地林木的心腐率是 0.02 还是 0.22，无奈，他从中随意调

查了一株林木,结果发现是心腐木,于是他就下结论这块林地上的心腐率是 0.22. 因为如果心腐率是 0.02,那么随意调查一株林木,结果发现是心腐木的概率是 0.02,这是一个很小的概率,在一次观察中发生的可能性很小;若心腐率为 0.22,则上述事件发生的概率就大得多了. 已经发生的事件,一般应具有较大的概率,做这样的决策,犯错误的概率就会小些. 这就是这个人认为这块林地上的心腐率是 0.22 的理由. 换言之,这个人用观察到的一株林木是否心腐木,对参数心腐率 p 做出估计:

$$\hat{p} = \begin{cases} 0.02, & \text{如果不是心腐木,} \\ 0.22, & \text{如果是心腐木.} \end{cases}$$

例 6.1.4 设袋中有黑球和白球,两种球的数目之比为 $3:1$,现从中有放回地抽取三次,每次抽一个球,试由所抽结果来判断黑球所占的比例是 $\dfrac{1}{4}$ 还是 $\dfrac{3}{4}$.

解 设所抽三个球中的黑球个数为 X,则 $X \sim B(3, p)$ 其中 p 为从中任抽一球为黑球的概率,取值为 $p = \dfrac{1}{4}$ 或 $p = \dfrac{3}{4}$. 现分别就 $p = \dfrac{1}{4}$,$p = \dfrac{3}{4}$ 按公式 $P(X=x) = C_3^x p^x (1-p)^{3-x}$ $(x = 0, 1, 2, 3)$,求其概率. 结果如表 6.1 所示.

表 6.1 概率计算结果

x	0	1	2	3
当 $p=1/4$ 时,$P(X=x)$ 的值	27/64	27/64	9/64	1/64
当 $p=3/4$ 时,$P(X=x)$ 的值	1/64	9/64	27/64	27/64

当 $x = 0, 1$ 时,由表中概率比较知

$$P_{1/4}(X=0) = 27/64 > 1/64 = P_{3/4}(X=0),$$
$$P_{1/4}(X=1) = 27/64 > 9/64 = P_{3/4}(X=1).$$

由此当所抽三个球中的黑球个数为 0 个或 1 个时,我们自然认为样本来自 $p=1/4$ 的总体的可能性比样本来自 $p=3/4$ 的总体可能性要大些,故此时应当用 $1/4$ 来估计 p. 同理当 $x = 2, 3$ 时应当用 $3/4$ 来估计 p. 可得估计量 $\hat{p}$ 为

$$\hat{p} = \begin{cases} 1/4, & \text{当 } x = 0, 1 \text{ 时,} \\ 3/4, & \text{当 } x = 2, 3 \text{ 时.} \end{cases}$$

上述两例估计未知参数的方法,总以实际抽样中样本发生的可能性最大作为判断依据,而这正是最大似然估计法的基本思想.

定义 6.1.1 设离散型总体 X 的分布列为 $P(X=x) = p(x; \theta_1, \theta_2, \cdots, \theta_l)$,其中 $\theta_1, \theta_2, \cdots, \theta_l$ 为未知参数,$X_1, X_2, \cdots, X_n$ 为来自 X 的一个样本,则称样本的联合分布列

$$L(x_1, x_2, \cdots, x_n; \theta_1, \theta_2, \cdots, \theta_l) = \prod_{i=1}^{n} p(x_i; \theta_1, \theta_2, \cdots, \theta_l) \tag{6.1.1}$$

为参数 $\theta_1, \theta_2, \cdots, \theta_l$ 的**似然函数**,简记作 $L(\theta_1, \theta_2, \cdots, \theta_l)$.

同理,若连续型总体 X 的密度函数为 $f(x; \theta_1, \theta_2, \cdots, \theta_l)$,则参数 $\theta_1, \theta_2, \cdots, \theta_l$ 的似然函

数定义为

$$L(\theta_1, \theta_2, \cdots, \theta_l) = L(x_1, x_2, \cdots, x_n; \theta_1, \theta_2, \cdots, \theta_l)$$

$$= \prod_{i=1}^{n} f(x_i; \theta_1, \theta_2, \cdots, \theta_l), \qquad (6.1.2)$$

对于固定的 $\theta_1, \theta_2, \cdots, \theta_l, L$ 作为 $x_1, x_2, \cdots, x_n$ 的函数,它是样本 $X_1, X_2, \cdots, X_n$ 的联合密度函数(或联合分布列);对于已经取得的样本值 $x_1, x_2, \cdots, x_n, L$ 便是 $\theta_1, \theta_2, \cdots, \theta_l$ 的函数. 我们自然认为 $\theta_1, \theta_2, \cdots, \theta_l$ 应是使 L 的取值达到最大的点.

定义 6.1.2　对于似然函数 $L(\theta_1, \theta_2, \cdots, \theta_l)$,在 $x_1, x_2, \cdots, x_n$ 已知的条件下,使其达到最大值的 $\hat{\theta}_1, \hat{\theta}_2, \cdots, \hat{\theta}_l$ 称为参数 $\theta_1, \theta_2, \cdots, \theta_l$ 的**最大似然估计值**. 相应的统计量 $\hat{\theta}_i(X_1, X_2, \cdots, X_n)$ $(i = 1, 2, \cdots, l)$ 分别称为参数 $\theta_1, \theta_2, \cdots, \theta_l$ 的**最大似然估计量**.

由于似然函数通常是一些函数的乘积或为指数函数的形式,而其对数函数与其单调性一致,且 L 与 $\ln L$ 在相同点取得最大值,故有时可将求 L 的最大值点的问题转化为求 $\ln L$ 的最大值点的问题. 由微分学知,当 L 或 $\ln L$ 具有一阶连续偏导数时,最大似然估计常常是满足下述方程组的一组解:

$$\begin{cases} \dfrac{\partial L(\theta_1, \theta_2, \cdots, \theta_l)}{\partial \theta_1} = 0, \\[2mm] \dfrac{\partial L(\theta_1, \theta_2, \cdots, \theta_l)}{\partial \theta_2} = 0, \\[1mm] \cdots\cdots\cdots\cdots \\[1mm] \dfrac{\partial L(\theta_1, \theta_2, \cdots, \theta_l)}{\partial \theta_l} = 0 \end{cases} \text{或} \begin{cases} \dfrac{\partial \ln L(\theta_1, \theta_2, \cdots, \theta_l)}{\partial \theta_1} = 0, \\[2mm] \dfrac{\partial \ln L(\theta_1, \theta_2, \cdots, \theta_l)}{\partial \theta_2} = 0, \\[1mm] \cdots\cdots\cdots\cdots \\[1mm] \dfrac{\partial \ln L(\theta_1, \theta_2, \cdots, \theta_l)}{\partial \theta_l} = 0. \end{cases} \qquad (6.1.3)$$

上述方程组均称为**似然方程组**.

例 6.1.5　设总体 X 服从参数为 λ 的泊松分布 $P(\lambda)$,即

$$P(X = x) = \frac{\lambda^x}{x!} e^{-\lambda}, \quad x = 0, 1, 2, \cdots.$$

$x_1, x_2, \cdots, x_n$ 是从该总体中所抽样本的观察值,求参数 λ 的最大似然估计.

解　似然函数

$$L(x_1, x_2, \cdots, x_n; \lambda) = \prod_{i=1}^{n} \frac{\lambda^{x_i}}{x_i!} e^{-\lambda} = e^{-n\lambda} \prod_{i=1}^{n} \frac{\lambda^{x_i}}{x_i!} = e^{-n\lambda} \frac{\lambda^{\sum\limits_{i=1}^{n} x_i}}{\prod\limits_{i=1}^{n} x_i!}.$$

两边取对数得

$$\ln L = -n\lambda + \left(\sum_{i=1}^{n} x_i \right) \ln \lambda - \sum_{i=1}^{n} \ln x_i!.$$

对 λ 求导并令其等于零,得似然方程

$$\frac{\mathrm{d}\ln L}{\mathrm{d}\lambda} = -n + \frac{\sum\limits_{i=1}^{n} x_i}{\lambda} = 0,$$

解之得参数 λ 的最大似然估计值为

$$\hat{\lambda} = \frac{1}{n} \sum_{i=1}^{n} x_i = \overline{x},$$

与它相应的估计量 $\overline{X}$ 即为 λ 的最大似然估计量.

例 6.1.6 设总体 X 服从 $N(\mu, \sigma^2)$,其中 μ, σ^2 为未知的参数,$x_1, x_2, \cdots, x_n$ 是从该总体中所抽样本的观察值,试求 μ, σ^2 的最大似然估计.

解 总体 X 的密度函数为

$$f(x; \mu, \sigma^2) = \frac{1}{\sigma\sqrt{2\pi}} e^{-\frac{(x-\mu)^2}{2\sigma^2}} \quad (-\infty < x < +\infty).$$

似然函数为

$$L(x_1, x_2, \cdots, x_n; \mu, \sigma^2) = \prod_{i=1}^{n} \frac{1}{\sigma\sqrt{2\pi}} e^{-\frac{(x_i-\mu)^2}{2\sigma^2}}$$

$$= (2\pi)^{-\frac{n}{2}} (\sigma^2)^{-\frac{n}{2}} e^{-\frac{1}{2\sigma^2} \sum_{i=1}^{n} (x_i-\mu)^2}.$$

两边取对数得

$$\ln L = -\frac{n}{2} \ln(2\pi) - \frac{n}{2} \ln \sigma^2 - \frac{1}{2\sigma^2} \sum_{i=1}^{n} (x_i-\mu)^2.$$

由

$$\begin{cases} \dfrac{\partial \ln L}{\partial \mu} = \dfrac{1}{\sigma^2} \Big(\sum_{i=1}^{n} x_i - n\mu \Big) = 0, \\[3mm] \dfrac{\partial \ln L}{\partial \sigma^2} = -\dfrac{n}{2\sigma^2} + \dfrac{1}{2(\sigma^2)^2} \sum_{i=1}^{n} (x_i - \mu)^2 = 0, \end{cases}$$

解得参数 μ, σ^2 的最大似然估计值分别为

$$\hat{\mu} = \frac{1}{n} \sum_{i=1}^{n} x_i = \overline{x}, \quad \widehat{\sigma^2} = \frac{1}{n} \sum_{i=1}^{n} (x_i - \overline{x})^2.$$

相应的最大似然估计量分别为

$$\hat{\mu} = \frac{1}{n} \sum_{i=1}^{n} X_i = \overline{X}, \quad \widehat{\sigma^2} = \frac{1}{n} \sum_{i=1}^{n} (X_i - \overline{X})^2.$$

上述例子都是利用求导数的方法求似然函数的最大值点,从而得到参数的最大似然估计,但有时却行不通,此时需根据似然函数的单调性寻找最大值点.

例 6.1.7 试求例 6.1.1 中参数 θ 的最大似然估计.

解 样本 $x_1, x_2, \cdots, x_n$ 的似然函数为

$$L(x_1, x_2, \cdots, x_n; \theta) = \begin{cases} \dfrac{1}{\theta^n}, & 0 < x_1, x_2, \cdots, x_n < \theta, \\[2mm] 0, & \text{其他}. \end{cases}$$

每一个 x_i 都小于或等于 θ,等价于 $\max\limits_{1 \le i \le n} \{x_i\} \le \theta$;另一方面,$\dfrac{1}{\theta^n}$ 随 θ 的增大而减小,因此 θ

应尽量地小, 但当 θ 小到比 $\max\limits_{1\leqslant i\leqslant n}\{x_i\}$ 还小时, L 就只能取 0 了, 所以当 $\theta=\max\limits_{1\leqslant i\leqslant n}\{x_i\}$ 时, 似然函数 L 达到最大, 故 θ 的最大似然估计量为

$$\hat{\theta}=\max_{1\leqslant i\leqslant n}\{X_i\}.$$

最大似然估计充分利用了总体分布形式和样本的信息, 具有优良的统计性质, 因而有着广泛的应用.

另外, 由最大似然估计的定义知, 它具有如下的不变性质, 即若 $\hat{\theta}$ 是未知参数 θ 的最大似然估计, 函数 $g(x)$ 是 x 的单调函数且具有单值反函数, 则 $g(\hat{\theta})$ 是 $g(\theta)$ 的最大似然估计. 如由例 6.1.6 中 σ^2 的最大似然估计可得 σ 的最大似然估计量为

$$\hat{\sigma}=\sqrt{\frac{1}{n}\sum_{i=1}^{n}(X_i-\overline{X})^2}.$$

6.1.3 估计量的评选标准

由例 6.1.1 和例 6.1.7 可知, 对于总体的同一未知参数用不同的估计方法可以构造出不同的估计量, 那么采用哪一个估计量更好呢? 这就涉及用什么标准来评价估计量的优良性的问题. 事实上不同的场合, 我们对估计量的要求不同, 从而评价的标准也不同. 以下介绍几种常用的评价标准.

1. 无偏估计

定义 6.1.3 设 $\hat{\theta}=\hat{\theta}(X_1,X_2,\cdots,X_n)$ 为未知参数 θ 的一个估计量, 若 $\hat{\theta}$ 的数学期望存在, 且对于任意 $\theta\in\Theta$ 满足

$$E(\hat{\theta})=\theta, \tag{6.1.4}$$

则称 $\hat{\theta}$ 为 θ 的一个**无偏估计**. 记 $\hat{\theta}_n=\hat{\theta}(X_1,X_2,\cdots,X_n)$, 若满足

$$\lim_{n\to\infty}E(\hat{\theta}_n)=\theta, \tag{6.1.5}$$

则称 $\hat{\theta}_n$ 为 θ 的**渐近无偏估计**.

事实上对于无偏估计, $\hat{\theta}$ 是一个随机变量, 它取的值应围绕参数的真值 θ 上下波动, 即多次独立地用 $\hat{\theta}$ 估计 θ, 平均下来与 θ 的真值相差无几, 这正是无偏估计的直观意义.

例 6.1.8 设总体 X 的期望为 μ, $X_1,X_2,\cdots,X_n$ 为来自总体 X 的一个样本, 判断下列统计量是否为 μ 的无偏估计.

(1) $X_i, i=1,2,\cdots,n$.

(2) $\overline{X}=\dfrac{1}{n}\sum\limits_{i=1}^{n}X_i$.

(3) $\dfrac{1}{2}X_1+\dfrac{1}{3}X_3+\dfrac{1}{6}X_n$.

(4) $\dfrac{1}{3}X_1+\dfrac{1}{3}X_2$.

解 (1) 因为 $E(X_i)=E(X)=\mu(i=1,2,\cdots,n)$, 所以 $X_i(i=1,2,\cdots,n)$ 是 μ 的无偏估计.

（2）因为 $E(\overline{X}) = E\left(\dfrac{1}{n}\sum_{i=1}^{n}X_i\right) = \dfrac{1}{n}\sum_{i=1}^{n}E(X_i) = \dfrac{1}{n}\cdot n\mu = \mu$，所以 $\overline{X}$ 是 μ 的无偏估计．

（3）因为 $E\left(\dfrac{1}{2}X_1 + \dfrac{1}{3}X_3 + \dfrac{1}{6}X_n\right) = \dfrac{1}{2}E(X_1) + \dfrac{1}{3}E(X_3) + \dfrac{1}{6}E(X_n) = \left(\dfrac{1}{2}+\dfrac{1}{3}+\dfrac{1}{6}\right)\mu = \mu$，

所以 $\dfrac{1}{2}X_1 + \dfrac{1}{3}X_3 + \dfrac{1}{6}X_n$ 是 μ 的无偏估计．

（4）因为 $E\left(\dfrac{1}{3}X_1 + \dfrac{1}{3}X_2\right) = \dfrac{1}{3}E(X_1) + \dfrac{1}{3}E(X_2) = \dfrac{2}{3}\mu \neq \mu$，所以 $\dfrac{1}{3}X_1 + \dfrac{1}{3}X_2$ 不是 μ 的无偏估计．

例 6.1.9 设 μ, σ^2 分别为总体 X 的均值和方差，$X_1, X_2, \cdots, X_n$ 为总体 X 的一个样本，证明样本方差 $S^2 = \dfrac{1}{n-1}\sum_{i=1}^{n}(X_i - \overline{X})^2$ 是总体方差 $D(X) = \sigma^2$ 的无偏估计．

证明 由式（5.2.6），

$$S^2 = \frac{1}{n-1}\sum_{i=1}^{n}(X_i - \overline{X})^2 = \frac{1}{n-1}\sum_{i=1}^{n}X_i^2 - \frac{n}{n-1}\overline{X}^2,$$

则

$$E(S^2) = E\left[\frac{1}{n-1}\sum_{i=1}^{n}(X_i - \overline{X})^2\right] = E\left(\frac{1}{n-1}\sum_{i=1}^{n}X_i^2 - \frac{n}{n-1}\overline{X}^2\right)$$

$$= \frac{1}{n-1}\sum_{i=1}^{n}E(X_i^2) - \frac{n}{n-1}E(\overline{X}^2).$$

由于

$$D(X_i) = E(X_i^2) - [E(X_i)]^2 = E(X_i^2) - \mu^2 = \sigma^2 \quad (i = 1, 2, \cdots, n),$$

$$D(\overline{X}) = E(\overline{X}^2) - [E(\overline{X})]^2 = E(\overline{X}^2) - \mu^2 = \frac{\sigma^2}{n},$$

所以

$$E(X_i^2) = \mu^2 + \sigma^2 \quad (i = 1, 2, \cdots, n), \quad E(\overline{X}^2) = \mu^2 + \frac{\sigma^2}{n},$$

故

$$E(S^2) = \frac{1}{n-1}\cdot n(\mu^2 + \sigma^2) - \frac{n}{n-1}\left(\mu^2 + \frac{\sigma^2}{n}\right) = \frac{n}{n-1}\sigma^2 - \frac{1}{n-1}\sigma^2 = \sigma^2.$$

即证得样本方差 S^2 是总体方差 σ^2 的无偏估计．

因此由例 6.1.8（2）和例 6.1.9 可知，样本均值 $\overline{X}$ 和样本方差 S^2 分别为总体均值 μ 和方差 σ^2 的无偏估计．而二阶中心矩 $B_2 = \dfrac{1}{n}\sum_{i=1}^{n}(X_i - \overline{X})^2$ 并不是总体方差 σ^2 的无偏估计，相差一个常数 $\dfrac{n}{n-1}$ 倍．

当一个估计量不是无偏估计时，称其为**有偏估计**，并将 $E(\hat{\theta}) - \theta$ 称为以 $\hat{\theta}$ 作为 θ 的估计的**偏**

差,或**系统误差**. 一个较合理的统计量的评价标准应该是 $E[(\hat{\theta}-\theta)^2]$ 愈小愈好. 我们称 $MSE(\hat{\theta})=E[(\hat{\theta}-\theta)^2]$ 为 $\hat{\theta}$ 作为 θ 的估计的**均方误差**,容易证明 $MSE(\hat{\theta})=E[(\hat{\theta}-E(\hat{\theta}))^2]+(E(\hat{\theta})-\theta)^2$,式中前项就是 $\hat{\theta}$ 的方差,而后项是 $\hat{\theta}$ 的偏差平方. 现代统计表明,在一些场合,一个无偏估计其方差太大,并不是一个好的估计. 如果能找到一个有偏估计,其均方误差远远小于无偏估计的方差,这样,在均方误差的意义下,该有偏估计优于无偏估计.

想一想,当总体方差不为零时,$\overline{X}^2$ 是不是 μ^2 的无偏估计?为什么?(事实上 $\hat{\sigma}=\sqrt{\dfrac{1}{n}\sum_{i=1}^{n}(X_i-\overline{X})^2}$ 或 $S=\sqrt{\dfrac{1}{n-1}\sum_{i=1}^{n}(X_i-\overline{X})^2}$ 也不是 σ 的无偏估计.)

2. 有效估计

由例 6.1.8 我们知道 $X_i(i=1,2,\cdots,n)$,$\overline{X}$ 均为 μ 的无偏估计,但根据日常经验,用多次观测所得平均值去估计总体均值一定比用一次观察值去估计总体均值的效果好些,即以 $\overline{X}$ 作为 μ 的估计量要比以 $X_i(i=1,2,\cdots,n)$ 作为 μ 的估计量好,这是因为 $\overline{X}$ 的方差小于 $X_i(i=1,2,\cdots,n)$ 的方差. 这就是我们要引入的另一个估计量的评价标准——有效性.

定义 6.1.4 设 $\hat{\theta}_1$ 与 $\hat{\theta}_2$ 都是 θ 的无偏估计,如果

$$D(\hat{\theta}_1)<D(\hat{\theta}_2),\tag{6.1.6}$$

则称 $\hat{\theta}_1$ 较 $\hat{\theta}_2$ 有效.

例 6.1.10 设 $X_1,X_2,\cdots,X_n$ 为来自 $N(\mu,\sigma_0^2)$ 的样本,其中 μ 为未知,σ_0^2 已知,记 $\hat{\mu}_k=\dfrac{1}{k}\sum_{i=1}^{k}X_i,k=1,2,\cdots,n.$ 易见这些 $\hat{\mu}_k$ 都是 μ 的无偏估计,因为

$$E(\hat{\mu}_k)=\frac{1}{k}\sum_{i=1}^{k}E(X_i)=\frac{1}{k}\cdot k\mu=\mu.$$

下面来比较它们的方差,由于

$$D(\hat{\mu}_k)=\frac{1}{k^2}\sum_{i=1}^{k}D(X_i)=\frac{1}{k^2}\cdot k\sigma_0^2=\frac{1}{k}\sigma_0^2.$$

因此 k 愈大,$D(\hat{\mu}_k)$ 愈小,即在这 n 个无偏估计中,$\hat{\mu}_n=\overline{X}$ 作为 μ 的估计最有效. 事实上,当 $k<n$ 时,$\hat{\mu}_k$ 丢弃了一部分样本所提供的信息.

值得注意的是在判断估计量的有效性时,首先必须在估计量为无偏估计的前提下再判断其方差大小.

事实上,有效性是比较估计量的方差,若 $\hat{\theta}_1$ 较 $\hat{\theta}_2$ 有效,说明 $\hat{\theta}_1$ 的观察值较 $\hat{\theta}_2$ 更密集在待估参数 θ 的附近,以 $\hat{\theta}_1$ 作为 θ 的估计值时较 $\hat{\theta}_2$ 精确和可靠,所以无偏估计以方差小者为好. 如果在 θ 的一切无偏估计量中,$\hat{\theta}_0$ 的方差最小,则称 $\hat{\theta}_0$ 为 θ 的**最小方差无偏估计**.

3. 一致估计

对估计量来说,除了要求它无偏、方差较小外,还要求当样本容量 n 增大时,它将以大概率接近待估参数的真值,这是因为当 n 增大时得到关于总体的信息也就越多.

定义 6.1.5 设 $\hat{\theta}_n=\hat{\theta}(X_1,X_2,\cdots,X_n)$ 为总体未知参数 θ 的估计量,若对任给的 $\varepsilon>0$,有

$$\lim_{n \to \infty} P(\,|\hat{\theta}_n - \theta| < \varepsilon) = 1, \tag{6.1.7}$$

则称 $\hat{\theta}_n$ 为 θ 的**一致估计**.

一致估计又称为相合估计,其直观意义是当样本容量充分大时,估计很接近未知参数真值. 一致估计从理论上保证了样本容量越大,估计的误差就会越小. 在实际应用中,若估计量满足一致性,欲提高估计的精度,常常采用增大样本容量的方法.

判断估计量 $\hat{\theta}_n$ 是否满足一致性,常常借助于切比雪夫不等式,设 $E(\hat{\theta}_n) = \theta$,有 $P(\,|\hat{\theta}_n - \theta| > \varepsilon) \leqslant \dfrac{D(\hat{\theta}_n)}{\varepsilon^2}$. 显然若

$$\lim_{n \to \infty} D(\hat{\theta}_n) = 0, \tag{6.1.8}$$

则由定义 6.1.5, $\hat{\theta}_n$ 为 θ 的一致估计.

例 6.1.11　设总体 X 的均值为 μ, $X_1, X_2, \cdots, X_n$ 是来自 X 的一个样本,则 $\overline{X}$ 为 μ 的一致估计.

事实上,前面已证明过 $E(\overline{X}) = \mu$,而 $D(\overline{X}) = \dfrac{\sigma^2}{n} \to 0$ $(n \to \infty)$,满足式(6.1.8),因此 $\overline{X}$ 为 μ 的一致估计.

例 6.1.12　设总体 $X \sim N(\mu, \sigma^2)$, $X_1, X_2, \cdots, X_n$ 是来自 X 的一个样本,则样本方差 S^2 为 σ^2 的一致估计.

事实上我们已经知道, $E(S^2) = \sigma^2$, $\dfrac{(n-1)S^2}{\sigma^2} \sim \chi^2(n-1)$,由 χ^2 分布的性质知 $D\left(\dfrac{(n-1)S^2}{\sigma^2}\right) = 2(n-1)$,所以 $D(S^2) = \dfrac{2\sigma^4}{n-1} \to 0$ $(n \to \infty)$,满足式(6.1.8),故 S^2 为 σ^2 的一致估计.

§6.2　区　间　估　计

6.2.1　区间估计的基本概念

在前面的讨论中我们给出了参数点估计的方法及评价估计量的不同标准,但有时候,我们还需要知道做出相应估计的误差是多少,即所求真值所在的范围. 亦即对于未知参数 θ,除了求出它的点估计 $\hat{\theta}$ 外,我们希望估计出一个范围,并知道这个范围包含参数 θ 真值的可信程度,这样的范围通常以区间的形式给出,这种形式的估计称为区间估计. 区间估计就是给出未知参数 θ 在一定的概率保证下可能落入的区间.

定义 6.2.1　设 θ 是总体 X 的分布的一个未知参数, $X_1, X_2, \cdots, X_n$ 为来自 X 的样本, $x_1, x_2, \cdots, x_n$ 为一组样本值,如果统计量 $\hat{\theta}_1(X_1, X_2, \cdots, X_n)$ 和 $\hat{\theta}_2(X_1, X_2, \cdots, X_n)$ 对于给定值 $\alpha(0 < \alpha < 1)$ 满足

$$P(\hat{\theta}_1(X_1, X_2, \cdots, X_n) \leqslant \theta \leqslant \hat{\theta}_2(X_1, X_2, \cdots, X_n)) = 1 - \alpha, \tag{6.2.1}$$

则称区间 $[\hat{\theta}_1(X_1, X_2, \cdots, X_n), \hat{\theta}_2(X_1, X_2, \cdots, X_n)]$ 为 θ 的置信度为 $1-\alpha$ 的**置信区间**,$\hat{\theta}_1(X_1, X_2, \cdots, X_n), \hat{\theta}_2(X_1, X_2, \cdots, X_n)$ 分别称为**置信下限**和**置信上限**,$1-\alpha$ 称为**置信度**或**置信水平**.

式(6.2.1)中随机变量 $\hat{\theta}_1(X_1, X_2, \cdots, X_n)$ 和 $\hat{\theta}_2(X_1, X_2, \cdots, X_n)$ 是统计量,而置信区间 $[\hat{\theta}_1(x_1, x_2, \cdots, x_n), \hat{\theta}_2(x_1, x_2, \cdots, x_n)]$ 的两个端点对于每一次确定的试验,是确定的值. 不同的试验,结果是有差异的. 区间估计的意义在于:若反复抽样多次,每个样本确定一个区间 $[\hat{\theta}_1, \hat{\theta}_2]$,有时它包含 θ 的真值,有时不包含 θ 的真值. 按大数定律,在这样多的区间中,包含 θ 真值的约占 $100(1-\alpha)\%$. 一般地,α 越小,$1-\alpha$ 越大,即区间 $[\hat{\theta}_1, \hat{\theta}_2]$ 包含 θ 的概率越大,区间 $[\hat{\theta}_1, \hat{\theta}_2]$ 的长度就会越大,如果区间长度过大,那么区间估计就没有多大的意义了. 区间 $[\hat{\theta}_1, \hat{\theta}_2]$ 的取法是不唯一的,在给定置信度 $1-\alpha$ 下,我们一般选择长度最小的区间.

设总体 $X \sim N(\mu, \sigma_0^2)$,$\sigma_0^2$ 已知,$X_1, X_2, \cdots, X_n$ 为来自 X 的一个样本,让我们来求 μ 的置信度为 $1-\alpha = 0.95$ 的置信区间.

首先类似三大抽样分布分位数的概念,我们介绍标准正态分布分位数的概念. 当随机变量 $X \sim N(0,1)$ 时,对给定的正数 α,$0 < \alpha < 1$,称满足 $P(X > u_\alpha) = \alpha$ 的点 u_α 是标准正态分布的 α **上侧分位数**. 而把满足 $P(|X| > u_{\frac{\alpha}{2}}) = \alpha$ 的点 $u_{\frac{\alpha}{2}}$ 称为标准正态分布的 α **双侧分位数**.

我们知道 $E(\overline{X}) = \mu$,即 $\overline{X}$ 为 μ 的无偏估计,由推论5.3.1知

$$U = \frac{\overline{X} - \mu}{\sigma_0 / \sqrt{n}} \sim N(0,1).$$

因此当给定置信度为 $1-\alpha = 0.95$ 时,有 α 的双侧分位数 $u_{0.025}$,使得

$$P\left(\frac{|\overline{X} - \mu|}{\sigma_0 / \sqrt{n}} > u_{0.025}\right) = 0.05 \quad (\text{见图6.1}),$$

即

$$P\left(\frac{|\overline{X} - \mu|}{\sigma_0 / \sqrt{n}} \leqslant u_{0.025}\right) = 0.95$$

或

$$P\left(\overline{X} - u_{0.025}\frac{\sigma_0}{\sqrt{n}} \leqslant \mu \leqslant \overline{X} + u_{0.025}\frac{\sigma_0}{\sqrt{n}}\right) = 0.95.$$

于是得到 μ 的置信度为 0.95 的置信区间为 $\left[\bar{x} - u_{0.025}\frac{\sigma_0}{\sqrt{n}}, \bar{x} + u_{0.025}\frac{\sigma_0}{\sqrt{n}}\right]$,查附表3得 $u_{0.025} = 1.96$,因此所求置信区间为 $\left[\bar{x} - 1.96\frac{\sigma_0}{\sqrt{n}}, \bar{x} + 1.96\frac{\sigma_0}{\sqrt{n}}\right]$.

然而正如前面所述置信度为 $1-\alpha$ 的置信区间并不是唯一的,如上例中给定 $\alpha = 0.05$,还可作如下选择 $P\left(-u_{0.04} \leqslant \frac{\overline{X} - \mu}{\sigma_0 / \sqrt{n}} \leqslant u_{0.01}\right) = 0.95$(见图6.2). 按定义,$\left[\bar{x} - u_{0.01}\frac{\sigma_0}{\sqrt{n}}, \bar{x} + u_{0.04}\frac{\sigma_0}{\sqrt{n}}\right]$ 也是 μ 的一个置信度为 0.95 的置信区间.

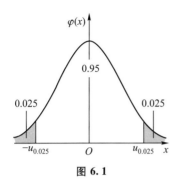

图 6.1

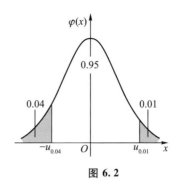

图 6.2

比较这两个置信区间,可知前者的长度为 $2 \times 1.96 \dfrac{\sigma_0}{\sqrt{n}} = 3.92 \dfrac{\sigma_0}{\sqrt{n}}$,而后者的长度是

$(u_{0.04} + u_{0.01}) \dfrac{\sigma_0}{\sqrt{n}} = (1.75 + 2.33) \dfrac{\sigma_0}{\sqrt{n}} = 4.08 \dfrac{\sigma_0}{\sqrt{n}}$,显然前者比后者短.

可以证明,由于 $U = \dfrac{\overline{X} - \mu}{\sigma_0 / \sqrt{n}} \sim N(0,1)$,当 α 给定时,区间 $\left[\overline{x} - u_{\frac{\alpha}{2}} \dfrac{\sigma_0}{\sqrt{n}}, \ \overline{x} + u_{\frac{\alpha}{2}} \dfrac{\sigma_0}{\sqrt{n}}\right]$ 是最短的.考虑到此区间为对称区间,所以常简记为

$$\left[\overline{x} \pm u_{\frac{\alpha}{2}} \frac{\sigma_0}{\sqrt{n}}\right].$$

但对于其他的分布,求出最短区间却非易事,比如 χ^2 分布和 F 分布.为处理方便,我们习惯上仍取对称的分位数来确定置信区间,但这样确定的置信区间的长度并不一定最短.在下面求总体各参数的置信区间过程中,我们遵循这个原则确定其置信区间.

6.2.2 单个正态总体均值与方差的置信区间

1. 正态总体均值的置信区间

设总体 $X \sim N(\mu, \sigma^2)$,$X_1, X_2, \cdots, X_n$ 为来自 X 的一个样本,让我们分别对 σ^2 已知和未知两种不同情形,求 μ 的置信度为 $1 - \alpha$ 的置信区间.

(1)总体方差 σ^2 已知时

前面我们已得到当方差 $\sigma^2 = \sigma_0^2$ 已知时,正态总体的均值 μ 的置信度为 $1 - \alpha$ 的置信区间为

$$\left[\overline{X} - u_{\frac{\alpha}{2}} \frac{\sigma_0}{\sqrt{n}}, \overline{X} + u_{\frac{\alpha}{2}} \frac{\sigma_0}{\sqrt{n}}\right]. \tag{6.2.2}$$

(2)总体方差 σ^2 未知时

设已给定置信度为 $1 - \alpha$,$X_1, X_2, \cdots, X_n$ 为来自总体 $N(\mu, \sigma^2)$ 的样本,$\overline{X}, S^2$ 分别为样本均值和样本方差.

当 σ^2 未知时,不能利用(6.2.2)给出的区间,因此考虑利用 S^2 代替 σ^2.由定理

5.3.4 知

$$\frac{\overline{X}-\mu}{S/\sqrt{n}} \sim t(n-1).$$

对于给定的 α,有

$$P\left(-t_{\frac{\alpha}{2}}(n-1) \leqslant \frac{\overline{X}-\mu}{S/\sqrt{n}} \leqslant t_{\frac{\alpha}{2}}(n-1)\right) = 1-\alpha,$$

或

$$P\left(\overline{X}-t_{\frac{\alpha}{2}}(n-1)\frac{S}{\sqrt{n}} \leqslant \mu \leqslant \overline{X}+t_{\frac{\alpha}{2}}(n-1)\frac{S}{\sqrt{n}}\right) = 1-\alpha,$$

得 μ 的置信度为 $1-\alpha$ 的置信区间为

$$\left[\overline{X}-t_{\frac{\alpha}{2}}(n-1)\frac{S}{\sqrt{n}}, \overline{X}+t_{\frac{\alpha}{2}}(n-1)\frac{S}{\sqrt{n}}\right]. \qquad (6.2.3)$$

例 6.2.1 某胶合板厂以新的工艺生产胶合板以增强抗压强度,现抽取 10 个试件,做抗压力试验,获得数据(单位:kg/cm^2)如下:

48.2 49.3 51.0 44.6 43.5 41.8 39.4 46.9 45.7 47.1

试求该胶合板平均抗压强度 μ 的置信度为 0.95 的置信区间(设胶合板抗压力服从正态分布).

解 由样本数据计算得 $\bar{x}=45.75, s=3.522$. 对于 $1-\alpha=0.95, \alpha=0.05, n-1=10-1=9$,查附表 5 得 $t_{0.025}(9)=2.262$,故由式(6.2.3)可得 μ 的置信区间为

$$\left[\bar{x}-t_{0.025}(9)\frac{s}{\sqrt{10}}, \bar{x}+t_{0.025}(9)\frac{s}{\sqrt{10}}\right]$$

$$=\left[45.75-2.262\times\frac{3.522}{\sqrt{10}}, 45.75+2.262\times\frac{3.522}{\sqrt{10}}\right] = [43.23, 48.27].$$

这就是说该胶合板平均抗压强度在 43.23 kg/cm^2 与 48.27 kg/cm^2 之间,此估计的可信程度为 0.95. 若以此区间内任一值作为 μ 的近似值,其绝对误差不超过 $2.262\times\frac{3.522}{\sqrt{10}}\times 2=$

5.039 kg/cm^2.

在实际问题中,总体方差 σ^2 未知的情况较多,故式(6.2.3)较式(6.2.2)有更大的实用价值.

2. 正态总体方差的置信区间

在许多实际问题中,不仅要对总体均值进行估计,而且还常需要对总体方差进行区间估计. 如评价某种品牌电视机质量好坏,不仅要估计出其平均寿命,而且也要知道在寿命指标上的方差,平均寿命长且方差小时,才能认为该种品牌的质量高.

(1)总体均值 μ 已知时

由定理 5.3.2 知,$\sum_{i=1}^{n}\frac{(X_i-\mu)^2}{\sigma^2}=\frac{1}{\sigma^2}\sum_{i=1}^{n}(X_i-\mu)^2 \sim \chi^2(n)$. 对于给定的 α,有

$$P\left(\chi^2_{1-\frac{\alpha}{2}}(n) \leqslant \frac{1}{\sigma^2}\sum_{i=1}^{n}(X_i-\mu)^2 \leqslant \chi^2_{\frac{\alpha}{2}}(n)\right) = 1-\alpha,$$

或

$$P\left(\frac{\sum_{i=1}^{n}(X_i-\mu)^2}{\chi^2_{\frac{\alpha}{2}}(n)} \leqslant \sigma^2 \leqslant \frac{\sum_{i=1}^{n}(X_i-\mu)^2}{\chi^2_{1-\frac{\alpha}{2}}(n)}\right) = 1-\alpha.$$

故在总体均值 μ 已知的假设下，总体方差 σ^2 的置信度为 $1-\alpha$ 的置信区间为

$$\left[\frac{\sum_{i=1}^{n}(X_i-\mu)^2}{\chi^2_{\frac{\alpha}{2}}(n)}, \frac{\sum_{i=1}^{n}(X_i-\mu)^2}{\chi^2_{1-\frac{\alpha}{2}}(n)}\right]. \tag{6.2.4}$$

（2）总体均值 μ 未知时

由定理 5.3.3 知，$\frac{(n-1)S^2}{\sigma^2} \sim \chi^2(n-1)$. 对于给定的 α，有

$$P\left(\chi^2_{1-\frac{\alpha}{2}}(n-1) \leqslant \frac{(n-1)S^2}{\sigma^2} \leqslant \chi^2_{\frac{\alpha}{2}}(n-1)\right) = 1-\alpha,$$

或

$$P\left(\frac{(n-1)S^2}{\chi^2_{\frac{\alpha}{2}}(n-1)} \leqslant \sigma^2 \leqslant \frac{(n-1)S^2}{\chi^2_{1-\frac{\alpha}{2}}(n-1)}\right) = 1-\alpha.$$

故在总体均值 μ 未知的假设下，总体方差 σ^2 的置信度为 $1-\alpha$ 的置信区间为

$$\left[\frac{(n-1)S^2}{\chi^2_{\frac{\alpha}{2}}(n-1)}, \frac{(n-1)S^2}{\chi^2_{1-\frac{\alpha}{2}}(n-1)}\right]. \tag{6.2.5}$$

类似地得到标准差 σ 的置信度为 $1-\alpha$ 的置信区间为

$$\left[\frac{\sqrt{n-1}\,S}{\sqrt{\chi^2_{\frac{\alpha}{2}}(n-1)}}, \frac{\sqrt{n-1}\,S}{\sqrt{\chi^2_{1-\frac{\alpha}{2}}(n-1)}}\right]. \tag{6.2.6}$$

例 6.2.2 求例 6.2.1 中总体方差 σ^2 的置信度为 0.95 的置信区间.

解 由例 6.2.1 已知 $\bar{x}=45.75, s^2=12.403, s=3.522$，对于 $\alpha=0.05, n-1=9$，查附表 4 得 $\chi^2_{0.975}(9)=2.700, \chi^2_{0.025}(9)=19.023$. 由式（6.2.5）可得 σ^2 的置信区间为 $\left[\frac{9\times12.403}{19.023}, \frac{9\times12.403}{2.700}\right] =$ $[5.87, 41.34]$.

6.2.3 两个正态总体均值差与方差比的置信区间

在生产和科研实践中，有时需要了解两个正态总体的平均数差异大小；或两个正态总体在同一指标上的稳定性. 如一定范围内男生与女生的智商平均数差异大小，两个工厂所生产的统一规格灯泡的寿命的稳定性等.

1. 两个正态总体均值差的置信区间

设总体 $X \sim N(\mu_1, \sigma_1^2)$，$Y \sim N(\mu_2, \sigma_2^2)$，$X_1, X_2, \cdots, X_{n_1}$；$Y_1, Y_2, \cdots, Y_{n_2}$ 是分别来自总体 X, Y

的样本且相互独立.

(1) σ_1^2, σ_2^2 已知时

由定理 5.3.5 知

$$U = \frac{(\overline{X} - \overline{Y}) - (\mu_1 - \mu_2)}{\sqrt{\dfrac{\sigma_1^2}{n_1} + \dfrac{\sigma_2^2}{n_2}}} \sim N(0, 1).$$

对于给定的 α, 有

$$P\left(-u_{\frac{\alpha}{2}} \leqslant \frac{(\overline{X} - \overline{Y}) - (\mu_1 - \mu_2)}{\sqrt{\dfrac{\sigma_1^2}{n_1} + \dfrac{\sigma_2^2}{n_2}}} \leqslant u_{\frac{\alpha}{2}} \right) = 1 - \alpha,$$

或

$$P\left((\overline{X} - \overline{Y}) - u_{\frac{\alpha}{2}} \sqrt{\frac{\sigma_1^2}{n_1} + \frac{\sigma_2^2}{n_2}} \leqslant \mu_1 - \mu_2 \leqslant (\overline{X} - \overline{Y}) + u_{\frac{\alpha}{2}} \sqrt{\frac{\sigma_1^2}{n_1} + \frac{\sigma_2^2}{n_2}} \right) = 1 - \alpha.$$

故两个正态总体均值差 $\mu_1 - \mu_2$ 的置信度为 $1 - \alpha$ 的置信区间为

$$\left[\overline{X} - \overline{Y} - u_{\frac{\alpha}{2}} \sqrt{\frac{\sigma_1^2}{n_1} + \frac{\sigma_2^2}{n_2}}, \overline{X} - \overline{Y} + u_{\frac{\alpha}{2}} \sqrt{\frac{\sigma_1^2}{n_1} + \frac{\sigma_2^2}{n_2}} \right]. \tag{6.2.7}$$

(2) σ_1^2, σ_2^2 未知, 但 $\sigma_1^2 = \sigma_2^2$ 时

由定理 5.3.6 知

$$T = \frac{(\overline{X} - \overline{Y}) - (\mu_1 - \mu_2)}{S_\omega \sqrt{\dfrac{1}{n_1} + \dfrac{1}{n_2}}} \sim t(n_1 + n_2 - 2),$$

其中

$$S_\omega = \sqrt{\frac{(n_1 - 1)S_1^2 + (n_2 - 1)S_2^2}{n_1 + n_2 - 2}}.$$

对于给定的 α, 有

$$P\left(-t_{\frac{\alpha}{2}}(n_1 + n_2 - 2) \leqslant \frac{(\overline{X} - \overline{Y}) - (\mu_1 - \mu_2)}{S_\omega \sqrt{\dfrac{1}{n_1} + \dfrac{1}{n_2}}} \leqslant t_{\frac{\alpha}{2}}(n_1 + n_2 - 2) \right) = 1 - \alpha,$$

或

$$P\left((\overline{X} - \overline{Y}) - t_{\frac{\alpha}{2}}(n_1 + n_2 - 2)S_\omega \sqrt{\frac{1}{n_1} + \frac{1}{n_2}} \leqslant \mu_1 - \mu_2 \leqslant (\overline{X} - \overline{Y}) + t_{\frac{\alpha}{2}}(n_1 + n_2 - 2)S_\omega \sqrt{\frac{1}{n_1} + \frac{1}{n_2}} \right) = 1 - \alpha.$$

故两个正态总体均值差 $\mu_1 - \mu_2$ 的置信度为 $1 - \alpha$ 的置信区间为

$$\left[\overline{X}-\overline{Y}-t_{\frac{\alpha}{2}}(n_1+n_2-2)S_\omega\sqrt{\frac{1}{n_1}+\frac{1}{n_2}},\ \overline{X}-\overline{Y}+t_{\frac{\alpha}{2}}(n_1+n_2-2)S_\omega\sqrt{\frac{1}{n_1}+\frac{1}{n_2}}\right].\quad(6.2.8)$$

例 6.2.3 两批导线,从第一批中抽取 4 根,从第二批中抽取 5 根,测得它们的电阻(单位:Ω)如下:

第一批:0.143 0.142 0.143 0.138

第二批:0.140 0.142 0.136 0.140 0.138

设两批导线的电阻分别服从正态分布 $N(\mu_1,\sigma_1^2)$,$N(\mu_2,\sigma_2^2)$,其中参数 $\mu_1,\mu_2,\sigma_1^2,\sigma_2^2$ 均未知,假设 $\sigma_1^2=\sigma_2^2$,试求这两批电阻的均值差 $\mu_1-\mu_2$ 的置信度为 0.90 的置信区间.

解 由已给的样本值可知

$$n_1=4,\quad \overline{x}=0.141\,5,\quad s_1^2=5.67\times10^{-6},$$
$$n_2=5,\quad \overline{y}=0.139\,2,\quad s_2^2=5.20\times10^{-6},$$

计算

$$S_\omega=\sqrt{\frac{(n_1-1)s_1^2+(n_2-1)s_2^2}{n_1+n_2-2}}=\sqrt{\frac{3\times5.67\times10^{-6}+4\times5.20\times10^{-6}}{4+5-2}}$$
$$=2.324\times10^{-3}.$$

对于 $1-\alpha=0.90$,$\alpha=0.10$,$n_1+n_2-2=7$,查附表 5 得 $t_{0.05}(7)=1.895$,故由式(6.2.8)可得 $\mu_1-\mu_2$ 的置信度为 0.90 的置信区间为 $[-0.000\,7,0.005\,3]$.

2. 两个正态总体方差比的置信区间

设总体 $X\sim N(\mu_1,\sigma_1^2)$,$Y\sim N(\mu_2,\sigma_2^2)$,其中参数均未知,$X_1,X_2,\cdots,X_{n_1}$;$Y_1,Y_2,\cdots,Y_{n_2}$ 是分别来自总体 X,Y 的样本.由定理 5.3.8 知

$$F=\frac{S_1^2/\sigma_1^2}{S_2^2/\sigma_2^2}\sim F(n_1-1,n_2-1).$$

对于给定的 α,有

$$P\left(F_{1-\frac{\alpha}{2}}(n_1-1,n_2-1)\leqslant\frac{S_1^2/\sigma_1^2}{S_2^2/\sigma_2^2}\leqslant F_{\frac{\alpha}{2}}(n_1-1,n_2-1)\right)=1-\alpha,$$

或

$$P\left(\frac{S_1^2/S_2^2}{F_{\frac{\alpha}{2}}(n_1-1,n_2-1)}\leqslant\frac{\sigma_1^2}{\sigma_2^2}\leqslant\frac{S_1^2/S_2^2}{F_{1-\frac{\alpha}{2}}(n_1-1,n_2-1)}\right)=1-\alpha.$$

故两个正态总体方差比 σ_1^2/σ_2^2 的置信度为 $1-\alpha$ 的置信区间为

$$\left[\frac{S_1^2/S_2^2}{F_{\frac{\alpha}{2}}(n_1-1,n_2-1)},\frac{S_1^2/S_2^2}{F_{1-\frac{\alpha}{2}}(n_1-1,n_2-1)}\right].\quad(6.2.9)$$

例 6.2.4 某钢铁公司的管理人员为比较新旧两个电炉的温度稳定性,抽测了新电炉的 31 个温度数据及旧电炉的 25 个温度数据,并计算得样本方差分别为 $s_1^2=75$,$s_2^2=100$.设新电炉的温度 $X\sim N(\mu_1,\sigma_1^2)$,旧电炉的温度 $Y\sim N(\mu_2,\sigma_2^2)$.试求 σ_1^2/σ_2^2 的置信度为 0.95 的置信区间.

解 该问题属于两个正态总体方差比的估计问题,对于 $1-\alpha=0.95,\alpha=0.05$,查附表 6 得 $F_{\frac{\alpha}{2}}(n_1-1,n_2-1)=F_{0.025}(30,24)=2.21$,

$$F_{1-\frac{\alpha}{2}}(n_1-1,n_2-1)=F_{0.975}(30,24)=\frac{1}{F_{0.025}(24,30)}=\frac{1}{2.14}.$$

故由式(6.2.9)可得 σ_1^2/σ_2^2 的置信度为 0.95 的置信区间为 $\left[\dfrac{1}{2.21}\times\dfrac{75}{100},2.14\times\dfrac{75}{100}\right]$,即 $[0.34,1.61]$.

§6.3　非正态总体均值的置信区间

实际中,总体不一定服从正态分布或分布未知,此时要讨论总体分布中未知参数的区间估计就比较困难,当样本容量 n 很大时,可利用中心极限定理来解决此问题.

6.3.1　单个非正态总体均值的置信区间

1. 总体方差 σ^2 已知时

设总体 X 的均值与方差分别为 $\mu,\sigma^2,X_1,X_2,\cdots,X_n$ 是来自总体 X 的样本. 由第四章中心极限定理知,无论总体服从什么分布,当 n 充分大(一般要求 $n\geqslant50$)时,近似有

$$\overline{X}\sim N\left(\mu,\frac{\sigma^2}{n}\right),$$

即

$$U=\frac{\overline{X}-\mu}{\sigma/\sqrt{n}}\sim N(0,1).$$

对于给定的 α,由

$$P\left(-u_{\frac{\alpha}{2}}\leqslant\frac{\overline{X}-\mu}{\sigma/\sqrt{n}}\leqslant u_{\frac{\alpha}{2}}\right)=1-\alpha,$$

或

$$P\left(\overline{X}-u_{\frac{\alpha}{2}}\frac{\sigma}{\sqrt{n}}\leqslant\mu\leqslant\overline{X}+u_{\frac{\alpha}{2}}\frac{\sigma}{\sqrt{n}}\right)=1-\alpha,$$

得 μ 的置信度为 $1-\alpha$ 的置信区间近似为

$$\left[\overline{X}-u_{\frac{\alpha}{2}}\frac{\sigma}{\sqrt{n}},\overline{X}+u_{\frac{\alpha}{2}}\frac{\sigma}{\sqrt{n}}\right]. \tag{6.3.1}$$

2. 总体方差 σ^2 未知时

在实际应用中,σ^2 一般未知,由于 S^2 是 σ^2 的一致无偏估计,所以当 n 充分大时,可用 S^2 近似代替 σ^2. 故得到 μ 的置信度为 $1-\alpha$ 的置信区间近似为

$$\left[\overline{X}-u_{\frac{\alpha}{2}}\frac{S}{\sqrt{n}},\overline{X}+u_{\frac{\alpha}{2}}\frac{S}{\sqrt{n}}\right]. \tag{6.3.2}$$

例 6.3.1 欲估计大棚内 2 年生油松苗木高度,从大棚内抽取了 65 株苗木,测得苗

高的样本均值和方差分别为 $\bar{x} = 13.94, s = 1.754$. 试求大棚内苗高均值 μ 的置信度为 0.95 的置信区间.

解　由题设条件知总体分布未知, σ^2 未知, 对于 $1-\alpha = 0.95, \alpha = 0.05$, 查附表 3 得 $u_{\frac{\alpha}{2}} = 1.96$. 故由式 (6.3.2) 得大棚内苗高均值 μ 的置信度为 0.95 的置信区间为

$$\left[13.94 - 1.96 \times \frac{1.754}{\sqrt{65}}, 13.94 + 1.96 \times \frac{1.754}{\sqrt{65}} \right],$$

即 $[13.51, 14.37]$.

需要说明的是对于某些情形, 如服从 "0-1" 分布的总体参数 p 的区间估计, 需根据中心极限定理推导求得.

设总体 X 服从 "0-1" 分布, 分布列为

$$P(X = x) = p^x (1-p)^{1-x}, \quad x = 0, 1.$$

其中 p 为未知参数, 我们有 $E(\bar{X}) = p, D(\bar{X}) = p(1-p)/n$. 对于给定的 α, 由中心极限定理, 对充分大的 n, 近似有

$$P\left(\frac{|\bar{X} - p|}{\sqrt{p(1-p)/n}} \leq u_{\frac{\alpha}{2}} \right) = 1 - \alpha.$$

由不等式

$$\frac{|\bar{X} - p|}{\sqrt{p(1-p)/n}} \leq u_{\frac{\alpha}{2}},$$

得

$$n(\bar{X} - p)^2 \leq p(1-p) u_{\frac{\alpha}{2}}^2.$$

将上式写成

$$ap^2 + bp + c \leq 0,$$

其中

$$a = n + u_{\frac{\alpha}{2}}^2, \quad b = -(2n\bar{X} + u_{\frac{\alpha}{2}}^2), \quad c = n\bar{X}^2.$$

注意到 $x_i = 0, 1 (i = 1, 2, \cdots, n)$, 从而 $0 \leq \bar{x} \leq 1$, 于是有

$$b^2 - 4ac = 4n\bar{x}(1-\bar{x}) u_{\frac{\alpha}{2}}^2 + u_{\frac{\alpha}{2}}^4 > 0.$$

设二次三项式 $ap^2 + bp + c$ 的两个实根为

$$\hat{p}_1 = \frac{-b - \sqrt{b^2 - 4ac}}{2a}, \quad \hat{p}_2 = \frac{-b + \sqrt{b^2 - 4ac}}{2a}.$$

则参数 p 的置信度为 $1-\alpha$ 的置信区间近似为 $[\hat{p}_1, \hat{p}_2]$.

例 6.3.2　从一批产品中抽取 200 个样品, 发现其中有 9 个次品, 求这批产品的次品率 p 的置信度为 0.90 的置信区间.

解　设随机变量

$$X = \begin{cases} 0, & \text{若取得正品,} \\ 1, & \text{若取得次品.} \end{cases}$$

则 X 服从"0-1"分布,分布列为

$$P(X = x) = p^x (1-p)^{1-x}, \quad x = 0, 1,$$

其中 p 为未知参数,是这批产品的次品率.

据题意,$n = 200$,$\bar{x} = \dfrac{1}{200} \sum\limits_{i=1}^{200} x_i = \dfrac{9}{200} = 0.045$. 对于 $1-\alpha = 0.90$,$\alpha = 0.10$,查附表 3 得 $u_{\frac{\alpha}{2}} =$ 1.645. 于是有

$$a = 200 + 1.645^2 = 202.706,$$
$$b = -(2 \times 200 \times 0.045 + 1.645^2) = -20.706,$$
$$c = 200 \times 0.045^2 = 0.405.$$

由此得 $\hat{p}_1 = 0.026\ 4$,$\hat{p}_2 = 0.075\ 8$. 故这批产品的次品率 p 的置信度为 0.90 的置信区间近似为 $[0.026\ 4, 0.075\ 8]$.

6.3.2 两个非正态总体均值差的置信区间

设 X, Y 分别代表两个非正态总体,其中 $E(X) = \mu_1$,$E(Y) = \mu_2$,$D(X) = \sigma_1^2$,$D(Y) = \sigma_2^2$.

1. 总体方差 σ_1^2, σ_2^2 已知时

以 n_i, S_i^2 表示来自第 $i\ (i = 1, 2)$ 个总体的样本容量和样本方差,$\bar{X}, \bar{Y}$ 分别表示两个样本的样本均值,假设两个样本独立,由抽样分布定理和正态分布的性质,当 n_1, n_2 充分大时,近似有

$$\bar{X} - \bar{Y} \sim N\left(\mu_1 - \mu_2, \frac{\sigma_1^2}{n_1} + \frac{\sigma_2^2}{n_2}\right).$$

对于给定的 α,有

$$P\left(-u_{\frac{\alpha}{2}} \leqslant \frac{\bar{X} - \bar{Y} - (\mu_1 - \mu_2)}{\sqrt{\dfrac{\sigma_1^2}{n_1} + \dfrac{\sigma_2^2}{n_2}}} \leqslant u_{\frac{\alpha}{2}}\right) = 1 - \alpha,$$

或

$$P\left(\bar{X} - \bar{Y} - u_{\frac{\alpha}{2}} \sqrt{\frac{\sigma_1^2}{n_1} + \frac{\sigma_2^2}{n_2}} \leqslant \mu_1 - \mu_2 \leqslant \bar{X} - \bar{Y} + u_{\frac{\alpha}{2}} \sqrt{\frac{\sigma_1^2}{n_1} + \frac{\sigma_2^2}{n_2}}\right) = 1 - \alpha,$$

得 $\mu_1 - \mu_2$ 的置信度为 $1 - \alpha$ 的置信区间近似为

$$\left[\bar{X} - \bar{Y} - u_{\frac{\alpha}{2}} \sqrt{\frac{\sigma_1^2}{n_1} + \frac{\sigma_2^2}{n_2}}, \ \bar{X} - \bar{Y} + u_{\frac{\alpha}{2}} \sqrt{\frac{\sigma_1^2}{n_1} + \frac{\sigma_2^2}{n_2}}\right]. \tag{6.3.3}$$

2. 总体方差 σ_1^2, σ_2^2 未知时

在实际应用中,σ_1^2, σ_2^2 一般未知,由于 S_1^2, S_2^2 分别是 σ_1^2, σ_2^2 的一致无偏估计,所以当 n_1, n_2 充分大时,可用 S_1^2, S_2^2 近似代替 σ_1^2, σ_2^2. 故得到 $\mu_1 - \mu_2$ 的置信度为 $1 - \alpha$ 的置信区间近似为

$$\left[\bar{X} - \bar{Y} - u_{\frac{\alpha}{2}} \sqrt{\frac{S_1^2}{n_1} + \frac{S_2^2}{n_2}}, \ \bar{X} - \bar{Y} + u_{\frac{\alpha}{2}} \sqrt{\frac{S_1^2}{n_1} + \frac{S_2^2}{n_2}}\right]. \tag{6.3.4}$$

例 6.3.3 为了解两个品种的肉用牛在平均体高上的差异,从第一个品种牛中随机抽测 100 头牛的体高,计算得 $\bar{x}=133$ cm,$s_1=4.07$ cm;从第二个品种牛中随机抽测 120 头牛的体高,计算得 $\bar{y}=131$ cm,$s_2=2.92$ cm. 以此资料进行两种肉用牛平均体高差的区间估计 ($\alpha=0.05$).

解 由题设条件知该问题属于两个总体平均值差的估计,由于总体分布与总体方差未知,且 n_1,n_2 充分大,可使用式(6.3.4).

对于 $\alpha=0.05$,

$$u_{\frac{\alpha}{2}}=1.96,\quad \sqrt{\frac{s_1^2}{n_1}+\frac{s_2^2}{n_2}}=\sqrt{\frac{4.07^2}{100}+\frac{2.92^2}{120}}=0.4865.$$

故由式(6.3.4)得两种肉用牛平均体高差 $\mu_1-\mu_2$ 的置信度为 0.95 的置信区间近似为

$$[133-131-1.96\times0.4865,133-131+1.96\times0.4865],$$

即 $[1.046,2.954]$.

§6.4 单侧置信限

在前面的讨论中,对于总体的未知参数 θ 的区间估计,总是同时构造两个统计量 $\hat{\theta}_1,\hat{\theta}_2$,由此得 θ 的双侧置信区间 $[\hat{\theta}_1,\hat{\theta}_2]$. 这种置信区间的特点是同时关注未知参数 θ 的置信下限 $\hat{\theta}_1$ 与置信上限 $\hat{\theta}_2$. 然而在实际问题中,有时人们只关注未知参数的置信下限或置信上限,如对于设备、元件的平均寿命估计问题,通常只关注其置信下限;而对于一批产品的次品率估计问题,通常只关注其置信上限. 这些问题就是本节将要讨论的单侧置信限的问题.

定义 6.4.1 设 θ 是总体 X 的一个未知参数,对于给定的 $\alpha(0<\alpha<1)$,若统计量 $\hat{\theta}_l(X_1,X_2,\cdots,X_n)$ 满足

$$P(\theta\geqslant\hat{\theta}_l)=1-\alpha,$$

则称 $\hat{\theta}_l$ 为参数 θ 的置信度为 $1-\alpha$ 的**单侧置信下限**;类似地,若统计量 $\hat{\theta}_u(X_1,X_2,\cdots,X_n)$ 满足

$$P(\theta\leqslant\hat{\theta}_u)=1-\alpha,$$

则称 $\hat{\theta}_u$ 为参数 θ 的置信度为 $1-\alpha$ 的**单侧置信上限**.

6.4.1 正态总体均值的单侧置信限

设 $X_1,X_2,\cdots,X_n$ 为来自总体 $N(\mu,\sigma^2)$ 的样本,$\bar{X},S^2$ 分别为样本均值和样本方差.

1. 总体方差 σ^2 已知时

(1)由推论 5.3.1 知

$$\frac{\bar{X}-\mu}{\sigma/\sqrt{n}}\sim N(0,1).$$

对于给定的 α,有

$$P\left(\frac{\overline{X}-\mu}{\sigma/\sqrt{n}} \leqslant u_\alpha\right) = 1-\alpha,$$

即

$$P\left(\mu \geqslant \overline{X} - u_\alpha \frac{\sigma}{\sqrt{n}}\right) = 1-\alpha.$$

所以,参数 μ 的置信度为 $1-\alpha$ 的单侧置信下限为

$$\hat{\mu}_l = \overline{X} - u_\alpha \frac{\sigma}{\sqrt{n}}. \tag{6.4.1}$$

（2）同理,对于给定的 α,有

$$P\left(\frac{\overline{X}-\mu}{\sigma/\sqrt{n}} \geqslant -u_\alpha\right) = 1-\alpha,$$

即

$$P\left(\mu \leqslant \overline{X} + u_\alpha \frac{\sigma}{\sqrt{n}}\right) = 1-\alpha.$$

所以,参数 μ 的置信度为 $1-\alpha$ 的单侧置信上限为

$$\hat{\mu}_u = \overline{X} + u_\alpha \frac{\sigma}{\sqrt{n}}. \tag{6.4.2}$$

2. 总体方差 σ^2 未知时

（1）由定理 5.3.4 知

$$\frac{\overline{X}-\mu}{S/\sqrt{n}} \sim t(n-1).$$

对于给定的 α,有

$$P\left(\frac{\overline{X}-\mu}{S/\sqrt{n}} \leqslant t_\alpha(n-1)\right) = 1-\alpha,$$

即

$$P\left(\mu \geqslant \overline{X} - t_\alpha(n-1)\frac{S}{\sqrt{n}}\right) = 1-\alpha.$$

所以,参数 μ 的置信度为 $1-\alpha$ 的单侧置信下限为

$$\hat{\mu}_l = \overline{X} - t_\alpha(n-1)\frac{S}{\sqrt{n}}. \tag{6.4.3}$$

（2）同理,对于给定的 α,有

$$P\left(\frac{\overline{X}-\mu}{S/\sqrt{n}} \geqslant -t_\alpha(n-1)\right) = 1-\alpha,$$

即

$$P\left(\mu \leqslant \overline{X} + t_\alpha(n-1)\frac{S}{\sqrt{n}}\right) = 1-\alpha.$$

所以,参数 μ 的置信度为 $1-\alpha$ 的单侧置信上限为

$$\hat{\mu}_u = \overline{X} + t_\alpha(n-1)\frac{S}{\sqrt{n}}. \tag{6.4.4}$$

例 6.4.1 从一批电子元件中随机抽取 6 个测试其使用寿命(单位:kh),得到样本值为

$$15.6 \quad 14.9 \quad 16.0 \quad 14.8 \quad 15.3 \quad 15.5$$

设电子元件使用寿命 $X \sim N(\mu, \sigma^2)$,其中 μ, σ^2 未知,试求使用寿命均值 μ 的置信度为 0.95 的单侧置信下限.

解 由样本值计算得

$$\overline{x} = 15.35, \quad s^2 = 0.203.$$

对于给定 $1-\alpha = 0.95$,$\alpha = 0.05$,查附表 5 得 $t_\alpha(n-1) = t_{0.05}(5) = 2.02$. 故由式(6.4.3)得使用寿命均值 μ 的置信度为 0.95 的单侧置信下限为

$$\hat{\mu}_l = 15.35 - 2.02 \times \frac{\sqrt{0.203}}{\sqrt{6}} = 14.98.$$

6.4.2 正态总体方差的单侧置信限

1. 总体均值 μ 已知时

由定理 5.3.2 知

$$\sum_{i=1}^{n} \frac{(X_i - \mu)^2}{\sigma^2} = \frac{1}{\sigma^2}\sum_{i=1}^{n}(X_i - \mu)^2 \sim \chi^2(n).$$

对于给定的 α,有

$$P\left(\sigma^2 \geqslant \frac{\sum_{i=1}^{n}(X_i - \mu)^2}{\chi_\alpha^2(n)}\right) = 1 - \alpha,$$

$$P\left(\sigma^2 \leqslant \frac{\sum_{i=1}^{n}(X_i - \mu)^2}{\chi_{1-\alpha}^2(n)}\right) = 1 - \alpha.$$

所以,有以下结论:

(1)参数 σ^2 的置信度为 $1-\alpha$ 的单侧置信下限为

$$\widehat{\sigma_l^2} = \frac{\sum_{i=1}^{n}(X_i - \mu)^2}{\chi_\alpha^2(n)}. \tag{6.4.5}$$

(2)参数 σ^2 的置信度为 $1-\alpha$ 的单侧置信上限为

$$\widehat{\sigma_u^2} = \frac{\sum_{i=1}^{n}(X_i - \mu)^2}{\chi_{1-\alpha}^2(n)}. \tag{6.4.6}$$

2. 总体均值 μ 未知时

由定理 5.3.3 知

$$\frac{(n-1)S^2}{\sigma^2} \sim \chi^2(n-1).$$

对于给定的 α,有

$$P\left(\sigma^2 \geqslant \frac{(n-1)S^2}{\chi^2_\alpha(n-1)}\right) = 1-\alpha,$$

$$P\left(\sigma^2 \leqslant \frac{(n-1)S^2}{\chi^2_{1-\alpha}(n-1)}\right) = 1-\alpha.$$

所以,有以下结论:

（1）参数 σ^2 的置信度为 $1-\alpha$ 的单侧置信下限为

$$\widehat{\sigma_l^2} = \frac{(n-1)S^2}{\chi^2_\alpha(n-1)}. \tag{6.4.7}$$

（2）参数 σ^2 的置信度为 $1-\alpha$ 的单侧置信上限为

$$\widehat{\sigma_u^2} = \frac{(n-1)S^2}{\chi^2_{1-\alpha}(n-1)}. \tag{6.4.8}$$

例 6.4.2　求例 6.4.1 中电子元件使用寿命方差 σ^2 的置信度为 0.90 的单侧置信上限.

解　对于给定 $1-\alpha = 0.90, \alpha = 0.10$,查附表 4 得 $\chi^2_{1-\alpha}(n-1) = \chi^2_{0.90}(5) = 1.61$.

故由式(6.4.8)得使用寿命方差 σ^2 的置信度为 0.90 的单侧置信上限为

$$\widehat{\sigma_u^2} = \frac{5 \times 0.203}{1.61} = 0.63.$$

§6.5　综合应用案例

6.5.1　池塘中鱼的数量估计

池塘中鱼的数量估计是经典的参数估计问题,本节我们给出多种估计方法.对于同类型的问题,比如估计一个城市的人口总数,某种野生动物的数量等问题,也可以用同样的方法考虑,以期达到举一反三,学以致用的目的.

例 6.5.1　设湖中有鱼 N 条,现捕出 r 条,做上记号后放回湖中(设记号不消失),过一段时间后,再从湖中捕出 s 条(设 $s \geqslant r$),其中有 t 条($0 \leqslant t \leqslant r$)标有记号.试根据此信息,估计湖中鱼数 N 的值.

解　这是一个经典的点估计问题,考虑问题的角度不同,就会有不同的解决方法.为方便建立统计模型,我们给出必要的假设:

（1）捕鱼是完全随机的;

（2）每条鱼被捕到的机会都相等.

方法一 依题意,湖中有记号的鱼的比例应是 $\dfrac{r}{N}$(概率),而在捕出的 s 条中有记号的

鱼为 t 条,有记号的鱼的比例是 $\dfrac{t}{s}$(频率),于是依据大数定律,用频率近似概率,得到 $\dfrac{r}{N}=$

$\dfrac{t}{s}$,即 $N=\dfrac{rs}{t}$. 因 N 须为整数,故取 $\hat{N}=\left[\dfrac{rs}{t}\right]$(最大整数部分).

方法二 设捕出的 s 条鱼中,标有记号的鱼数为 X,则 X 是一个随机变量,取值为 $X=0,1,\cdots,r$.

考虑 s 条中有 x 条有标记的鱼的概率为

$$P(X=x)=\frac{C_r^x C_{N-r}^{s-x}}{C_N^s},\quad x=0,1,\cdots,r.$$

因而捕出的 s 条鱼中出现 t 条有标记的鱼的概率为

$$P(X=t)=\frac{C_r^t C_{N-r}^{s-t}}{C_N^s}=L(N),\tag{6.5.1}$$

其中 N 为未知参数. 依据最大似然估计法的基本思想,认为待估参数 N 应该使得式 (6.5.1)概率达到最大. 为此考虑如下比值:

$$R(N)=\frac{L(N)}{L(N-1)}=\frac{C_r^t C_{N-r}^{s-t}}{C_N^s}\cdot\frac{C_{N-1}^s}{C_r^t C_{N-1-r}^{s-t}}=\frac{C_{N-r}^{s-t} C_{N-1}^s}{C_N^s C_{N-1-r}^{s-t}}=\frac{(N-r)(N-s)}{N(N-r-s+t)}$$

$$=\frac{N^2-Nr-Ns+rs}{N^2-Nr-Ns+Nt}.$$

可以看出,当 $rs<Nt$ 时,$R(N)<1$,表明若 $t>0$ 且 $N>\dfrac{rs}{t}$,则 $L(N)$ 是 N 的单调减函数;当

$rs>Nt$ 时,$R(N)>1$,表明若 $t>0$ 且 $N<\dfrac{rs}{t}$,则 $L(N)$ 是 N 的单调增函数.

故当 $N=\dfrac{rs}{t}$ 时,$L(N)$ 达到最大值,因 N 须为整数,故取 $\hat{N}=\left[\dfrac{rs}{t}\right]$. 若 $t=0$,就加大 s,若仍

有 $t=0$,则可以认为 $\hat{N}=\infty$.

方法三 在方法二的假设下,若假定抽样比 $\dfrac{s}{N}\ll1$,此时不重复抽样可以看作重复抽

样,即 X 近似服从二项分布

$$P(X=x)=C_s^x\left(\frac{r}{N}\right)^x\left(1-\frac{r}{N}\right)^{s-x},\quad x=0,1,\cdots,r.$$

因而捕出的 s 条鱼中出现 t 条有标记的鱼的概率为

$$P(X=t)=C_s^t\left(\frac{r}{N}\right)^t\left(1-\frac{r}{N}\right)^{s-t}=\frac{1}{N^s}C_s^t r^t(N-r)^{s-t}=L(N),\tag{6.5.2}$$

其中 N 为未知参数. 依据最大似然估计法的基本思想,认为待估参数 N 应该使得式 (6.5.2)概率达到最大. 为方便求 N,对 $L(N)$ 取自然对数,得

$$\ln L(N) = -s\ln N + \ln C_s^t + t\ln r + (s-t)\ln (N-r),$$

对其求导并令

$$\frac{\mathrm{d}\ln L(N)}{\mathrm{d}N} = -\frac{s}{N} + \frac{s-t}{N-r} = 0,$$

同样可得 $\hat{N} = \left[\dfrac{rs}{t}\right]$.

方法四 因为 X 服从超几何分布,其数学期望 $E(X) = \dfrac{rs}{N}$,即抓 s 条鱼得到有标记的鱼的总体平均数. 而现在只捕一次,出现 t 条有标记的鱼,故依据矩估计法,令总体一阶原点矩等于样本一阶原点矩,有 $\dfrac{rs}{N} = t$,于是也得到 $\hat{N} = \left[\dfrac{rs}{t}\right]$.

综上,四种不同方法得到的 N 的点估计值都是 $\hat{N} = \left[\dfrac{rs}{t}\right]$.

6.5.2 区间估计的意义及模拟

对于给定的置信度 $1-\alpha$,总体 X 分布中的未知参数 θ 的置信区间表示为
$$[\hat{\theta}_1(X_1, X_2, \cdots, X_n), \hat{\theta}_2(X_1, X_2, \cdots, X_n)],$$
其意义在于:进行一次抽样,样本值为 $x_1, x_2, \cdots, x_n$,由上述公式可以得到一个区间 $[\hat{\theta}_1, \hat{\theta}_2]$,这个区间,它可能包含参数 θ 的真值,也可能不包含. 若反复抽样多次,每次抽取的样本都可确定一个区间 $[\hat{\theta}_1, \hat{\theta}_2]$,在这些区间中,包含参数 θ 真值的区间约占 $100(1-\alpha)\%$,而不包含 θ 真值的区间约占 $100\alpha\%$. 因此对于区间 $[\hat{\theta}_1, \hat{\theta}_2]$,其包含参数 θ 的可信度为 $1-\alpha$.

例 6.5.2 某工厂为了解所生产轴承的质量状况,现抽取容量为 10 的样本,测量轴承的长度,样本数据(单位:mm)如下:

501.2, 498.9, 499.2, 500.7, 499.5, 501.3, 498.4, 501.1, 501.8, 501.4

假设轴承长度 X 服从正态分布 $N(\mu, \sigma^2)$,试解答下面问题:

(1) 求轴承长度均值 μ 和标准差 σ 的最大似然估计值;

(2) 求轴承长度均值 μ 的置信度为 95% 的置信区间;

(3) 若轴承长度 X 服从 $N(\mu, 1.2^2)$,当参数 $\mu = 500$ 时,试模拟重复抽样 100 次,每次抽取 10 个轴承,给出 100 个参数 μ 置信区间的图示.

解 (1) 由于轴承长度 X 服从正态分布 $N(\mu, \sigma^2)$,由例 6.1.6,均值 μ 和方差 σ^2 的最大似然估计分别为
$$\hat{\mu} = \frac{1}{n}\sum_{i=1}^{n} X_i, \quad \widehat{\sigma^2} = \frac{1}{n}\sum_{i=1}^{n} (X_i - \overline{X})^2,$$

由最大似然估计的不变性,标准差 σ 的最大似然估计为 $\hat{\sigma} = \sqrt{\dfrac{1}{n}\sum_{i=1}^{n} (X_i - \overline{X})^2}$,代入样本数值,有 $\hat{\mu} = 500.35, \hat{\sigma} = 1.16$.

(2) 由式(6.2.3),均值 μ 的置信度为 95% 的置信区间为

$$\left[\bar{x}-t_{0.025}(n-1)\frac{s}{\sqrt{n}},\bar{x}+t_{0.025}(n-1)\frac{s}{\sqrt{n}}\right],$$

其中 $\bar{x}=500.35$，$s=1.22$，查表 $t_{0.025}(9)=2.262$，得均值 μ 的置信度为 95% 的置信区间为 $[499.48,501.22]$.

（3）根据问题假设，轴承长度 X 服从 $N(\mu,1.2^2)$，由式（6.2.2），均值 μ 的置信度为 95% 的置信区间为 $\left[\bar{x}-u_{0.025}\dfrac{1.2}{\sqrt{n}},\bar{x}+u_{0.025}\dfrac{1.2}{\sqrt{n}}\right]$.

当参数 $\mu=500$ 时，利用 R 语言进行模拟抽样并绘出图示，步骤如下：
（1）产生 10 个服从分布 $N(500,1.2^2)$ 的随机数 $x_1,x_2,\cdots,x_{10}$；
（2）由式（6.2.2）计算均值 μ 的置信度为 95% 的置信区间 $[\hat{\mu}_1,\hat{\mu}_2]$；
（3）重复上述过程 100 次；
（4）绘出 100 个置信区间图示.

编写 R 语言程序并运行，得到图示如图 6.3 所示：

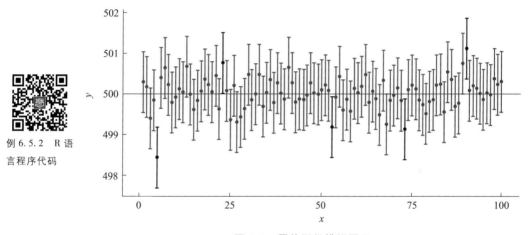

例 6.5.2　R 语言程序代码

图 6.3　置信区间模拟图示

由图 6.3 可以看出，在所进行的 100 次模拟参数 μ 的置信区间中，包含 $\mu=500$ 的区间有 95 个，占比为 95%.

本章小结

本章介绍了矩估计、最大似然估计的概念及判别估计量好坏的三个标准：无偏性、有效性和一致性；同时针对区间估计概念的引入，介绍了如何求单个正态总体的均值、方差的置信区间及两个正态总体的均值差、方差比的置信区间，最后对非正态总体参数估计的方法及单侧置信限进行了概述.

要求重点掌握估计量的两种估计方法及估计量优良性的三个评选标准，熟练应用相关公式解决实际问题中单个正态总体均值、方差的区间估计. 本章的难点是利用最大似然估计法确定未知参数的最大似然估计. 整体框架结构如下：

$$参数估计\begin{cases}估计量\begin{cases}估计量概念与构造方法\begin{cases}矩估计法\\最大似然估计法\end{cases}\\评选标准\begin{cases}无偏性\\有效性\\一致性\end{cases}\end{cases}\\估计方式\begin{cases}点估计\\区间估计\end{cases}\\正态总体参数估计法\begin{cases}单个总体均值估计\\单个总体方差估计\\两个总体均值差估计\\两个总体方差比估计\end{cases}\end{cases}$$

总体 μ,σ^2 区间估计表

总体	待估参数	条件	分布	置信区间
单个正态总体	μ	σ^2 已知	$U=\dfrac{\overline{X}-\mu}{\sigma/\sqrt{n}}\sim N(0,1)$	$\left[\overline{X}-u_{\frac{\alpha}{2}}\dfrac{\sigma}{\sqrt{n}},\overline{X}+u_{\frac{\alpha}{2}}\dfrac{\sigma}{\sqrt{n}}\right]$
		σ^2 未知	$T=\dfrac{\overline{X}-\mu}{S/\sqrt{n}}\sim t(n-1)$	$\left[\overline{X}-t_{\frac{\alpha}{2}}(n-1)\dfrac{S}{\sqrt{n}},\overline{X}+t_{\frac{\alpha}{2}}(n-1)\dfrac{S}{\sqrt{n}}\right]$
	σ^2	μ 未知	$\chi^2=\dfrac{(n-1)S^2}{\sigma^2}\sim\chi^2(n-1)$	$\left[\dfrac{(n-1)S^2}{\chi^2_{\frac{\alpha}{2}}(n-1)},\dfrac{(n-1)S^2}{\chi^2_{1-\frac{\alpha}{2}}(n-1)}\right]$
单个非正态总体	μ	σ^2 已知	$U=\dfrac{\overline{X}-\mu}{\sigma/\sqrt{n}}\overset{n\to\infty}{\sim}N(0,1)$	$\left[\overline{X}-u_{\frac{\alpha}{2}}\dfrac{\sigma}{\sqrt{n}},\overline{X}+u_{\frac{\alpha}{2}}\dfrac{\sigma}{\sqrt{n}}\right]$
	μ	σ^2 未知		$\left[\overline{X}-u_{\frac{\alpha}{2}}\dfrac{S}{\sqrt{n}},\overline{X}+u_{\frac{\alpha}{2}}\dfrac{S}{\sqrt{n}}\right]$
两个正态总体	$\mu_1-\mu_2$	σ_1^2,σ_2^2 已知	$U=\dfrac{(\overline{X}-\overline{Y})-(\mu_1-\mu_2)}{\sqrt{\dfrac{\sigma_1^2}{n_1}+\dfrac{\sigma_2^2}{n_2}}}\sim N(0,1)$	$\left[\overline{X}-\overline{Y}\pm u_{\frac{\alpha}{2}}\sqrt{\dfrac{\sigma_1^2}{n_1}+\dfrac{\sigma_2^2}{n_2}}\right]$
	$\mu_1-\mu_2$	$\sigma_1^2=\sigma_2^2=\sigma^2$ 未知	$T=\dfrac{(\overline{X}-\overline{Y})-(\mu_1-\mu_2)}{S_\omega\sqrt{\dfrac{1}{n_1}+\dfrac{1}{n_2}}}\sim t(n_1+n_2-2)$	$\left[\overline{X}-\overline{Y}\pm t_{\frac{\alpha}{2}}(n_1+n_2-2)S_\omega\sqrt{\dfrac{1}{n_1}+\dfrac{1}{n_2}}\right]$
	σ_1^2/σ_2^2	μ_1,μ_2 未知	$F=\dfrac{S_1^2/\sigma_1^2}{S_2^2/\sigma_2^2}\sim F(n_1-1,n_2-1)$	$\left[\dfrac{S_1^2/S_2^2}{F_{\frac{\alpha}{2}}(n_1-1,n_2-1)},\dfrac{S_1^2/S_2^2}{F_{1-\frac{\alpha}{2}}(n_1-1,n_2-1)}\right]$
两个非正态总体	$\mu_1-\mu_2$	σ_1^2,σ_2^2 已知	$U=\dfrac{(\overline{X}-\overline{Y})-(\mu_1-\mu_2)}{\sqrt{\dfrac{\sigma_1^2}{n_1}+\dfrac{\sigma_2^2}{n_2}}}\overset{n_1,n_2\to\infty}{\sim}N(0,1)$	$\left[\overline{X}-\overline{Y}\pm u_{\frac{\alpha}{2}}\sqrt{\dfrac{\sigma_1^2}{n_1}+\dfrac{\sigma_2^2}{n_2}}\right]$
	$\mu_1-\mu_2$	σ_1^2,σ_2^2 未知	$U=\dfrac{(\overline{X}-\overline{Y})-(\mu_1-\mu_2)}{\sqrt{\dfrac{S_1^2}{n_1}+\dfrac{S_2^2}{n_2}}}\overset{n_1,n_2\to\infty}{\sim}N(0,1)$	$\left[\overline{X}-\overline{Y}\pm u_{\frac{\alpha}{2}}\sqrt{\dfrac{S_1^2}{n_1}+\dfrac{S_2^2}{n_2}}\right]$

思考与问答六

1. 若 $\hat{\theta}$ 为 θ 的无偏估计量,则 $\hat{\theta}^2$ 是否也是 θ^2 的无偏估计量?

2. 如果一个未知参数 θ 的矩估计和最大似然估计都存在,那么它们一定相等吗?

3. 如果未知参数 θ 的置信度为 $1-\alpha$ 的置信区间是 $(\hat{\theta}_1,\hat{\theta}_2)$,那么区间长度 $\hat{\theta}_2-\hat{\theta}_1$ 与置信度 $1-\alpha$ 有什么关系?

习题六

1. 设 $X_1,X_2,\cdots,X_n$ 为来自总体 X 的样本,X 的分布如下:

(1) X 的概率密度为 $f(x;\lambda)=\begin{cases}\lambda e^{-\lambda x}, & x>0, \\ 0, & x\leqslant 0.\end{cases}$

(2) X 的概率密度为 $f(x;\theta)=\begin{cases}\theta x^{\theta-1}, & 0<x<1, \\ 0, & \text{其他}.\end{cases}$

(3) X 的分布列为 $P(X=x)=C_m^x p^x(1-p)^{m-x},x=0,1,\cdots,m$(其中 m 为已知正整数).
试求分布中未知参数的矩估计和最大似然估计.

2. 设总体 X 的概率密度

$$f(x;\theta)=\begin{cases}\dfrac{2\theta^2}{(\theta^2-1)x^3}, & 1<x<\theta, \\ 0, & \text{其他},\end{cases}$$

试求未知参数 θ 的矩估计量.

3. 设 $\hat{\theta}^2$ 为 θ^2 的无偏估计,且 $D(\hat{\theta})>0$,试证 $\hat{\theta}$ 不是 θ 的无偏估计;反之,若 $\hat{\theta}$ 为 θ 的无偏估计,$D(\hat{\theta})>0$,则 $\widehat{\theta^2}$ 也不是 θ^2 的无偏估计.

4. 设总体 $X\sim N(\mu_1,\sigma_1^2)$,$Y\sim N(\mu_2,\sigma_2^2)$,$\sigma_1^2=\sigma_2^2=\sigma^2$ 未知,$X_1,X_2,\cdots,X_{n_1}$ 和 $Y_1,Y_2,\cdots,Y_{n_2}$ 分别为来自总体 X,Y 的容量为 n_1,n_2 的两个独立样本,样本均值分别为 $\overline{X},\overline{Y}$,样本方差分别为 S_1^2,S_2^2,试证明 $S_\omega^2=\dfrac{(n_1-1)S_1^2+(n_2-1)S_2^2}{n_1+n_2-2}$ 是 σ^2 的一个无偏估计量.

5. 设总体 X 的均值和方差分别为 μ 与 σ^2,$X_1,X_2,\cdots,X_n$ 是来自总体的一个样本.试确定常数 A 使 $A\sum_{i=1}^{n-1}(X_{i+1}-X_i)^2$ 为 σ^2 的无偏估计量.

6. 设 $\hat{\theta}_1,\hat{\theta}_2$ 是参数 θ 的两个独立的无偏估计量,$D(\hat{\theta}_1)=kD(\hat{\theta}_2)>0,k>0$ 已知.试确定常数 λ_1,λ_2 使 $\lambda_1\hat{\theta}_1+\lambda_2\hat{\theta}_2$ 是 θ 的无偏估计量,并且在所有这种形式的估计中方差最小.

7. 设有总体 X,其均值和方差分别为 μ 与 σ^2,X_1,X_2 是 X 的一个样本,试验证统计量

(1) $\hat{\mu}_1=\dfrac{1}{4}X_1+\dfrac{3}{4}X_2$,   (2) $\hat{\mu}_2=\dfrac{1}{3}X_1+\dfrac{2}{3}X_2$,   (3) $\hat{\mu}_3=\dfrac{3}{8}X_1+\dfrac{5}{8}X_2$

均为 μ 的无偏估计量,并比较其有效性.

8. 设有一批产品,为估计其废品率 p,随机取一样本 $X_1,X_2,\cdots,X_n$,其中

$$X_i = \begin{cases} 1, & \text{取得第 } i \text{ 个样品是废品}, \\ 0, & \text{取得第 } i \text{ 个样品不是废品} \end{cases} \quad (i = 1, 2, \cdots, n),$$

试证 $\hat{p} = \overline{X} = \dfrac{1}{n} \sum\limits_{i=1}^{n} X_i$ 是 p 的一致无偏估计量.

9. 判断下列结论是否正确,并说明理由.

(1) 在给定置信度 $1-\alpha$,对总体参数 θ 进行区间估计时,置信区间的长度与置信度密切关联. 当 $1-\alpha$ 缩小时,置信区间的长度缩短;当 $1-\alpha$ 取值增大时,置信区间的长度增长.

(2) 在给定置信度的情况下,未知参数的置信区间是唯一确定的.

(3) 对于未知参数 θ 建立的统计量 $\hat{\theta}_1$ 与 $\hat{\theta}_2$,若 $\hat{\theta}_1 < \hat{\theta}_2$ 且有 $P(\hat{\theta}_1 < \theta < \hat{\theta}_2) = 1-\alpha$ 成立,则参数 θ 落在区间 $(\hat{\theta}_1, \hat{\theta}_2)$ 的概率为 $1-\alpha$.

10. 设总体 $X \sim N(\mu, \sigma^2)$,$X_1, X_2, \cdots, X_n$ 为来自 X 的一个样本,μ, σ^2 为未知参数,若以 L 表示 μ 的置信度为 $1-\alpha$ 的置信区间的长度,求 $E(L^2)$.

11. 某车间生产滚珠,从长期实践中知道,滚珠直径 X 可以认为服从正态分布,从某天的产品里随机抽取 6 个,测得直径(单位:mm)为 14.6,15.1,14.9,14.8,15.2,15.1.

(1) 试估计该天产品的平均直径(总体均值).

(2) 若已知总体方差为 0.06,试求平均直径的置信区间(置信度为 0.95).

12. 随机地从一批零件中抽取 16 个,测得其长度(单位:cm)为

2.14　2.10　2.13　2.15　2.13　2.12　2.13　2.10

2.15　2.12　2.14　2.10　2.13　2.11　2.14　2.11

设该零件长度服从正态分布 $N(\mu, \sigma^2)$,就下述两种情形分别求总体均值 μ 的置信度为 90% 的置信区间.

(1) 若已知 $\sigma = 0.01$.　(2) 若 σ 未知.

13. 对方差 $\sigma^2 = \sigma_0^2$ 为已知的正态总体,问须抽取容量 n 为多大的样本,方能使总体均值 μ 的置信度为 $1-\alpha$ 的置信区间的长度不大于 L.

14. 某地引种一批意大利杨,3 年后抽取 50 株调查树高,取得样本数据如下

树高/m	16	18	20	22	24	26	28
株数	1	3	8	14	17	6	1

试估计引种的这批意大利杨树高的置信度为 0.95 的置信区间.

15. 在某市调查 14 户城镇居民,得平均户均购买食用植物油数量的样本均值和样本标准差分别为 $\overline{x} = 8.7 \text{ kg}$,$s = 1.67 \text{ kg}$. 假设户均食用植物油量 X(单位:kg)服从正态分布 $N(\mu, \sigma^2)$,试求:

(1) 总体均值 μ 的置信度为 0.95 的置信区间.

(2) 总体方差 σ^2 的置信度为 0.90 的置信区间.

16. 随机地取某种炮弹 9 发作试验,得炮口速度的样本标准差 $s = 11 \text{ m/s}$. 设炮口速度服从正态分布. 求这种炮弹的炮口速度的标准差 σ 的置信度为 0.95 的置信区间.

17. 从甲、乙两个生产蓄电池的工厂的产品中,分别抽取一些样品,测得蓄电池容量(单位:Ah)如下:

甲厂:144　141　138　142　141　143　138　137

乙厂:142　143　139　140　138　141　140　138　142　136

设两个工厂生产的蓄电池的电容量分别服从正态分布 $X \sim N(\mu_1, \sigma_1^2)$,$Y \sim N(\mu_2, \sigma_2^2)$,试求:

(1) 电容量的方差比 σ_1^2/σ_2^2 的置信度为 0.95 的置信区间.

(2) 电容量的均值差 $\mu_1 - \mu_2$ 的置信度为 0.95 的置信区间(假设 $\sigma_1^2 = \sigma_2^2$).

18. 设总体 X 服从泊松分布 $P(\lambda)$,抽取容量 $n = 100$ 的样本,已知样本均值 $\bar{x} = 4$,求总体均值 λ 的置信度为 0.98 的置信区间.

19. 从一批电子元件中抽取 100 个样品,测得它们的使用寿命的均值 $\bar{x} = 2\,500$ h,设电子元件的使用寿命服从指数分布 $E(\lambda)$,求参数 λ 的置信度为 0.90 的置信区间.

20. 胶合板厂对生产的胶合板作抗压试验,测试了 15 个试件,得到抗压强度数据(单位:kg/cm^2)如下:

422.2　417.2　425.6　420.3　425.8

428.1　418.7　428.2　438.3　434.0

412.3　431.5　413.5　441.3　423.0

由长期的经验可知抗压强度服从正态分布. 试求:

(1) μ 的置信度为 0.95 的单侧置信下限.

(2) σ 的置信度为 0.95 的单侧置信上限.

21. 某高校后勤服务总公司在推行一系列改进措施后对学生食堂的服务质量进行满意度调查,随机调查了就餐的 200 名学生,有 168 名学生表示满意. 求满意比率 p 的置信度为 95% 的置信区间.

第七章

假 设 检 验

　　前面讨论了在总体分布已知的情况下,如何根据样本去得到参数的优良估计. 本章将讨论不同于参数估计的另一类重要的统计推断问题,即根据样本的信息推断关于总体的某个假设是否正确,这就是假设检验. 假设检验的一般做法是对总体的分布或分布参数作出某种假设,然后根据抽取的样本观测值,运用数理统计的分析方法,检验这种假设是否正确,从而决定接受假设还是拒绝假设.

§7.1　假设检验的基本概念

7.1.1　统计假设

　　在科学研究中,研究工作者往往根据自己已掌握的资料进行推理,提出一个假设,然后通过试验来证明是否正确,或作进一步研究. 而统计假设检验正是根据问题需求提出适当假设,而后以预先指定的可靠性判断检验所提出的假设正确与否.

　　例 7.1.1　某味精厂用一台包装机包装味精,每袋质量 X(单位:g)服从正态分布 $N(\mu,\sigma^2)$. 根据质量要求每袋质量为 100 g,由以往的经验知道质量 X 的标准差 $\sigma=0.5$ g. 现从某天包装的味精中抽取 9 袋,测得它们的质量(单位:g)为

　　　　99.3,　100.0,　99.4,　99.3,　99.7,　99.4,　99.8,　100.2,　99.5

问这一天包装机的工作是否正常(取显著性水平 $\alpha=0.05$)?

　　依题意,已知总体 $X \sim N(\mu,\sigma^2)$,且 $\sigma=0.5$,回答包装机的工作是否正常的问题相当于检验总体均值是否等于 100 g,即要求检验假设

$$H_0 : \mu = \mu_0 = 100$$

是否能够接受,我们把这样的假设称为**原假设**(或**零假设**),常以符号 H_0 表示. 如果抽取的样本结果不能支持 H_0 成立,我们就要接受另外一个假设:

$$H_1 : \mu \neq \mu_0,$$

称假设 H_1 为**备择假设**. 检验的目的就是要在原假设 H_0 与备择假设 H_1 之间选择其中之一. 若认为原假设 H_0 是正确的,则接受 H_0;若认为原假设 H_0 是不正确的,则拒绝 H_0 而接受备择假设 H_1.

7.1.2　假设检验的基本思想

　　根据大数定律,在大量重复试验中,某事件 A 出现的频率依概率接近于事件 A 的概率,

因而若某事件 A 的概率 α 很小时,则在大量重复试验中,它出现的频率应很小. 例如 $\alpha = 0.001$,则大约在 1 000 次试验中,事件 A 才出现一次. 因此,概率很小的事件在一次试验中几乎不可能出现,我们称这样的事件为小概率事件. 在概率统计的应用中,人们总是根据所研究的具体问题,规定一个界限 $\alpha(0 < \alpha < 1)$,把概率不超过 α 的事件认为是小概率事件,认为这样的事件在一次试验中是不会出现的. 这就是所谓的"小概率原理".

假设检验的基本思想是以小概率原理作为拒绝 H_0 的依据. 具体一点说,设有某个假设 H_0 要检验,我们先假定 H_0 是正确的,在此假设下,构造一个概率不超过 $\alpha(0 < \alpha < 1)$ 的小概率事件 A. 如果经过一次试验(一次抽样),事件 A 竟然出现了,那么我们自然怀疑假设 H_0 的正确性,因而拒绝(否定)H_0,接受 H_1;如果事件 A 没有出现,那么表明原假设 H_0 与试验结果不矛盾,不能拒绝 H_0. 不能拒绝 H_0 时,一般说来若样本容量已足够大,就可以接受它,否则可扩大样本容量作进一步的研究.

如上所述,在假设检验中要指定一个很小的正数 α,我们把概率不超过 α 的小概率事件 A 认为是实际不可能发生的事件,这个数 α 称为**显著性水平**,对于不同的实际问题,显著性水平 α 可以选取不一样,常用的显著性水平有 $\alpha = 0.01, 0.05, 0.10$ 等. 许多统计软件默认的显著性水平为 $\alpha = 0.05$.

例 7.1.2 取 $\alpha = 0.05$,检验例 7.1.1 所提出的假设:$H_0: \mu = \mu_0 = 100$;$H_1: \mu \neq \mu_0$.

解 因 $X \sim N(\mu, 0.5^2)$,在 H_0 成立的假设下,统计量

$$U = \frac{\overline{X} - \mu_0}{\sigma / n} = \frac{\overline{X} - 100}{0.5 / \sqrt{9}} \sim N(0, 1),$$

从而 $P\{|U| \geqslant u_{\alpha/2}\} = P\{|U| \geqslant u_{0.025}\} = \alpha = 0.05$,即 $\{|U| \geqslant u_{\alpha/2}\}$ 是一个小概率事件. 本例中样本均值 $\bar{x} = 99.62$,这样统计量 U 的值为

$$u = \frac{\bar{x} - 100}{0.5 / \sqrt{9}} = \frac{99.62 - 100}{0.5 / \sqrt{9}} = -2.28.$$

又 $u_{0.025} = 1.96$,所以 $|u| \geqslant u_{0.025}$,小概率事件发生,于是我们拒绝原假设 H_0,接受备择假设 H_1,即认为该日生产的这批袋装味精质量的均值 $\mu \neq 100$ g,所以认为这一天包装机的工作不正常.

在例 7.1.2 中,$|u| \geqslant u_{\frac{\alpha}{2}}$ 是拒绝 H_0 的范围,称之为**拒绝域**.

7.1.3 假设检验的两类错误

由于假设检验是以样本提供的信息进行的,所以检验的结果与真实情况可能吻合也可能不吻合,因此,检验有可能犯错误. 检验可能犯的错误有两类:

1. 原假设 H_0 正确,而我们拒绝了它. 我们称之为**第一类错误**,或**"弃真"错误**. 由于仅当小概率事件 A 发生时才拒绝 H_0,所以犯第一类错误的概率就是条件概率 $P(A \mid H_0$ 真$) \leqslant \alpha$.

2. 原假设 H_0 不正确,而我们接受了它. 我们称之为**第二类错误**,或**"纳伪"错误**. 犯第二类错误的概率通常记为 β.

我们当然希望犯这两类错误的概率越小越好,但在样本容量 n 一定的情况下,α 与 β 中一个变小必然导致另一个变大.一般来说,我们都是取定显著性水平 α 进行检验,所以也称这样的检验为**显著性检验**.

7.1.4　假设检验的一般步骤

由上面的讨论,假设检验可以按下面步骤进行:
(1)提出统计假设,即原假设 H_0 和备择假设 H_1.
(2)在 H_0 成立的条件下确定检验统计量及其概率分布.
(3)根据给定的显著性水平 α 和检验统计量的分布确定 H_0 的拒绝域.
(4)根据样本数据和拒绝域作出拒绝或接受 H_0 的判断.

从假设检验步骤可以看出,根据原假设 H_0 的具体内容,确定出服从一定概率分布的统计量是整个步骤中的关键所在.

§7.2　正态总体参数的假设检验

7.2.1　单个正态总体参数的假设检验

设总体 $X \sim N(\mu, \sigma^2)$,抽取容量为 n 的样本 $X_1, X_2, \cdots, X_n$,样本均值与样本方差分别是

$$\overline{X} = \frac{1}{n} \sum_{i=1}^{n} X_i, \quad S^2 = \frac{1}{n-1} \sum_{i=1}^{n} (X_i - \overline{X})^2.$$

我们来检验关于未知参数 μ 或 σ^2 的某些假设.

1. 单个正态总体均值的假设检验

关于单个正态总体均值的假设检验可分为三种情形:
情形 1　$H_0: \mu = \mu_0$(μ_0 是已知数);$H_1: \mu \neq \mu_0$.
情形 2　$H_0: \mu \geq \mu_0$;$H_1: \mu < \mu_0$.
情形 3　$H_0: \mu \leq \mu_0$;$H_1: \mu > \mu_0$.

(1)双侧检验情形
情形 1　$H_0: \mu = \mu_0$;$H_1: \mu \neq \mu_0$.
① 若已知 $\sigma^2 = \sigma_0^2$.
设 H_0 成立,则由推论 5.3.1 知统计量

$$U = \frac{\overline{X} - \mu_0}{\sigma_0 / \sqrt{n}} \sim N(0,1). \tag{7.2.1}$$

对于给定的显著性水平 α,可查附表 3 得 $u_{\frac{\alpha}{2}}$,使得

$$P(|U| \geq u_{\frac{\alpha}{2}}) = \alpha. \tag{7.2.2}$$

对于具体的样本资料,计算出统计量 U 的值 u.

当 $|u| < u_{\frac{\alpha}{2}}$ 时,小概率事件没有发生,故不能拒绝原假设 H_0,即 u 值落在 $|u| < u_{\frac{\alpha}{2}}$ 内,这时

我们可以说该总体均值 μ 与规定标准 μ_0 之间无显著差异.

当 $|u| \geqslant u_{\frac{\alpha}{2}}$ 时,小概率事件竟然在一次试验中发生了,根据小概率原理,我们就拒绝假设 H_0,即 u 值落在拒绝域 $|u| \geqslant u_{\frac{\alpha}{2}}$ 内,如图 7.1 所示. 这时可以说该总体均值 μ 与规定标准 μ_0 之间有显著差异,由于可能犯的第一类错误的概率为 α,故得到该结论的可靠性为 $1-\alpha$. 而拒绝域在分布的两侧,因此又形象地称情形 1 的检验为双侧检验. 在检验中,由于所确定的检验统计量 U 服从标准正态分布,且样本多为小样本情形,所以又称为**小样本 U 检验**.

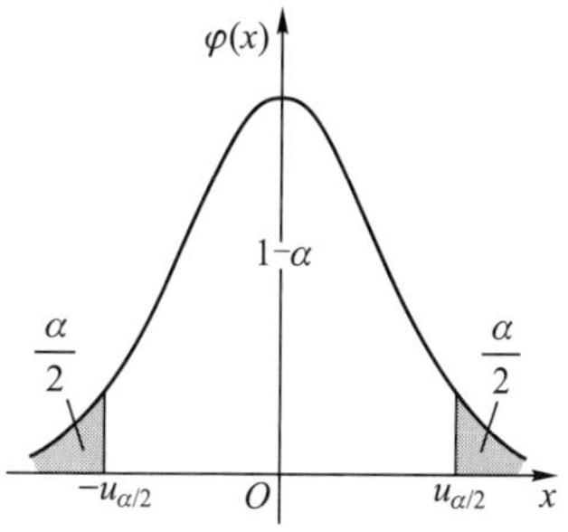

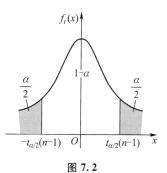

图 7.1

② 若 σ^2 未知.

设 H_0 成立,则由定理 5.3.4 知统计量

$$T = \frac{\overline{X} - \mu_0}{S / \sqrt{n}} \sim t(n-1).$$ (7.2.3)

对于给定的显著性水平 α,可查附表 5 得 $t_{\frac{\alpha}{2}}(n-1)$,使得

$$P(|T| \geqslant t_{\frac{\alpha}{2}}(n-1)) = \alpha.$$ (7.2.4)

对于具体的样本资料,计算出 T 的值 t.

当 $|t| < t_{\frac{\alpha}{2}}(n-1)$ 时,小概率事件没有发生,故不能拒绝原假设 H_0,从而接受 H_0. 当 $|t| \geqslant t_{\frac{\alpha}{2}}(n-1)$ 时,小概率事件竟然在一次试验中发生了,根据小概率原理,我们就拒绝假设 H_0,接受 H_1,即拒绝域为 $|t| \geqslant t_{\frac{\alpha}{2}}(n-1)$,如图 7.2 所示. 在检验中,由于所确定的检验统计量 T 服从 t 分布,且样本多为小样本情形,所以又称为**小样本 t 检验**.

图 7.2

(2) 单侧检验情形

情形 2 $H_0 : \mu \geqslant \mu_0 ; H_1 : \mu < \mu_0$.

在实践中,有时我们关心的问题不是总体均值为某个值 μ_0,而是关心总体均值是否超过(或低于)某一个数值 μ_0. 若由样本资料算得的 $\bar{x}$ 小于所规定的标准 μ_0,这时统计假设可设为 $H_0 : \mu \geqslant \mu_0 ; H_1 : \mu < \mu_0$.

① 若已知 $\sigma^2 = \sigma_0^2$.

统计量

$$U = \frac{\overline{X} - \mu}{\sigma_0 / \sqrt{n}} \sim N(0,1).$$ (7.2.5)

则对于给定的显著性水平 α,

$$P\left(\frac{\overline{X} - \mu}{\sigma_0 / \sqrt{n}} \leqslant -u_\alpha \right) = \alpha.$$

当 $H_0 : \mu \geqslant \mu_0$ 成立时,

$$\left\{ \frac{\overline{X} - \mu_0}{\sigma_0 / \sqrt{n}} \leqslant -u_\alpha \right\} \subset \left\{ \frac{\overline{X} - \mu}{\sigma_0 / \sqrt{n}} \leqslant -u_\alpha \right\},$$

因而有

$$P\left(\frac{\overline{X} - \mu_0}{\sigma_0 / \sqrt{n}} \leqslant -u_\alpha \right) \leqslant P\left(\frac{\overline{X} - \mu}{\sigma_0 / \sqrt{n}} \leqslant -u_\alpha \right) = \alpha.$$

从而事件 $\left\{ \dfrac{\overline{X} - \mu_0}{\sigma_0 / \sqrt{n}} \leqslant -u_\alpha \right\}$ 是概率比 α 更小的小概率事件.

由样本资料算得 U 的值 u:

$$u = \frac{\overline{x} - \mu_0}{\sigma_0 / \sqrt{n}}. \qquad (7.2.6)$$

故根据小概率原理,当 $u \leqslant -u_\alpha$ 时,拒绝 H_0,接受 H_1,如图 7.3 所示. 而当 $u > -u_\alpha$ 时,接受 H_0.

② 若 σ^2 未知.

统计量

$$T = \frac{\overline{X} - \mu}{S / \sqrt{n}} \sim t(n-1). \qquad (7.2.7)$$

类似讨论,当 $t = \dfrac{\overline{x} - \mu_0}{s / \sqrt{n}} \leqslant -t_\alpha(n-1)$ 时,拒绝 H_0,接受 H_1. 如

图 7.4 所示. 而当 $t > -t_\alpha(n-1)$ 时,接受 H_0. 由于拒绝域在左侧,所以上述检验称为**左侧检验**.

情形 3　$H_0: \mu \leqslant \mu_0 ; H_1: \mu > \mu_0$.

对于由样本算得的样本平均值 $\overline{x}$ 大于所规定的标准 μ_0 时,我们就有较大的把握认为总体均值 μ 会超过 μ_0,这时假设应为 $H_0: \mu \leqslant \mu_0 ; H_1: \mu > \mu_0$. 类似于上述讨论.

① 若 $\sigma^2 = \sigma_0^2$ 已知,当 $u = \dfrac{\overline{x} - \mu_0}{\sigma_0 / \sqrt{n}} \geqslant u_\alpha$ 时,拒绝 H_0,接

受 H_1,如图 7.5 所示. 而当 $u = \dfrac{\overline{x} - \mu_0}{\sigma_0 / \sqrt{n}} < u_\alpha$ 时,接受 H_0.

② 若 σ^2 未知,当 $t = \dfrac{\overline{x} - \mu_0}{s / \sqrt{n}} \geqslant t_\alpha(n-1)$ 时,拒绝 H_0,接

受 H_1,如图 7.6 所示. 而当 $t = \dfrac{\overline{x} - \mu_0}{s / \sqrt{n}} < t_\alpha(n-1)$ 时,接受 H_0.

由于拒绝域在右侧,故称为**右侧检验**. 左侧检验与右侧检验统称为**单侧检验**. 单侧检验与双侧检验的原理是类似的,只是要注意对于给定的显著性水平 α,双侧检验是将 α 一分为二 ($\alpha/2$) 分配在分布的双侧,即拒绝域位于两侧;而单侧检验把 α 集中在分布的某一侧,

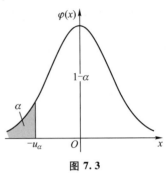

图 7.3

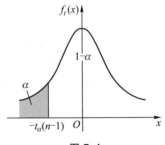

图 7.4

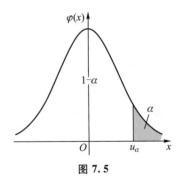

图 7.5

即拒绝域在某一侧,因而检验中拒绝域的临界值有所不同.

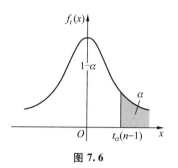

图 7.6

例 7.2.1 某批矿砂的 5 个样品中的镍含量,经测定为(单位:%)

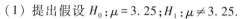

$$3.25, 3.27, 3.24, 3.26, 3.24.$$

设测定值总体服从正态分布,问在 $\alpha = 0.01$ 下能否接受假设:这批矿砂的含镍量的均值为 3.25%?

解 设测定值总体 $X \sim N(\mu, \sigma^2)$,μ, σ^2 均未知,检验步骤:

(1) 提出假设 $H_0: \mu = 3.25$;$H_1: \mu \neq 3.25$.

(2) 选取检验统计量为 $T = \dfrac{\overline{X} - 3.25}{S/\sqrt{n}} \sim t(n-1)$,

(3) H_0 的拒绝域为 $|t| \geq t_{\frac{\alpha}{2}}(n-1)$,

(4) 由 $n = 5, \alpha = 0.01$,查表 $t_{0.005}(4) = 4.604$,计算知

$$\overline{x} = 3.252, \quad s = \sqrt{\frac{1}{5-1} \sum_{i=1}^{5} (x_i - \overline{x})^2} = 0.013\ 04,$$

$$|t| = \left| \frac{3.252 - 3.25}{0.013\ 04 / \sqrt{5}} \right| = 0.343 < t_{\frac{\alpha}{2}}(n-1).$$

故在 $\alpha = 0.01$ 下,接受假设 H_0,认为这批矿砂的含镍量的均值为 3.25%.

例 7.2.2 要求一种元件使用寿命不得低于 1 000 h,今从一批这种元件中随机抽取 25 件,测得其寿命的平均值为 950 h,已知这种元件寿命服从标准差为 $\sigma = 100$ h 的正态分布. 试在显著性水平 $\alpha = 0.05$ 下确定这批元件是否合格.

解 假设 $H_0: \mu \geq 1\ 000$;$H_1: \mu < 1\ 000(\sigma = 100$ 已知). 选取检验统计量为 $U = \dfrac{\overline{X} - 1\ 000}{\sigma/\sqrt{n}}$,

根据假设,这是左侧检验,所以拒绝域为 $u = \dfrac{\overline{x} - 1\ 000}{\sigma/\sqrt{n}} \leq -u_\alpha$,由显著性水平 $\alpha = 0.05, u_{0.05} = 1.645$,计算知

$$u = \frac{950 - 1\ 000}{100/\sqrt{25}} = -2.5 < -u_{0.05} = -1.645.$$

故在 $\alpha = 0.05$ 下,拒绝 H_0,即认为这批元件的寿命低于 1 000 h,产品不合格.

2. 单个正态总体方差的假设检验

关于单个正态总体方差的假设检验可分为三种情形:

情形 1　$H_0: \sigma^2 = \sigma_0^2(\sigma_0^2$ 是已知数);$H_1: \sigma^2 \neq \sigma_0^2$.

情形 2　$H_0: \sigma^2 \geq \sigma_0^2$;$H_1: \sigma^2 < \sigma_0^2$.

情形 3　$H_0: \sigma^2 \leq \sigma_0^2$;$H_1: \sigma^2 > \sigma_0^2$.

（1）双侧检验情形

情形 1 $H_0 : \sigma^2 = \sigma_0^2 ; H_1 : \sigma^2 \neq \sigma_0^2$.

① 若已知 $\mu = \mu_0$.

设 H_0 成立,则由定理 5.3.2 知统计量

$$\chi_1^2 = \frac{1}{\sigma_0^2} \sum_{i=1}^{n} (X_i - \mu_0)^2 \sim \chi^2(n). \qquad (7.2.8)$$

对于给定的显著性水平 α 和自由度 n,可查附表 4 得 $\chi_{\frac{\alpha}{2}}^2(n)$ 和 $\chi_{1-\frac{\alpha}{2}}^2(n)$,当 $\chi_1^2 \leq \chi_{1-\frac{\alpha}{2}}^2(n)$ 或 $\chi_1^2 \geq \chi_{\frac{\alpha}{2}}^2(n)$ 时,拒绝 H_0,接受 H_1. 如图 7.7 所示.

② 若 μ 未知.

设 H_0 成立,则由定理 5.3.3 知统计量

$$\chi_2^2 = \frac{(n-1)S^2}{\sigma_0^2} \sim \chi^2(n-1). \qquad (7.2.9)$$

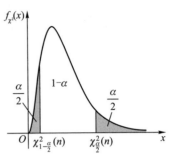

图 7.7

对于给定的显著性水平 α 和自由度 $n-1$,可查附表 4 得 $\chi_{\frac{\alpha}{2}}^2(n-1)$ 和 $\chi_{1-\frac{\alpha}{2}}^2(n-1)$,当 $\chi_2^2 \leq \chi_{1-\frac{\alpha}{2}}^2(n-1)$ 或 $\chi_2^2 \geq \chi_{\frac{\alpha}{2}}^2(n-1)$ 时,拒绝 H_0,接受 H_1.

（2）单侧检验情形

情形 2 $H_0 : \sigma^2 \geq \sigma_0^2 ; H_1 : \sigma^2 < \sigma_0^2$.

① 若已知 $\mu = \mu_0$.

设 H_0 成立,选取检验统计量

$$\chi_1^2 = \frac{1}{\sigma_0^2} \sum_{i=1}^{n} (X_i - \mu_0)^2. \qquad (7.2.10)$$

对于给定的显著性水平 α 和自由度 n,可查附表 4 得 $\chi_{1-\alpha}^2(n)$,当 $\chi_1^2 \leq \chi_{1-\alpha}^2(n)$ 时,拒绝 H_0,接受 H_1.

② 若 μ 未知.

设 H_0 成立,选取检验统计量

$$\chi_2^2 = \frac{(n-1)S^2}{\sigma_0^2}. \qquad (7.2.11)$$

对于给定的显著性水平 α 和自由度 $n-1$,可查附表 4 得 $\chi_{1-\alpha}^2(n-1)$,当 $\chi_2^2 \leq \chi_{1-\alpha}^2(n-1)$ 时,拒绝 H_0,接受 H_1.

情形 3 $H_0 : \sigma^2 \leq \sigma_0^2 ; H_1 : \sigma^2 > \sigma_0^2$.

① 若已知 $\mu = \mu_0$.

设 H_0 成立,选取检验统计量

$$\chi_1^2 = \frac{1}{\sigma_0^2} \sum_{i=1}^{n} (X_i - \mu_0)^2. \qquad (7.2.12)$$

对于给定的显著性水平 α 和自由度 n,可查附表 4 得 $\chi_{\alpha}^2(n)$,当 $\chi_1^2 \geq \chi_{\alpha}^2(n)$ 时,拒绝 H_0,接

受 H_1.

② 若 μ 未知.

设 H_0 成立,选取检验统计量

$$\chi_2^2 = \frac{(n-1)S^2}{\sigma_0^2}. \tag{7.2.13}$$

对于给定的显著性水平 α 和自由度 $n-1$,可查附表 4 得 $\chi_\alpha^2(n-1)$,当 $\chi_2^2 \geq \chi_\alpha^2(n-1)$ 时,拒绝 H_0,接受 H_1.

例 7.2.3 如果一个矩形的宽度 ω 与长度 l 的比 $\frac{\omega}{l} = \frac{1}{2}(\sqrt{5}-1) \approx 0.618$,这样的矩形称为黄金矩形. 这种尺寸的矩形使人们看上去有良好的感觉. 现代建筑构件(如窗架)、工艺品(如图片镜框),甚至司机的执照、商业的信用卡等常常都是采用黄金矩形. 下面列出某工艺品工厂随机取的 20 个矩形的宽度与长度的比值.

0.693   0.749   0.654   0.670   0.662   0.672   0.615   0.606   0.690   0.628

0.668   0.611   0.606   0.609   0.601   0.553   0.570   0.844   0.576   0.933

设这一工厂生产的矩形的宽度与长度的比值总体服从正态分布,其均值为 μ,总体的标准差为 σ. 试检验假设 $H_0: \sigma^2 = 0.11^2$ 是否成立($\alpha = 0.05$).

解 $H_0: \sigma^2 = 0.11^2$;$H_1: \sigma^2 \neq 0.11^2$. 选取检验统计量为

$$\chi_2^2 = \frac{(n-1)S^2}{0.11^2} \sim \chi^2(n-1),$$

H_0 的拒绝域为 $\chi_2^2 \geq \chi_{\frac{\alpha}{2}}^2(n-1)$ 或 $\chi_2^2 \leq \chi_{1-\frac{\alpha}{2}}^2(n-1)$. 由计算知

$$s^2 = 0.0925^2, \quad \chi_2^2 = \frac{(n-1)s^2}{0.11^2} = 13.435.$$

由 $\alpha = 0.05$,查表知 $\chi_{0.025}^2(19) = 32.852$,$\chi_{0.975}^2(19) = 8.907$,可见

$$\chi_{1-\frac{\alpha}{2}}^2(n-1) < \chi_2^2 < \chi_{\frac{\alpha}{2}}^2(n-1).$$

故在 $\alpha = 0.05$ 下,接受 H_0,认为假设 $H_0: \sigma^2 = 0.11^2$ 成立.

例 7.2.4 某种导线,要求其电阻的标准差不得超过 0.005 Ω. 今在生产的一批导线中取样品 9 根,测得 $s = 0.007$ Ω. 设总体服从正态分布,问在显著性水平 $\alpha = 0.05$ 下,能否认为这批导线的标准差显著地偏大?

解 $H_0: \sigma^2 \leq 0.005^2$; $H_1: \sigma^2 > 0.005^2$.

选取检验统计量为 $\chi_2^2 = \frac{(n-1)S^2}{0.005^2}$,这是右侧检验. H_0 的拒绝域为 $\chi_2^2 \geq \chi_\alpha^2(n-1)$. 由 $n = 9$,$\alpha = 0.05$,$s = 0.007$,计算知

$$\chi_2^2 = \frac{(n-1)s^2}{0.005^2} = \frac{8 \times 0.007^2}{0.005^2} = 15.68.$$

由 $\alpha = 0.05$,查表知 $\chi_{0.05}^2(8) = 15.507$,可见 $\chi_2^2 > \chi_\alpha^2(n-1)$. 故在 $\alpha = 0.05$ 下,拒绝 H_0,认为这批导线的标准差显著地偏大.

7.2.2 两个正态总体参数的假设检验

设样本 $X_1, X_2, \cdots, X_{n_1}$ 来自总体 $X \sim N(\mu_1, \sigma_1^2)$，样本 $Y_1, Y_2, \cdots, Y_{n_2}$ 来自总体 $Y \sim N(\mu_2, \sigma_2^2)$，并且两样本 $X_1, X_2, \cdots, X_{n_1}, Y_1, Y_2, \cdots, Y_{n_2}$ 相互独立. 记这样本均值与样本方差分别是

$$\overline{X} = \frac{1}{n_1} \sum_{i=1}^{n_1} X_i, \quad S_1^2 = \frac{1}{n_1-1} \sum_{i=1}^{n_1} (X_i - \overline{X})^2,$$

$$\overline{Y} = \frac{1}{n_2} \sum_{j=1}^{n_2} Y_j, \quad S_2^2 = \frac{1}{n_2-1} \sum_{j=1}^{n_2} (Y_j - \overline{Y})^2.$$

我们来检验关于参数 $\mu_1, \mu_2, \sigma_1^2, \sigma_2^2$ 的某些假设.

1. 两个正态总体均值差的假设检验

关于两个正态总体均值差的假设检验可分为三种情形：

情形 1 $H_0: \mu_1 = \mu_2; H_1: \mu_1 \neq \mu_2$.

情形 2 $H_0: \mu_1 \geq \mu_2; H_1: \mu_1 < \mu_2$.

情形 3 $H_0: \mu_1 \leq \mu_2; H_1: \mu_1 > \mu_2$.

（1）双侧检验情形

情形 1 $H_0: \mu_1 = \mu_2; H_1: \mu_1 \neq \mu_2$.

① 若已知 σ_1^2, σ_2^2.

设 H_0 成立,则由定理 5.3.5 知统计量

$$U = \frac{\overline{X} - \overline{Y}}{\sqrt{\frac{\sigma_1^2}{n_1} + \frac{\sigma_2^2}{n_2}}} \sim N(0,1). \tag{7.2.14}$$

对于给定的显著性水平 α,可查附表 3 得 $u_{\frac{\alpha}{2}}$,计算得 U 的值 u,当 $|u| \geq u_{\frac{\alpha}{2}}$ 时,拒绝 H_0,接受 H_1.

② 若 σ_1^2, σ_2^2 未知,假定 $\sigma_1^2 = \sigma_2^2$.

设 H_0 成立,则由定理 5.3.6 知统计量

$$T = \frac{\overline{X} - \overline{Y}}{S_\omega \sqrt{\frac{1}{n_1} + \frac{1}{n_2}}} \sim t(n_1 + n_2 - 2), \tag{7.2.15}$$

其中 $S_\omega = \sqrt{\frac{(n_1-1)S_1^2 + (n_2-1)S_2^2}{n_1+n_2-2}}$.

对给定的显著性水平 α,可查附表 5 得 $t_{\frac{\alpha}{2}}(n_1+n_2-2)$,计算得 T 的值 t,当 $|t| \geq t_{\frac{\alpha}{2}}(n_1+n_2-2)$ 时,拒绝 H_0,接受 H_1.

（2）单侧检验情形

情形 2 $H_0: \mu_1 \geq \mu_2; H_1: \mu_1 < \mu_2$.

① 若已知 σ_1^2, σ_2^2.

设 H_0 成立,选取检验统计量

$$U = \frac{\overline{X} - \overline{Y}}{\sqrt{\dfrac{\sigma_1^2}{n_1} + \dfrac{\sigma_2^2}{n_2}}}. \qquad (7.2.16)$$

对于给定的显著性水平 α,可查附表 3 得 u_α,计算得 U 的值 u,当 $u \leqslant -u_\alpha$ 时,拒绝 H_0,接受 H_1.

② 若 σ_1^2, σ_2^2 未知,假定 $\sigma_1^2 = \sigma_2^2$.

设 H_0 成立,选取检验统计量

$$T = \frac{\overline{X} - \overline{Y}}{S_\omega \sqrt{\dfrac{1}{n_1} + \dfrac{1}{n_2}}}, \qquad (7.2.17)$$

其中 $S_\omega = \sqrt{\dfrac{(n_1-1)S_1^2 + (n_2-1)S_2^2}{n_1 + n_2 - 2}}$.

对于给定的显著性水平 α,可查附表 5 得 $t_\alpha(n_1+n_2-2)$,计算得 T 的值 t,当 $t \leqslant -t_\alpha(n_1+n_2-2)$ 时,拒绝 H_0,接受 H_1.

情形 3　$H_0: \mu_1 \leqslant \mu_2$; $H_1: \mu_1 > \mu_2$.

① 若已知 σ_1^2, σ_2^2.

设 H_0 成立,选取检验统计量

$$U = \frac{\overline{X} - \overline{Y}}{\sqrt{\dfrac{\sigma_1^2}{n_1} + \dfrac{\sigma_2^2}{n_2}}}. \qquad (7.2.18)$$

对于给定的显著性水平 α,可查附表 3 得 u_α,计算得 U 的值 u,当 $u \geqslant u_\alpha$ 时,拒绝 H_0,接受 H_1.

② 若 σ_1^2, σ_2^2 未知,假定 $\sigma_1^2 = \sigma_2^2$.

设 H_0 成立,选取检验统计量

$$T = \frac{\overline{X} - \overline{Y}}{S_\omega \sqrt{\dfrac{1}{n_1} + \dfrac{1}{n_2}}}, \qquad (7.2.19)$$

其中 $S_\omega = \sqrt{\dfrac{(n_1-1)S_1^2 + (n_2-1)S_2^2}{n_1 + n_2 - 2}}$.

对于给定的显著性水平 α,可查附表 5 得 $t_\alpha(n_1+n_2-2)$,计算得 T 的值 t,当 $t \geqslant t_\alpha(n_1+n_2-2)$ 时,拒绝 H_0,接受 H_1.

例 7.2.5　某灯泡厂在采用一项新工艺的前后,分别抽取 10 个灯泡进行寿命试验. 计算得到:采用新工艺前灯泡寿命的样本均值为 2 485 h,样本标准差为 56 h;采用新工艺后灯泡寿命的样本均值为 2 550 h,样本标准差为 48 h. 设灯泡的寿命服从正态分布,并假定 $\sigma_1^2 = \sigma_2^2$,(1)是否认为采用新工艺前后灯泡的平均寿命有显著差异;(2)是否可以认为采用新工艺后灯泡的平均寿命有显著提高($\alpha = 0.01$).

解 (1) 设采用新工艺前灯泡寿命 $X \sim N(\mu_1, \sigma_1^2)$,采用新工艺后灯泡寿命 $Y \sim N(\mu_2, \sigma_2^2)$. 欲判断新工艺前后灯泡的平均寿命是否有显著差异,故提出假设

$$H_0 : \mu_1 = \mu_2; \quad H_1 : \mu_1 \neq \mu_2.$$

这是一个双侧检验.

由式(7.2.15),已知 $n_1 = n_2 = 10, \bar{x} = 2\,485, \bar{y} = 2\,550, s_1 = 56, s_2 = 48$,计算得

$$s_\omega = \sqrt{\frac{(n_1 - 1)s_1^2 + (n_2 - 1)s_2^2}{n_1 + n_2 - 2}} = \sqrt{\frac{9 \times 56^2 + 9 \times 48^2}{18}} = 52.15.$$

由此得统计量 T 的观察值

$$t = \frac{\bar{x} - \bar{y}}{s_\omega \sqrt{\dfrac{1}{n_1} + \dfrac{1}{n_2}}} = \frac{2\,485 - 2\,550}{52.15 \sqrt{\dfrac{1}{10} + \dfrac{1}{10}}} = -2.787.$$

查附表 5 得 $t_{\frac{\alpha}{2}}(n_1 + n_2 - 2) = t_{0.005}(18) = 2.878$. 满足 $|t| \leq t_{\frac{\alpha}{2}}(n_1 + n_2 - 2)$,所以在显著性水平 $\alpha = 0.01$ 下,接受原假设 H_0,即认为采用新工艺前后灯泡的平均寿命没有显著差异.

(2) 因为 σ_1^2, σ_2^2 未知,且 $\sigma_1^2 = \sigma_2^2$,欲知采用新工艺后灯泡的平均寿命是否有显著提高,故提出假设

$$H_0 : \mu_1 \geq \mu_2; \quad H_1 : \mu_1 < \mu_2.$$

这是一个左侧检验.

由问题(1)计算得统计量 T 的观察值 $t = -2.787$.

由显著性水平 $\alpha = 0.01$,查附表 5 得 $t_\alpha(n_1 + n_2 - 2) = t_{0.01}(18) = 2.552$. 因为 $t = -2.787 \leq -t_{0.01}(18) = -2.552$,所以拒绝原假设 H_0,接受备择假设 H_1,即认为采用新工艺后灯泡的平均寿命有显著提高.

2. 两个正态总体方差比的假设检验

关于两个正态总体方差比的假设检验可分为三种情形:

情形 1　$H_0 : \sigma_1^2 = \sigma_2^2; H_1 : \sigma_1^2 \neq \sigma_2^2$.

情形 2　$H_0 : \sigma_1^2 \geq \sigma_2^2; H_1 : \sigma_1^2 < \sigma_2^2$.

情形 3　$H_0 : \sigma_1^2 \leq \sigma_2^2; H_1 : \sigma_1^2 > \sigma_2^2$.

(1)双侧检验情形

情形 1　$H_0 : \sigma_1^2 = \sigma_2^2; H_1 : \sigma_1^2 \neq \sigma_2^2$.

① 若已知 μ_1, μ_2.

记 $\widehat{\sigma_1^2} = \dfrac{1}{n_1} \sum\limits_{i=1}^{n_1} (X_i - \mu_1)^2, \widehat{\sigma_2^2} = \dfrac{1}{n_2} \sum\limits_{j=1}^{n_2} (Y_j - \mu_2)^2$. 设 H_0 成立,则由定理 5.3.7 知统计量

$$F_1 = \frac{\widehat{\sigma_1^2}}{\widehat{\sigma_2^2}} \sim F(n_1, n_2). \tag{7.2.20}$$

对于给定的显著性水平 α 和自由度 n_1, n_2，当 $F_1 \geqslant F_{\frac{\alpha}{2}}(n_1, n_2)$ 或 $F_1 \leqslant F_{1-\frac{\alpha}{2}}(n_1, n_2)$ 时，拒绝 H_0，接受 H_1. 如图 7.8 所示.

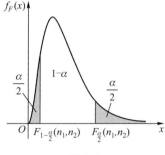

图 7.8

在实践中，通常采用简便的检验方法，两个总体的先后顺序可以随意确定，我们常约定样本方差大的来自第一总体，样本方差小的来自第二总体，这样就总

有 $F_1 = \dfrac{\widehat{\sigma_1^2}}{\widehat{\sigma_2^2}} \geqslant 1$. 又因为对于给定的显著性水平 α，

$F_{1-\frac{\alpha}{2}}(n_1, n_2) = \dfrac{1}{F_{\frac{\alpha}{2}}(n_2, n_1)} < 1$. 在上述约定条件下，考虑由样本值计算得到的 F_1 值，只要和临界值 $F_{\frac{\alpha}{2}}(n_1, n_2)$ 比较就可以了. 所以若有 $F_1 \geqslant F_{\frac{\alpha}{2}}(n_1, n_2)$，则拒绝 H_0. 上述检验中所构造的统计量服从 F 分布，故又称为 F 检验.

② 若 μ_1, μ_2 未知.

设 H_0 成立，则由定理 5.3.8 知统计量

$$F_2 = \frac{S_1^2}{S_2^2} \sim F(n_1-1, n_2-1). \qquad (7.2.21)$$

约定大的样本方差 S_1^2 来自第一总体，小的样本方差 S_2^2 来自第二总体，对于给定的显著性水平 α 和自由度 n_1-1, n_2-1，当 $F_2 \geqslant F_{\frac{\alpha}{2}}(n_1-1, n_2-1)$ 时，拒绝 H_0.

（2）单侧检验情形

情形 2　$H_0: \sigma_1^2 \geqslant \sigma_2^2$；$H_1: \sigma_1^2 < \sigma_2^2$.

① 若已知 μ_1, μ_2.

记 $\widehat{\sigma_1^2} = \dfrac{1}{n_1} \sum\limits_{i=1}^{n_1} (X_i-\mu_1)^2, \widehat{\sigma_2^2} = \dfrac{1}{n_2} \sum\limits_{j=1}^{n_2} (Y_j-\mu_2)^2$. 设 H_0 成立，选取检验统计量 $F_1 = \dfrac{\widehat{\sigma_1^2}}{\widehat{\sigma_2^2}}$，

对于给定的显著性水平 α 和自由度 n_1, n_2，当 $F_1 \leqslant F_{1-\alpha}(n_1, n_2)$ 时，拒绝 H_0，接受 H_1. 而当 $F_1 > F_{1-\alpha}(n_1, n_2)$ 时，接受 H_0.

② 若 μ_1, μ_2 未知.

设 H_0 成立，选取检验统计量 $F_2 = \dfrac{S_1^2}{S_2^2}$，对于给定的显著性水平 α 和自由度 n_1-1, n_2-1，当 $F_2 \leqslant F_{1-\alpha}(n_1-1, n_2-1)$ 时，拒绝 H_0，接受 H_1. 而当 $F_2 > F_{1-\alpha}(n_1-1, n_2-1)$ 时，接受 H_0.

情形 3　$H_0: \sigma_1^2 \leqslant \sigma_2^2$；$H_1: \sigma_1^2 > \sigma_2^2$.

① 若已知 μ_1, μ_2.

记 $\widehat{\sigma_1^2} = \dfrac{1}{n_1} \sum\limits_{i=1}^{n_1} (X_i-\mu_1)^2, \widehat{\sigma_2^2} = \dfrac{1}{n_2} \sum\limits_{j=1}^{n_2} (Y_j-\mu_2)^2$. 设 H_0 成立，选取检验统计量 $F_1 = \dfrac{\widehat{\sigma_1^2}}{\widehat{\sigma_2^2}}$，

对于给定的显著性水平 α 和自由度 n_1, n_2，当 $F_1 \geqslant F_{\alpha}(n_1, n_2)$ 时，拒绝 H_0，接受 H_1. 而当 $F_1 <$

$F_\alpha(n_1,n_2)$ 时,接受 H_0.

② 若 μ_1,μ_2 未知.

设 H_0 成立,选取检验统计量 $F_2=\dfrac{S_1^2}{S_2^2}$,对于给定的显著性水平 α 和自由度 n_1-1,n_2-1,当 $F_2\geqslant F_\alpha(n_1-1,n_2-1)$ 时,拒绝 H_0,接受 H_1. 而当 $F_2<F_\alpha(n_1-1,n_2-1)$ 时,接受 H_0.

例 7.2.6　在甲、乙两苗圃内抚育同一种苗木,从苗圃中各抽取若干株测得苗高值(单位:cm)见下表:

甲苗圃	36	87	41	22	34	49	72	53	67	28
乙苗圃	58	47	39	42	23	67	73	38		

设苗高服从正态分布,试检验这两苗圃苗高的方差是否有显著差异($\alpha=0.05$)?

解　假设两苗圃苗高方差无显著差异,即 $H_0:\sigma_1^2=\sigma_2^2$. 选取检验统计量

$$F_2=\frac{S_1^2}{S_2^2}\sim F(n_1-1,n_2-1).$$

经计算两样本方差分别为 $s_1^2=437.88,s_2^2=275.41$. 计算得观察值

$$F_2=\frac{s_1^2}{s_2^2}=\frac{437.88}{275.41}=1.59,$$

根据 $\alpha=0.05$ 和自由度 $n_1-1=9,n_2-1=7$,查附表 6 得到

$$F_{\frac{\alpha}{2}}(n_1-1,n_2-1)=F_{0.025}(9,7)=4.82.$$

现在 $F_2\leqslant F_{\frac{\alpha}{2}}(n_1-1,n_2-1)$,故接受 H_0,即认为两苗圃苗高的方差无显著差异.

例 7.2.7　有两台机器生产金属部件,分别在两台机器所生产的部件中各取一容量 $n_1=61,n_2=41$ 的样本,测得部件质量的样本方差分别为 $s_1^2=15.46,s_2^2=9.66$. 设两样本相互独立. 两总体分别服从 $N(\mu_1,\sigma_1^2),N(\mu_2,\sigma_2^2)$,试在显著性水平 $\alpha=0.05$ 下检验假设:$H_0:\sigma_1^2\leqslant\sigma_2^2$;$H_1:\sigma_1^2>\sigma_2^2$.

解　因 μ_1,μ_2 未知,选取检验统计量 $F_2=\dfrac{S_1^2}{S_2^2}$,计算统计量的观察值

$$F_2=\frac{s_1^2}{s_2^2}=\frac{15.46}{9.66}=1.6004.$$

由假设知为右侧检验,根据 $\alpha=0.05$ 和自由度 $n_1-1=60,n_2-1=40$. 查表得 $F_\alpha(n_1-1,n_2-1)=F_{0.05}(60,40)=1.64$. 因 $F_2=1.6004<F_{0.05}(60,40)=1.64$,接受 H_0.

§7.3　非正态总体参数的假设检验

前面一节讨论的检验所涉及的总体都是服从正态分布. 但在实践中,总体的分布常常

是未知的,由中心极限定理知,当样本容量足够大时,由样本所构造的统计量的极限分布服从或近似服从正态分布.因此利用这样的统计量对原假设进行的检验,通常称为**大样本 U 检验**.

7.3.1 单个非正态总体均值的假设检验

设总体 X 分布未知,在大样本的条件下,由第四章中心极限定理知

$$U = \frac{\overline{X} - \mu}{\sigma/\sqrt{n}} \overset{近似}{\underset{n \geq 50}{\sim}} N(0,1). \qquad (7.3.1)$$

若 σ 未知,可用 S 近似代替,故有

$$U = \frac{\overline{X} - \mu}{S/\sqrt{n}} \overset{近似}{\underset{n \geq 50}{\sim}} N(0,1). \qquad (7.3.2)$$

非正态总体均值的检验有

情形 1　$H_0 : \mu = \mu_0 (\mu_0$ 是已知数$); H_1 : \mu \neq \mu_0$.

情形 2　$H_0 : \mu \geq \mu_0; H_1 : \mu < \mu_0$.

情形 3　$H_0 : \mu \leq \mu_0; H_1 : \mu > \mu_0$.

情形 1 为双侧检验,对于给定的显著性水平 α,查表得到 $u_{\frac{\alpha}{2}}$.计算得 U 的值 u,由上面的分布,类似前面的讨论可得到 H_0 的拒绝域为 $|u| \geq u_{\frac{\alpha}{2}}$.

情形 2 为非正态总体均值的单侧检验,其原理与正态总体均值的单侧检验方法、步骤完全类似.对给定的显著性水平 α,查表得到 u_α,计算得 U 的值 u,类似前面的讨论可得到 H_0 的拒绝域为 $u \leq -u_\alpha$.

对情形 3 的单侧检验,对给定的显著性水平 α,查表得到 u_α,计算得 U 的值 u,类似前面的讨论可得到 H_0 的拒绝域为 $u \geq u_\alpha$.

必须指出,在总体分布为正态分布时,$T = \dfrac{\overline{X} - \mu}{S/\sqrt{n}} \sim t(n-1)$,如果总体分布未知或不为正态分布且总体方差未知时,就只能用大样本的 U 检验,$U = \dfrac{\overline{X} - \mu}{S/\sqrt{n}} \overset{近似}{\underset{n \geq 50}{\sim}} N(0,1)$.小样本 T 检验方法基于检验统计量的精确分布,显然对于大样本也是适用的.事实上,当 n 较大时,t 分布与标准正态分布趋于一致,此时 $t_\alpha \approx u_\alpha$.而大样本方法因基于检验统计量的极限性质,所以只适用于大样本而对小样本不适用.

例 7.3.1　某苗圃以一种新的方案培育油松苗木,一定时间后从中随机抽取 50 株苗木组成样本,得到苗高的样本均值和标准差分别为 $\overline{x} = 41.2$ cm, $s = 7.8$ cm.采用新方案前从经验得知,同样时间内总体苗高均值可达 35cm,试问采用新方案育苗后是否使苗高有了显著变化$(\alpha = 0.05)$?

解　由于不知道总体苗高的分布类型,而且题目满足大样本条件,应用 U 检验.假设 H_0 为采取新方案后总体苗高均值 $\mu = \mu_0 = 35$. $\overline{x} = 41.2$ cm, $s = 7.8$ cm.由式(7.3.2)计算 U 的值

$$u = \frac{\overline{x} - \mu}{s / \sqrt{n}} = \frac{41.2 - 35}{7.8 / \sqrt{50}} = 5.62.$$

根据显著性水平 $\alpha = 0.05$，查附表 3 得 $u_{0.025} = 1.96$，由于 $|u| \geq u_{0.025}$，故拒绝 H_0，说明新方案育出的油松苗木平均苗高与原方案同期平均苗高有显著差异.

7.3.2 两个非正态总体均值差的假设检验

设两个总体 X, Y 的均值和方差分别为 $\mu_i, \sigma_i^2 (i = 1, 2)$，从中分别抽取样本 $X_1, X_2, \cdots, X_{n_1}$ 及 $Y_1, Y_2, \cdots, Y_{n_2}$. 样本均值分别为 $\overline{X}, \overline{Y}$，样本方差分别为 S_1^2, S_2^2.

当 n_1, n_2 均充分大时，据第四章中心极限定理可知

$$\overline{X} \overset{\text{近似}}{\sim} N\left(\mu_1, \frac{\sigma_1^2}{n_1}\right), \quad \overline{Y} \overset{\text{近似}}{\sim} N\left(\mu_2, \frac{\sigma_2^2}{n_2}\right),$$

$$U = \frac{\overline{X} - \overline{Y} - (\mu_1 - \mu_2)}{\sqrt{\dfrac{\sigma_1^2}{n_1} + \dfrac{\sigma_2^2}{n_2}}} \overset{\text{近似}}{\sim} N(0, 1).$$

关于两个非正态总体均值差的假设检验可分为三种情形：

情形 1　$H_0 : \mu_1 = \mu_2 ; H_1 : \mu_1 \neq \mu_2$.

情形 2　$H_0 : \mu_1 \geq \mu_2 ; H_1 : \mu_1 < \mu_2$.

情形 3　$H_0 : \mu_1 \leq \mu_2 ; H_1 : \mu_1 > \mu_2$.

情形 1 为双侧检验. 设 H_0 成立，若已知 σ_1^2, σ_2^2，则统计量

$$U = \frac{\overline{X} - \overline{Y}}{\sqrt{\dfrac{\sigma_1^2}{n_1} + \dfrac{\sigma_2^2}{n_2}}} \overset{\text{近似}}{\sim} N(0, 1). \tag{7.3.3}$$

若 σ_1^2, σ_2^2 未知，则统计量

$$U = \frac{\overline{X} - \overline{Y}}{\sqrt{\dfrac{S_1^2}{n_1} + \dfrac{S_2^2}{n_2}}} \overset{\text{近似}}{\sim} N(0, 1). \tag{7.3.4}$$

计算得 U 的值 u，对于给定的显著性水平 α，得 H_0 的拒绝域为 $|u| \geq u_{\frac{\alpha}{2}}$.

类似两正态总体均值差单侧检验，对情形 2 即两非正态总体均值差的单侧检验，其原理与两正态总体均值差的单侧检验方法、步骤完全类似. 对于给定的显著性水平 α，可查表得 u_α，故 H_0 的拒绝域为 $u \leq -u_\alpha$.

对情形 3 的单侧检验，对于给定的显著性水平 α，可查表得 u_α，故 H_0 的拒绝域为 $u \geq u_\alpha$.

例 7.3.2　某地调查了一种危害林木的昆虫两个世代的每个卵块的卵粒数，第一代调查了 128 块，经计算得 $\overline{x} = 47.3$ 粒，$s_1 = 25.5$ 粒；第二代调查了 69 块，经计算得 $\overline{y} = 74.9$ 粒，$s_2 = 47.2$ 粒，试检验第二代卵块的平均卵粒数是否多于第一代（$\alpha = 0.05$）？

解　由题意作统计假设,$H_0:\mu_1\geqslant\mu_2$;$H_1:\mu_1<\mu_2$. 因 σ_1^2,σ_2^2 未知,由式(7.3.4)计算得

$$u=\frac{47.3-74.9}{\sqrt{\dfrac{25.5^2}{128}+\dfrac{47.2^2}{69}}}=-4.52.$$

对于给定的显著性水平 $\alpha=0.05$,$u_{0.05}=1.645$. 因 $u<-u_{0.05}$,故拒绝 H_0,接受 H_1,说明第二代卵块的平均卵粒数显著多于第一代.

§7.4　χ^2 拟合优度检验

前面我们讨论了总体分布已知时的参数假设检验问题,一般来说,在进行参数假设检验之前,需要对总体的分布进行推断. 这就是总体分布的拟合优度检验问题. 数理统计中有几种不同的拟合检验法,现在我们仅讨论最常用的皮尔逊 χ^2 拟合检验法.

设进行 n 次独立试验(观测),得到样本值的频率分布如表 7.1.

表 7.1　样本值的频率分布表

子区间	频数	频率	概率
$[a_0,a_1]$	n_1	f_1	p_1
$(a_1,a_2]$	n_2	f_2	p_2
$\vdots$	$\vdots$	$\vdots$	$\vdots$
$(a_{l-1},a_l]$	n_l	f_l	p_l
总计	n	1	1

我们提出原假设 $H_0:F(x)=F_0(x)$. 在原假设 H_0 成立的条件下,计算 X 落在各个子区间内的概率

$$p_i=F_0(a_i)-F_0(a_{i-1}),\quad i=1,2,\cdots,l.$$

为了检验原假设 H_0,我们把偏差 f_i-p_i 的加权平方和作为假设的分布函数 $F_0(x)$ 与样本分布函数 $F_n(x)$ 之间的差异度:

$$Q=\sum_{i=1}^{l}c_i(f_i-p_i)^2,$$

其中 c_i 为各个偏差 f_i-p_i 的权. 权 c_i 的引入是必要的,也是合理的,因为一般情况下各个子区间内频率 f_i 与概率 p_i 的偏差就其显著性来说,决不能等同看待. 事实上,对于绝对值相同的偏差 f_i-p_i,当概率 p_i 较大时不太显著,而当 p_i 很小时就变得非常显著. 所以,权 c_i 显然应与概率 p_i 成反比.

皮尔逊证明了:若取 $c_i=\dfrac{n}{p_i}$,则当 $n\rightarrow\infty$ 时,统计量 Q 的分布趋于自由度为 $k=l-m-1$ 的 χ^2 分布,其中 l 是所分子区间的个数,m 是分布函数 $F_0(x)$ 中需要利用样本值估计的未知参

数的个数.

因此,通常把统计量 Q 记作 χ^2,即

$$\chi^2 = \sum_{i=1}^{l} \frac{n(f_i - p_i)^2}{p_i}.$$

注意到 $f_i = \dfrac{n_i}{n}$,上式可以化为

$$\chi^2 = \sum_{i=1}^{l} \frac{(n_i - np_i)^2}{np_i}. \tag{7.4.1}$$

对于给定的显著性水平 α,可查表得 $\chi_\alpha^2(l-m-1)$,使得

$$P(\chi^2 > \chi_\alpha^2(l-m-1)) = \alpha.$$

若统计量的观察值 $\chi^2 \geqslant \chi_\alpha^2(l-m-1)$,则在显著性水平 α 下拒绝 H_0,否则接受 H_0.

应当指出,利用 χ^2 拟合检验法检验关于总体分布的假设时,要求样本容量 n 以及样本值落在各个子区间内的频数 n_i 都相当大,一般要求 $n \geqslant 50$,而 $n_i \geqslant 5(i=1,2,\cdots,l)$.

若某些子区间内的频数 n_i 太小,则应适当地把相邻的两个或几个子区间合并起来,使得合并后得到的子区间内的频数足够大;当然,这时必须相应地减少统计量 χ^2 分布的自由度.

还应指出,当假设的分布函数 $F_0(x)$ 中含有未知参数时,一般应利用最大似然估计法求这些参数的估计值.

例 7.4.1　卢瑟福(Rutherford)在 2 608 段时间(每段时间是 7.5 s)内观察某一放射性物质,得到每段时间内放射粒子数记录如下表:

放射粒子数 x_i	0	1	2	3	4	5	6	7	8	9	10	11	12
频数 n_i	57	203	383	525	532	408	273	139	45	27	10	4	2

利用 χ^2 拟合检验法检验每段时间内的放射粒子数是否服从泊松分布(取显著性水平 $\alpha = 0.05$).

解　设随机变量 X 表示每段时间内的放射粒子数,则要检验的原假设是

$$H_0 : X \sim P(\lambda).$$

利用最大似然估计法,不难求得参数 λ 的最大似然估计值 $\hat{\lambda} = \bar{x}$. 由已给的样本值计算得

$$\hat{\lambda} = \bar{x} = \frac{1}{n} \sum_{i=1}^{l} n_i x_i = \frac{10\,094}{2\,608} = 3.87.$$

现在利用 χ^2 拟合检验法检验原假设 $H_0 : X \sim P(3.87)$.

我们有分布列

$$P(X=x) = \frac{3.87^x}{x!} \mathrm{e}^{-3.87}, \quad x=0,1,2,\cdots.$$

对统计量 χ^2 的观察值,列表计算得 $\chi^2 = 13.049$(见表 7.2).

表 7.2   例 7.4.1 的计算表

x_i	n_i	p_i	np_i	$(n_i - np_i)^2 / np_i$
0	57	0.021	54.8	0.088
1	203	0.081	211.2	0.318
2	383	0.156	406.8	1.392
3	525	0.201	524.2	0.001
4	532	0.195	508.6	1.077
5	408	0.151	393.8	0.512
6	273	0.097	253.0	1.581
7	139	0.054	140.8	0.023
8	45	0.026	67.8	7.667
9	27	0.011	28.7	0.101
10 11 12	10 4 } 16 2	0.007	18.3	0.289
总计	2 608	1.000	2 608.0	13.049

因为合并后的子区间的个数 $l = 11$,需要估计的参数的个数 $m = 1$,所以自由度 $k = 11 - 1 - 1 = 9$,查附表 4 得 $\chi^2_\alpha(k) = \chi^2_{0.05}(9) = 16.919$.

因为 $\chi^2 < \chi^2_{0.05}(9)$,所以接受原假设 H_0,即可以认为每段时间内的放射粒子数 $X \sim P(3.87)$.

例 7.4.2   测量 100 个某种机械零件的质量(单位:g)统计如下表:

零件质量子区间	频数	零件质量子区间	频数
$[236.5, 239.5]$	1	$(251.5, 254.5]$	22
$(239.5, 242.5]$	5	$(254.5, 257.5]$	11
$(242.5, 245.5]$	9	$(257.5, 260.5]$	6
$(245.5, 248.5]$	19	$(260.5, 263.5]$	1
$(248.5, 251.5]$	24	$(263.5, 266.5]$	2

利用 χ^2 拟合检验法检验这种机械零件的质量是否服从正态分布($\alpha = 0.05$).

解   设随机变量 X 表示这种机械零件的质量,要检验的原假设是 $H_0 : X \sim N(\mu, \sigma^2)$.

在前面,已经求得参数 μ, σ^2 的最大似然估计值分别是

$$\hat{\mu} = \bar{x} = \frac{1}{n} \sum_{i=1}^{l} n_i x_i, \qquad \widehat{\sigma^2} = \frac{1}{n} \sum_{i=1}^{l} n_i (x_i - \bar{x})^2.$$

已知 $n = 100$,把各个子区间的中点值取作 x_i,计算参数 μ, σ^2 的估计值得

$$\hat{\mu} = 250.6, \quad \widehat{\sigma^2} = 26.82.$$

由此得 $\hat{\sigma} = 5.18$.

现在检验原假设

$$H_0 : X \sim N(250.6, 5.18^2).$$

计算 X 落在各个子区间内的概率,注意到服从正态分布的随机变量取值区间是$(-\infty, +\infty)$,所以第一个子区间应扩大为$(-\infty, 239.5)$,最后一个子区间应扩大为$(263.5, +\infty)$:

$$P(a_{i-1} < X < a_i) = \Phi\left(\frac{a_i - 250.6}{5.18}\right) - \Phi\left(\frac{a_{i-1} - 250.6}{5.18}\right) \quad (i = 1, 2, \cdots, 10).$$

对统计量 χ^2 的观察值,列表计算如表 7.3,由此得 $\chi^2 \approx 0.917$.

表 7.3　例 7.4.2 的计算表

零件质量子区间	n_i	p_i	np_i	$(n_i - np_i)^2 / np_i$
$(-\infty, 239.5]$	1 ⎫ 6	0.059 4	5.94	0.001
$(239.5, 242.5]$	5 ⎭			
$(242.5, 245.5]$	9	0.104 1	10.41	0.191
$(245.5, 248.5]$	19	0.177 4	17.74	0.089
$(248.5, 251.5]$	24	0.226 6	22.66	0.079
$(251.5, 254.5]$	22	0.205 9	20.59	0.097
$(254.5, 257.7]$	11	0.134 8	14.48	0.456
$(257.5, 260.5]$	6 ⎫			
$(260.5, 263.5]$	1 ⎬ 9	0.091 8	9.18	0.004
$(263.5, +\infty)$	2 ⎭			
总计	100	1.000 0	100.00	0.917

因为合并后的子区间的个数 $l = 7$,需要估计的参数的个数 $m = 2$,所以自由度 $k = 7 - 2 - 1 = 4$,查附表 4 得 $\chi_\alpha^2 = \chi_{0.05}^2(4) = 9.488$.

因为 $\chi^2 < \chi_{0.05}^2(4)$,所以接受原假设 H_0,即可以认为这种机械零件的质量

$$X \sim N(250.6, 5.18^2).$$

§7.5　综合应用案例

7.5.1　检验的 p 值与 p 值决策

1. 检验的 p 值

在前面介绍的假设检验方法中,我们根据原假设、备择假设和显著性水平,决定拒绝域的形式及临界值,然后计算检验统计量的值,若统计量的值落在拒绝域内将作出拒绝原假设的判断. 但这种决策方法有其不足之处,没有考虑统计量的值在拒绝域内的位置.

比如例 7.2.2,原假设与备择假设为

$$H_0:\mu \geqslant 1\ 000; \quad H_1:\mu < 1\ 000(\sigma = 100\ 已知).$$

若给定显著性水平 $\alpha = 0.05$,则 $u_{0.05} = 1.645$,拒绝域为 $(-\infty, -1.645]$,计算统计量的值得 $u = \dfrac{950-1\ 000}{100 / \sqrt{25}} = -2.5$,且因为 $-2.5 < -1.645$,故拒绝原假设.

进一步考虑,观察可以看到统计量的值 -2.5 比临界值 -1.645 小很多,并且 $\Phi(-2.5) = 1-\Phi(2.5) = 1-0.993\ 79 = 0.006\ 21$,远远小于给定的显著性水平 0.05. 也就是说,在原假设成立的条件下,样本统计量的值不大于 -2.5 的概率为 $0.006\ 21$. 这是一个概率很小的事件,因此根据这一点,我们拒绝原假设的意愿更为强烈. 我们把概率 $\Phi(-2.5) = 0.006\ 21$ 称为检验的 p 值,检验的 p 值通常需要借助统计函数或统计软件计算得到.

定义 7.5.1 在一个假设检验问题中,利用样本值能够作出的拒绝原假设 H_0 的最小显著性水平称为**检验的 p 值**,也称为在 H_0 条件下观察到的样本的显著性水平.

检验的 p 值提供了比显著性水平更多的信息,利用统计软件进行数据分析时都会输出相应的 p 值,方便我们作出判断.

2. 利用 p 值进行决策判断

若 α 是事先给定的显著性水平,利用 p 值进行决策判断的方法:

(1) 单侧检验

若 p 值 $> \alpha$,则不拒绝 H_0;若 p 值 $\leqslant \alpha$,则拒绝 H_0.

(2) 双侧检验

若 p 值 $> \dfrac{\alpha}{2}$,则不拒绝 H_0;若 p 值 $\leqslant \dfrac{\alpha}{2}$,则拒绝 H_0.

例 7.5.1 正常情况下,某厂一车床生产的纽扣其直径 $X \sim N(26, 2.1^2)$. 现在抽取容量为 100 的样本,其均值 $\bar{x} = 26.56$. 假设方差不变,问在显著性水平 $\alpha = 0.05$ 下生产是否正常?

解 (1) 提出假设 $H_0:\mu = \mu_0 = 26$;$H_1:\mu \neq \mu_0$.

(2) 拒绝域为 $|u| = \left| \dfrac{\bar{x} - \mu_0}{2.1 / \sqrt{n}} \right| \geqslant u_{\alpha/2}$.

(3) 计算 $|u| = \left| \dfrac{\bar{x} - \mu_0}{2.1 / \sqrt{n}} \right| = \left| \dfrac{26.56 - 26}{2.1 / \sqrt{100}} \right| = 2.67$.

(4) 决策判断:

方法一:利用拒绝域判断. 因为 $|u| = 2.67 > u_{0.025} = 1.96$,故拒绝 H_0,即认为生产不正常.

方法二:利用检验的 p 值判断. 查附表 2,有 $\Phi(2.67) = 0.996\ 207$,得

$$p = 2(1 - 0.996\ 207) = 0.007\ 586.$$

或者利用 Excel 软件计算 p 值,在 Excel 任一空白框,输入 "=NORMSDIST(2.67)",即可得到在 2.67 处的标准正态分布函数值 $0.996\ 207$. 这样检验的 p 值为 $p = 2(1 - 0.996\ 207) = 0.007\ 586$.

由于该检验的 p 值小于 $\dfrac{\alpha}{2} = 0.025$,故拒绝 H_0.

7.5.2 验收抽样方案的制订

产品在出厂之前,经常都是抽取样本容量为 n 的样本进行检验,以断定整批产品的质量. 若 n 太大,会造成人力物力的浪费;n 太小,抽查的结果又不那么可靠. 因此在做抽查之前应确定样本容量 n 的大小. 又因为一般厂方只给出产品质量指标的合格与不合格标准,且不对产品逐一检查,自然会提出如下的问题:什么情况下允许整批产品出厂? 或什么情况下拒绝整批产品出厂? 这在抽查之前就应该明确确定.

下面我们通过例子来说明制订抽样检查方案的方法.

例 7.5.2 今要验收一批水泥,如果这种水泥制成混凝土后断裂强度为 5 000 单位,验收者希望 100 次试验中有 95 次被"接收";如果断裂强度为 4 600 单位,验收者希望 100 次试验中只有 10 次被"接收". 已知断裂强度服从正态分布 $N(\mu, 600^2)$,试为验收者制订验收抽样方案.

解 由题意知总体(断裂强度)$X \sim N(\mu, 600^2)$,$\mu = E(X)$ 为未知参数,方差 $D(X) = 600^2 \overset{\text{def}}{=\!=} \sigma_0^2$,需要对如下的假设进行检验:

$$H_0 : \mu \geqslant \mu_0 = 5\ 000; \quad H_1 : \mu \leqslant \mu_1 = 4\ 600.$$

并且由问题知,犯两类错误的概率分别为 $\alpha = 0.05$,$\beta = 0.1$.

我们采用检验统计量为 $U = \dfrac{\overline{X} - \mu_0}{\sigma_0 / \sqrt{n}}$,$H_0$ 的拒绝域为

$$\frac{\overline{x} - \mu_0}{\sigma_0 / \sqrt{n}} \leqslant -u_\alpha.$$

因为,当 $\mu \leqslant \mu_1$ 时,

$$
\begin{aligned}
0.1 = \beta &= P\left(\frac{\overline{X} - \mu_0}{\sigma_0 / \sqrt{n}} > -u_\alpha \right) \\
&= P\left(\frac{\overline{X} - \mu}{\sigma_0 / \sqrt{n}} > -u_\alpha + \frac{\mu_0 - \mu}{\sigma_0 / \sqrt{n}} \right) \\
&= 1 - \Phi\left(-u_\alpha + \frac{\mu_0 - \mu}{\sigma_0 / \sqrt{n}} \right) \leqslant 1 - \Phi\left(-u_\alpha + \frac{\mu_0 - \mu_1}{\sigma_0 / \sqrt{n}} \right),
\end{aligned}
$$

即

$$\Phi\left(-u_\alpha + \frac{\mu_0 - \mu_1}{\sigma_0 / \sqrt{n}} \right) \leqslant 0.90.$$

查表得

$$-u_\alpha + \frac{\mu_0 - \mu_1}{\sigma_0 / \sqrt{n}} \leqslant 1.28,$$

于是

$$\begin{cases} u_\alpha = 1.645, \\ -u_\alpha + \dfrac{\mu_0 - \mu_1}{\sigma_0 / \sqrt{n}} \leqslant 1.28. \end{cases}$$

解得 $n \leqslant 19.3$,取 $n = 19$,从而

$$\bar{x} = \mu_0 - \frac{\sigma_0}{\sqrt{n}} u_\alpha = 4\ 774,$$

于是当 H_0 的拒绝域为 $\dfrac{\bar{x} - \mu_0}{\sigma_0 / \sqrt{n}} \leqslant -1.645$ 时,也就有 $\bar{x} \leqslant 4\ 774$.

最后得到结论:在每批待检的成品中只需抽 19 件进行检验,如果这 19 件混凝土断裂强度的均值超过 4 774(单位)便"接收"这批产品,否则就不接收这批产品.

7.5.3 独立性检验

例 7.5.3 2005 年调查某市郊区桑场采桑员桑毛虫皮炎发病的情况. 结果如表 7.4.

表 7.4　桑毛虫皮炎发病情况

	采桑	不采桑	合计($n_{i\cdot}$)
患者人数	18	12	30
健康人数	4	78	82
合计($n_{\cdot k}$)	22	90	112

试问患皮炎是否与工种有关($\alpha = 0.05$)?

解　在这里每个对象考察两个指标. 记 X 为是否采桑,Y 为是否患皮炎. 本题为如下假设检验问题:

$$H_0 : p_{ik} = p_{i\cdot} p_{\cdot k}, \text{即患皮炎与工种相互独立};$$

$$H_1 : p_{ik} \neq p_{i\cdot} p_{\cdot k}, \text{患皮炎与工种有关联}(i = 1,2; k = 1,2).$$

取 $\hat{p}_{i\cdot} = \dfrac{n_{i\cdot}}{n}$,$\hat{p}_{\cdot k} = \dfrac{n_{\cdot k}}{n}$,当 H_0 成立时,理论频率 $n\hat{p}_{ik} = n\hat{p}_{i\cdot} \hat{p}_{\cdot k} = \dfrac{n_{i\cdot} n_{\cdot k}}{n}$. 由皮尔逊 χ^2 拟合检验法,构造统计量

$$\begin{aligned} \chi^2 &= \sum_{i=1}^{2} \sum_{k=1}^{2} \frac{(n_{ik} - n\hat{p}_{ik})^2}{n\hat{p}_{ik}} \\ &= \sum_{i=1}^{2} \sum_{k=1}^{2} \left(n_{ik} - \frac{n_{i\cdot} n_{\cdot k}}{n} \right)^2 \Big/ \frac{n_{i\cdot} n_{\cdot k}}{n}. \end{aligned}$$

当 n 充分大时近似服从 $\chi^2(1)$,也即

$$\chi^2 = \frac{n(n_{11} n_{22} - n_{12} n_{21})^2}{n_{1\cdot} n_{2\cdot} n_{\cdot 1} n_{\cdot 2}} \sim \chi^2(1).$$

因为当 H_0 成立时,χ^2 的值通常偏小,否则就不能认为 H_0 成立,所以 H_0 的拒绝域为

$$\frac{n\,(\,n_{11}n_{22}-n_{12}n_{21}\,)^{2}}{n_{1.}n_{2.}n_{.1}n_{.2}}>\chi_{\alpha}^{2}(\,1\,).$$

计算得

$$\chi^{2}=\frac{112\times(\,18\times78-4\times12\,)^{2}}{30\times82\times22\times90}=42.\,28,$$

对显著性水平 $\alpha=0.05$,查表得 $\chi_{0.05}^{2}(1)=3.\,84<\chi^{2}=42.\,28$,所以否定 H_0,即认为患皮炎与工种显著相关.

本章小结

本章介绍了参数检验和非参数检验两类问题.参数检验主要介绍一个正态总体参数的假设检验和两个正态总体参数的假设检验;非参数检验则主要介绍总体分布的假设检验.

本章的重点是单个及两个正态总体未知参数的假设检验.难点是假设检验的基本步骤、两类错误的概念、总体分布的假设检验.

主要内容:

1. 基本概念

原假设与备择假设、检验统计量、单侧检验与双侧检验、显著性水平、拒绝域、显著性检验、假设检验的两类错误.

2. 常用公式

(1) 单个正态总体均值的假设检验

已知 σ^2,用 U 检验,$U=\dfrac{\overline{X}-\mu_0}{\sigma/\sqrt{n}}$;未知 σ^2,用 T 检验法,$T=\dfrac{\overline{X}-\mu_0}{S/\sqrt{n}}$.

原假设 H_0	备择假设 H_1	已知 $\sigma^2=\sigma_0^2$	未知 σ^2
		在显著性水平 α 下关于 H_0 的拒绝域	
$\mu=\mu_0$	$\mu\neq\mu_0$	$\|u\|\geqslant u_{\frac{\alpha}{2}}$	$\|t\|\geqslant t_{\frac{\alpha}{2}}(n-1)$
$\mu\geqslant\mu_0$	$\mu<\mu_0$	$u\leqslant-u_{\alpha}$	$t\leqslant-t_{\alpha}(n-1)$
$\mu\leqslant\mu_0$	$\mu>\mu_0$	$u\geqslant u_{\alpha}$	$t\geqslant t_{\alpha}(n-1)$

(2) 单个正态总体方差的假设检验

已知 μ,用 $\chi_1^2=\dfrac{1}{\sigma_0^2}\sum_{i=1}^{n}(X_i-\mu_0)^2$;未知 μ,用 $\chi_2^2=\dfrac{(n-1)S^2}{\sigma_0^2}$.

原假设 H_0	备择假设 H_1	已知 $\mu=\mu_0$	μ 未知
		在显著性水平 α 下关于 H_0 的拒绝域	
$\sigma^2=\sigma_0^2$	$\sigma^2\neq\sigma_0^2$	$\chi_1^2\leqslant\chi_{1-\frac{\alpha}{2}}^2(n)$ 或 $\chi_1^2\geqslant\chi_{\frac{\alpha}{2}}^2(n)$	$\chi_2^2\leqslant\chi_{1-\frac{\alpha}{2}}^2(n-1)$ 或 $\chi_2^2\geqslant\chi_{\frac{\alpha}{2}}^2(n-1)$
$\sigma^2\geqslant\sigma_0^2$	$\sigma^2<\sigma_0^2$	$\chi_1^2\leqslant\chi_{1-\alpha}^2(n)$	$\chi_2^2\leqslant\chi_{1-\alpha}^2(n-1)$
$\sigma^2\leqslant\sigma_0^2$	$\sigma^2>\sigma_0^2$	$\chi_1^2\geqslant\chi_{\alpha}^2(n)$	$\chi_2^2\geqslant\chi_{\alpha}^2(n-1)$

（3）两个正态总体均值差的假设检验

已知 σ_1^2,σ_2^2，用 $U=\dfrac{\overline{X}-\overline{Y}}{\sqrt{\dfrac{\sigma_1^2}{n_1}+\dfrac{\sigma_2^2}{n_2}}}$；未知 $\sigma_1^2,\sigma_2^2(\sigma_1^2=\sigma_2^2)$，用 $T=\dfrac{\overline{X}-\overline{Y}}{S_\omega\sqrt{\dfrac{1}{n_1}+\dfrac{1}{n_2}}}$.

原假设 H_0	备择假设 H_1	已知 σ_1^2,σ_2^2	$\sigma_1^2,\sigma_2^2(\sigma_1^2=\sigma_2^2)$ 未知
		在显著性水平 α 下关于 H_0 的拒绝域	
$\mu_1=\mu_2$	$\mu_1\neq\mu_2$	$|u|\geqslant u_{\frac{\alpha}{2}}$	$|t|\geqslant t_{\frac{\alpha}{2}}(n_1+n_2-2)$
$\mu_1\geqslant\mu_2$	$\mu_1<\mu_2$	$u\leqslant-u_\alpha$	$t\leqslant-t_\alpha(n_1+n_2-2)$
$\mu_1\leqslant\mu_2$	$\mu_1>\mu_2$	$u\geqslant u_\alpha$	$t\geqslant t_\alpha(n_1+n_2-2)$

（4）两个正态总体方差比的假设检验

已知 μ_1,μ_2，用 $F_1=\dfrac{\widehat{\sigma_1^2}}{\widehat{\sigma_2^2}}$；未知 μ_1,μ_2，用 $F_2=\dfrac{S_1^2}{S_2^2}$.

原假设 H_0	备择假设 H_1	已知 μ_1,μ_2	μ_1,μ_2 未知
		在显著性水平 α 下关于 H_0 的拒绝域	
$\sigma_1^2=\sigma_2^2$	$\sigma_1^2\neq\sigma_2^2$	$F_1\geqslant F_{\frac{\alpha}{2}}(n_1,n_2)$	$F_2\geqslant F_{\frac{\alpha}{2}}(n_1-1,n_2-1)$
$\sigma_1^2\geqslant\sigma_2^2$	$\sigma_1^2<\sigma_2^2$	$F_1\leqslant F_{1-\alpha}(n_1,n_2)$	$F_2\leqslant F_{1-\alpha}(n_1-1,n_2-1)$
$\sigma_1^2\leqslant\sigma_2^2$	$\sigma_1^2>\sigma_2^2$	$F_1\geqslant F_\alpha(n_1,n_2)$	$F_2\geqslant F_\alpha(n_1-1,n_2-1)$

3. 需要注意的问题

（1）在假设检验中，原假设和备择假设的确定．
（2）在假设检验中，无论拒绝原假设或接受原假设，都有可能犯错误．
（3）在假设检验中，单侧检验与双侧检验的选择．
（4）假设检验与区间估计的异同．

思考与问答七

1. 假设检验时，若增大样本容量，则犯两类错误的概率会发生什么变化？

2. 对一个固定的假设检验问题,与判断结论有关的因素有哪些?

3. 设正态总体的方差 σ^2 为已知,$\bar{x}$ 为总体容量为 n 的样本均值,若对假设 $H_0: \mu = \mu_0$,$H_1: \mu = \mu_1 > \mu_0$,取 H_0 的拒绝域 $W = \{\bar{X} > C\}$.

(1) 在 H_0 成立时,求犯第一类错误的概率 α;

(2) 在 H_0 不成立且 $\mu = \mu_1 > \mu_0$ 时,求犯第二类错误的概率 β.

4. 假设检验和区间估计的联系和区别是什么?

习题七

1. 设某产品指标服从正态分布,已知它的标准差 $\sigma = 150$ h. 今由一批产品中随机抽取了 26 个,测得指标的平均值为 1 637 h,问在 5% 的显著性水平下,能否认为该批产品指标为 1 600 h?

2. 过去某工厂向 A 公司订购原材料,自订货日开始至交货日止,平均为 49.1 天,现改为向 B 公司订购原料,随机抽取向 B 公司订的 8 次货,交货天数为

$$46, 38, 40, 39, 52, 35, 48, 44,$$

问 B 公司交货日期是否较 A 公司为短($\alpha = 0.05$)?

3. 用一台自动包装机包装葡萄糖,假定在正常情况下,糖的净重服从正态分布. 长期资料表明,标准差为 15 克. 现从某一班的产品中随机取出 9 袋,测得重量为

$$497, 506, 518, 511, 524, 510, 488, 515, 512.$$

问包装机标准差有无变化($\alpha = 0.05$)?

4. 测定某种溶液中的水分,它的 10 个测定值给出 $s = 0.037\%$,设测定值总体为正态分布,σ^2 为总体方差. 试在水平 $\alpha = 0.05$ 下检验假设 $H_0: \sigma \geq 0.04\%$;$H_1: \sigma < 0.04\%$.

5. 下表分别给出两个文学家马克·吐温(Mark Twain)的 8 篇小品文以及斯诺德格拉斯(Snodgrass)的 10 篇小品文中由 3 个字母组成的词的比例.

马克·吐温	0.225	0.262	0.217	0.240	0.230	0.229	0.235	0.217	
斯诺德格拉斯	0.209	0.205	0.196	0.210	0.202	0.207	0.224	0.223	0.220	0.201

设两组数据分别来自正态总体,且两总体方差相等,两样本相互独立,问两个作家所写的小品文中包含由 3 个字母组成的词的比例是否有显著的差异($\alpha = 0.05$)?

6. 有甲、乙两台机床,加工同样产品,从这两台机床加工的产品中随机地抽取若干产品,测得产品直径(单位:mm)为:

甲:20.5,　19.8,　19.7,　20.4,　20.1,　20.0,　19.6,　19.9;

乙:19.7,　20.8,　20.5,　19.8,　19.4,　20.6,　19.2.

试比较甲乙两台机床加工的精度有无显著差异($\alpha = 0.05$)?

7. 一家冶金公司需要减少排放到废水中的生物氧需求量,用于废水处理的活化泥供应商建议,用纯氧取代空气吹入活化泥以改善生物氧需求量(值越小越好). 现从两种处理的废水中分别抽取了容量为 10 和容量为 9 的样本:

空气法	184	194	158	218	186	218	165	172	191	179
氧气法	163	185	178	183	171	140	155	179	175	

已知生物氧需求量服从正态分布,问:

(1) 该公司是否应该采用氧气法来减少生物氧需求量($\alpha = 0.05$).

(2) 如可以采用氧气法,求减少的生物氧需求量的置信度为 95% 的置信区间.

8. 有两台机器生产金属部件,分别在两台机器所生产的部件中各取一容量 $n_1 = 60, n_2 = 40$ 的样本,测得部件重量的样本方差分别为 $s_1^2 = 15.46, s_2^2 = 9.66$. 设两样本相互独立. 两总体分别服从 $N(\mu_1, \sigma_1^2), N(\mu_2, \sigma_2^2)$ 分布,试在水平 $\alpha = 0.05$ 下检验假设:$H_0: \sigma_1^2 \leq \sigma_2^2; H_1: \sigma_1^2 > \sigma_2^2$.

9. 在十块土地上试种甲、乙两种作物,所得产量分别为 $(x_1, x_2, \cdots, x_{10}), (y_1, y_2, \cdots, y_{10})$,假设作物产量服从正态分布,并计算得 $\bar{x} = 30.97, \bar{y} = 21.79, s_x = 26.7, s_y = 12.1$. 取显著性水平 $\alpha = 0.01$,问是否可认为两种作物的产量没有显著性差别?

10. 某水泥厂用机器进行水泥装袋,规定平均每袋应装 50 kg,标准差 0.5 kg. 经在生产过程中抽查 60 袋的结果,平均每袋为 50.15 kg,试判断机器工作是否正常($\alpha = 0.05$)?

11. 一个小学校长在报纸上看到这样的报道:"这一城市的初中学生平均每周看 8 小时以上电视",她认为她所领导的学校,学生看电视的时间明显小于该数字,为此她向 100 个学生作了调查,得知平均每周看电视的时间 $\bar{x} = 6.5$ h,样本标准差为 $s = 2$ h,问是否可以认为这位校长的看法是对的($\alpha = 0.05$)?

12. 设某羊场为研究剪毛次数对羊的年产毛量的关系,抽取 50 只羊为一组,每年剪毛两次;又抽取 80 只羊为一组,每年剪毛三次. 结果前一组平均每只羊的年产毛量为 2.8 kg,标准差为 0.48 kg;后一组平均每只羊的年产毛量为 2.95 kg,标准差为 0.51 kg. 试判断剪毛两次与剪毛三次在年产毛量上是否有区别($\alpha = 0.05$)?

13. 某厂使用两种不同的原料 A, B 生产同一类型产品,各在一周的产品中取样进行分析比较,取使用原料 A 生产的样品 220 件,测得平均质量为 2.46 kg,样本标准差 $s = 0.57$ kg,取使用原料 B 生产的样品 205 件,测得平均质量为 2.55 kg. 样本标准差 $s = 0.48$ kg. 设这两个样本独立,问在水平 0.05 下能否认为使用原料 B 的产品平均质量较使用原料 A 为大?

14. 检查 100 件某产品,记录产品表面的疵点的个数,其结果如下:

疵点个数 x_i	0	1	2	3	4	5	6	≥ 7
频数 n_i	36	40	19	2	0	2	1	0

问能否认为一件产品表面的疵点个数服从泊松分布($\alpha = 0.05$)?

15. 检验产品质量时,每次抽取 10 个产品来检查,共取了 100 次,得到 10 个产品中次品数 X 的结果为

次品数 x_i	0	1	2	3	4	5	6	7	8	9	10
频数 n_i	35	40	18	5	1	1	0	0	0	0	0

问 X 是否服从二项分布 $(\alpha = 0.05)$？

16. 研究混凝土抗压强度的分布,200 件混凝土制件的抗压强度如下:

区间 x_i	(190,200]	(200,210]	(210,220]	(220,230]	(230,240]	(240,250]
频数 n_i	10	26	56	64	30	14

问混凝土制件的抗压强度是否服从正态分布 $N(\mu, \sigma^2)$ $(\alpha = 0.05)$？

第八章
方差分析与回归分析

方差分析与回归分析是数理统计中两种基本的统计模型,在实际中有着极其广泛的应用. 方差分析是在 20 世纪 20 年代由英国著名统计学家费希尔首先应用到农业试验中,用于研究分析多个因素对结果影响的显著性. 而回归的思想是早在 19 世纪,由英国生物学家和统计学家高尔顿(Galton)在研究父与子身高问题时首先引入的,主要用于描述处于同一研究问题中一些变量之间所呈现的关系,建立相应的经验方程,用于预测、优化和控制.

§8.1   单因素试验方差分析

8.1.1   问题的提出

在第七章的假设检验中,我们讨论了具有相同方差的两个正态总体的均值是否相同的显著性检验问题,而在实际问题中,我们还会经常遇到需要比较更多个总体的均值是否相等的显著性检验问题,方差分析是处理这类问题的一种有效方法.

在试验中,我们把将要考察的指标称为试验指标或试验结果,影响试验指标的条件称为**因素**. 因素分为两类:一类是人们可以控制的,如原料剂量、试验温度、种子品种等;另一类是人们不能控制的,如测量误差等. 以下讨论的因素都是指可控因素,通常用大写英文字母 A, B, C 等表示. 因素所处的不同状态称为**水平**,通常用表示该因素的字母加下标表示,如因素 A 的第 i 个水平表示为 A_i. 如果在试验中只有一个因素的水平在改变,则称之为单因素试验,否则称为多因素试验. 本节首先讨论单因素试验.

例 8.1.1   用四种不同的生产工艺生产同种产品,从所生产的产品中各取 3 个,测定其长度,所得结果如表 8.1,试分析不同工艺生产的产品长度是否有显著差异.

表 8.1   例 8.1.1 试验数据

生产工艺	产品长度/cm		
A_1	25.6	26.4	27.0
A_2	25.8	24.5	23.4
A_3	27.5	25.3	26.7
A_4	28.2	29.4	28.9

在本例中只考虑生产工艺这个因素 A 对产品长度的影响,那么,四种不同的生产工艺就是因素 A 的 4 个不同水平 A_1, A_2, A_3, A_4. 由于同一工艺生产的产品的长度不尽相同,是一个随机变量. 把同一工艺生产的产品的长度作为一个总体,分别以 X_1, X_2, X_3, X_4 表示.

假设总体 $X_i(i=1,2,3,4)$ 相互独立,有相等的方差,且服从正态分布 $N(\mu_i, \sigma^2)(i=1,2,3,4)$. 本例分析不同工艺生产的产品长度是否有显著差异,即检验假设

$$H_0 : \mu_1 = \mu_2 = \mu_3 = \mu_4$$

是否成立. 如果拒绝 H_0,我们就认为这四种不同的生产工艺生产的产品的长度之间有显著差异;如果接受 H_0,就认为没有显著差异.

8.1.2 单因素试验方差分析模型

设因素 A 有 k 个不同水平,用 $A_1, A_2, \cdots, A_k$ 表示,假设在每个水平 A_i 下,总体 X_i 服从正态分布 $N(\mu_i, \sigma^2)(i=1,2,\cdots,k)$,并且 $X_1, X_2, \cdots, X_k$ 相互独立且有相同的方差 σ^2.

从每个总体 X_i 中,取容量为 n_i 的样本 $X_{i1}, X_{i2}, \cdots, X_{in_i}(i=1,2,\cdots,k)$,得到样本值 $x_{ij}(i=1,2,\cdots,k, j=1,2,\cdots,n_i)$,如表 8.2 所示.

表 8.2 单因素试验数据模式

水平	试验数据 x_{ij}			
A_1	x_{11}	x_{12}	$\cdots$	x_{1n_1}
A_2	x_{21}	x_{22}	$\cdots$	x_{2n_2}
$\vdots$	$\vdots$	$\vdots$		$\vdots$
A_k	x_{k1}	x_{k2}	$\cdots$	x_{kn_k}

检验因素 A 对试验指标的影响是否显著,即检验假设

$$H_0 : \mu_1 = \mu_2 = \cdots = \mu_k \tag{8.1.1}$$

是否成立. 备择假设为

$$H_1 : \mu_1, \mu_2, \cdots, \mu_k \text{ 不全相等}.$$

在不致引起误解的情况下,通常备择假设可以省略不写.

下面建立单因素试验方差分析的数学模型.

需要指出的是,一般情况下样本用大写字母 $X_1, X_2, \cdots, X_n$ 表示,样本值用小写字母 $x_1, x_2, \cdots, x_n$ 表示. 但以后为简单方便起见,无论是样本还是样本值,均用 $x_1, x_2, \cdots, x_n$ 表示,读者可以从上下文内容判断是样本还是样本值.

由基本假设 $x_{ij} \sim N(\mu_i, \sigma^2)(i=1,2,\cdots,k, j=1,2,\cdots,n_i)$,令 $\varepsilon_{ij} = x_{ij} - \mu_i(i=1,2,\cdots,k, j=1,2,\cdots,n_i)$,称之为随机误差,则 $\varepsilon_{ij} \sim N(0, \sigma^2)$ 且相互独立. 于是 x_{ij} 具有数据结构

$$x_{ij} = \mu_i + \varepsilon_{ij} \quad (i=1,2,\cdots,k, j=1,2,\cdots,n_i).$$

为讨论方便,令

$$n = \sum_{i=1}^{k} n_i, \quad \mu = \frac{1}{n} \sum_{i=1}^{k} n_i \mu_i, \quad \alpha_i = \mu_i - \mu \quad (i=1,2,\cdots,k).$$

分别称 n 为试验总次数, μ 为理论总均值, α_i 为因素 A 第 i 个水平 A_i 的效应. 易知 $\sum\limits_{i=1}^{k} n_i \alpha_i = 0$. 那么 x_{ij} 的数据结构可以写成

$$x_{ij} = \mu + \alpha_i + \varepsilon_{ij} \quad (i=1,2,\cdots,k, j=1,2,\cdots,n_i). \tag{8.1.2}$$

满足 $\varepsilon_{ij} \sim N(0,\sigma^2)$, $\sum\limits_{i=1}^{k} n_i \alpha_i = 0$.

检验假设 $(8.1.1)$, 即检验假设

$$H_0: \alpha_1 = \alpha_2 = \cdots = \alpha_k = 0. \tag{8.1.3}$$

式 $(8.1.2)$ 称为单因素试验方差分析的 **数学模型**.

8.1.3 平方和分解

令 $\bar{x} = \dfrac{1}{n} \sum\limits_{i=1}^{k} \sum\limits_{j=1}^{n_i} x_{ij} = \dfrac{1}{n} \sum\limits_{i=1}^{k} n_i \bar{x}_{i.}$ 表示总的样本均值, $\bar{x}_{i.} = \dfrac{1}{n_i} \sum\limits_{j=1}^{n_i} x_{ij} (i=1,2,\cdots,k)$ 表示

第 i 组样本的样本均值, 考察样本值对总的样本均值的偏差平方和, 称为 **总平方和**, 记为 $SS_T = \sum\limits_{i=1}^{k} \sum\limits_{j=1}^{n_i} (x_{ij} - \bar{x})^2$. 对 SS_T 进行分解,

$$
\begin{aligned}
SS_T &= \sum_{i=1}^{k} \sum_{j=1}^{n_i} (x_{ij} - \bar{x})^2 = \sum_{i=1}^{k} \sum_{j=1}^{n_i} \left[(\bar{x}_{i.} - \bar{x}) + (x_{ij} - \bar{x}_{i.}) \right]^2 \\
&= \sum_{i=1}^{k} \sum_{j=1}^{n_i} \left[(\bar{x}_{i.} - \bar{x})^2 + 2(\bar{x}_{i.} - \bar{x})(x_{ij} - \bar{x}_{i.}) + (x_{ij} - \bar{x}_{i.})^2 \right] \\
&= \sum_{i=1}^{k} n_i (\bar{x}_{i.} - \bar{x})^2 + 2 \sum_{i=1}^{k} \left[(\bar{x}_{i.} - \bar{x}) \sum_{j=1}^{n_i} (x_{ij} - \bar{x}_{i.}) \right] + \sum_{i=1}^{k} \sum_{j=1}^{n_i} (x_{ij} - \bar{x}_{i.})^2,
\end{aligned}
$$

其中 $\sum\limits_{j=1}^{n_i} (x_{ij} - \bar{x}_{i.}) = 0$. 所以

$$\sum_{i=1}^{k} \sum_{j=1}^{n_i} (x_{ij} - \bar{x})^2 = \sum_{i=1}^{k} n_i (\bar{x}_{i.} - \bar{x})^2 + \sum_{i=1}^{k} \sum_{j=1}^{n_i} (x_{ij} - \bar{x}_{i.})^2,$$

其中 $\sum\limits_{i=1}^{k} n_i (\bar{x}_{i.} - \bar{x})^2$ 反映了由因素 A 的不同水平引起的系统误差(组间差异), 称为 **因素平方和**(或组间平方和), $\sum\limits_{i=1}^{k} \sum\limits_{j=1}^{n_i} (x_{ij} - \bar{x}_{i.})^2$ 反映了试验过程中各种随机因素所引起的试验误差(组内差异), 称为 **误差平方和**(或组内平方和), 分别记为

$$SS_A = \sum_{i=1}^{k} n_i (\bar{x}_{i.} - \bar{x})^2, \quad SS_e = \sum_{i=1}^{k} \sum_{j=1}^{n_i} (x_{ij} - \bar{x}_{i.})^2.$$

于是有

$$SS_T = SS_A + SS_e. \tag{8.1.4}$$

式 $(8.1.4)$ 称为 **总平方和分解式**.

8.1.4　显著性检验

如果原假设 H_0 是正确的,即 $\mu_1 = \mu_2 = \cdots = \mu_k$,则所有的数据 x_{ij} 可以看作是来自同一正态总体 $N(\mu, \sigma^2)$,并且是相互独立的.于是由定理 5.3.3 可知

$$\frac{SS_T}{\sigma^2} = \frac{1}{\sigma^2} \sum_{i=1}^{k} \sum_{j=1}^{n_i} (x_{ij} - \bar{x})^2 \sim \chi^2(n-1).$$

同理对各组样本,有

$$\frac{1}{\sigma^2} \sum_{j=1}^{n_i} (x_{ij} - \bar{x}_{i.})^2 \sim \chi^2(n_i - 1) \quad (i = 1, 2, \cdots, k).$$

由 χ^2 分布的可加性,知

$$\frac{SS_e}{\sigma^2} = \frac{1}{\sigma^2} \sum_{i=1}^{k} \sum_{j=1}^{n_i} (x_{ij} - \bar{x}_{i.})^2 \sim \chi^2(n-k).$$

可以证明,统计量 SS_A 和 SS_e 是相互独立的,并且

$$\frac{SS_A}{\sigma^2} = \frac{1}{\sigma^2} \sum_{i=1}^{k} n_i (\bar{x}_{i.} - \bar{x})^2 \sim \chi^2(k-1).$$

记 $MS_A = \dfrac{SS_A}{k-1}, MS_e = \dfrac{SS_e}{n-k}$,并称 MS_A 为**组间均方和**,MS_e 为**组内均方和**.

则统计量

$$F = \frac{\dfrac{SS_A/\sigma^2}{k-1}}{\dfrac{SS_e/\sigma^2}{n-k}} = \frac{SS_A/(k-1)}{SS_e/(n-k)} = \frac{MS_A}{MS_e} \sim F(k-1, n-k). \tag{8.1.5}$$

如果因素 A 的各个水平对总体的影响不大,则均方和 MS_A 较小,因而 $F = \dfrac{MS_A}{MS_e}$ 的值也较小;反之,如果因素 A 的各个水平对总体的影响显著不同,则均方和 MS_A 较大,因而 F 值也较大.因此,我们可以选用 $F = \dfrac{MS_A}{MS_e}$ 作为检验统计量,根据 F 值的大小来检验原假设 H_0.

对于给定的显著性水平 α,由附表 6 查得 $F_\alpha(k-1, n-k)$,当 $F \geqslant F_\alpha(k-1, n-k)$ 时,在显著性水平 α 下拒绝原假设 H_0,认为因素 A 的不同水平对总体有显著影响,否则,当 $F < F_\alpha(k-1, n-k)$ 时,接受原假设 H_0,即认为因素 A 的不同水平对总体无显著影响.

在实际应用中,当显著性水平 α 满足 $0.01 < \alpha \leqslant 0.05$ 时,如果拒绝了原假设 H_0,则认为因素 A 的不同水平对总体有显著影响,在显著性一栏中通常用" $*$ "表示;当显著性水平 α 满足 $\alpha \leqslant 0.01$ 时拒绝原假设 H_0,则认为因素 A 的不同水平对总体有极其显著影响,在显著性一栏中通常用" $**$ "表示.

根据计算结果,可以列出单因素方差分析表(如表 8.3).

表 8.3 单因素试验方差分析表

方差来源	平方和	自由度	均方和	F 值	显著性
组间	SS_A	$k-1$	$MS_A = SS_A/(k-1)$	$F = MS_A/MS_e$	
误差	SS_e	$n-k$	$MS_e = SS_e/(n-k)$		
总计	SS_T	$n-1$			

在实际计算各平方和时,常用下面的计算公式:

$$SS_T = \sum_{i=1}^{k} \sum_{j=1}^{n_i} x_{ij}^2 - \frac{T^2}{n}, \quad SS_A = \sum_{i=1}^{k} \frac{1}{n_i} T_{i\cdot}^2 - \frac{T^2}{n}, \quad SS_e = SS_T - SS_A,$$

其中 $T_{i\cdot} = \sum_{j=1}^{n_i} x_{ij}, T = \sum_{i=1}^{k} T_{i\cdot}.$

对于例 8.1.1,我们列表计算,如表 8.4.

表 8.4 例 8.1.1 的计算表

生产工艺	产品长度/cm	n_i	$T_{i\cdot}$	$\frac{1}{n_i}T_{i\cdot}^2$	$\sum_{j=1}^{n_i} x_{ij}^2$
A_1	25.6 26.4 27.0	3	79.0	2 080.333	2 081.32
A_2	25.8 24.5 23.4	3	73.7	1 810.563	1 813.45
A_3	27.5 25.3 26.7	3	79.5	2 106.750	2 109.23
A_4	28.2 29.4 28.9	3	86.5	2 494.083	2 494.81
$\sum$		12	318.7	8 491.73	8 498.81

再计算各平方和,填入方差分析表 8.5.

表 8.5 例 8.1.1 方差分析表

方差来源	平方和	自由度	均方和	F 值	显著性
组间	27.589	3	9.196	10.39	**
误差	7.080	8	0.885		
总计	34.669	11			

因为 $F = 10.39 > 7.59 = F_{0.01}(3,8)$,所以四种不同的生产工艺生产的产品长度有极其显著的差异.

Excel 提供了数据分析工具库,其中包含了常用的统计方法,可以方便地进行统计计算和分析. 以单因素试验方差分析为例,Excel 数据分析步骤如下:

(1) 首先把问题中的数据输入 Excel 的工作表(如图 8.1).

(2) 然后点击"数据"菜单中的"数据分析",在弹出的对话框中,选定"单因素方差分析",单击"确定"(如图 8.2).

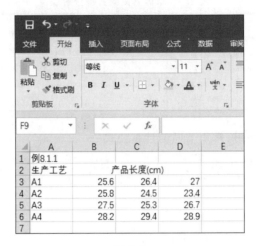

图 8.1

图 8.2

（3）在打开的单因素方差分析的对话框中分别输入：在输入区域中输入：$A\$3:\$D\$6$，分组方式选择"行"，在"标志位于第一列"前的复选框打"√"，显著性水平默认为"0.05"，在输出区域中输入"$A\$11$"，单击"确定"按钮（如图 8.3）.

（4）输出方差分析表（如图 8.4）.

（5）结果分析：根据输出的方差分析表，原假设 H_0 是否显著有两种判别方法：

1）由 F 检验统计量的值是否落在拒绝域内来判断. 由于 $F = 10.391\,4 > 4.066\,181 = F_{0.05}(3,8)$，因此在显著性水平 0.05 下拒绝原假设 H_0，认为四种不同的生产工艺生产的产品长度有显著的差异.

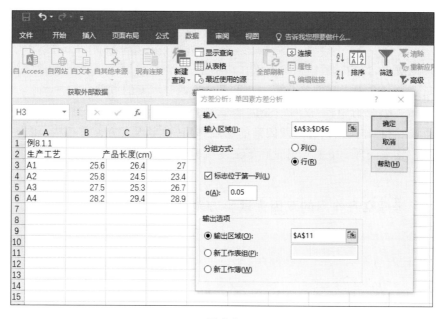

图 8.3

	组	观测数	求和	平均	方差
10					
11 方差分析：单因素方差分析					
12					
13 SUMMARY					
14	组	观测数	求和	平均	方差
15 A1		3	79	26.33333	0.493333
16 A2		3	73.7	24.56667	1.443333
17 A3		3	79.5	26.5	1.24
18 A4		3	86.5	28.83333	0.363333

	差异源	SS	df	MS	F	P-value	F crit
21 方差分析							
22 差异源		SS	df	MS	F	P-value	F crit
23 组间		27.58917	3	9.196389	10.3914	0.003914	4.066181
24 组内		7.08	8	0.885			
25							
26 总计		34.66917	11				

图 8.4

2）利用检验的 p 值判断，在 Excel 输出结果里，有一栏"P-value = 0.003 914"，此即该检验的 P 值，由于检验的 p 值为 $0.003\ 914 < 0.05$，所以在 0.05 的显著性水平下拒绝原假设 H_0。并且我们注意到 $0.003\ 914 < 0.01$，说明在原假设为真的情况下发生的概率非常小，因此四种不同的生产工艺生产的产品长度有极其显著的差异。这种判断方法能得到更加精确的结论，在实际问题中更为常用。

关于使用 Excel 的数据分析工具进行统计分析的其他内容可以参考有关 Excel 应用的书籍或资料。

§8.2 双因素试验方差分析

在实际问题中,影响试验结果的因素往往不止一个,而是两个或者更多,这时要分析因素的作用就要用到多因素的方差分析. 这里只讨论两个因素的方差分析.

在双因素方差分析中,不仅每一个因素单独会对试验起作用,有时两个因素可能对试验有交叉影响,这种作用我们称为**双因素的交互作用**,在多因素方差分析中,将交互作用视为一个新的因素来处理. 下面先讨论在等重复试验情形下,考虑交互作用的双因素试验方差分析.

8.2.1 考虑交互作用的双因素试验方差分析

假设试验中可控因素是 A, B 两个因素,试验指标为 X,因素 A 有 a 个水平,表示为 A_1, A_2, $\cdots$, A_a,因素 B 有 b 个水平,表示为 B_1, B_2, $\cdots$, B_b,每对水平组合 (A_i, B_j) 下的试验都相当于一个总体 $x_{ij}(i=1,2,\cdots,a, j=1,2,\cdots,b)$. 假定 $x_{ij}(i=1,2,\cdots,a, j=1,2,\cdots,b)$ 相互独立,且均服从 $N(\mu_{ij}, \sigma^2)$,共有 ab 个总体. 现在对每对水平组合 (A_i, B_j) $(i=1,2,\cdots,a, j=1,2,\cdots,b)$ 都做 $r(r \geqslant 2)$ 次独立试验,即对每个总体 x_{ij} 进行 r 次独立重复试验,相当于对总体 x_{ij} 进行了容量为 r 的抽样,样本值用 $x_{ijk}(k=1,2,\cdots,r)$ 表示,如表 8.6. 其中 $x_{ijk} \sim N(\mu_{ij}, \sigma^2)$ $(i=1,2,\cdots, a, j=1,2,\cdots,b, k=1,2,\cdots,r)$.

下面根据样本值检验因素 A、因素 B 及交互作用 $I = A \times B$ 对试验结果的影响是否显著.

由 $x_{ijk} \sim N(\mu_{ij}, \sigma^2)$ $(k=1,2,\cdots,r)$,令 $\varepsilon_{ijk} = x_{ijk} - \mu_{ij}$,则 $\varepsilon_{ijk} \sim N(0, \sigma^2)$,且 $\varepsilon_{ijk}(i=1,2,\cdots,a, j=1,2,\cdots,b, k=1,2,\cdots,r)$ 相互独立,它们是重复试验中产生的随机误差,所以有如下的数据结构:

$$x_{ijk} = \mu_{ij} + \varepsilon_{ijk} \quad (i=1,2,\cdots,a, j=1,2,\cdots,b, k=1,2,\cdots,r).$$

表 8.6 双因素等重复试验的数据模式

A 因素	B 因素			
	B_1	B_2	$\cdots$	B_b
A_1	$x_{111}, \cdots, x_{11r}$	$x_{121}, \cdots, x_{12r}$	$\cdots$	$x_{1b1}, \cdots, x_{1br}$
A_2	$x_{211}, \cdots, x_{21r}$	$x_{221}, \cdots, x_{22r}$	$\cdots$	$x_{2b1}, \cdots, x_{2br}$
$\vdots$	$\vdots$	$\vdots$		$\vdots$
A_a	$x_{a11}, \cdots, x_{a1r}$	$x_{a21}, \cdots, x_{a2r}$	$\cdots$	$x_{ab1}, \cdots, x_{abr}$

为讨论方便,引入记号:

(1) 记 $\mu = \dfrac{1}{ab} \sum\limits_{i=1}^{a} \sum\limits_{j=1}^{b} \mu_{ij}$ 为理论总均值,表示 ab 个总体的数学期望的总平均.

(2) 记 $\mu_{i\cdot} = \dfrac{1}{b} \sum\limits_{j=1}^{b} \mu_{ij}$,$\alpha_i = \mu_{i\cdot} - \mu(i=1,2,\cdots,a)$,

$$\mu_{\cdot j} = \frac{1}{a} \sum_{i=1}^{a} \mu_{ij}, \beta_j = \mu_{\cdot j} - \mu (j = 1, 2, \cdots, b),$$

其中 α_i 称为因素 A 的第 i 个水平 A_i 对试验结果的效应, β_j 称为因素 B 的第 j 个水平 B_j 对试验结果的效应. 易知 $\sum_{i=1}^{a} \alpha_i = 0$, $\sum_{j=1}^{b} \beta_j = 0$.

（3）记 $\gamma_{ij} = (\mu_{ij} - \mu) - (\mu_{i\cdot} - \mu) - (\mu_{\cdot j} - \mu)$, 即 $\gamma_{ij} = (\mu_{ij} - \mu) - \alpha_i - \beta_j$, 式中 γ_{ij} 称为交互效应, 即因素 A 与因素 B 对试验结果的交互影响, 通常把它设想为某个新因素的效应, 记为 $A \times B$, 也称为 A 与 B 对试验结果的交互作用. 易验证, $\sum_{i=1}^{a} \gamma_{ij} = 0$ $(j = 1, 2, \cdots, b)$, $\sum_{j=1}^{b} \gamma_{ij} = 0$ $(i = 1, 2, \cdots, a)$.

因此可以得到等重复试验具有交互作用的双因素方差分析的数学模型为

$$x_{ijk} = \mu + \alpha_i + \beta_j + \gamma_{ij} + \varepsilon_{ijk}, \tag{8.2.1}$$

其中 $\varepsilon_{ijk} \sim N(0, \sigma^2)$ 且相互独立 $(i = 1, 2, \cdots, a, j = 1, 2, \cdots, b, k = 1, 2, \cdots, r)$, $\sum_{i=1}^{a} \alpha_i = 0$, $\sum_{j=1}^{b} \beta_j = 0$, $\sum_{i=1}^{a} \gamma_{ij} = 0$ $(j = 1, 2, \cdots, b)$, $\sum_{j=1}^{b} \gamma_{ij} = 0$ $(i = 1, 2, \cdots, a)$. 式中 $\mu, \alpha_i, \beta_j, \gamma_{ij}$ 及 σ^2 都是未知参数.

给定显著性水平 α, 需检验以下三个假设:

$$H_{01} : \alpha_1 = \alpha_2 = \cdots = \alpha_a = 0,$$
$$H_{02} : \beta_1 = \beta_2 = \cdots = \beta_b = 0,$$
$$H_{03} : \gamma_{11} = \cdots = \gamma_{ij} = \cdots = \gamma_{ab} = 0.$$

与单因素方差分析类似, 记 $SS_T = \sum_{i=1}^{a} \sum_{j=1}^{b} \sum_{k=1}^{r} (x_{ijk} - \bar{x})^2$ 为**总偏差平方和**, 其中 $\bar{x} = \frac{1}{abr} \sum_{i=1}^{a} \sum_{j=1}^{b} \sum_{k=1}^{r} x_{ijk}$ 为总的样本均值, SS_T 表示全体样本观测值 x_{ijk} 对 $\bar{x}$ 的偏差平方和.

引入记号

$$\bar{x}_{ij\cdot} = \frac{1}{r} \sum_{k=1}^{r} x_{ijk}, \quad \bar{x}_{i\cdot\cdot} = \frac{1}{br} \sum_{j=1}^{b} \sum_{k=1}^{r} x_{ijk}, \quad \bar{x}_{\cdot j\cdot} = \frac{1}{ar} \sum_{i=1}^{a} \sum_{k=1}^{r} x_{ijk},$$

则 SS_T 可以分解为

$$
\begin{aligned}
SS_T &= \sum_{i=1}^{a} \sum_{j=1}^{b} \sum_{k=1}^{r} (x_{ijk} - \bar{x})^2 \\
&= \sum_{i=1}^{a} \sum_{j=1}^{b} \sum_{k=1}^{r} \left[(\bar{x}_{i\cdot\cdot} - \bar{x}) + (\bar{x}_{\cdot j\cdot} - \bar{x}) + (\bar{x}_{ij\cdot} - \bar{x}_{i\cdot\cdot} - \bar{x}_{\cdot j\cdot} + \bar{x}) + (x_{ijk} - \bar{x}_{ij\cdot}) \right]^2 \\
&= br \sum_{i=1}^{a} (\bar{x}_{i\cdot\cdot} - \bar{x})^2 + ar \sum_{j=1}^{b} (\bar{x}_{\cdot j\cdot} - \bar{x})^2 + r \sum_{i=1}^{a} \sum_{j=1}^{b} (\bar{x}_{ij\cdot} - \bar{x}_{i\cdot\cdot} - \bar{x}_{\cdot j\cdot} + \bar{x})^2 + \\
&\quad \sum_{i=1}^{a} \sum_{j=1}^{b} \sum_{k=1}^{r} (x_{ijk} - \bar{x}_{ij\cdot})^2.
\end{aligned}
$$

记 $SS_A = \sum\limits_{i=1}^{a} \sum\limits_{j=1}^{b} \sum\limits_{k=1}^{r} (\overline{x}_{i..} - \overline{x})^2 = br \sum\limits_{i=1}^{a} (\overline{x}_{i..} - \overline{x})^2$ 称为**因素 A 的偏差平方和**,反映了因素 A 的不同水平所引起的系统误差;$SS_B = \sum\limits_{i=1}^{a} \sum\limits_{j=1}^{b} \sum\limits_{k=1}^{r} (\overline{x}_{.j.} - \overline{x})^2 = ar \sum\limits_{j=1}^{b} (\overline{x}_{.j.} - \overline{x})^2$ 称为**因素 B 的偏差平方和**,反映了因素 B 的不同水平所引起的系统误差;$SS_{A \times B} = \sum\limits_{i=1}^{a} \sum\limits_{j=1}^{b} \sum\limits_{k=1}^{r} (\overline{x}_{ij.} - \overline{x}_{i..} - \overline{x}_{.j.} + \overline{x})^2$ 称为**因素 A 与因素 B 的交互作用 $A \times B$ 的偏差平方和**,反映了因素 A 与因素 B 的不同水平的交互作用所引起的系统误差;$SS_e = \sum\limits_{i=1}^{a} \sum\limits_{j=1}^{b} \sum\limits_{k=1}^{r} (x_{ijk} - \overline{x}_{ij.})^2$ 称为**误差平方和**,反映了试验过程中各种随机因素所引起的随机误差. 那么有

$$SS_T = \sum_{i=1}^{a} \sum_{j=1}^{b} \sum_{k=1}^{r} (x_{ijk} - \overline{x})^2 = SS_A + SS_B + SS_{A \times B} + SS_e. \qquad (8.2.2)$$

在计算中,通常用公式

$$SS_T = \sum_{i=1}^{a} \sum_{j=1}^{b} \sum_{k=1}^{r} x_{ijk}^2 - \frac{T_{...}^2}{abr}, \quad SS_A = \frac{1}{br} \sum_{i=1}^{a} T_{i..}^2 - \frac{T_{...}^2}{abr},$$

$$SS_B = \frac{1}{ar} \sum_{j=1}^{b} T_{.j.}^2 - \frac{T_{...}^2}{abr}, \quad S_{A \times B} = \frac{1}{r} \sum_{i=1}^{a} \sum_{j=1}^{b} T_{ij.}^2 - \frac{T_{...}^2}{abr} - S_A - S_B,$$

其中

$$T_{...} = \sum_{i=1}^{a} \sum_{j=1}^{b} \sum_{k=1}^{r} x_{ijk}, \quad T_{ij.} = \sum_{k=1}^{r} x_{ijk} \quad (i = 1, 2, \cdots, a, j = 1, 2, \cdots, b),$$

$$T_{i..} = \sum_{j=1}^{b} \sum_{k=1}^{r} x_{ijk} \quad (i = 1, 2, \cdots, a), \quad T_{.j.} = \sum_{i=1}^{a} \sum_{k=1}^{r} x_{ijk} \quad (j = 1, 2, \cdots, b).$$

定义因素 A、因素 B、交互作用 $A \times B$ 及随机误差 e 的**均方和**分别为 $MS_A = \frac{SS_A}{a-1}, MS_B = \frac{SS_B}{b-1}, MS_{A \times B} = \frac{SS_{A \times B}}{(a-1)(b-1)}, MS_e = \frac{SS_e}{ab(r-1)}$. 可以证明,当原假设 H_{01} 成立时,有

$$F_A = \frac{SS_A/(a-1)}{SS_e/(ab(r-1))} = \frac{MS_A}{MS_e} \sim F(a-1, ab(r-1)), \qquad (8.2.3)$$

当原假设 H_{02} 成立时,有

$$F_B = \frac{SS_B/(b-1)}{SS_e/(ab(r-1))} = \frac{MS_B}{MS_e} \sim F(b-1, ab(r-1)), \qquad (8.2.4)$$

当原假设 H_{03} 成立时,有

$$F_{A \times B} = \frac{SS_{A \times B}/((a-1)(b-1))}{SS_e/(ab(r-1))} = \frac{MS_{A \times B}}{MS_e} \sim F((a-1)(b-1), ab(r-1)). \qquad (8.2.5)$$

由显著性水平 α,查附表 6 得到 $F_\alpha(a-1, ab(r-1))$,$F_\alpha(b-1, ab(r-1))$,$F_\alpha((a-1)(b-1), ab(r-1))$,然后分别计算统计量 F_A,F_B,$F_{A \times B}$ 的值. 若 $F_A \geqslant F_\alpha(a-1, ab(r-1))$,则拒绝 H_{01},否则接受 H_{01};若 $F_B \geqslant F_\alpha(b-1, ab(r-1))$,则拒绝 H_{02},否则接受 H_{02};若 $F_{A \times B} \geqslant F_\alpha((a-1)(b-1),$

$ab(r-1))$,则拒绝 H_{03},否则接受 H_{03}.

所有结果可以用方差分析表 8.7 表示.

表 8.7 双因素等重复试验方差分析表

方差来源	平方和	自由度	均方和	F 值	显著性
因素 A	SS_A	$a-1$	$MS_A = SS_A/(a-1)$	$F_A = MS_A/MS_e$	
因素 B	SS_B	$b-1$	$MS_B = SS_B/(b-1)$	$F_B = MS_B/MS_e$	
交互 A×B	$SS_{A \times B}$	$(a-1)(b-1)$	$MS_{A \times B} = SS_{A \times B}/((a-1)(b-1))$	$F_{A \times B} = MS_{A \times B}/MS_e$	
误差 e	SS_e	$ab(r-1)$	$MS_e = SS_e/(ab(r-1))$		
总计	SS_T	$abr-1$			

在具体计算时,应先检验交互作用是否显著,即先计算 $F_{A \times B}$,若交互作用显著,再进行因素作用的显著性检验;若交互作用不显著,则将 $SS_{A \times B}$ 并入 SS_e 中,一起作为误差平方和,记 $SS_e' = SS_{A \times B} + SS_e$,则 SS_e' 的自由度为 $(a-1)(b-1) + ab(r-1) = abr-a-b+1$,此时检验统计量变为

$$F_A' = \frac{SS_A/(a-1)}{SS_e'/(abr-a-b+1)}, \quad F_B' = \frac{SS_B/(b-1)}{SS_e'/(abr-a-b+1)}.$$

例 8.2.1 某车间记录了甲、乙、丙三位工人在四台不同车床上操作三天的产量,具体数据见表 8.8.

表 8.8 例 8.2.1 数据

工人	车床编号			
	B_1	B_2	B_3	B_4
A_1	15,15,17	17,17,17	15,17,16	18,20,22
A_2	19,19,16	15,15,15	18,17,16	15,16,17
A_3	16,18,21	19,22,22	18,18,18	17,17,17

试分析:(1)不同工人操作之间的差异是否显著? (2)机床之间的差异是否显著? (3)两个因素之间的交互作用是否显著($\alpha = 0.05$)?

解 由题意,$a=3, b=4, r=3$,即检验假设

$$H_{01}: \alpha_1 = \alpha_2 = \alpha_3 = 0,$$
$$H_{02}: \beta_1 = \beta_2 = \beta_3 = \beta_4 = 0,$$
$$H_{03}: \gamma_{11} = \cdots = \gamma_{ij} = \cdots = \gamma_{34} = 0 \quad (i=1,2,3, j=1,2,3,4).$$

由数据计算得

$$T_{11.} = 47, \quad T_{12.} = 51, \quad T_{13.} = 48, \quad T_{14.} = 60,$$
$$T_{21.} = 54, \quad T_{22.} = 45, \quad T_{23.} = 51, \quad T_{24.} = 48,$$

$$T_{31.} = 55, \quad T_{32.} = 63, \quad T_{33.} = 54, \quad T_{34.} = 51,$$

$$T_{.1.} = 156, \quad T_{.2.} = 159, \quad T_{.3.} = 153, \quad T_{.4.} = 159,$$

$$T_{1..} = 206, \quad T_{2..} = 198, \quad T_{3..} = 223, \quad T_{...} = 627,$$

$$T_{...}^2 = 393\ 129, \quad \sum_{i=1}^{a}\sum_{j=1}^{b}\sum_{k=1}^{r} x_{ijk}^2 = 11\ 065.$$

代入计算得

$$SS_T = \sum_{i=1}^{a}\sum_{j=1}^{b}\sum_{k=1}^{r}(x_{ijk}-\bar{x})^2 = \sum_{i=1}^{a}\sum_{j=1}^{b}\sum_{k=1}^{r} x_{ijk}^2 - \frac{1}{abr}T_{...}^2$$

$$= 11\ 065 - \frac{393\ 129}{3\times4\times3} = 144.750.$$

同理

$$SS_A = \frac{1}{4\times3}\times131\ 369 - 10\ 920.250 = 27.167,$$

$$SS_B = \frac{1}{3\times3}\times98\ 307 - 10\ 920.250 = 2.750,$$

$$SS_{A\times B} = \frac{1}{3}\times33\ 071 - 10\ 920.250 - 27.167 - 2.750 = 73.500,$$

$$SS_e = SS_T - SS_A - SS_B - SS_{A\times B} = 144.750 - 27.167 - 2.750 - 73.500 = 41.333.$$

列方差分析表如表 8.9.

表 8.9　例 8.2.1 方差分析表

方差来源	平方和	自由度	均方和	F 值	显著性
因素 A	27.167	2	13.58	7.89	**
因素 B	2.750	3	0.92	0.53	
交互 $A\times B$	73.500	6	12.25	7.11	**
误差 e	41.333	24	1.72		
总计 T	144.750	35			

　　因为 $F_A = 7.89 > F_{0.05}(2,24) = 3.40$，故拒绝 H_{01}，即认为不同工人操作因素的影响显著，又 $F_A = 7.89 > F_{0.01}(2,24) = 5.61$，所以不同工人操作因素的影响极其显著;

　　因为 $F_B = 0.53 < F_{0.05}(3,24) = 3.01$，故接受 H_{02}，即认为不同机床因素的影响不显著;

　　因为 $F_{A\times B} = 7.11 > F_{0.05}(6,24) = 2.51$，故拒绝 H_{03}，即认为两个因素的交互作用影响显著，又 $F_{A\times B} = 7.11 > F_{0.01}(6,24) = 3.67$，所以两个因素的交互作用的影响极其显著.

　　利用 Excel 的数据分析工具进行等重复双因素的方差分析时需要注意，重复试验的数据是按行输入. 输出结果如图 8.5.

　　结果分析:输出结果中有五个表格,最后一个表格是方差分析表. 在显著性水平 $\alpha = 0.05$ 下，因为 $F_{0.05}(2,24) = 3.402\ 826 < F_A = 7.887$，$F_{0.05}(3,24) = 3.008\ 787 > F_B = 0.532\ 3$，

29	丙						
30	观测数	3	3	3	3	12	
31	求和	55	63	54	51	223	
32	平均	18.33333	21	18	17	18.58333	
33	方差	6.333333	3	0	0	4.083333	
34							
35	总计						
36	观测数	9	9	9	9		
37	求和	156	159	153	159		
38	平均	17.33333	17.66667	17	17.66667		
39	方差	4.25	7.75	1.25	4.5		
40							
41							
42	方差分析						
43	差异源	SS	df	MS	F	P-value	F crit
44	样本	27.16667	2	13.58333	7.887097	0.00233	3.402826
45	列	2.75	3	0.916667	0.532258	0.664528	3.008787
46	交互	73.5	6	12.25	7.112903	0.000192	2.508189
47	内部	41.33333	24	1.722222			
48							
49	总计	144.75	35				
50							
51							

图 8.5

$F_{0.05}(6,24)=2.508\,189<F_{A\times B}=7.112\,9$,故拒绝 H_{01},接受 H_{02},拒绝 H_{03},即认为不同工人操作因素的影响显著,不同机床因素的影响不显著,两个因素的交互作用影响显著.

8.2.2 不考虑交互作用的双因素试验方差分析

如果根据生产经验或有关专业知识,知道因素 A 与因素 B 之间不存在交互作用,或者它们之间交互作用不显著,仅只需要分析因素 A 与因素 B 各自对试验结果的影响是否显著,对此可以设计双因素无重复试验,即各种水平组合下只进行一次试验,这样可以大大减少试验次数,降低试验成本,试验结果的分析也为之简化.

无交互作用双因素无重复试验的方差分析问题可以看作是有交互作用等重复试验的双因素方差分析问题的特殊情形,即当 $r=1$ 时的情形. 此时交互效应 $\gamma_{ij}=(\mu_{ij}-\mu)-\alpha_i-\beta_j$ 可视为零,即 $\gamma_{ij}=0$. 那么,无交互作用双因素无重复试验的方差分析数学模型为

$$x_{ij}=\mu+\alpha_i+\beta_j+\varepsilon_{ij}\quad(i=1,2,\cdots,a,j=1,2,\cdots,b),\tag{8.2.6}$$

其中 $\sum\limits_{i=1}^{a}\alpha_i=0$, $\sum\limits_{j=1}^{b}\beta_j=0$, $\varepsilon_{ij}\sim N(0,\sigma^2)$ 且相互独立. 式中 μ,α_i,β_j 及 σ^2 都是未知参数.

给定显著性水平 α,需检验以下两个假设:

$$H_{01}:\alpha_1=\alpha_2=\cdots=\alpha_a=0,$$

$$H_{02}:\beta_1=\beta_2=\cdots=\beta_b=0.$$

仿照双因素等重复试验方差分析的平方和分解,此时总平方和 SS_T 分解公式为

$$SS_T=\sum_{i=1}^{a}\sum_{j=1}^{b}(x_{ij}-\bar{x}_{\cdot\cdot})^2=SS_A+SS_B+SS_e.$$

沿用前面的记号,

$$\bar{x} = \frac{1}{ab}\sum_{i=1}^{a}\sum_{j=1}^{b}x_{ij}, \quad T_{..} = \sum_{i=1}^{a}\sum_{j=1}^{b}x_{ij},$$

$$\bar{x}_{i.} = \frac{1}{b}\sum_{j=1}^{b}x_{ij}, \quad T_{i.} = \sum_{j=1}^{b}x_{ij}(i=1,2,\cdots,a),$$

$$\bar{x}_{.j} = \frac{1}{a}\sum_{i=1}^{a}x_{ij}, \quad T_{.j} = \sum_{i=1}^{a}x_{ij}(j=1,2,\cdots,b),$$

$$SS_T = \sum_{i=1}^{a}\sum_{j=1}^{b}(x_{ij}-\bar{x})^2 = \sum_{i=1}^{a}\sum_{j=1}^{b}x_{ij}^2 - \frac{T_{..}^2}{ab},$$

$$SS_A = \sum_{i=1}^{a}\sum_{j=1}^{b}(\bar{x}_{i.}-\bar{x})^2 = \frac{1}{b}\sum_{i=1}^{a}T_{i.}^2 - \frac{T_{..}^2}{ab},$$

$$SS_B = \sum_{i=1}^{a}\sum_{j=1}^{b}(\bar{x}_{.j}-\bar{x})^2 = \frac{1}{a}\sum_{j=1}^{b}T_{.j}^2 - \frac{T_{..}^2}{ab},$$

$$SS_e = \sum_{i=1}^{a}\sum_{j=1}^{b}(x_{ij}-\bar{x}_{i.}-\bar{x}_{.j}+\bar{x})^2 = SS_T - SS_A - SS_B,$$

其中 $SS_A = \sum_{i=1}^{a}\sum_{j=1}^{b}(\bar{x}_{i.}-\bar{x})^2$ 是因素 A 的偏差平方和, 它反映了因素 A 的不同水平所引起的系统误差, $SS_B = \sum_{i=1}^{a}\sum_{j=1}^{b}(\bar{x}_{.j}-\bar{x})^2$ 是因素 B 的偏差平方和, 它反映了因素 B 的不同水平所引起的系统误差. 而 $SS_e = \sum_{i=1}^{a}\sum_{j=1}^{b}(x_{ij}-\bar{x}_{i.}-\bar{x}_{.j}+\bar{x})^2$ 为随机误差平方和, 它反映了试验过程中各种随机因素所引起的随机误差.

可以证明, 当原假设 H_{01} 成立时, 有

$$F_A = \frac{SS_A/(a-1)}{SS_e/((a-1)(b-1))} = \frac{MS_A}{MS_e} \sim F(a-1,(a-1)(b-1)), \tag{8.2.7}$$

当原假设 H_{02} 成立时, 有

$$F_B = \frac{SS_B/(b-1)}{SS_e/((a-1)(b-1))} = \frac{MS_B}{MS_e} \sim F(b-1,(a-1)(b-1)), \tag{8.2.8}$$

这样, 对于给定的显著性水平 α, 若 $F_A \geq F_\alpha(a-1,(a-1)(b-1))$, 则拒绝 H_{01}, 否则接受 H_{01}. 若 $F_B \geq F_\alpha(b-1,(a-1)(b-1))$, 则拒绝 H_{02}, 否则接受 H_{02}.

整个检验过程及计算结果可以用表 8.10 表示.

表 8.10　双因素无重复试验方差分析表

方差来源	平方和	自由度	均方和	F 值	显著性
因素 A	SS_A	$a-1$	$MS_A = SS_A/(a-1)$	$F_A = MS_A/MS_e$	
因素 B	SS_B	$b-1$	$MS_B = SS_B/(b-1)$	$F_B = MS_B/MS_e$	
误差 e	SS_e	$(a-1)(b-1)$	$MS_e = SS_e/((a-1)(b-1))$		
总计	SS_T	$ab-1$			

例 8.2.2 为考察某种产品成品的抗压强度,在生产过程中使用了三种不同的催化剂和四种不同的原料,各种搭配都做一次试验,测得抗压强度数据如表 8.11.检验不同催化剂及原料对产品的抗压强度是否有显著影响($\alpha = 0.05$).

表 8.11 例 8.2.2 试验数据

催化剂	原料			
	B_1	B_2	B_3	B_4
A_1	31	34	35	39
A_2	33	36	37	38
A_3	35	37	39	42

解 本问题是双因素无重复试验,不考虑交互作用,检验的假设如下:
$$H_{01}: \alpha_1 = \alpha_2 = \alpha_3 = 0,$$
$$H_{02}: \beta_1 = \beta_2 = \beta_3 = \beta_4 = 0.$$

具体计算结果:
$$T_{..} = 436, \quad T_{1.} = 139, \quad T_{2.} = 144, \quad T_{3.} = 153,$$
$$T_{.1} = 99, \quad T_{.2} = 107, \quad T_{.3} = 111, \quad T_{.4} = 119,$$
$$SS_T = \sum_{i=1}^{3} \sum_{j=1}^{4} x_{ij}^2 - \frac{T_{..}^2}{3 \times 4} = 15\,940 - \frac{190\,096}{12} = 98.67,$$
$$SS_A = \frac{1}{4} \sum_{i=1}^{3} T_{i.}^2 - \frac{T_{..}^2}{3 \times 4} = \frac{63\,466}{4} - \frac{190\,096}{12} = 25.17,$$
$$SS_B = \frac{1}{3} \sum_{j=1}^{4} T_{.j}^2 - \frac{T_{..}^2}{3 \times 4} = \frac{47\,732}{3} - \frac{190\,096}{12} = 69.33,$$
$$SS_e = SS_T - SS_A - SS_B = 4.17.$$

把计算结果列入方差分析表 8.12.

表 8.12 例 8.2.2 的方差分析表

方差来源	平方和	自由度	均方和	F 值	显著性
因素 A	25.17	2	12.585	18.11	**
因素 B	69.33	3	23.110	33.25	**
误差	4.17	6	0.695		
总计	98.67	11			

由于 $F_A = 18.11 > F_{0.05}(2,6) = 5.14$, $F_B = 33.25 > F_{0.05}(3,6) = 4.76$,结论:在显著性水平 $\alpha = 0.05$ 下,催化剂和原料对产品的抗压强度均有显著的影响.进一步,因为 $F_A = 18.11 > F_{0.01}(2,6) = 10.9$, $F_B = 33.25 > F_{0.01}(3,6) = 9.78$,所以催化剂和原料对产品的抗压强度的影响是极其显著的.

同样利用 Excel 的数据分析工具可以方便快捷地进行无重复双因素试验的方差分析，输出结果如图 8.6.

方差分析：无重复双因素分析						
SUMMARY	观测数	求和	平均	方差		
A1	4	139	34.75	10.91667		
A2	4	144	36	4.666667		
A3	4	153	38.25	8.916667		
B1	3	99	33	4		
B2	3	107	35.66667	2.333333		
B3	3	111	37	4		
B4	3	119	39.66667	4.333333		
方差分析						
差异源	SS	df	MS	F	P-value	F crit
行	25.16667	2	12.58333	18.12	0.002866	5.143253
列	69.33333	3	23.11111	33.28	0.00039	4.757063
误差	4.166667	6	0.694444			
总计	98.66667	11				

图 8.6

结果分析：在显著性水平 $\alpha = 0.05$ 下，行因素催化剂对产品的抗压强度有显著的影响，列因素原料对产品的抗压强度也有显著的影响．

§8.3　一元线性回归

"回归"一词是由高尔顿在研究人类遗传问题时提出来的．为了研究父代与子代身高的关系，高尔顿的学生、现代统计学的奠基者之一皮尔逊搜集了 1 078 对父亲及其儿子的身高数据，分析发现这些数据的散点图大致呈直线状态，也就是说，总的趋势是父亲的身高增加时，儿子的身高也倾向于增加．但是，高尔顿对试验数据进行了深入的分析，发现了一个很有趣的现象，当父亲高于平均身高时，他们的儿子身高比他更高的概率要小于比他更矮的概率；父亲矮于平均身高时，他们的儿子身高比他更矮的概率要小于比他更高的概率．这反映出一个规律，即这两种身高父亲的儿子的身高，有向他们父辈的平均身高回归的趋势，高尔顿称之为回归效应．对于这个一般结论的解释是：大自然具有一种神奇的约束力，使人类身高的分布相对稳定而不致产生两极分化．高尔顿依试验数据还推算出儿子身高($\hat{y}$)与父亲身高(x)的关系式为

$$\hat{y} = 33.73 + 0.516x.$$

这条直线被称为回归直线，它表明父亲身高每增加一个单位，其儿子的身高平均增加 0.516 个单位，并且，高个子的父亲有生高个子儿子的趋势，但其平均高度低于父辈平均高度；低个子父亲的儿子虽为低个子，但其平均高度高于父辈的平均高度，反映了子代的平均高度有向中心回归的趋势．"回归"一词便由此而来，是对变量相关关系中具有回归效应的现象分析．

变量间常见的关系有两类：一类是确定性的关系，这些变量间的关系是完全已知和确定的，比如，已知一个长方形的长 a 和宽 b，其面积 s 可以由 $s = ab$ 确定；已知一个自由落体

物体的运动时间 t,可以由 $s = \dfrac{1}{2}gt^2$ 求出其位移,等等.另一类关系称为相关关系,变量之间有关系,但不能用函数表示,比如人的身高 x 和体重 y,两者之间有关系,一般地,身材高的人体重也相应较重,但相同身高的人,体重很可能不同,这种关系不能用完全确切的函数表示,不过在平均意义上可以表示为一定的关系表达式.寻求这种关系表达式就是回归分析的主要任务.

现在的回归分析包含了更广泛的含义,但仍沿用了"回归"一词.回归分析按照自变量的个数不同可以分为一元回归和多元回归,按照变量之间是否有线性关系又可分为线性回归和非线性回归.

8.3.1　一元线性回归模型

先看一个例子.

例 8.3.1　考察某种化工原料在水中的溶解度与温度的关系,共作了 9 组试验.其数据如表 8.13 所示,其中 y 表示溶解度,x 表示温度.

表 8.13　化工原料在水中的溶解度与温度

温度 x/℃	0	10	20	30	40	50	60	70	80
溶解度 y/g	14.0	17.5	21.2	26.1	29.2	33.3	40.0	48.0	54.8

为研究这些数据中隐藏的规律性,以温度 x 为横轴,溶解度 y 为纵轴,画出散点图(如图 8.7 所示),可以发现,这些点基本上散布在一条直线 $y = \beta_0 + \beta_1 x$ 的周围,即温度 x 与溶解度 y 之间大致呈线性关系,而点与直线的偏离可以认为是由于试验中随机因素的影响所引起的.

设变量 y 与 x 间有线性相关关系,即样本数据 (x_i, y_i) $(i = 1, 2, \cdots, n)$ 可以假设有如下的结构:

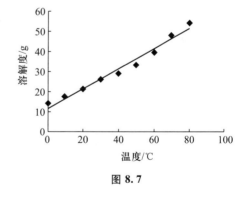

图 8.7

$$y_i = \beta_0 + \beta_1 x_i + \varepsilon_i, \quad i = 1, 2, \cdots, n,$$

其中 ε_i 为随机误差,一般假定 $\varepsilon_1, \varepsilon_2, \cdots, \varepsilon_n$ 相互独立且均服从正态分布 $N(0, \sigma^2)$,变量 x 通常是普通变量,称为**自变量**(或预报变量),y 是一个随机变量,称为**因变量**(也称响应变量).

在上述假定下,显然 $y_i \sim N(\beta_0 + \beta_1 x_i, \sigma^2)$,$i = 1, 2, \cdots, n$.

综上,建立一元线性回归模型:

$$y_i = \beta_0 + \beta_1 x_i + \varepsilon_i \quad i = 1, 2, \cdots, n, \tag{8.3.1}$$

其中 $\varepsilon_1, \varepsilon_2, \cdots, \varepsilon_n$ 相互独立并同服从于 $N(0, \sigma^2)$.

由数据 (x_i, y_i) $(i = 1, 2, \cdots, n)$ 可以获得 β_0, β_1 的估计 $\hat{\beta}_0, \hat{\beta}_1$,称方程

$$\hat{y} = \hat{\beta}_0 + \hat{\beta}_1 x \tag{8.3.2}$$

为 y 关于 x 的**经验回归方程**,简称**回归方程**,其图形称为**回归直线**.

8.3.2　参数 β_0, β_1 的估计

一般采用最小二乘方法估计模型(8.3.1)中的参数 β_0, β_1. 令

$$Q(\beta_0, \beta_1) = \sum_{i=1}^{n} (y_i - \beta_0 - \beta_1 x_i)^2, \tag{8.3.3}$$

求 $\hat{\beta}_0, \hat{\beta}_1$ 使得 $Q(\beta_0, \beta_1) = \sum\limits_{i=1}^{n} (y_i - \beta_0 - \beta_1 x_i)^2$ 达到最小.

式(8.3.3)分别对 β_0, β_1 求偏导,并令其为零,得

$$\begin{cases} \dfrac{\partial Q}{\partial \beta_0} = -2 \sum\limits_{i=1}^{n} (y_i - \beta_0 - \beta_1 x_i) = 0, \\[3mm] \dfrac{\partial Q}{\partial \beta_1} = - \sum\limits_{i=1}^{n} (y_i - \beta_0 - \beta_1 x_i) x_i = 0. \end{cases} \tag{8.3.4}$$

称(8.3.4)为正规方程组,经过整理,得

$$\begin{cases} n\beta_0 + n\bar{x}\beta_1 = n\bar{y}, \\[2mm] n\bar{x}\beta_0 + \sum\limits_{i=1}^{n} x_i^2 \beta_1 = \sum\limits_{i=1}^{n} x_i y_i, \end{cases} \tag{8.3.5}$$

其中

$$\bar{x} = \frac{1}{n} \sum_{i=1}^{n} x_i, \quad \bar{y} = \frac{1}{n} \sum_{i=1}^{n} y_i.$$

记

$$l_{xy} = \sum_{i=1}^{n} (x_i - \bar{x})(y - \bar{y}) = \sum_{i=1}^{n} x_i y_i - \frac{1}{n} \sum_{i=1}^{n} x_i \sum_{i=1}^{n} y_i,$$

$$l_{xx} = \sum_{i=1}^{n} (x_i - \bar{x})^2 = \sum_{i=1}^{n} x_i^2 - \frac{1}{n} \Big(\sum_{i=1}^{n} x_i \Big)^2,$$

$$l_{yy} = \sum_{i=1}^{n} (y_i - \bar{y})^2 = \sum_{i=1}^{n} y_i^2 - \frac{1}{n} \Big(\sum_{i=1}^{n} y_i \Big)^2,$$

解方程组(8.3.5),得到

$$\begin{cases} \hat{\beta}_1 = \dfrac{l_{xy}}{l_{xx}}, \\[3mm] \hat{\beta}_0 = \bar{y} - \hat{\beta}_1 \bar{x}. \end{cases} \tag{8.3.6}$$

这就是参数 β_0, β_1 的**最小二乘估计**.

例 8.3.2　求例 8.3.1 中溶解度 y 关于温度 x 的线性回归方程.

解　由表 8.13 数据,列表计算,如表 8.14.

表 8.14　例 8.3.2 计算表

n	x_i	y_i	x_i^2	$x_i y_i$	y_i^2
1	0	14.0	0	0	196.00
2	10	17.5	100	175	306.25
3	20	21.2	400	424	449.44
4	30	26.1	900	783	681.21
5	40	29.2	1 600	1 168	852.64
6	50	33.3	2 500	1 665	1 108.89
7	60	40.0	3 600	2 400	1 600.00
8	70	48.0	4 900	3 360	2 304.00
9	80	54.8	6 400	4 384	3 003.04
Σ	360	284.1	20 400	14 359	10 501.47

代入公式计算得

$$\bar{x} = \frac{360}{9} = 40, \quad \bar{y} = \frac{284.1}{9} = 31.567,$$

$$l_{xx} = \sum_{i=1}^{9} x_i^2 - \frac{1}{9}\left(\sum_{i=1}^{9} x_i\right)^2 = 6\,000,$$

$$l_{xy} = \sum_{i=1}^{9} x_i y_i - \frac{1}{9}\sum_{i=1}^{9} x_i \sum_{i=1}^{9} y_i = 2\,995,$$

$$l_{yy} = \sum_{i=1}^{9} y_i^2 - \frac{1}{9}\left(\sum_{i=1}^{9} y_i\right)^2 = 1\,533.38.$$

故

$$\hat{\beta}_1 = \frac{l_{xy}}{l_{xx}} = \frac{2\,995}{6\,000} = 0.499\,2,$$

$$\hat{\beta}_0 = \bar{y} - \hat{\beta}_1 \bar{x} = 11.598\,7.$$

由式(8.3.2),得所求的线性经验回归方程为

$$\hat{y} = 11.598\,7 + 0.499\,2x. \tag{8.3.7}$$

下面给出参数 $\hat{\beta}_0, \hat{\beta}_1$ 的一些性质:

定理 8.3.1　在模型(8.3.1)下,有

(1) $\hat{\beta}_0 \sim N\left(\beta_0, \left(\frac{1}{n} + \frac{\bar{x}^2}{l_{xx}}\right)\sigma^2\right)$, $\hat{\beta}_1 \sim N\left(\beta_1, \frac{\sigma^2}{l_{xx}}\right)$.

(2) $\mathrm{Cov}(\hat{\beta}_0, \hat{\beta}_1) = -\frac{\bar{x}}{l_{xx}}\sigma^2$.

(3) 对给定的 $x_0, \hat{y}_0 = \hat{\beta}_0 + \hat{\beta}_1 x_0 \sim N\left(\beta_0 + \beta_1 x_0, \left(\frac{1}{n} + \frac{(x_0 - \bar{x})^2}{l_{xx}}\right)\sigma^2\right)$.

证明 （1）由正态分布的性质，$y_1, y_2, \cdots, y_n$ 相互独立且均服从正态分布，$\hat{\beta}_1 = \dfrac{l_{xy}}{l_{xx}} =$

$\dfrac{\sum\limits_{i=1}^{n}(x_i - \bar{x})y_i}{l_{xx}}$ 为 $y_1, y_2, \cdots, y_n$ 的线性组合，而 $\hat{\beta}_0 = \bar{y} - \hat{\beta}_1 \bar{x}$ 也为 $y_1, y_2, \cdots, y_n$ 的线性组合，故

$\hat{\beta}_0, \hat{\beta}_1$ 均服从正态分布．

下面分别求其期望和方差：

$$E(\hat{\beta}_1) = E\left(\frac{l_{xy}}{l_{xx}}\right) = E\left(\frac{\sum\limits_{i=1}^{n}(x_i - \bar{x})y_i}{l_{xx}}\right) = \sum_{i=1}^{n} \frac{x_i - \bar{x}}{l_{xx}} E(y_i)$$

$$= \sum_{i=1}^{n} \frac{x_i - \bar{x}}{l_{xx}}(\beta_0 + \beta_1 x_i) = \beta_1,$$

$$D(\hat{\beta}_1) = \sum_{i=1}^{n}\left(\frac{x_i - \bar{x}}{l_{xx}}\right)^2 D(y_i) = \sum_{i=1}^{n} \frac{(x_i - \bar{x})^2}{l_{xx}^2}\sigma^2 = \frac{\sigma^2}{l_{xx}},$$

$$E(\hat{\beta}_0) = E(\bar{y}) - E(\hat{\beta}_1)\bar{x} = \beta_0 + \beta_1 \bar{x} - \beta_1 \bar{x} = \beta_0,$$

$$D(\hat{\beta}_0) = \sum_{i=1}^{n}\left(\frac{1}{n} - \frac{(x_i - \bar{x})\bar{x}}{l_{xx}}\right)^2 D(y_i) = \left(\frac{1}{n} + \frac{\bar{x}^2}{l_{xx}}\right)\sigma^2.$$

（2）由 $y_1, y_2, \cdots, y_n$ 的相互独立性，可得

$$\mathrm{Cov}(\hat{\beta}_0, \hat{\beta}_1) = \mathrm{Cov}\left(\sum_{i=1}^{n}\left(\frac{1}{n} - \frac{(x_i - \bar{x})\bar{x}}{l_{xx}}\right)y_i, \sum_{i=1}^{n}\frac{x_i - \bar{x}}{l_{xx}}y_i\right) = -\frac{\bar{x}}{l_{xx}}\sigma^2.$$

（3）由于 $\hat{y}_0 = \hat{\beta}_0 + \hat{\beta}_1 x_0$ 亦是 $y_1, y_2, \cdots, y_n$ 的线性组合，故它也服从正态分布，并且

$$E(\hat{y}_0) = E(\hat{\beta}_0) + E(\hat{\beta}_1)x_0 = \beta_0 + \beta_1 x_0,$$

$$D(\hat{y}_0) = D(\hat{\beta}_0) + D(\hat{\beta}_1)x_0^2 + 2x_0 \mathrm{Cov}(\hat{\beta}_0, \hat{\beta}_1)$$

$$= \left[\left(\frac{1}{n} + \frac{\bar{x}^2}{l_{xx}}\right) + \frac{x_0^2}{l_{xx}} - 2\frac{x_0 \bar{x}}{l_{xx}}\right]\sigma^2 = \left(\frac{1}{n} + \frac{(x_0 - \bar{x})^2}{l_{xx}}\right)\sigma^2.$$

定理 8.3.1 表明，$\hat{\beta}_0, \hat{\beta}_1$ 作为 β_0, β_1 的估计都是无偏的，$\hat{y}_0$ 作为 $\beta_0 + \beta_1 x_0$ 的估计也是无偏的．另外，当 $\bar{x} = 0$ 时，$D(\hat{\beta}_0)$ 达到最小值 $\dfrac{\sigma^2}{n}$，所以，为提高估计量 $\hat{\beta}_0$ 的有效性，当自变量可控时，应适当选取 $x_1, x_2, \cdots, x_n$，使 $\bar{x}$ 等于或近似等于 0，还有，$D(\hat{\beta}_1)$ 与 l_{xx} 成反比，因此为提高估计量 $\hat{\beta}_1$ 的有效性，应选择 x_i 比较分散，使 $l_{xx} = \sum\limits_{i=1}^{n}(x_i - \bar{x})^2$ 越大越好．

8.3.3 回归方程的显著性检验

对于给定的一组观察值 (x_i, y_i)（$i = 1, 2, \cdots, n$），在利用最小二乘法得到经验回归方程之后，还要讨论下列问题：经验回归方程 $\hat{y} = \hat{\beta}_0 + \hat{\beta}_1 x$ 作为 $E(y) = \beta_0 + \beta_1 x$ 的估计，其效果是否

好？即经验回归方程 $\hat{y}=\hat{\beta}_0+\hat{\beta}_1 x$ 是否很好地揭示了变量 x 和 y 之间的相关关系？

如果答案是否定的,式(8.3.2)不能使用;如果答案肯定,则相关的密切程度如何？如果式(8.3.2)有意义,怎样用它来进行预测和控制？

因此,在所建立的经验回归方程应用于实际问题之前,必须通过回归方程的显著性的统计检验,即检验变量 y 与 x 之间是否真正存在线性相关关系. 即是否有

$$y=\beta_0+\beta_1 x+\varepsilon, \quad \varepsilon \sim N(0,\sigma^2).$$

显然,当 $\beta_1=0$ 时,变量 y 实际上就不依赖于 x,这样问题转变为:在显著性水平 α 下,检验假设

$$H_0:\beta_1=0, \quad H_1:\beta_1\neq 0.$$

当拒绝 H_0 时,认为回归方程通过了显著性检验.

检验方法有很多,下面介绍常用的三种检验方法.

1. F 检验法

采用方差分析的思想,从数据出发研究各 y_i 不同的原因. 对于给定的一组观察值 $(x_i,y_i)(i=1,2,\cdots,n)$,建立线性回归方程 $\hat{y}=\hat{\beta}_0+\hat{\beta}_1 x$,记 $\hat{y}_i=\hat{\beta}_0+\hat{\beta}_1 x_i$ 为点 x_i 处的回归值, $y_i-\hat{y}_i$ 为残差.

数据 $y_i(i=1,2,\cdots,n)$ 总的波动用总偏差平方和

$$SS_T=\sum_{i=1}^{n}(y_i-\bar{y}_i)^2=l_{yy}$$

表示. 下面对总偏差平方和 SS_T 进行分解:

$$SS_T=\sum_{i=1}^{n}(y_i-\bar{y})^2=\sum_{i=1}^{n}(y_i-\hat{y}_i+\hat{y}_i-\bar{y})^2$$

$$=\sum_{i=1}^{n}(y_i-\hat{y}_i)^2+\sum_{i=1}^{n}(\hat{y}_i-\bar{y})^2+2\sum_{i=1}^{n}(y_i-\hat{y}_i)(\hat{y}_i-\bar{y}),$$

其中 $\sum_{i=1}^{n}(y_i-\hat{y}_i)(\hat{y}_i-\bar{y})=0$,令

$$SS_e=\sum_{i=1}^{n}(y_i-\hat{y}_i)^2, \quad SS_R=\sum_{i=1}^{n}(\hat{y}_i-\bar{y})^2,$$

SS_e 称为**残差平方和**,SS_R 称为**回归平方和**. 则

$$SS_T=\sum_{i=1}^{n}(y_i-\bar{y})^2=\sum_{i=1}^{n}(y_i-\hat{y}_i)^2+\sum_{i=1}^{n}(\hat{y}_i-\bar{y})^2=SS_e+SS_R. \qquad (8.3.8)$$

上式称为在一元线性回归场合下的**平方和分解式**.

式(8.3.8)说明因变量 y 的变化由两种原因引起,一种是自变量 x 的变化引起的,体现在回归平方和上,另一种是由于不可控制的或未加控制的随机因素引起的,体现在残差平方和上. 从直观上来看,如果所建立的经验回归方程很好地表现了因变量 y 依自变量 x 的变化而变化,那么,回归平方和应该在总平方和中占绝对优势,说明在变量 x 与 y 之间的相关关系中,变量 x 对 y 的线性影响起主导作用,换句话说,即变量 x 与 y 之间的线性相关关系是显著的.

为检验假设：$H_0:\beta_1=0$，$H_1:\beta_1\neq0$，下面建立检验统计量．

在一元线性回归模型下，可以证明

（1）$\dfrac{SS_e}{\sigma^2}\sim\chi^2(n-2)$，

（2）当 $H_0:\beta_1=0$ 为真时，$\dfrac{SS_R}{\sigma^2}\sim\chi^2(1)$，并且 SS_e 与 SS_R 相互独立，于是 $SS_T\sim\chi^2(n-1)$．

记 $MS_R=\dfrac{SS_R}{1}=SS_R$，$MS_e=\dfrac{SS_e}{n-2}$，称 MS_R 为一元线性回归的**回归均方和**，MS_e 为**误差均方和**，因此

$$F=\frac{SS_R}{SS_e/(n-2)}=\frac{MS_R}{MS_e}\sim F(1,n-2).\qquad(8.3.9)$$

对于给定的显著性水平 α，有

$$P(F>F_\alpha(1,n-2))=\alpha.$$

如果由样本值 $(x_i,y_i)(i=1,2,\cdots,n)$ 计算出的 F 值满足 $F\geqslant F_\alpha(1,n-2)$，则拒绝 H_0，说明变量 x 与 y 之间的线性回归关系是显著的；反之，若计算出的 F 值满足 $F<F_\alpha(1,n-2)$，则接受 H_0，说明变量 x 与 y 之间不具备显著的线性相关关系．通常把计算和检验的结果用方差分析表表示（见表 8.15）：

表 8.15　F 检验法的方差分析表

方差来源	平方和	自由度	均方和	F 值	显著性
回归 残差	SS_R SS_e	1 $n-2$	$MS_R=SS_R$ $MS_e=SS_e/(n-2)$	$F=MS_R/MS_e$	
总计	SS_T	$n-1$			

2. t 检验法

对 $H_0:\beta_1=0$ 的检验也可以采用 t 检验法，因为

$$\hat{\beta}_1\sim N\left(\beta_1,\frac{\sigma^2}{l_{xx}}\right),\qquad\frac{SS_e}{\sigma^2}\sim\chi^2(n-2),$$

则在 H_0 为真时，检验统计量

$$T=\frac{\hat{\beta}_1}{\hat{\sigma}/\sqrt{l_{xx}}}\sim t(n-2),\qquad(8.3.10)$$

其中 $\hat{\sigma}=\sqrt{\dfrac{SS_e}{n-2}}$．

于是，对于具体的样本资料，计算出 T 值 t，由给定的显著性水平 α，$P\left(|t|>t_{\frac{\alpha}{2}}(n-2)\right)=\alpha$，可得拒绝域 $|t|\geqslant t_{\frac{\alpha}{2}}(n-2)$．注意到 $T^2\sim F(1,n-2)$，所以 t 检验法和 F 检验法是等价的．

3. 相关系数检验法

相关系数 r 是表示变量 y 与变量 x 之间线性相关程度的一个数字特征. 因此,要检验变量 y 与变量 x 之间线性相关关系是否显著,可以通过考察相关系数 r 的大小来判断.

当 $|r| = 1$ 时,表明变量 y 与变量 x 线性相关. 此时,在散点图上,所有的观测点全部落在同一条直线上.

当 $|r| = 0$ 时,表明变量 y 与变量 x 之间不存在线性关系. 出现这种情形一般有两种情况: 一是变量 y 与变量 x 之间的变化的确不存在任何统计规律性,它们的观测值在散点图上的分布是完全不规则的;二是变量 y 与变量 x 之间虽然不存在线性相关关系,但可能存在其他种类的相关关系.

当 $|r|$ 比较大时,表明变量 y 与变量 x 之间的线性相关关系比较密切,此时,它们的观测值在散点图上的分布与回归直线比较接近.

当 $|r|$ 比较小时,表明变量 y 与变量 x 之间的线性相关关系不密切,在散点图上,诸观测点离回归直线比较疏远.

当 $r > 0$ 时,表明为正相关;当 $r < 0$ 时,表明为负相关.

线性相关关系的显著性可以检验以下假设:
$$H_0 : r = 0, \quad H_1 : r \neq 0.$$
检验统计量为样本相关系数

$$r = \frac{\sum\limits_{i=1}^{n}(x_i - \bar{x})(y_i - \bar{y})}{\sqrt{\sum\limits_{i=1}^{n}(x_i - \bar{x})^2 \sum\limits_{i=1}^{n}(y_i - \bar{y})^2}} = \frac{l_{xy}}{\sqrt{l_{xx}l_{yy}}}. \tag{8.3.11}$$

检验假设 $H_0 : r = 0$ 的拒绝域为 $|r| \geq r_{\alpha}(n-2)$,其中临界值 $r_{\alpha}(n-2)$ 可由附表 7 查到.

可以证明,一元线性回归的三种检验方法是等价的,在实际使用中选择其一即可.

例 8.3.3 对本章例 8.3.2,检验回归方程(8.3.7)的显著性($\alpha = 0.01$).

解 (1) 首先利用 F 检验法. 检验 $H_0 : \beta_1 = 0, H_1 : \beta_1 \neq 0$. 由例 8.3.2 知

$$l_{xx} = \sum_{i=1}^{9} x_i^2 - \frac{1}{9}\left(\sum_{i=1}^{9} x_i\right)^2 = 6\,000,$$

$$l_{xy} = \sum_{i=1}^{9} x_i y_i - \frac{1}{9}\sum_{i=1}^{9} x_i \sum_{i=1}^{9} y_i = 2\,995,$$

$$l_{yy} = \sum_{i=1}^{9} y_i^2 - \frac{1}{9}\left(\sum_{i=1}^{9} y_i\right)^2 = 1\,533.38$$

得

$$SS_T = \sum_{i=1}^{n}(y_i - \bar{y}_i)^2 = l_{yy} = 1\,533.38,$$

$$SS_R = \sum_{i=1}^{n}(\hat{y}_i - \bar{y})^2 = \hat{\beta}_1^2 \sum_{i=1}^{n}(x_i - \bar{x})^2 = \hat{\beta}_1^2 l_{xx} = \frac{l_{xy}^2}{l_{xx}} = \frac{2\,995^2}{6\,000} = 1\,495.004,$$

$$SS_e = SS_T - SS_R = 1\,533.38 - 1\,495.004 = 38.376.$$

所以 $F = \dfrac{SS_R}{SS_e/(n-2)} = \dfrac{1\,495.004}{38.376/7} = 272.697.$ 由 $\alpha = 0.01$, 查附表 6, $F_{0.01}(1,7) = 12.2 <$ 272.697, 故认为回归方程 (8.3.7) 通过了显著性检验.

由于 t 检验法和 F 检验法等价, 故回归方程 (8.3.7) 的 t 检验法略.

（2）利用相关系数检验法.

由式 (8.3.11), 得

$$r = \frac{l_{xy}}{\sqrt{l_{xx}l_{yy}}} = 0.987,$$

查附表 7, 当 $n = 9$ 时, $r_{0.01}(7) = 0.797\,7 < 0.987$. 所以这种化工原料在水中溶解度与温度之间的线性相关关系特别显著.

同理也可以利用 Excel 的数据分析工具进行线性回归, 其输出结果如图 8.8.

SUMMARY OUTPUT

回归统计	
Multiple	0.987407233
R Square	0.974973044
Adjusted	0.971397765
标准误差	2.341423051
观测值	9

方差分析

	df	SS	MS	F	Significance F
回归分析	1	1495.004	1495.004	272.6984	7.2884E-07
残差	7	38.37583	5.482262		
总计	8	1533.38			

	Coefficients	标准误差	t Stat	P-value	Lower 95%	Upper 95%	下限 95.0%	上限 95.0%
Intercept	11.6	1.439124	8.060461	8.69E-05	8.197013449	15.00299	8.197013	15.00299
温度	0.499166667	0.030228	16.51358	7.29E-07	0.427689652	0.570644	0.42769	0.570644

图 8.8

从输出结果可以看出, 相关系数 $r = 0.987$, 决定系数 $r^2 = 0.975$, F 统计量的值为 $272.698\,4$, 检验的 p 值为 $7.288\,4E\text{-}07$, 回归系数 $\hat{\beta}_0 = 11.6$, $\hat{\beta}_1 = 0.499\,166\,667$.

8.3.4 预测与控制

如果随机变量 y 与变量 x 之间的线性相关关系显著, 则可以来做估计和预测, 这是两个不同的问题.

1. 当 $x = x_0$ 时, 求 $E(y_0)$ 的点估计和区间估计

由于 $y \sim N(\beta_0 + \beta_1 x, \sigma^2)$, 所以 $E(y) = \beta_0 + \beta_1 x$. 因此对于 $x = x_0$, $y_0 = \beta_0 + \beta_1 x_0 + \varepsilon_0$ 分布是 $N(\beta_0 + \beta_1 x_0, \sigma^2)$, 均值为 $E(y_0) = \beta_0 + \beta_1 x_0$, 那么 $E(y_0)$ 的一个点估计就是

$$\hat{E}(y_0) = \hat{\beta}_0 + \hat{\beta}_1 x_0. \tag{8.3.12}$$

习惯上也记之为 $\hat{y}_0$, 但要注意 $\hat{y}_0$ 表示的是 $E(y_0)$ 的估计, 而不是 y_0 的估计.

下面求 $E(y_0)$ 的置信区间.

可以证明 $\hat{y}_0 = \hat{\beta}_0 + \hat{\beta}_1 x_0 \sim N\left(\beta_0 + \beta_1 x_0, \left(\dfrac{1}{n} + \dfrac{(x_0 - \bar{x})^2}{l_{xx}}\right)\sigma^2\right)$，并且 $\hat{y}_0$ 与 $\dfrac{SS_e}{\sigma^2} \sim \chi^2(n-2)$ 相互独立，所以

$$T = \frac{(\hat{y}_0 - E(y_0)) \bigg/ \left(\sqrt{\dfrac{1}{n} + \dfrac{(x_0 - \bar{x})^2}{l_{xx}}}\, \sigma\right)}{\sqrt{\dfrac{SS_e}{\sigma^2} \bigg/ (n-2)}} = \frac{\hat{y}_0 - E(y_0)}{\hat{\sigma}\sqrt{\dfrac{1}{n} + \dfrac{(x_0 - \bar{x})^2}{l_{xx}}}} \sim t(n-2), \quad (8.3.13)$$

其中 $\hat{\sigma} = \sqrt{\dfrac{SS_e}{n-2}}$. 于是 $E(y_0)$ 的置信度为 $1-\alpha$ 的置信区间是

$$[\hat{y}_0 - \delta_0, \hat{y}_0 + \delta_0], \quad (8.3.14)$$

其中 $\delta_0 = t_{\frac{\alpha}{2}}(n-2)\hat{\sigma}\sqrt{\dfrac{1}{n} + \dfrac{(x_0 - \bar{x})^2}{l_{xx}}}$.

2. 当 $x = x_0$ 时，求 y_0 的预测区间

事实上，由于 $y_0 = E(y_0) + \varepsilon_0$，$\varepsilon_0 \sim N(0, \sigma^2)$，因此 y_0 的最可能取值仍然为 $\hat{y}_0 = \hat{E}(y_0)$. 于是，我们可以使用以 $\hat{y}_0$ 为中心的一个区间 $[\hat{y}_0 - \delta, \hat{y}_0 + \delta]$ 作为 y_0 的取值范围，称之为预测区间. 下面确定 δ.

由于 $y_0, y_1, y_2, \cdots, y_n$ 相互独立，而 $\hat{y}_0$ 只与 $y_1, y_2, \cdots, y_n$ 有关，所以 y_0 与 $\hat{y}_0$ 相互独立，故

$$y_0 - \hat{y}_0 \sim N\left(0, \left(1 + \dfrac{1}{n} + \dfrac{(x_0 - \bar{x})^2}{l_{xx}}\right)\sigma^2\right),$$

因此

$$\frac{y_0 - \hat{y}_0}{\hat{\sigma}\sqrt{1 + \dfrac{1}{n} + \dfrac{(x_0 - \bar{x})^2}{l_{xx}}}} \sim t(n-2),$$

其中 $\hat{\sigma} = \sqrt{\dfrac{SS_e}{n-2}}$. 于是 y_0 的置信度为 $1-\alpha$ 的预测区间是

$$[\hat{y}_0 - \delta, \hat{y}_0 + \delta], \quad (8.3.15)$$

其中 $\delta = t_{\frac{\alpha}{2}}(n-2)\hat{\sigma}\sqrt{1 + \dfrac{1}{n} + \dfrac{(x_0 - \bar{x})^2}{l_{xx}}}$.

可以看出，y_0 预测区间的半径比 $E(y_0)$ 置信区间的半径略大，这个差别导致预测区间比置信区间要宽一些.

由预测区间的半径可以看出，x_0 距离 $\bar{x}$ 越远，预测精度就越差，当 $x_0 \notin [\min\{x_i\}, \max\{x_i\}]$ 时，也称为外推，需要特别小心；另外，$x_1, x_2, \cdots, x_n$ 较为集中时，l_{xx} 就会变得较小，也会导致预测精度的降低，在收集数据时，应尽量使 $x_1, x_2, \cdots, x_n$ 分散，可以提高预测精度；最后，增加样本容量 n 可以提高预测精度.

图 8.9 给出不同 x 值处 y 的预测区间示意图,可以看出,预测区间在 $x=\bar{x}$ 处最短,越远离 $\bar{x}$ 预测区间越长,呈现喇叭状.

因此,需要注意的是,预测只能对 x 的观测数据范围内的 x_0 进行预测,对于超出观测数据范围的 x_0 进行预测常常是没有意义的.

例 8.3.4 在例 8.3.2 中,设 $x_0=25℃$,求该化工原料在水中溶解度 y_0 的预测值 $\hat{y}_0$ 及预测区间($\alpha=0.05$).

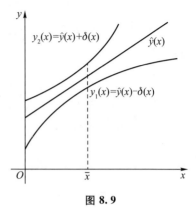

图 8.9

解 由式(8.3.12),可得当 $x_0=25℃$ 时,y_0 的预测值
$$\hat{y}_0=\hat{\beta}_0+\hat{\beta}_1 x_0=11.598\ 7+0.499\ 2\times25=24.078\ 7.$$

下面求预测区间:

查附表 5,得 $t_{0.025}(7)=2.365$,由式(8.3.15),计算得

$$\delta=t_{\frac{\alpha}{2}}(n-2)\hat{\sigma}\sqrt{1+\frac{1}{n}+\frac{(x_0-\bar{x})^2}{l_{xx}}}$$

$$=2.365\times2.341\ 4\times\sqrt{1+\frac{1}{9}+\frac{(25-40)^2}{6\ 000}}=5.934\ 6.$$

所以 y_0 的置信度为 0.95 的预测区间为

$$[24.078\ 7-5.934\ 6,24.078\ 7+5.934\ 6],$$

即 $[18.144\ 1,30.013\ 3]$.

3. 控制

控制是预测的反问题,是指利用所建立的经验回归方程通过限制自变量 x 的取值对因变量 y 进行控制,即对于给定的区间 $[y_1,y_2]$ 和置信度 $1-\alpha$,确定自变量 x 的取值范围 $[x_1,x_2]$,使得

$$P(y_1\leqslant y\leqslant y_2)=1-\alpha. \tag{8.3.16}$$

考虑因变量 y 与自变量 x 具有显著的正相关关系时,对于任意给定的 x 值,由式(8.3.15),变量 y 的可能取值满足

$$P\left(\hat{y}-t_{\frac{\alpha}{2}}(n-2)\hat{\sigma}\sqrt{1+\frac{1}{n}+\frac{(x-\bar{x})^2}{l_{xx}}}\leqslant y\leqslant\hat{y}+t_{\frac{\alpha}{2}}(n-2)\hat{\sigma}\sqrt{1+\frac{1}{n}+\frac{(x-\bar{x})^2}{l_{xx}}}\right)=1-\alpha,$$

其中 $\hat{y}=\hat{\beta}_0+\hat{\beta}_1 x$.

于是,要保证因变量 y 满足式(8.3.16),自变量 x 必须满足

$$\begin{cases}\hat{\beta}_0+\hat{\beta}_1 x-t_{\frac{\alpha}{2}}(n-2)\hat{\sigma}\sqrt{1+\dfrac{1}{n}+\dfrac{(x-\bar{x})^2}{l_{xx}}}=y_1,\\[2mm]\hat{\beta}_0+\hat{\beta}_1 x+t_{\frac{\alpha}{2}}(n-2)\hat{\sigma}\sqrt{1+\dfrac{1}{n}+\dfrac{(x-\bar{x})^2}{l_{xx}}}=y_2.\end{cases} \tag{8.3.17}$$

解方程组(8.3.17),就可以得到自变量 x 控制范围的上、下限 x_1, x_2,当 $\hat{\beta}_1 > 0$ 时,x 的控制区间为 $[x_1, x_2]$;当 $\hat{\beta}_1 < 0$ 时,x 的控制区间为 $[x_2, x_1]$.

由方程组(8.3.17)解出 x_1, x_2 并不是一件容易的事情,下面给出当 n 比较大时的近似计算.

由于 n 比较大,所以用 $u_{\frac{\alpha}{2}}$ 代替 $t_{\frac{\alpha}{2}}(n-2)$,并略去

$$\sqrt{1 + \frac{1}{n} + \frac{(x-\bar{x})^2}{l_{xx}}},\ 得$$

$$y_1 = \hat{\beta}_0 + \hat{\beta}_1 x - u_{\frac{\alpha}{2}} \hat{\sigma},$$
$$y_2 = \hat{\beta}_0 + \hat{\beta}_1 x + u_{\frac{\alpha}{2}} \hat{\sigma}.$$

从中分别解出 x_1 及 x_2,当 $\hat{\beta}_1 > 0$ 时,控制区间为 (x_1, x_2),如图 8.10;当 $\hat{\beta}_1 < 0$ 时,控制区间为 $[x_2, x_1]$. 显然,要实现控制,必须使区间 $[y_1, y_2]$ 的长度 $y_2 - y_1$ 大于 $2u_{\frac{\alpha}{2}} \hat{\sigma}$.

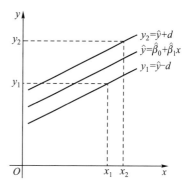

图 8.10　控制区间示意图

§8.4　非线性回归简介

一元线性回归是回归问题中最简单的,在实际工作中经常遇到更为复杂的问题,有时回归函数并非为自变量的线性函数,但通过适当的变量代换可以化为线性回归问题. 下面以一个实例说明解决此类问题的一般步骤.

例 8.4.1　在某个化学试验中,得到如下试验数据:

x	1.0	1.0	1.5	2.0	2.0	3.0	3.0	4.0	4.0	5.0	6.0	6.0
y	30	32	22	16	15	11	10	8	7	6	5	5

试由数据确定 y 与 x 的定量关系式.

1. 画出散点图,确定可能的函数关系式

首先,建立坐标系,画出数据的散点图,根据散点图的形状和趋势,判断两个变量之间可能存在的函数关系.

从图 8.11 可以看出,散点明显以曲线形式分布,呈现单调下降且下凸的趋势,可以选择下面几种函数曲线进行拟合:

$(1)\ y = ax^b.$　$(2)\ y = ae^{\frac{b}{x}}.$　$(3)\ \dfrac{1}{y} = a + \dfrac{b}{x}.$

下面要解决的有两个问题:

如何估计所选回归方程中的参数?

如何评价所选不同回归方程的优劣?

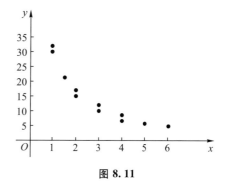

图 8.11

2. 参数估计

对于所选定的函数关系,其中均有待定参数,确定待定参数的通常办法是采用适当的变量变换,把函数化为线性函数.

以例 8.4.1 为例,在函数(1)中我们令 $y' = \ln y, x' = \ln x$,则有 $y' = \ln a + bx'$;在函数(2)中,我们令 $y' = \ln y, x' = \dfrac{1}{x}$,则有 $y' = \ln a + bx'$;在函数(3)中,我们令 $y' = \dfrac{1}{y}, x' = \dfrac{1}{x}$,则有 $y' = a + bx'$,都可以将函数转化为线性函数,然后利用一元线性回归的最小二乘估计求出参数估计.

对于函数(1),令 $y' = \ln y, x' = \ln x$,由数据 $(x_i', y_i')(i = 1, 2, \cdots, 12)$(如表 8.16),利用式(8.3.6)计算得最小二乘估计 $\hat{\beta}_0 = 3.46, \hat{\beta}_1 = -1.03$,故 y' 关于 x' 的回归方程是

$$y' = 3.46 - 1.03x'.$$

代回原变量,即

$$\hat{y} = 31.72x^{-1.03}.$$

表 8.16　例 8.4.1 变量变换计算表

x	y	$x' = \ln x$	$y' = \ln y$
1.0	30	0.000 0	3.401 2
1.0	32	0.000 0	3.465 7
1.5	22	0.405 5	3.091 0
2.0	16	0.693 1	2.772 6
2.0	15	0.693 1	2.708 1
3.0	11	1.098 6	2.397 9
3.0	10	1.098 6	2.302 6
4.0	8	1.386 3	2.079 4
4.0	7	1.386 3	1.945 9
5.0	6	1.609 4	1.791 8
6.0	5	1.791 8	1.609 4
6.0	5	1.791 8	1.609 4

3. 曲线回归方程的比较

当我们对于同一个问题得到几个曲线回归方程时,通常采用如下的指标进行选择:

(1) 决定系数 R^2

决定系数定义为

$$R^2 = 1 - \frac{\sum_{i=1}^{n} (y_i - \hat{y}_i)^2}{\sum_{i=1}^{n} (y_i - \bar{y})^2}. \tag{8.4.1}$$

R^2 越大,说明残差越小,或者说回归平方和在总的变差中占的比例越大,因此回归曲线拟合越好,所以说 R^2 从总体上给出一个曲线拟合好坏的度量.

（2）剩余标准差 $\hat{\sigma}$

剩余标准差定义为

$$\hat{\sigma} = \sqrt{\frac{\sum_{i=1}^{n}(y_i - \hat{y}_i)^2}{n-2}}. \tag{8.4.2}$$

$\hat{\sigma}$ 越小,曲线方程拟合越好.

两种指标都可以用来衡量回归曲线拟合的优劣,但一般来说,决定系数使用得更为普遍些.

对于例 8.4.1,三种函数拟合曲线的决定系数如表 8.17:

表 8.17　三种函数拟合曲线的决定系数

函数编号	（1）	（2）	（3）
R^2	0.995 1	0.924 9	0.755 4

从表 8.17 可以看出,如以决定系数 R^2 为选择标准,则函数（1）拟合的效果最好.

最后给出部分可以线性化的函数方程及化为线性方程的变量替换公式:

（1）双曲线函数: $\dfrac{1}{y} = a + \dfrac{b}{x}$,变量替换:令 $v = \dfrac{1}{y}$,$u = \dfrac{1}{x}$,于是得到 $v = a + bu$. 回归函数图像如图 8.12 所示.

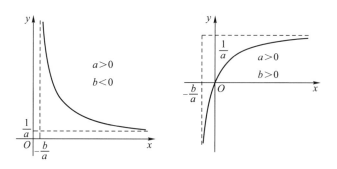

图 8.12

（2）幂函数: $y = ax^b$,变量替换:令 $v = \ln y$,$u = \ln x$,$a' = \ln a$,于是得到 $v = a' + bu$. 回归函数图像如图 8.13 所示.

（3）指数函数: $y = ae^{bx}$,$y = ae^{\frac{b}{x}}$.

对于 $y = ae^{bx}$,令 $v = \ln y$,$u = x$,$a' = \ln a$,于是得到 $v = a' + bu$. 回归函数图像如图 8.14（a）所示.

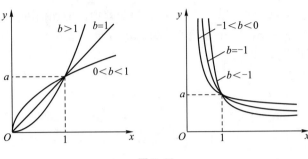

图 8.13

对于 $y = a\mathrm{e}^{\frac{b}{x}}$，令 $v = \ln y, u = \dfrac{1}{x}, a' = \ln a$，于是得到 $v = a' + bu$. 回归函数图像如图 8.14(b)
所示.

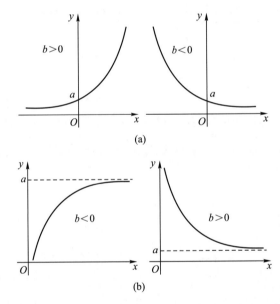

(a)

(b)

图 8.14

（4）对数函数：$y = a + b\ln x$，令 $v = y, u = \ln x$，于是得到 $v = a + bu$. 回归函数图像如图 8.15
所示.

（5）S 形曲线：$y = \dfrac{1}{a + b\mathrm{e}^{-x}}$，$v = \dfrac{1}{y}, u = \mathrm{e}^{-x}$，于是得到 $v = a + bu$. 回归函数图像如图 8.16
所示.

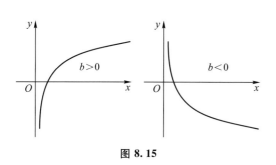

图 8.15

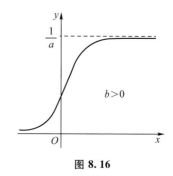

图 8.16

§8.5 多元线性回归简介

在许多实际问题中,因变量 y 可能会受到多个自变量因素 $x_1, x_2, \cdots, x_k$ 的影响,研究它们之间的关系就需要建立多元回归模型. 下面仅介绍多元线性回归,即研究因变量 y 与自变量 $x_1, x_2, \cdots, x_k$ 存在线性相关关系的情况.

与一元线性回归类似,自变量 $x_1, x_2, \cdots, x_k$ 是确定性变量,因变量 y 除了与变量 $x_1, x_2, \cdots, x_k$ 存在线性关联外,还会受到其他随机因素的影响,记为 ε,并假定 $\varepsilon \sim N(0, \sigma^2)$. 建立多元线性回归模型

$$y = \beta_0 + \beta_1 x_1 + \beta_2 x_2 + \cdots + \beta_k x_k + \varepsilon, \quad \varepsilon \sim N(0, \sigma^2), \tag{8.5.1}$$

其中 $\beta_0, \beta_1, \cdots, \beta_k$ 称为回归系数.

若测得 n 组独立观测数据 $(x_{i1}, x_{i2}, \cdots, x_{ik}, y_i)(i = 1, 2, \cdots, n)$,代入式(8.5.1)

$$\begin{cases} y_1 = \beta_0 + \beta_1 x_{11} + \beta_2 x_{12} + \cdots + \beta_k x_{1k} + \varepsilon_1, \\ y_2 = \beta_0 + \beta_1 x_{21} + \beta_2 x_{22} + \cdots + \beta_k x_{2k} + \varepsilon_2, \\ \qquad\qquad\qquad \cdots\cdots\cdots \\ y_n = \beta_0 + \beta_1 x_{n1} + \beta_2 x_{n2} + \cdots + \beta_k x_{nk} + \varepsilon_n. \end{cases}$$

上式写成矩阵的形式

$$\begin{cases} \boldsymbol{Y} = \boldsymbol{X}\boldsymbol{\beta} + \boldsymbol{\varepsilon}, \\ \boldsymbol{\varepsilon} \sim N(\mathbf{0}, \sigma^2 \boldsymbol{I}_n), \end{cases} \tag{8.5.2}$$

其中 $\boldsymbol{Y} = (y_1, y_2, \cdots, y_n)^{\mathrm{T}}, \boldsymbol{\beta} = (\beta_0, \beta_1, \cdots, \beta_k)^{\mathrm{T}}, \boldsymbol{\varepsilon} = (\varepsilon_1, \varepsilon_2, \cdots, \varepsilon_n)^{\mathrm{T}}, \boldsymbol{I}_n$ 为 n 阶单位矩阵,

$$\boldsymbol{X} = \begin{pmatrix} 1 & x_{11} & \cdots & x_{1k} \\ 1 & x_{21} & \cdots & x_{2k} \\ \vdots & \vdots & & \vdots \\ 1 & x_{n1} & \cdots & x_{nk} \end{pmatrix}.$$

我们仍然采用最小二乘估计的方法求未知参数 $\beta_0, \beta_1, \cdots, \beta_k$ 的估计,记为 $\hat{\boldsymbol{\beta}} = (\hat{\beta}_0, \hat{\beta}_1, \cdots, \hat{\beta}_k)^{\mathrm{T}}$,求解正规方程组,则有

$$\hat{\boldsymbol{\beta}} = (\boldsymbol{X}^{\mathrm{T}} \boldsymbol{X})^{-1} \boldsymbol{X}^{\mathrm{T}} \boldsymbol{Y}. \tag{8.5.3}$$

可得经验线性回归方程

$$\hat{y} = \hat{\beta}_0 + \hat{\beta}_1 x_1 + \hat{\beta}_2 x_2 + \cdots + \hat{\beta}_k x_k. \tag{8.5.4}$$

对于多元线性回归方程的显著性,通常采用 F 检验法进行检验.

检验假设

$$H_0 : \beta_1 = \beta_2 = \cdots = \beta_k = 0; \quad H_1 : \beta_1, \beta_2, \cdots, \beta_k \text{ 不全为 } 0.$$

类似于一元线性回归,我们仍利用平方和分解构造 F 检验统计量,平方和分解式:

$$SS_T = \sum_{i=1}^n (y_i - \bar{y})^2 = \sum_{i=1}^n (y_i - \hat{y}_i)^2 + \sum_{i=1}^n (\hat{y}_i - \bar{y})^2 = SS_e + SS_R.$$

可以证明, SS_e 与 SS_R 相互独立, $\dfrac{SS_e}{\sigma^2} \sim \chi^2(n-k-1)$,当 H_0 为真时, $\dfrac{SS_R}{\sigma^2} \sim \chi^2(k)$,构造 F 检验统计量

$$F = \frac{SS_R/k}{SS_e/(n-k-1)} = \frac{MS_R}{MS_e} \sim F(k, n-k-1), \tag{8.5.5}$$

对于给定的显著性水平 α ,有 $P(F > F_\alpha(k, n-k-1)) = \alpha$,因此拒绝域为 $F > F_\alpha(k, n-k-1)$.

通常把检验的结果用方差分析表 8.18 表示:

表 8.18　F 检验法的方差分析表

方差来源	平方和	自由度	均方和	F 值	显著性
回归	SS_R	k	$MS_R = SS_R/k$	$F = MS_R/MS_e$	
残差	SS_e	$n-k-1$	$MS_e = SS_e/(n-k-1)$		
总计	SS_T	$n-1$			

　　然而若经过 F 检验知回归方程是显著的,只能说明 k 个自变量 $x_1, x_2, \cdots, x_k$ 中至少有一个自变量 x_i 与因变量 y 存在显著的线性关系,至于是哪一个自变量 x_i ,需要对各回归系数进行检验来确定.

　　检验假设 $H_{0i} : \beta_i = 0; H_{1i} : \beta_i \neq 0 \quad (i = 1, 2, \cdots, k)$.

　　当 H_{0i} 为真时,检验统计量

$$T_i = \frac{\hat{\beta}_i / (\sigma \sqrt{c_{i+1, i+1}})}{\sqrt{\dfrac{SS_e}{\sigma^2} / (n-k-1)}} \sim t(n-k-1) \quad (i = 1, 2, \cdots, k), \tag{8.5.6}$$

其中 c_{ij} 为 $(\boldsymbol{X}^{\mathrm{T}} \boldsymbol{X})^{-1}$ 的第 i 行第 j 列的元素. 对于给定的显著性水平 α ,拒绝域为 $|T_i| > t_{\alpha/2}(n-k-1)$.

　　如果对 k 个回归系数检验下来有不显著的,可以采用逐步回归的方法剔除不显著的自变量,然后重新建立回归方程.

§8.6 综合应用案例

8.6.1 健身数据分析

例 8.6.1 表 8.19 是一组来自健身房的健身数据,记录了 31 位健身者的基本信息和有氧运动健身的有关数据,其中最大摄氧量是连续响应变量(因变量),性别是类别变量,年龄、体重、运动时间、运动时脉搏、静止时脉搏和最大脉搏都是连续效应变量(因子、自变量),试根据本组健身数据建立合适的统计模型,分析最大摄氧量与其他变量之间的关系.

例 8.6.1 数据表及 R 语言程序代码

表 8.19 有氧运动健身数据

序号	性别	年龄	体重/ kg	最大摄氧量/ (mL·(kg·min)⁻¹)	运动时间/ min	运动时脉搏/ (次·min⁻¹)	静止时脉搏/ (次·min⁻¹)	最大脉搏/ (次·min⁻¹)
1	女	42	68.15	59.571	8.17	166	40	172
2	女	38	81.87	60.055	8.63	170	48	186
3	女	43	85.84	54.297	8.65	156	45	168
4	女	50	70.87	54.625	8.92	146	48	155
5	男	49	81.42	49.156	8.95	180	44	185
⋮	⋮	⋮	⋮	⋮	⋮	⋮	⋮	⋮
27	女	40	75.98	45.681	11.95	176	70	180
28	男	57	73.37	39.407	12.63	174	58	176
29	男	54	91.63	39.203	12.88	168	44	172
30	男	44	81.42	39.442	13.08	174	63	176
31	男	45	87.66	37.388	14.03	186	56	192

解 最大摄氧量是反映人体有氧运动能力的重要指标,通常对受试者在专门的仪器上进行测试. 为建立模型,首先给出基本假设:

(1) 所有受试者是随机抽取且测试不受外界环境影响;

(2) 测定受试者摄氧量的仪器不存在差异;

(3) 假定测量数据服从正态分布.

根据表 8.19 中所给数据资料,我们来研究运动中都有哪些因素影响最大摄氧量.

问题一:性别对最大摄氧量是否有显著影响.

在满足基本假设的条件下,这是一个单因素方差分析问题,因素为"性别",响应变量为"最大摄氧量",建立单因素方差分析模型:

原假设:不同性别对最大摄氧量影响不显著;

备择假设:不同性别对最大摄氧量影响显著.

将各平方和、自由度及 F 统计量的计算结果整理后列出单因素方差分析表(表8.20):

表8.20   单因素方差分析表

方差来源	自由度	平方和	均方和	F 值	p 值
性别	1	199.8	199.81	8.893	0.005 75
误差	29	651.6	22.47		
总计	30	851.4			

由于检验 p 值为 $p=0.005\,75<0.05$,故认为"性别"因素对"最大摄氧量"有显著影响,并且由基本统计量的计算可知,在显著性水平 $\alpha=0.05$ 下女性的平均最大摄氧量显著高于男性平均最大摄氧量(见表8.21):

表8.21   基本统计量计算

水平	数量	均值	标准差	95%置信下限	95%置信上限
女性	16	49.834 0	1.185 0	47.410	52.258
男性	15	44.753 7	1.223 9	42.251	47.257

问题二:建立多元回归模型分析最大摄氧量与年龄、体重、运动时间、运动时脉搏、静止时脉搏和最大脉搏等变量之间的关系.

首先进行相关分析,如表8.22所示.

表8.22   相关系数矩阵

	最大摄氧量	年龄	体重	运动时间	运动时脉搏	静止时脉搏	最大脉搏
最大摄氧量	1.000 0	-0.311 8	-0.162 8	-0.862 2	-0.398 0	-0.399 4	-0.236 7
年龄	-0.311 8	1.000 0	-0.240 5	0.195 2	-0.316 1	-0.150 9	-0.414 9
体重	-0.162 8	-0.240 5	1.000 0	0.143 5	0.181 5	0.044 0	0.249 4
运动时间	-0.862 2	0.195 2	0.143 5	1.000 0	0.313 6	0.450 4	0.226 1
运动时脉搏	-0.398 0	-0.316 1	0.181 5	0.313 6	1.000 0	0.352 5	0.929 8
静止时脉搏	-0.399 4	-0.150 9	0.044 0	0.450 4	0.352 5	1.000 0	0.305 1
最大脉搏	-0.236 7	-0.414 9	0.249 4	0.226 1	0.929 8	0.305 1	1.000 0

由表8.22可以看到,最大摄氧量和运动时间有比较强的负相关,和年龄、运动时的脉搏、静止时的脉搏、最大脉搏等也有一定程度的相关. 所以我们把最大摄氧量作为响应变量 y(因变量),把年龄 x_1、体重 x_2、运动时间 x_3、运动时脉搏 x_4、静止时脉搏 x_5 和最大脉搏 x_6 都作为效应变量(自变量),构建多元线性回归方程

$$\hat{y}=\hat{\beta}_0+\hat{\beta}_1 x_1+\cdots+\hat{\beta}_6 x_6.\tag{8.6.1}$$

利用最小二乘法,求出模型中的参数估计 $\hat{\beta}_0, \hat{\beta}_1, \cdots, \hat{\beta}_6$,并进行回归方程的显著性检验和回归系数的显著性检验. 检验结果如表 8.23 所示.

表 8.23 方 差 分 析

方差来源	自由度	平方和	均方和	F 值	p 值
回归	6	721.463 23	120.244	22.212 8	1.07e-08
误差	24	129.918 32	5.413		
总计	30	851.381 54			

由表 8.23 方差分析表可知,回归方程(8.6.1)的 F 检验统计量的值 $F = 22.212\ 8$,检验 p 值 $p = 1.07\text{e-}08 < 0.000\ 1$,因此回归方程极其显著.

在回归方程显著的情况下,进一步检验回归系数的显著性. 由于方程中的 6 个自变量未必都是显著的,由表 8.24 可以看出,模型中的效应变量如体重 x_2、静止时脉搏 x_5 的回归系数检验都不显著,并且由表 8.22 还可以观察到运动时脉搏 x_4 和最大脉搏 x_6 存在较强的线性关系.

表 8.24 参数估计值及 t 检验

项	估计值	标准误差	t 值	p 值
截距	101.973 84	12.273 62	8.308	1.61e-08
年龄	−0.218 654	0.098 517	−2.219	0.036 2
体重	−0.074 923	0.054 926	−1.364	0.185 2
运动时间	−2.639 812	0.385 376	−6.85	4.39e-07
运动时脉搏	−0.366 754	0.120 519	−3.043	0.005 6
静止时脉搏	−0.019 565	0.066 201	−0.296	0.770 1
最大脉搏	0.304 063 9	0.137 156	2.17	0.036 4

所以下面采用逐步回归的方法筛选变量,最终保留年龄 x_1、运动时间 x_3、运动时脉搏 x_4 三个自变量,重新构建线性回归方程:

$$\hat{y} = \hat{\beta}_0 + \hat{\beta}_1 x_1 + \hat{\beta}_3 x_3 + \hat{\beta}_4 x_4. \tag{8.6.2}$$

再次计算模型中的参数估计 $\hat{\beta}_0, \hat{\beta}_1, \hat{\beta}_3, \hat{\beta}_4$,并进行回归方程的显著性检验及回归系数检验,如表 8.25 和表 8.26 所示.

表 8.25 方 差 分 析

方差来源	自由度	平方和	均方和	F 值	p 值
回归	3	689.279 05	229.760	38.269 1	7.286e-10
误差	27	162.102 50	6.004		
总计	30	851.381 54			

表 8.26　参数估计值及 t 检验

项	估计值	标准误差	t 值	p 值
截距	110.684 98	10.081 43	10.979	1.84e−11
年龄	−0.247 806	0.094 808	−2.614	0.014 5
运动时间	−2.833 327	0.359 295	−7.886	1.77e−08
运动时脉搏	−0.126 738	0.050 265	−2.521	0.017 9

由表 8.25 方差分析表可知,回归方程的 F 检验统计量的值 $F = 38.269\ 1$,$p = 7.286\text{e−}10 < 0.000\ 1$,所以回归方程极其显著;由表 8.26 参数估计表可知,方程中的年龄 x_1、运动时间 x_3、运动时脉搏 x_4 的回归系数检验也都是显著的.

因此,建立最大摄氧量 y 与年龄 x_1、运动时间 x_3、运动时脉搏 x_4 的经验回归方程为

$$\hat{y} = 110.684\ 98 - 0.247\ 8x_1 - 2.833\ 3x_3 - 0.126\ 7x_4. \tag{8.6.3}$$

同时还可以计算出回归方程(8.6.3)的决定系数 $R^2 = \dfrac{SS_R}{SS_T} = 0.809\ 6$,即最大摄氧量总变差中有 80.96% 的变差可以由该回归模型解释.

利用回归方程(8.6.3)可以预测健身者的运动最大摄氧量,比如男性,年龄 45 岁,体重 80 kg,运动时间 12 min,运动脉搏 185 次/min,计算可得他的运动最大摄氧量为 $y = 42.087\ 3$ mL/(kg·min).

本例中的所有计算结果均使用 R 语言编程计算得到.

本章小结

方差分析与回归分析是两种基本的线性统计模型,应用十分广泛.本章要求掌握方差分析、回归分析的思想原理,能够对实际问题建立合适的统计模型,按照统计分析步骤求解,对结果进行合理的解释,以及方差分析、回归分析的统计软件实现.

方差分析:方差分析其意并不是研究总体的方差是否有差异,而是借用偏差平方和来分析因素不同水平间均值是否有差异,并按照影响试验指标的因素个数分为单因素试验的方差分析、双因素试验的方差分析和多因素试验的方差分析.本章主要介绍了单因素试验的方差分析、等重复双因素试验的方差分析和无重复双因素试验的方差分析.方差分析的关键步骤是平方和的分解和自由度的分解,采用 F 统计量作为显著性检验的统计量.由于因素均方和相对于误差均方和越大,意味着因素的影响越显著,所以拒绝域选在 F 取值大的区间(位于密度曲线的右侧).最后利用方差分析表记录和展示分析的结果.

回归分析:回归分析是研究自变量为一般变量(确定性变量)、因变量为随机变量时两者之间的相关关系的统计方法,按照自变量的个数分为一元回归和多元回归,按照回归函数的性质分为线性回归和非线性回归.一元线性回归模型的建立需要观测数据满足一定的条件,即正态性、独立性和方差齐性,确定回归函数的参数采用最小二乘法.

一元线性回归分析的步骤:1.作散点图,计算相关系数,分析变量间的相关关系;2.建

立回归模型,利用最小二乘法估计参数;3. 检验回归方程的显著性和回归系数的显著性;4. 利用回归方程进行估计和预测.

目前,许多统计软件都可以方便地实现方差分析和回归分析的计算.

思考与问答八

1. 单因素方差分析方法需要满足哪些基本假设?

2. 一元线性回归方程的显著性检验有哪几种检验方法? 它们之间有什么关系?

习题八

1. 一批由同样原料织成的布,用五种不同的染整工艺处理,然后进行缩水试验,设每种工艺处理 4 块布样,测得缩水率的结果如下表:

布样号	缩水率				
	A_1	A_2	A_3	A_4	A_5
1	4.3	6.1	6.5	9.3	9.5
2	7.8	7.3	8.3	8.7	8.8
3	3.2	4.2	8.6	7.2	11.4
4	6.5	4.1	8.2	10.1	7.8

问不同的工艺对布的缩水率是否有显著的影响($\alpha = 0.01$)?

2. 灯泡厂用 4 种不同配料方案制成的灯丝生产了四批灯泡,今从中分别抽样进行使用寿命的试验,得到下表的结果(单位:h),问这几种配料方案对使用寿命有无显著影响($\alpha = 0.01$)?

试验号	寿命/h			
	A_1	A_2	A_3	A_4
1	1 600	1 850	1 460	1 510
2	1 610	1 640	1 550	1 520
3	1 650	1 640	1 600	1 530
4	1 680	1 700	1 620	1 570
5	1 700	1 750	1 640	1 600
6	1 720	—	1 660	1 680
7	1 800	—	1 740	—
8	—	—	1 820	—

3. 在单因素试验方差分析模型式(8.1.2)中,μ_i 是未知参数($i = 1, 2, \cdots, k$),求 μ_i 的点估计和区间估计.

4. 在某种化工产品的生产过程中,选择 3 种浓度:$A_1 = 2\%$,$A_2 = 4\%$,$A_3 = 6\%$;4 种不同的

温度：$B_1 = 10℃$，$B_2 = 24℃$，$B_3 = 38℃$，$B_4 = 52℃$．每种浓度和温度的组合都重复试验 2 次，得到产品的收率如下：

浓度	温度			
	B_1	B_2	B_3	B_4
A_1	10	11	9	10
	14	11	13	12
A_2	7	8	7	6
	9	10	11	10
A_3	5	13	12	10
	11	14	13	14

试利用 Excel 的数据分析工具分析不同的浓度、不同的温度以及不同浓度与不同温度的交互作用对产品的收率是否有影响（$\alpha = 0.05$）？

5. 在钢线碳含量 x 对于电阻 y（20℃时）效应的研究中，得到以下的数据：

$x/\%$	0.1	0.30	0.40	0.55	0.70	0.80	0.95
$y/\mu\Omega$	15	18	19	21	22.6	23.8	26

设对于给定的 x，y 为正态变量，且方差与 x 无关．

（1）求线性回归方程 $\hat{y} = \hat{\beta}_0 + \hat{\beta}_1 x$．

（2）检验回归方程的显著性（$\alpha = 0.05$）．

（3）求 β_1 的置信区间（置信水平为 0.95）．

（4）求 y 在 $x = 0.50$ 处的置信水平为 0.95 的预测区间．

6. 在硝酸钠（$NaNO_3$）的溶解度试验中，对不同的温度 t ℃ 测得溶解于 100 ml 水中的硝酸钠质量 Y 的观察值如下：

$t/℃$	0	4	10	15	21	29	36	51	68
y/g	66.7	71.0	76.3	80.6	85.7	92.9	99.6	113.6	125.1

从理论知 Y 与 t 满足线性回归模型（8.3.1），解答下面问题：

（1）求 Y 对 t 的回归方程．

（2）检验回归方程的显著性（$\alpha = 0.01$）．

（3）求 Y 在 $t = 25℃$ 时的预测区间（置信水平为 0.95）．

7. 某种合金的抗拉强度 Y 与钢中含碳量 x 满足线性回归模型式（8.3.1），今实测了 92 组数据 (x_i, y_i)（$i = 1, 2, \cdots, 92$），并算得

$$\bar{x} = 0.1255，\quad \bar{y} = 45.7989，\quad L_{xx} = 0.3018，\quad L_{yy} = 2941.0339，\quad L_{xy} = 26.5097$$

（1）求 Y 对 x 的回归方程．

（2）对回归方程作显著性检验（$\alpha=0.01$）.

（3）当含碳量 $x=0.09$ 时求 Y 的置信度为 0.95 的预测区间.

（4）若要控制抗拉强度以 0.95 的概率落在（38,52）中，那么含碳量 x 应控制在什么范围内？

8. 某汽车销售商欲了解广告费用(x)对销售量(y)的影响，收集了过去 12 年的有关数据. 通过 Excel 数据分析工具进行线性回归计算，得到下面有关的结果：

方差分析表

方差来源	自由度	平方和	均方和	F 值	p 值
回归					2.17E-09
残差		40 158.07		—	—
总计	11	1 642 866.67	—	—	—

参数估计表

	回归系数	标准误差	t 值	p 值
截距	363.689 1	62.455 29	5.823 191	0.000 168
广告费用	1.420 211	0.071 091	19.977 49	2.17E-09

解答下面问题：

（1）完成上面的方差分析表.

（2）汽车销售量的变差中有多少是由于广告费用的变动引起的？

（3）销售量与广告费用之间的相关系数是多少？

（4）写出估计的回归方程并解释回归系数的实际意义.

（5）检验上述两个变量线性关系的显著性（$\alpha=0.05$）.

9. 从某林场随机抽取了 100 株云杉，测量其胸径和树高数据，并按龄级分组得平均胸径 D 和平均树高 H 列表如下：

平均胸径 D/cm	15	20	25	30	35	40	45	50
平均树高 H/m	13.5	17.1	20.0	22.1	24.0	25.6	27.0	28.3

（1）试用合适的函数建立 H 关于 D 的回归方程.

（2）在平均胸径 D 为 28 cm 时，平均树高 H 的预测值.

10. 测定某肉鸡的生长过程，每两周记录一次鸡的质量，数据如表：

x/周	2	4	6	8	10	12	14
y/kg	0.3	0.86	1.73	2.2	2.47	2.67	2.8

由经验知这种肉鸡的生长曲线为逻辑斯谛(logistic)曲线,且极限生长量为 $k=2.827$,即回归模型为 $y=\dfrac{2.827}{1+Ae^{-\lambda x}}$,试根据问题中数据解决下面问题:

(1) 画出散点图;

(2) 求模型中的参数,确定 y 对 x 的回归曲线方程.

附　表

表 1　泊松分布函数表

$$P(X \leqslant k) = \sum_{i=0}^{k} \frac{\lambda^i}{i!} e^{-\lambda}$$

λ	k								
	0	1	2	3	4	5	6	7	8
0.1	0.905	0.995	1.000						
0.2	0.819	0.982	0.999	1.000					
0.3	0.741	0.963	0.996	1.000					
0.4	0.670	0.938	0.992	0.999	1.000				
0.5	0.607	0.910	0.986	0.998	1.000				
0.6	0.549	0.878	0.977	0.997	1.000				
0.7	0.497	0.844	0.966	0.994	0.999	1.000			
0.8	0.449	0.809	0.953	0.991	0.999	1.000			
0.9	0.407	0.772	0.937	0.987	0.998	1.000			
1.0	0.368	0.736	0.920	0.981	0.996	0.999	1.000		
1.1	0.333	0.699	0.900	0.974	0.995	0.999	1.000		
1.2	0.301	0.663	0.879	0.966	0.992	0.998	1.000		
1.3	0.273	0.627	0.857	0.957	0.989	0.998	1.000		
1.4	0.247	0.592	0.833	0.946	0.986	0.997	0.999	1.000	
1.5	0.223	0.558	0.809	0.934	0.981	0.996	0.999	1.000	
1.6	0.202	0.525	0.783	0.921	0.976	0.994	0.999	1.000	
1.7	0.183	0.493	0.757	0.907	0.970	0.992	0.998	1.000	
1.8	0.165	0.463	0.731	0.891	0.964	0.990	0.997	0.999	1.000
1.9	0.150	0.434	0.704	0.875	0.956	0.987	0.997	0.999	1.000
2.0	0.135	0.406	0.677	0.857	0.947	0.983	0.995	0.999	1.000
2.1	0.122	0.380	0.650	0.839	0.938	0.980	0.994	0.999	1.000
2.2	0.111	0.355	0.623	0.819	0.928	0.975	0.993	0.998	1.000
2.3	0.100	0.331	0.596	0.799	0.916	0.970	0.991	0.997	0.999
2.4	0.091	0.308	0.570	0.779	0.904	0.964	0.988	0.997	0.999
2.5	0.082	0.287	0.544	0.758	0.891	0.958	0.986	0.996	0.999

续表

λ	k								
	0	1	2	3	4	5	6	7	8
2.6	0.074	0.267	0.518	0.736	0.877	0.951	0.983	0.995	0.999
2.7	0.067	0.249	0.494	0.714	0.863	0.943	0.979	0.993	0.998
2.8	0.061	0.231	0.469	0.692	0.848	0.935	0.976	0.992	0.998
2.9	0.055	0.215	0.446	0.670	0.832	0.926	0.971	0.990	0.997
3.0	0.050	0.199	0.423	0.647	0.815	0.916	0.966	0.988	0.996
3.1	0.045	0.185	0.401	0.625	0.798	0.906	0.961	0.986	0.995
3.2	0.041	0.171	0.380	0.603	0.781	0.895	0.955	0.983	0.994
3.3	0.037	0.159	0.359	0.580	0.763	0.883	0.949	0.980	0.993
3.4	0.033	0.147	0.340	0.558	0.744	0.871	0.942	0.977	0.992
3.5	0.030	0.136	0.321	0.537	0.725	0.858	0.935	0.973	0.990
3.6	0.027	0.126	0.303	0.515	0.706	0.844	0.927	0.969	0.988
3.7	0.025	0.116	0.285	0.494	0.687	0.830	0.918	0.965	0.986
3.8	0.022	0.107	0.269	0.473	0.668	0.816	0.909	0.960	0.984
3.9	0.020	0.099	0.253	0.453	0.648	0.801	0.899	0.955	0.981
4.0	0.018	0.092	0.238	0.433	0.629	0.785	0.889	0.949	0.979

表 2 标准正态分布表

$$\Phi(u) = \frac{1}{\sqrt{2\pi}} \int_{-\infty}^{u} e^{-\frac{x^2}{2}} dx \ (u \geq 0)$$

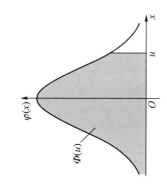

u	0.00	0.01	0.02	0.03	0.04	0.05	0.06	0.07	0.08	0.09
0.0	0.500 0	0.504 0	0.508 0	0.512 0	0.516 0	0.519 9	0.523 9	0.527 9	0.531 9	0.535 9
0.1	0.539 8	0.543 8	0.547 8	0.551 7	0.555 7	0.559 6	0.563 6	0.567 5	0.571 4	0.575 3
0.2	0.579 3	0.583 2	0.587 1	0.591 0	0.594 8	0.598 7	0.602 6	0.606 4	0.610 3	0.614 1
0.3	0.617 9	0.621 7	0.625 5	0.629 3	0.633 1	0.636 8	0.640 6	0.644 3	0.648 0	0.651 7
0.4	0.655 4	0.659 1	0.662 8	0.666 4	0.670 0	0.673 6	0.677 2	0.680 8	0.684 4	0.687 9
0.5	0.691 5	0.695 0	0.698 5	0.701 9	0.705 4	0.708 8	0.712 3	0.715 7	0.719 0	0.722 4
0.6	0.725 7	0.729 1	0.732 4	0.735 7	0.738 9	0.742 2	0.745 4	0.748 6	0.751 7	0.754 9
0.7	0.758 0	0.761 1	0.764 2	0.767 3	0.770 3	0.773 4	0.776 4	0.779 4	0.782 3	0.785 2
0.8	0.788 1	0.791 0	0.793 9	0.796 7	0.799 5	0.802 3	0.805 1	0.807 8	0.810 6	0.813 3
0.9	0.815 9	0.818 6	0.821 2	0.823 8	0.826 4	0.828 9	0.831 5	0.834 0	0.836 5	0.838 9

续表

u	0.00	0.01	0.02	0.03	0.04	0.05	0.06	0.07	0.08	0.09
1.0	0.841 3	0.843 8	0.846 1	0.848 5	0.850 8	0.853 1	0.855 4	0.857 7	0.859 9	0.862 1
1.1	0.864 3	0.866 5	0.868 6	0.870 8	0.872 9	0.874 9	0.877 0	0.879 0	0.881 0	0.883 0
1.2	0.884 9	0.886 9	0.888 8	0.890 7	0.892 5	0.894 4	0.896 2	0.898 0	0.899 7	0.901 47
1.3	0.903 20	0.904 90	0.906 58	0.908 24	0.909 88	0.911 49	0.913 09	0.914 66	0.916 21	0.917 74
1.4	0.919 24	0.920 73	0.922 20	0.923 64	0.925 07	0.926 47	0.927 85	0.929 22	0.930 56	0.931 89
1.5	0.933 19	0.934 48	0.935 74	0.936 99	0.938 22	0.939 43	0.940 62	0.941 79	0.942 95	0.944 08
1.6	0.945 20	0.946 30	0.947 38	0.948 45	0.949 50	0.950 53	0.951 54	0.952 54	0.953 52	0.954 49
1.7	0.955 43	0.956 37	0.957 28	0.958 18	0.959 07	0.959 94	0.960 80	0.961 64	0.962 46	0.963 27
1.8	0.964 07	0.964 85	0.965 62	0.966 38	0.967 12	0.967 84	0.968 56	0.969 26	0.969 95	0.970 62
1.9	0.971 28	0.971 93	0.972 57	0.973 20	0.973 81	0.974 41	0.975 00	0.975 58	0.976 15	0.976 70
2.0	0.977 25	0.977 78	0.978 31	0.978 82	0.979 32	0.979 82	0.980 30	0.980 77	0.981 24	0.981 69
2.1	0.982 14	0.982 57	0.983 00	0.983 41	0.983 82	0.984 22	0.984 61	0.985 00	0.985 37	0.985 74
2.2	0.986 10	0.986 45	0.986 79	0.987 13	0.987 45	0.987 78	0.988 09	0.988 40	0.988 70	0.988 99
2.3	0.989 28	0.989 56	0.989 83	$0.9^2$00 97	$0.9^2$03 58	$0.9^2$06 13	$0.9^2$08 63	$0.9^2$11 06	$0.9^2$13 44	$0.9^2$15 76
2.4	$0.9^2$18 02	$0.9^2$20 24	$0.9^2$22 40	$0.9^2$24 51	$0.9^2$26 56	$0.9^2$28 57	$0.9^2$30 53	$0.9^2$32 44	$0.9^2$34 31	$0.9^2$36 13
2.5	$0.9^2$37 90	$0.9^2$39 63	$0.9^2$41 32	$0.9^2$42 97	$0.9^2$44 57	$0.9^2$46 14	$0.9^2$47 66	$0.9^2$49 15	$0.9^2$50 60	$0.9^2$52 01
2.6	$0.9^2$53 39	$0.9^2$54 73	$0.9^2$56 04	$0.9^2$57 31	$0.9^2$58 55	$0.9^2$59 75	$0.9^2$60 93	$0.9^2$62 07	$0.9^2$63 19	$0.9^2$64 27
2.7	$0.9^2$65 33	$0.9^2$66 36	$0.9^2$67 36	$0.9^2$68 38	$0.9^2$69 28	$0.9^2$70 20	$0.9^2$71 10	$0.9^2$71 97	$0.9^2$72 82	$0.9^2$73 65
2.8	$0.9^2$74 45	$0.9^2$75 23	$0.9^2$75 99	$0.9^2$76 73	$0.9^2$77 44	$0.9^2$78 14	$0.9^2$78 82	$0.9^2$79 48	$0.9^2$80 12	$0.9^2$80 74
2.9	$0.9^2$81 34	$0.9^2$81 93	$0.9^2$82 50	$0.9^2$83 05	$0.9^2$83 59	$0.9^2$84 11	$0.9^2$84 62	$0.9^2$85 11	$0.9^2$85 59	$0.9^2$86 05

续表

u	0.00	0.01	0.02	0.03	0.04	0.05	0.06	0.07	0.08	0.09
3.0	$0.9^2$86 50	$0.9^2$86 94	$0.9^2$87 36	$0.9^2$87 77	$0.9^2$88 17	$0.9^2$88 56	$0.9^2$88 93	$0.9^2$89 30	$0.9^2$89 65	$0.9^2$89 99
3.1	$0.9^3$03 24	$0.9^3$06 46	$0.9^3$09 57	$0.9^3$12 60	$0.9^3$15 53	$0.9^3$18 36	$0.9^3$21 12	$0.9^3$23 78	$0.9^3$26 36	$0.9^3$28 86
3.2	$0.9^3$31 29	$0.9^3$33 63	$0.9^3$35 90	$0.9^3$38 10	$0.9^3$40 24	$0.9^3$42 30	$0.9^3$44 29	$0.9^3$46 23	$0.9^3$48 10	$0.9^3$49 91
3.3	$0.9^3$51 66	$0.9^3$53 35	$0.9^3$54 99	$0.9^3$56 58	$0.9^3$58 11	$0.9^3$59 59	$0.9^3$61 03	$0.9^3$62 42	$0.9^3$63 76	$0.9^3$65 05
3.4	$0.9^3$66 31	$0.9^3$67 52	$0.9^3$68 69	$0.9^3$69 82	$0.9^3$70 91	$0.9^3$71 97	$0.9^3$72 99	$0.9^3$73 98	$0.9^3$74 93	$0.9^3$75 85
3.5	$0.9^3$76 74	$0.9^3$77 59	$0.9^3$78 42	$0.9^3$79 22	$0.9^3$79 99	$0.9^3$80 74	$0.9^3$81 46	$0.9^3$82 15	$0.9^3$82 82	$0.9^3$83 47
3.6	$0.9^3$84 09	$0.9^3$84 69	$0.9^3$85 27	$0.9^3$85 83	$0.9^3$86 37	$0.9^3$86 89	$0.9^3$87 39	$0.9^3$87 87	$0.9^3$88 34	$0.9^3$88 79
3.7	$0.9^3$89 22	$0.9^3$89 64	$0.9^4$00 39	$0.9^4$04 26	$0.9^4$07 99	$0.9^4$11 58	$0.9^4$15 04	$0.9^4$18 38	$0.9^4$21 59	$0.9^4$24 68
3.8	$0.9^4$27 65	$0.9^4$30 52	$0.9^4$33 27	$0.9^4$35 93	$0.9^4$38 48	$0.9^4$40 94	$0.9^4$43 31	$0.9^4$45 58	$0.9^4$47 77	$0.9^4$49 88
3.9	$0.9^4$51 90	$0.9^4$53 85	$0.9^4$55 73	$0.9^4$57 53	$0.9^4$59 26	$0.9^4$60 92	$0.9^4$62 53	$0.9^4$64 06	$0.9^4$65 54	$0.9^4$66 96
4.0	$0.9^4$68 33	$0.9^4$69 64	$0.9^4$70 90	$0.9^4$72 11	$0.9^4$73 27	$0.9^4$74 39	$0.9^4$75 46	$0.9^4$76 49	$0.9^4$77 48	$0.9^4$78 43
4.1	$0.9^4$79 34	$0.9^4$80 22	$0.9^4$81 06	$0.9^4$81 86	$0.9^4$82 63	$0.9^4$83 38	$0.9^4$84 09	$0.9^4$84 77	$0.9^4$85 42	$0.9^4$86 05
4.2	$0.9^4$86 65	$0.9^4$87 23	$0.9^4$87 78	$0.9^4$88 32	$0.9^4$88 82	$0.9^4$89 31	$0.9^4$89 78	$0.9^5$02 26	$0.9^5$06 55	$0.9^5$10 66
4.3	$0.9^5$14 60	$0.9^5$18 37	$0.9^5$21 99	$0.9^5$25 45	$0.9^5$28 76	$0.9^5$31 93	$0.9^5$34 97	$0.9^5$37 88	$0.9^5$40 66	$0.9^5$43 32
4.4	$0.9^5$45 87	$0.9^5$48 31	$0.9^5$50 65	$0.9^5$52 88	$0.9^5$55 02	$0.9^5$57 06	$0.9^5$59 02	$0.9^5$60 89	$0.9^5$62 68	$0.9^5$64 39
4.5	$0.9^5$66 02	$0.9^5$67 59	$0.9^5$69 08	$0.9^5$70 51	$0.9^5$71 87	$0.9^5$73 18	$0.9^5$74 42	$0.9^5$75 61	$0.9^5$76 75	$0.9^5$77 84
4.6	$0.9^5$78 88	$0.9^5$79 87	$0.9^5$80 81	$0.9^5$81 72	$0.9^5$82 58	$0.9^5$83 40	$0.9^5$84 19	$0.9^5$84 94	$0.9^5$85 66	$0.9^5$86 34
4.7	$0.9^5$86 99	$0.9^5$87 61	$0.9^5$88 21	$0.9^5$88 77	$0.9^5$89 31	$0.9^5$89 83	$0.9^6$03 20	$0.9^6$07 89	$0.9^6$12 35	$0.9^6$16 61
4.8	$0.9^6$20 67	$0.9^6$24 53	$0.9^6$28 22	$0.9^6$31 73	$0.9^6$35 08	$0.9^6$38 27	$0.9^6$41 31	$0.9^6$44 20	$0.9^6$46 96	$0.9^6$49 58
4.9	$0.9^6$52 08	$0.9^6$54 46	$0.9^6$56 73	$0.9^6$58 89	$0.9^6$60 94	$0.9^6$62 89	$0.9^6$64 75	$0.9^6$66 52	$0.9^6$68 21	$0.9^6$69 81

表 3　标准正态分布的双侧分位数 $\left(u_{\frac{\alpha}{2}}\right)$ 表

$$P\left(|U| > u_{\frac{\alpha}{2}}\right) = \alpha$$

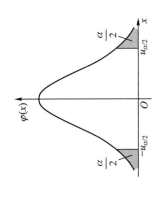

α	0.00	0.01	0.02	0.03	0.04	0.05	0.06	0.07	0.08	0.09
0.0	∞	2.575 829	2.326 348	2.170 090	2.053 749	1.959 964	1.880 794	1.811 911	1.750 686	1.695 398
0.1	1.644 854	1.598 193	1.554 774	1.514 102	1.475 791	1.439 531	1.405 072	1.372 204	1.340 755	1.310 579
0.2	1.281 552	1.253 565	1.226 528	1.200 359	1.174 987	1.150 349	1.126 391	1.103 063	1.080 319	1.058 122
0.3	1.036 433	1.015 222	0.994 458	0.974 114	0.954 165	0.934 589	0.915 365	0.896 473	0.877 896	0.859 617
0.4	0.841 621	0.823 894	0.806 421	0.789 192	0.772 193	0.755 415	0.738 847	0.722 479	0.706 303	0.690 309
0.5	0.674 490	0.658 838	0.643 345	0.628 006	0.612 813	0.597 760	0.582 841	0.568 051	0.553 385	0.538 836
0.6	0.524 401	0.510 073	0.495 850	0.481 727	0.467 699	0.453 762	0.439 913	0.426 148	0.412 463	0.398 855
0.7	0.385 320	0.371 856	0.358 459	0.345 125	0.331 853	0.318 639	0.305 481	0.292 375	0.279 319	0.266 311
0.8	0.253 347	0.240 426	0.227 545	0.214 702	0.201 893	0.189 113	0.176 374	0.163 658	0.150 969	0.138 304
0.9	0.125 661	0.113 039	0.100 434	0.087 845	0.075 270	0.062 707	0.050 154	0.037 608	0.025 069	0.012 533

α	0.001		0.000 1		0.000 01	0.000 001		0.000 000 1		0.000 000 01
$u_{\alpha/2}$	3.290 53		3.890 59		4.417 17	4.891 64		5.326 72		5.730 73

表4 χ^2 分布的上侧分位数（$\chi^2_\alpha(n)$）表

$$P(\chi^2 > \chi^2_\alpha(n)) = \alpha$$

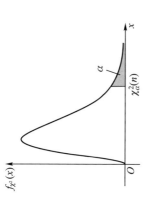

n	α									
	0.995	0.99	0.975	0.95	0.90	0.10	0.05	0.025	0.01	0.001
1	—	$0.0^3 15\ 7$	0.001	$0.0^2 39\ 3$	0.015 8	2.706	3.841	5.024	6.635	10.828
2	0.010	0.020 1	0.051	0.103	0.211	4.605	5.991	7.378	9.210	13.816
3	0.072	0.115	0.216	0.352	0.584	6.251	7.815	9.348	11.345	16.266
4	0.207	0.297	0.484	0.711	1.064	7.779	9.488	11.143	12.277	18.467
5	0.412	0.554	0.831	1.145	1.610	9.236	11.070	12.833	13.068	20.515
6	0.676	0.872	1.237	1.635	2.204	10.645	11.592	14.449	16.812	22.458
7	0.989	1.239	1.690	2.167	2.833	12.017	14.067	16.013	18.475	24.322
8	1.344	1.646	2.180	2.733	3.490	13.362	15.507	17.535	20.090	26.125
9	1.735	2.088	2.700	3.325	4.168	14.684	16.919	19.023	21.666	27.877
10	2.156	2.558	3.247	3.940	4.865	15.987	18.307	20.483	23.209	29.588

续表

n	\\multicolumn{10}{c}{α}
	0.995	0.99	0.975	0.95	0.90	0.10	0.05	0.025	0.01	0.001
11	2.603	3.053	3.816	4.575	5.578	17.275	19.675	21.920	24.725	31.264
12	3.074	3.571	4.404	5.226	6.304	18.549	21.026	23.337	26.217	32.909
13	3.565	4.107	5.009	5.892	7.042	19.812	22.362	24.736	27.688	34.528
14	4.075	4.660	5.629	6.571	7.790	21.064	23.685	26.119	29.141	36.123
15	4.601	5.229	6.262	7.261	8.547	22.307	24.996	27.488	30.578	37.697
16	5.142	5.812	6.908	7.962	9.312	23.542	26.296	28.845	32.000	39.252
17	5.697	6.408	7.564	8.672	10.085	24.769	27.587	30.191	33.409	40.790
18	6.265	7.015	8.231	9.390	10.865	25.989	28.869	31.526	34.805	42.312
19	6.844	7.633	8.907	10.117	11.651	27.204	30.144	32.852	36.191	43.820
20	7.434	8.260	9.591	10.851	12.443	28.412	31.410	34.170	37.566	45.315
21	8.034	8.897	10.283	11.591	13.240	29.615	32.671	36.479	38.932	46.797
22	8.643	9.542	10.982	12.338	14.041	30.813	33.924	36.781	40.289	48.268
23	9.260	10.196	11.689	13.091	14.848	32.007	35.172	38.076	41.638	49.728
24	9.886	10.856	12.401	13.848	15.659	33.196	36.415	39.364	42.980	51.179
25	10.520	11.524	13.120	14.611	16.473	34.382	37.652	40.646	44.314	52.618
26	11.160	12.198	13.844	15.379	17.292	35.563	38.885	41.923	45.642	54.052
27	11.808	12.879	14.573	16.151	18.114	36.741	40.113	43.194	46.963	55.476
28	12.460	13.565	15.308	16.928	18.939	37.916	41.337	44.461	48.278	56.893
29	13.121	14.256	16.047	17.708	19.768	39.087	42.557	45.722	49.588	58.301
30	13.787	14.953	16.791	18.493	20.599	40.256	43.773	46.979	50.892	59.703

表 5 t 分布的上侧分位数 ($t_\alpha(n)$) 表

$$P(t > t_\alpha(n)) = \alpha$$

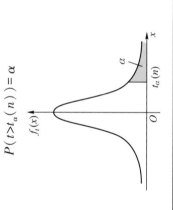

n \ α	0.45	0.4	0.35	0.3	0.25	0.2	0.15	0.1	0.05	0.025	0.01	0.005
1	0.158	0.325	0.510	0.727	1.000	1.376	1.963	3.078	6.314	12.706	31.821	63.657
2	0.142	0.289	0.445	0.617	0.816	1.061	1.386	1.886	2.920	4.303	6.965	9.925
3	0.137	0.277	0.424	0.584	0.765	0.978	1.250	1.638	2.353	3.182	4.541	5.841
4	0.134	0.271	0.414	0.569	0.741	0.941	1.190	1.533	2.132	2.776	3.747	4.604
5	0.132	0.267	0.408	0.559	0.727	0.920	1.156	1.476	2.015	2.571	3.365	4.032
6	0.131	0.265	0.404	0.553	0.718	0.906	1.134	1.440	1.943	2.447	3.143	3.707
7	0.130	0.263	0.402	0.549	0.711	0.896	1.119	1.415	1.895	2.365	2.998	3.499
8	0.130	0.262	0.399	0.546	0.706	0.889	1.108	1.397	1.860	2.306	2.896	3.355
9	0.129	0.261	0.398	0.543	0.703	0.883	1.100	1.383	1.833	2.262	2.821	3.250
10	0.129	0.260	0.397	0.542	0.700	0.879	1.093	1.372	1.812	2.228	2.764	3.169
11	0.129	0.260	0.396	0.540	0.697	0.876	1.088	1.363	1.796	2.201	2.718	3.106
12	0.128	0.259	0.395	0.539	0.695	0.873	1.083	1.356	1.782	2.179	2.681	3.055
13	0.128	0.259	0.394	0.538	0.694	0.870	1.079	1.350	1.771	2.160	2.650	3.012
14	0.128	0.258	0.393	0.537	0.692	0.868	1.076	1.345	1.761	2.145	2.624	2.977
15	0.128	0.258	0.393	0.536	0.691	0.866	1.074	1.341	1.753	2.131	2.602	2.947

续表

n	α											
	0.45	0.4	0.35	0.3	0.25	0.2	0.15	0.1	0.05	0.025	0.01	0.005
16	0.128	0.258	0.392	0.535	0.690	0.865	1.071	1.337	1.746	2.120	2.583	2.921
17	0.128	0.257	0.392	0.534	0.689	0.863	1.069	1.333	1.740	2.110	2.567	2.898
18	0.127	0.257	0.392	0.534	0.688	0.862	1.067	1.330	1.734	2.101	2.552	2.878
19	0.127	0.257	0.391	0.533	0.688	0.861	1.066	1.328	1.729	2.093	2.539	2.861
20	0.127	0.257	0.391	0.533	0.687	0.860	1.064	1.325	1.725	2.086	2.528	2.845
21	0.127	0.257	0.391	0.532	0.686	0.859	1.063	1.323	1.721	2.080	2.518	2.831
22	0.127	0.256	0.390	0.532	0.686	0.858	1.061	1.321	1.717	2.074	2.508	2.819
23	0.127	0.256	0.390	0.532	0.685	0.858	1.060	1.319	1.714	2.069	2.500	2.807
24	0.127	0.256	0.390	0.531	0.685	0.857	1.059	1.318	1.711	2.064	2.492	2.797
25	0.127	0.256	0.390	0.531	0.684	0.856	1.058	1.316	1.708	2.060	2.485	2.787
26	0.127	0.256	0.390	0.531	0.684	0.856	1.058	1.315	1.706	2.056	2.479	2.779
27	0.127	0.256	0.389	0.531	0.684	0.855	1.057	1.314	1.703	2.052	2.473	2.771
28	0.127	0.256	0.389	0.530	0.683	0.855	1.056	1.313	1.701	2.048	2.467	2.763
29	0.127	0.256	0.389	0.530	0.683	0.854	1.055	1.311	1.699	2.045	2.462	2.756
30	0.127	0.256	0.389	0.530	0.683	0.854	1.055	1.310	1.697	2.042	2.457	2.750
40	0.126	0.255	0.388	0.529	0.681	0.851	1.050	1.303	1.684	2.021	2.423	2.704
60	0.126	0.254	0.387	0.527	0.679	0.848	1.046	1.296	1.671	2.000	2.390	2.660
120	0.126	0.254	0.386	0.526	0.677	0.845	1.041	1.289	1.658	1.980	2.358	2.617
∞	0.126	0.253	0.385	0.524	0.674	0.842	1.036	1.282	1.645	1.960	2.326	2.576

表 6 F 分布的上侧分位数($F_\alpha(n_1,n_2)$)表

$$P(F>F_\alpha(n_1,n_2))=\alpha$$

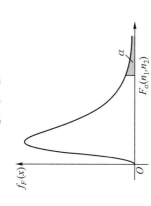

$\alpha = 0.10$

n_2 \ n_1	1	2	3	4	5	6	7	8	9	10	15	20	30	50	100	200	500	∞
1	39.9	49.5	53.6	55.8	57.2	58.2	58.9	59.4	59.9	60.2	61.2	61.7	62.3	62.7	63.0	63.2	63.3	63.3
2	8.53	9.00	9.16	9.24	9.29	9.33	9.35	9.37	9.38	9.39	9.42	9.44	9.46	9.47	9.48	9.49	9.49	9.49
3	5.54	5.46	5.39	5.34	5.31	5.28	5.27	5.25	5.24	5.23	5.20	5.18	5.17	5.15	5.14	5.14	5.14	5.13
4	4.54	4.32	4.19	4.11	4.05	4.01	3.98	3.95	3.94	3.92	3.87	3.84	3.82	3.80	3.78	3.77	3.76	3.76
5	4.06	3.78	3.62	3.52	3.45	3.40	3.37	3.34	3.32	3.30	3.24	3.21	3.17	3.15	3.13	3.12	3.11	3.10
6	3.78	3.46	3.29	3.18	3.11	3.05	3.01	2.98	2.96	2.94	2.87	2.84	2.80	2.77	2.75	2.73	2.73	2.72
7	3.59	3.26	3.07	2.96	2.88	2.83	2.78	2.75	2.72	2.70	2.63	2.59	2.56	2.52	2.50	2.48	2.48	2.47
8	3.46	3.11	2.92	2.81	2.73	2.67	2.62	2.59	2.56	2.54	2.46	2.42	2.38	2.35	2.32	2.31	2.30	2.29
9	3.36	3.01	2.81	2.69	2.61	2.55	2.51	2.47	2.44	2.42	2.34	2.30	2.25	2.22	2.19	2.17	2.17	2.16
10	3.28	2.92	2.73	2.61	2.52	2.46	2.41	2.38	2.35	2.32	2.24	2.20	2.16	2.12	2.09	2.07	2.06	2.06
11	3.23	2.86	2.66	2.54	2.45	2.39	2.34	2.30	2.27	2.25	2.17	2.12	2.08	2.04	2.00	1.99	1.98	1.97
12	3.18	2.81	2.61	2.48	2.39	2.33	2.28	2.24	2.21	2.19	2.10	2.06	2.01	1.97	1.94	1.92	1.91	1.90
13	3.14	2.76	2.56	2.43	2.35	2.28	2.23	2.20	2.16	2.14	2.05	2.01	1.96	1.92	1.88	1.86	1.85	1.85
14	3.10	2.73	2.52	2.39	2.31	2.24	2.19	2.15	2.12	2.10	2.01	1.96	1.91	1.87	1.83	1.82	1.80	1.80
15	3.07	2.70	2.49	2.36	2.27	2.21	2.16	2.12	2.09	2.06	1.97	1.92	1.87	1.83	1.79	1.77	1.76	1.76

续表

$\alpha = 0.10$

n_2	n_1																	
	1	2	3	4	5	6	7	8	9	10	15	20	30	50	100	200	500	8
16	3.05	2.67	2.46	2.33	2.24	2.18	2.13	2.09	2.06	2.03	1.94	1.89	1.84	1.79	1.76	1.74	1.73	1.72
17	3.03	2.64	2.44	2.31	2.22	2.15	2.10	2.06	2.03	2.00	1.91	1.86	1.81	1.76	1.73	1.71	1.69	1.69
18	3.01	2.62	2.42	2.29	2.20	2.13	2.08	2.04	2.00	1.98	1.89	1.84	1.78	1.74	1.70	1.68	1.67	1.66
19	2.99	2.61	2.40	2.27	2.18	2.11	2.06	2.02	1.98	1.96	1.86	1.81	1.76	1.71	1.67	1.65	1.64	1.63
20	2.97	2.59	2.38	2.25	2.16	2.09	2.04	2.00	1.96	1.94	1.84	1.79	1.74	1.69	1.65	1.63	1.62	1.61
22	2.95	2.56	2.35	2.22	2.13	2.06	2.01	1.97	1.93	1.90	1.81	1.76	1.70	1.65	1.61	1.59	1.58	1.57
24	2.93	2.54	2.33	2.19	2.10	2.04	1.98	1.94	1.91	1.88	1.78	1.73	1.67	1.62	1.58	1.56	1.54	1.53
26	2.91	2.52	2.31	2.17	2.08	2.01	1.96	1.92	1.88	1.86	1.76	1.71	1.65	1.59	1.55	1.53	1.51	1.50
28	2.89	2.50	2.29	2.16	2.06	2.00	1.94	1.90	1.87	1.84	1.74	1.69	1.63	1.57	1.53	1.50	1.49	1.48
30	2.88	2.49	2.28	2.14	2.05	1.98	1.93	1.88	1.85	1.82	1.72	1.67	1.61	1.55	1.51	1.48	1.47	1.46
40	2.84	2.44	2.23	2.09	2.00	1.93	1.87	1.83	1.79	1.76	1.66	1.61	1.54	1.48	1.43	1.41	1.39	1.38
50	2.81	2.41	2.20	2.06	1.97	1.90	1.84	1.80	1.76	1.73	1.63	1.57	1.50	1.44	1.39	1.36	1.34	1.33
60	2.79	2.39	2.18	2.04	1.95	1.87	1.82	1.77	1.74	1.71	1.60	1.54	1.48	1.41	1.36	1.33	1.31	1.29
80	2.77	2.37	2.15	2.02	1.92	1.85	1.79	1.75	1.71	1.68	1.57	1.51	1.44	1.38	1.32	1.28	1.26	1.24
100	2.76	2.36	2.14	2.00	1.91	1.83	1.78	1.73	1.70	1.66	1.56	1.49	1.42	1.35	1.29	1.26	1.23	1.21
200	2.73	2.33	2.11	1.97	1.88	1.80	1.75	1.70	1.66	1.63	1.52	1.46	1.38	1.31	1.24	1.20	1.17	1.14
500	2.72	2.31	2.10	1.96	1.86	1.79	1.73	1.68	1.64	1.61	1.50	1.44	1.36	1.28	1.21	1.16	1.12	1.09
8	2.71	2.30	2.03	1.94	1.85	1.77	1.72	1.67	1.63	1.60	1.49	1.42	1.34	1.26	1.18	1.13	1.08	1.00

$\alpha = 0.05$

n_2 \ n_1	1	2	3	4	5	6	7	8	9	10	12	14	16	18	20
1	161	200	216	225	230	234	237	239	241	242	244	246	246	247	248
2	18.5	19.0	19.2	19.2	19.3	19.3	19.4	19.4	19.4	19.4	19.4	19.4	19.4	19.4	19.4
3	10.1	9.55	9.28	9.12	9.01	8.94	8.89	8.85	8.81	8.79	8.74	8.71	8.69	8.67	8.66
4	7.71	6.94	6.59	6.39	6.26	6.16	6.09	6.04	6.00	5.96	5.91	5.87	5.84	5.82	5.80
5	6.61	5.79	5.41	5.19	5.05	4.95	4.88	4.82	4.77	4.74	4.68	4.64	4.60	4.58	4.56
6	5.99	5.14	4.76	4.53	4.39	4.28	4.21	4.15	4.10	4.06	4.00	3.96	3.92	3.90	3.87
7	5.59	4.74	4.35	4.12	3.97	3.87	3.79	3.73	3.68	3.64	3.57	3.53	3.49	3.47	3.44
8	5.32	4.46	4.07	3.84	3.69	3.58	3.50	3.44	3.39	3.35	3.28	3.24	3.20	3.17	3.15
9	5.12	4.26	3.86	3.63	3.48	3.37	3.29	3.23	3.18	3.14	3.07	3.03	2.99	2.96	2.94
10	4.96	4.10	3.71	3.48	3.33	3.22	3.14	3.07	3.02	2.98	2.90	2.86	2.83	2.80	2.77
11	4.84	3.98	3.59	3.36	3.20	3.09	3.01	2.95	2.90	2.85	2.79	2.74	2.70	2.67	2.65
12	4.75	3.89	3.49	3.26	3.11	3.00	2.91	2.85	2.80	2.75	2.69	2.64	2.60	2.57	2.54
13	4.67	3.81	3.41	3.18	3.03	2.92	2.83	2.77	2.71	2.67	2.60	2.55	2.51	2.48	2.46
14	4.60	3.74	3.34	3.11	2.96	2.85	2.76	2.70	2.65	2.60	2.53	2.48	2.44	2.41	2.39
15	4.54	3.68	3.29	3.06	2.90	2.79	2.71	2.64	2.59	2.54	2.48	2.42	2.38	2.35	2.33
16	4.49	3.63	3.24	3.01	2.85	2.74	2.66	2.59	2.54	2.49	2.42	2.37	2.33	2.30	2.28
17	4.45	3.59	3.20	2.96	2.81	2.70	2.61	2.55	2.49	2.45	2.38	2.33	2.29	2.26	2.23
18	4.41	3.55	3.16	2.93	2.77	2.66	2.58	2.51	2.46	2.41	2.34	2.29	2.25	2.22	2.19
19	4.38	3.52	3.13	2.90	2.74	2.63	2.54	2.48	2.42	2.38	2.31	2.26	2.21	2.18	2.16
20	4.35	3.49	3.10	2.87	2.71	2.60	2.51	2.45	2.39	2.35	2.28	2.22	2.18	2.15	2.12
21	4.32	3.47	3.07	2.84	2.68	2.57	2.49	2.42	2.37	2.32	2.25	2.20	2.16	2.12	2.10
22	4.30	3.44	3.05	2.82	2.66	2.55	2.46	2.40	2.34	2.30	2.23	2.17	2.13	2.10	2.07
23	4.28	3.42	3.03	2.80	2.64	2.53	2.44	2.37	2.32	2.27	2.20	2.15	2.11	2.07	2.05
24	4.26	3.40	3.01	2.78	2.62	2.51	2.42	2.36	2.30	2.25	2.18	2.13	2.09	2.05	2.03
25	4.24	3.39	2.99	2.76	2.60	2.49	2.40	2.34	2.28	2.24	2.16	2.11	2.07	2.04	2.01

$\alpha = 0.05$

续表

n_2 \ n_1	1	2	3	4	5	6	7	8	9	10	12	14	16	18	20
26	4.23	3.37	2.98	2.74	2.59	2.47	2.39	2.32	2.27	2.22	2.15	2.09	2.05	2.02	1.99
27	4.21	3.35	2.96	2.73	2.57	2.46	2.37	2.31	2.25	2.20	2.13	2.08	2.04	2.00	1.97
28	4.20	3.34	2.95	2.71	2.56	2.45	2.36	2.29	2.24	2.19	2.12	2.06	2.02	1.99	1.96
29	4.18	3.33	2.93	2.70	2.55	2.43	2.35	2.28	2.22	2.18	2.10	2.05	2.01	1.97	1.94
30	4.17	3.32	2.92	2.69	2.53	2.42	2.33	2.27	2.21	2.16	2.09	2.04	1.99	1.96	1.93
32	4.15	3.29	2.90	2.67	2.51	2.40	2.31	2.24	2.19	2.14	2.07	2.01	1.97	1.94	1.91
34	4.13	3.28	2.88	2.65	2.49	2.38	2.29	2.23	2.17	2.12	2.05	1.99	1.95	1.92	1.89
36	4.11	3.26	2.87	2.63	2.48	2.36	2.28	2.21	2.15	2.11	2.03	1.98	1.93	1.90	1.87
38	4.10	3.24	2.85	2.62	2.46	2.35	2.26	2.19	2.14	2.09	2.02	1.96	1.92	1.88	1.85
40	4.08	3.23	2.84	2.61	2.45	2.34	2.25	2.18	2.12	2.08	2.00	1.95	1.90	1.87	1.84
42	4.07	3.22	2.83	2.59	2.44	2.32	2.24	2.17	2.11	2.06	1.99	1.93	1.89	1.86	1.83
44	4.06	3.21	2.82	2.58	2.43	2.31	2.23	2.16	2.10	2.05	1.98	1.92	1.88	1.84	1.81
46	4.05	3.20	2.81	2.57	2.42	2.30	2.22	2.15	2.09	2.04	1.97	1.91	1.87	1.83	1.80
48	4.04	3.19	2.80	2.57	2.41	2.29	2.21	2.14	2.08	2.03	1.96	1.90	1.86	1.82	1.79
50	4.03	3.18	2.79	2.56	2.40	2.29	2.20	2.13	2.07	2.03	1.95	1.89	1.85	1.81	1.78
60	4.00	3.15	2.76	2.53	2.37	2.25	2.17	2.10	2.04	1.99	1.92	1.86	1.82	1.78	1.75
80	3.96	3.11	2.72	2.49	2.33	2.21	2.13	2.06	2.00	1.95	1.88	1.82	1.77	1.73	1.70
100	3.94	3.09	2.70	2.46	2.31	2.19	2.10	2.03	1.97	1.93	1.85	1.79	1.75	1.71	1.68
125	3.92	3.07	2.68	2.44	2.29	2.17	2.08	2.01	1.96	1.91	1.83	1.77	1.72	1.69	1.65
150	3.90	3.06	2.66	2.43	2.27	2.16	2.07	2.00	1.94	1.89	1.82	1.76	1.71	1.67	1.64
200	3.89	3.04	2.65	2.42	2.26	2.14	2.06	1.98	1.93	1.88	1.80	1.74	1.69	1.66	1.62
300	3.87	3.03	2.63	2.40	2.24	2.13	2.04	1.97	1.91	1.86	1.78	1.72	1.68	1.64	1.61
500	3.86	3.01	2.62	2.39	2.23	2.12	2.03	1.96	1.90	1.85	1.77	1.71	1.66	1.62	1.59
1 000	3.85	3.00	2.61	2.38	2.22	2.11	2.02	1.95	1.89	1.84	1.76	1.70	1.65	1.61	1.58
∞	3.84	3.00	2.60	2.37	2.21	2.10	2.01	1.94	1.88	1.83	1.75	1.69	1.64	1.60	1.57

$\alpha = 0.05$

n_2	n_1														
	22	24	26	28	30	35	40	45	50	60	80	100	200	500	∞
1	249	249	249	250	250	251	251	251	252	252	252	253	254	254	254
2	19.5	19.5	19.5	19.5	19.5	19.5	19.5	19.5	19.5	19.5	19.5	19.5	19.5	19.5	19.5
3	8.65	8.64	8.53	8.62	8.62	8.60	8.59	8.59	8.58	8.57	8.59	8.55	8.54	8.53	8.53
4	5.79	5.77	5.76	5.75	5.75	5.73	5.72	5.71	5.70	5.69	5.67	5.66	5.65	5.64	5.63
5	4.54	4.53	4.52	4.50	4.50	4.48	4.46	4.45	4.44	4.43	4.41	4.41	4.39	4.37	4.37
6	3.86	3.84	3.83	3.82	3.81	3.79	3.77	3.76	3.75	3.74	3.72	3.71	3.69	3.68	3.67
7	3.43	3.41	3.40	3.39	3.38	3.36	3.34	3.33	3.32	3.30	3.29	3.27	3.25	3.24	3.23
8	3.13	3.12	3.10	3.09	3.08	3.06	3.04	3.03	3.02	3.01	2.99	2.97	2.95	2.94	2.93
9	2.92	2.90	2.89	2.87	2.86	2.84	2.83	2.81	2.80	2.79	2.77	2.76	2.73	2.72	2.71
10	2.75	2.74	2.72	2.71	2.70	2.68	2.66	2.65	2.64	2.62	2.60	2.59	2.56	2.55	2.54
11	2.63	2.61	2.59	2.58	2.57	2.55	2.53	2.52	2.51	2.49	2.47	2.46	2.43	2.42	2.40
12	2.52	2.51	2.49	2.48	2.47	2.44	2.43	2.41	2.40	2.38	2.36	2.35	2.32	2.31	2.30
13	2.44	2.42	2.41	2.39	2.38	2.36	2.34	2.33	2.31	2.30	2.27	2.26	2.23	2.22	2.21
14	2.37	2.35	2.33	2.32	2.31	2.28	2.27	2.25	2.24	2.22	2.20	2.19	2.16	2.14	2.13
15	2.31	2.29	2.27	2.26	2.25	2.22	2.20	2.19	2.18	2.16	2.14	2.12	2.10	2.08	2.07
16	2.25	2.24	2.22	2.21	2.19	2.17	2.15	2.14	2.12	2.11	2.08	2.07	2.04	2.02	2.01
17	2.21	2.19	2.17	2.16	2.15	2.12	2.10	2.09	2.08	2.06	2.03	2.02	1.99	1.97	1.96
18	2.17	2.15	2.13	2.12	2.11	2.08	2.06	2.05	2.04	2.02	1.99	1.98	1.95	1.93	1.92
19	2.13	2.11	2.10	2.08	2.07	2.05	2.03	2.01	2.00	1.98	1.96	1.94	1.91	1.89	1.88
20	2.18	2.08	2.07	2.05	2.04	2.01	1.99	1.98	1.97	1.95	1.92	1.91	1.88	1.86	1.84
21	2.07	2.05	2.04	2.02	2.01	1.98	1.96	1.95	1.94	1.92	1.89	1.88	1.84	1.82	1.81
22	2.05	2.03	2.01	2.00	1.98	1.96	1.94	1.92	1.91	1.89	1.86	1.85	1.82	1.80	1.78
23	2.02	2.00	1.99	1.97	1.96	1.93	1.91	1.90	1.88	1.86	1.84	1.82	1.79	1.77	1.76
24	2.00	1.98	1.97	1.95	1.94	1.91	1.89	1.88	1.86	1.84	1.82	1.80	1.77	1.75	1.73
25	1.98	1.96	1.95	1.93	1.92	1.89	1.87	1.86	1.84	1.82	1.80	1.78	1.75	1.73	1.71

续表

α = 0.05

n_2 \ n_1	22	24	26	28	30	35	40	45	50	60	80	100	200	500	∞
26	1.97	1.95	1.93	1.91	1.90	1.87	1.85	1.84	1.82	1.80	1.78	1.76	1.73	1.71	1.69
27	1.95	1.93	1.91	1.90	1.88	1.86	1.84	1.82	1.81	1.79	1.76	1.74	1.71	1.69	1.67
28	1.93	1.91	1.90	1.88	1.87	1.84	1.82	1.80	1.79	1.77	1.74	1.73	1.69	1.67	1.65
29	1.92	1.90	1.88	1.87	1.85	1.83	1.81	1.79	1.77	1.75	1.73	1.71	1.67	1.65	1.64
30	1.91	1.89	1.87	1.85	1.84	1.81	1.79	1.77	1.76	1.74	1.71	1.70	1.66	1.64	1.62
32	1.88	1.86	1.85	1.83	1.82	1.79	1.77	1.75	1.74	1.71	1.69	1.67	1.63	1.61	1.59
34	1.86	1.84	1.82	1.80	1.80	1.77	1.75	1.73	1.71	1.69	1.66	1.65	1.61	1.59	1.57
36	1.85	1.82	1.81	1.79	1.78	1.75	1.73	1.71	1.69	1.67	1.64	1.62	1.59	1.56	1.55
38	1.83	1.81	1.79	1.77	1.76	1.73	1.71	1.69	1.68	1.65	1.62	1.61	1.57	1.54	1.53
40	1.81	1.79	1.77	1.76	1.74	1.72	1.69	1.67	1.66	1.64	1.61	1.59	1.55	1.53	1.51
42	1.80	1.78	1.76	1.74	1.73	1.70	1.68	1.66	1.65	1.62	1.59	1.57	1.53	1.51	1.49
44	1.79	1.77	1.75	1.73	1.72	1.69	1.67	1.65	1.63	1.61	1.58	1.56	1.52	1.49	1.48
46	1.78	1.76	1.74	1.72	1.71	1.68	1.65	1.64	1.62	1.60	1.57	1.55	1.51	1.48	1.46
48	1.77	1.75	1.73	1.71	1.70	1.67	1.64	1.62	1.61	1.59	1.55	1.54	1.49	1.47	1.45
50	1.76	1.74	1.72	1.70	1.69	1.66	1.63	1.61	1.60	1.58	1.54	1.52	1.48	1.46	1.44
60	1.72	1.70	1.68	1.66	1.65	1.62	1.59	1.57	1.56	1.53	1.50	1.48	1.44	1.41	1.39
80	1.68	1.65	1.63	1.62	1.60	1.57	1.54	1.50	1.51	1.48	1.45	1.43	1.38	1.35	1.32
100	1.65	1.63	1.61	1.59	1.57	1.54	1.52	1.49	1.48	1.45	1.41	1.39	1.34	1.31	1.28
125	1.63	1.60	1.58	1.57	1.55	1.52	1.49	1.47	1.45	1.42	1.39	1.36	1.31	1.27	1.25
150	1.61	1.59	1.57	1.55	1.53	1.50	1.48	1.45	1.44	1.41	1.37	1.34	1.29	1.25	1.22
200	1.60	1.57	1.55	1.53	1.52	1.48	1.46	1.43	1.41	1.39	1.35	1.32	1.26	1.22	1.19
300	1.58	1.55	1.53	1.51	1.50	1.46	1.43	1.41	1.39	1.36	1.32	1.30	1.23	1.19	1.15
500	1.56	1.54	1.52	1.50	1.48	1.45	1.42	1.40	1.38	1.34	1.30	1.28	1.21	1.16	1.11
1 000	1.55	1.53	1.51	1.49	1.47	1.44	1.41	1.38	1.36	1.33	1.29	1.26	1.19	1.13	1.08
∞	1.55	1.52	1.50	1.48	1.46	1.42	1.39	1.37	1.35	1.32	1.27	1.24	1.17	1.11	1.00

$\alpha = 0.025$

n_2	n_1																		
	1	2	3	4	5	6	7	8	9	10	12	15	20	24	30	40	60	120	∞
1	647.8	799.5	864.2	899.6	921.8	937.1	948.2	956.7	963.3	968.3	976.7	984.9	993.1	997.2	1 001	1 006	1 010	1 014	1 018
2	38.51	39.00	39.17	39.25	39.30	39.33	39.36	39.37	39.39	39.40	39.41	39.43	39.45	39.46	39.46	39.47	39.48	39.49	39.50
3	17.44	16.04	15.44	15.10	14.88	14.73	14.62	14.54	14.47	14.42	14.34	14.25	14.17	14.12	14.08	14.04	13.99	13.95	13.90
4	12.22	10.65	9.98	9.60	9.36	9.20	9.07	8.98	8.90	8.84	8.75	8.66	8.56	8.51	8.46	8.41	8.36	8.31	8.26
5	10.01	8.43	7.76	7.39	7.15	6.98	6.85	6.76	6.68	6.62	6.52	6.43	6.33	6.28	6.23	6.18	6.12	6.07	6.02
6	8.81	7.26	6.60	6.23	5.99	5.82	5.70	5.60	5.52	5.46	5.37	5.27	5.17	5.12	5.07	5.01	4.96	4.90	4.85
7	8.07	6.54	5.89	5.52	5.29	5.12	4.99	4.90	4.82	4.76	4.67	4.57	4.47	4.42	4.36	4.31	4.25	4.20	4.14
8	7.57	6.06	5.42	5.05	4.82	4.65	4.53	4.43	4.36	4.30	4.20	4.10	4.00	3.95	3.89	3.84	3.78	3.73	3.67
9	7.21	5.71	5.08	4.72	4.48	4.32	4.20	4.10	4.03	3.96	3.87	3.77	3.67	3.61	3.56	3.51	3.45	3.39	3.33
10	6.94	5.46	4.83	4.47	4.24	4.07	3.95	3.85	3.78	3.72	3.62	3.52	3.42	3.37	3.31	3.26	3.20	3.14	3.08
11	6.72	5.26	4.63	4.28	4.04	3.88	3.76	3.66	3.59	3.53	3.43	3.33	3.23	3.17	3.12	3.06	3.00	2.94	2.88
12	6.55	5.10	4.47	4.12	3.89	3.73	3.61	3.51	3.44	3.37	3.28	3.18	3.07	3.02	2.96	2.91	2.85	2.79	2.72
13	6.41	4.97	4.35	4.00	3.77	3.60	3.48	3.39	3.31	3.25	3.15	3.05	2.95	2.89	2.84	2.78	2.72	2.66	2.60
14	6.30	4.86	4.24	3.89	3.66	3.50	3.38	3.29	3.21	3.15	3.05	2.95	2.84	2.79	2.73	2.67	2.61	2.55	2.49
15	6.20	4.77	4.15	3.80	3.58	3.41	3.29	3.20	3.12	3.06	2.96	2.86	2.76	2.70	2.64	2.59	2.52	2.46	2.40
16	6.12	4.69	4.08	3.73	3.50	3.34	3.22	3.12	3.05	2.99	2.89	2.79	2.68	2.63	2.57	2.51	2.45	2.38	2.32
17	6.04	4.62	4.01	3.66	3.44	3.28	3.16	3.06	2.98	2.92	2.82	2.72	2.62	2.56	2.50	2.44	2.38	2.32	2.25
18	5.98	4.56	3.95	3.61	3.38	3.22	3.10	3.01	2.93	2.87	2.77	2.67	2.56	2.50	2.44	2.38	2.32	2.26	2.19
19	5.92	4.51	3.90	3.56	3.33	3.17	3.05	2.96	2.88	2.82	2.72	2.62	2.51	2.45	2.39	2.33	2.27	2.20	2.13

α = 0.025

续表

n_2	n_1 1	2	3	4	5	6	7	8	9	10	12	15	20	24	30	40	60	120	∞
20	5.87	4.46	3.86	3.51	3.29	3.13	3.01	2.91	2.84	2.77	2.68	2.57	2.46	2.41	2.35	2.29	2.22	2.16	2.09
21	5.83	4.42	3.82	3.48	3.25	3.09	2.97	2.87	2.80	2.73	2.64	2.53	2.42	2.37	2.31	2.25	2.18	2.11	2.04
22	5.79	4.38	3.78	3.44	3.22	3.05	2.93	2.84	2.76	2.70	2.60	2.50	2.39	2.33	2.27	2.21	2.14	2.08	2.00
23	5.75	4.35	3.75	3.41	3.18	3.02	2.90	2.81	2.73	2.67	2.57	2.47	2.37	2.30	2.24	2.18	2.11	2.04	1.97
24	5.72	4.32	3.72	3.38	3.15	2.99	2.87	2.78	2.70	2.64	2.54	2.44	2.33	2.27	2.21	2.15	2.08	2.01	1.94
25	5.69	4.29	3.69	3.35	3.13	2.97	2.85	2.75	2.68	2.61	2.51	2.41	2.30	2.24	2.18	2.12	2.05	1.98	1.91
26	5.66	4.27	3.67	3.33	3.10	2.94	2.82	2.73	2.65	2.59	2.49	2.39	2.28	2.22	2.16	2.09	2.03	1.95	1.88
27	5.63	4.24	3.65	3.31	3.08	2.92	2.80	2.71	2.63	2.57	2.47	2.36	2.25	2.19	2.13	2.07	2.00	1.93	1.85
28	5.61	4.22	3.63	3.29	3.06	2.90	2.78	2.69	2.61	2.55	2.45	2.34	2.23	2.17	2.11	2.05	1.98	1.91	1.83
29	5.59	4.20	3.61	3.27	3.04	2.88	2.76	2.67	2.59	2.53	2.43	2.32	2.21	2.15	2.09	2.03	2.96	1.89	1.81
30	5.57	4.18	3.59	3.25	3.03	2.87	2.75	2.65	2.57	2.51	2.41	2.31	2.20	2.14	2.07	2.01	1.94	1.87	1.79
40	5.42	4.05	3.46	3.13	2.90	2.74	2.62	2.53	2.45	2.39	2.29	2.18	2.07	2.01	1.94	1.88	1.80	1.72	1.64
60	5.29	3.93	3.34	3.01	2.79	2.63	2.51	2.41	2.33	2.27	2.17	2.06	1.94	1.88	1.82	1.74	1.67	1.58	1.48
120	5.15	3.80	3.23	2.89	2.67	2.52	2.39	2.30	2.22	2.16	2.05	1.94	1.82	1.76	1.69	1.61	1.53	1.43	1.31
∞	5.02	3.69	3.12	2.79	2.57	2.41	2.29	2.19	2.11	2.05	1.94	1.83	1.71	1.64	1.57	1.48	1.39	1.27	1.00

$\alpha = 0.01$

n_2	n_1														
	1	2	3	4	5	6	7	8	9	10	12	14	16	18	20
2	98.5	99.0	99.2	99.2	99.3	99.3	99.4	99.4	99.4	99.4	99.4	99.4	99.4	99.4	99.4
3	34.1	30.8	29.5	28.7	28.2	27.9	27.7	27.5	27.3	27.2	27.1	26.9	26.8	26.8	26.7
4	21.2	18.0	16.7	16.0	15.5	15.2	15.0	14.8	14.7	14.5	14.4	14.2	14.2	14.1	14.0
5	16.3	13.3	12.1	11.4	11.0	10.7	10.5	10.3	10.2	10.1	9.89	9.77	9.68	9.61	9.55
6	13.7	10.9	9.78	9.15	8.75	8.47	8.26	8.10	7.98	7.87	7.72	7.60	7.52	7.45	7.40
7	12.2	9.55	8.45	7.85	7.46	7.19	6.99	6.84	6.72	6.62	6.47	6.36	6.27	6.21	6.16
8	11.3	8.65	7.59	7.01	6.63	6.37	6.18	6.03	5.91	5.81	5.67	5.56	5.48	5.41	5.36
9	10.6	8.02	6.99	6.42	6.06	5.80	5.61	5.47	5.35	5.26	5.11	5.00	4.92	4.86	4.81
10	10.0	7.56	6.55	5.99	5.64	5.39	5.20	5.06	4.94	4.85	4.71	4.60	4.52	4.46	4.41
11	9.65	7.21	6.22	5.67	5.32	5.07	4.89	4.74	4.63	4.54	4.40	4.29	4.21	4.15	4.10
12	9.33	6.93	5.95	5.41	5.06	4.82	4.64	4.50	4.39	4.30	4.16	4.05	3.97	3.91	3.86
13	9.07	6.70	5.74	5.21	4.86	4.62	4.44	4.30	4.19	4.10	3.96	3.86	3.78	3.71	3.66
14	8.86	6.51	5.56	5.04	4.70	4.46	4.28	4.14	4.03	3.94	3.80	3.70	3.62	3.56	3.51
15	8.68	6.36	5.42	4.89	4.56	4.32	4.14	4.00	3.89	3.80	3.67	3.56	3.49	3.42	3.37
16	8.53	6.23	5.29	4.77	4.44	4.20	4.03	3.89	3.78	3.69	3.55	3.45	3.37	3.31	3.26
17	8.40	6.11	5.18	4.67	4.34	4.10	3.93	3.79	3.68	3.59	3.46	3.35	3.27	3.21	3.16
18	8.29	6.01	5.09	4.58	4.25	4.01	3.84	3.71	3.60	3.51	3.37	3.27	3.19	3.13	3.08
19	8.18	5.93	5.01	4.50	4.17	3.94	3.77	3.63	3.52	3.43	3.30	3.19	3.12	3.05	3.00
20	8.10	5.85	4.94	4.43	4.10	3.87	3.70	3.56	3.46	3.37	3.23	3.13	3.05	2.99	2.94
21	8.02	5.78	4.87	4.37	4.04	3.81	3.64	3.51	3.40	3.31	3.17	3.07	2.99	2.93	2.88
22	7.95	5.72	4.82	4.31	3.99	3.76	3.59	3.45	3.35	3.26	3.12	3.02	2.94	2.88	2.83
23	7.88	5.66	4.76	4.26	3.94	3.71	3.54	3.41	3.30	3.21	3.07	2.97	2.89	2.83	2.78
24	7.82	5.61	4.72	4.22	3.90	3.67	3.50	3.36	3.26	3.17	3.03	2.93	2.85	2.79	2.74
25	7.77	5.57	4.68	4.18	3.86	3.63	3.46	3.32	3.22	3.13	2.99	2.89	2.81	2.75	2.70

续表

$\alpha = 0.01$

n_2	n_1														
	1	2	3	4	5	6	7	8	9	10	12	14	16	18	20
26	7.72	5.53	4.64	4.14	3.82	3.59	3.42	3.29	3.18	3.09	2.96	2.86	2.78	2.72	2.66
27	7.68	5.49	4.60	4.11	3.78	3.56	3.39	3.26	3.15	3.06	2.93	2.82	2.75	2.68	2.63
28	7.64	5.45	4.57	4.07	3.75	3.53	3.36	3.23	3.12	3.03	2.90	2.79	2.72	2.65	2.60
29	7.60	5.42	4.54	4.04	3.73	3.50	3.33	3.20	3.09	3.00	2.87	2.77	2.69	2.62	2.57
30	7.56	5.39	4.51	4.02	3.70	3.47	3.30	3.17	3.07	2.98	2.84	2.74	2.66	2.60	2.55
32	7.50	5.34	4.46	3.97	3.65	3.43	3.26	3.13	3.02	2.93	2.80	2.70	2.62	2.55	2.50
34	7.44	5.29	4.42	3.93	3.61	3.39	3.22	3.09	2.98	2.89	2.76	2.66	2.58	2.51	2.46
36	7.40	5.25	4.38	3.89	3.57	3.35	3.18	3.05	2.95	2.86	2.72	2.62	2.54	2.48	2.43
38	7.35	5.21	4.34	3.86	3.54	3.32	3.15	3.02	2.92	2.83	2.69	2.59	2.51	2.45	2.40
40	7.31	5.18	4.31	3.83	3.51	3.29	3.12	2.99	2.89	2.80	2.66	2.56	2.48	2.42	2.37
42	7.28	5.15	4.29	3.80	3.49	3.27	3.10	2.97	2.86	2.78	2.64	2.54	2.46	2.40	2.34
44	7.25	5.12	4.26	3.78	3.47	3.24	3.08	2.95	2.84	2.75	2.62	2.52	2.44	2.37	2.32
46	7.22	5.10	4.24	3.76	3.44	3.22	3.06	2.93	2.82	2.73	2.60	2.50	2.42	2.35	2.30
48	7.20	5.08	4.22	3.74	3.43	3.20	3.04	2.91	2.80	2.72	2.58	2.48	2.40	2.33	2.28
50	7.17	5.06	4.20	3.72	3.41	3.19	3.02	2.89	2.79	2.70	2.56	2.46	2.38	2.32	2.27
60	7.08	4.98	4.13	3.65	3.34	3.12	2.95	2.82	2.72	2.63	2.50	2.39	2.31	2.25	2.20
80	6.96	4.88	4.04	3.56	3.26	3.04	2.87	2.74	2.64	2.55	2.42	2.31	2.23	2.17	2.12
100	6.90	4.82	3.98	3.51	3.21	2.99	2.82	2.69	2.59	2.50	2.37	2.26	2.19	2.12	2.07
125	6.84	4.78	3.94	3.47	3.17	2.95	2.79	2.66	2.55	2.47	2.33	2.23	2.15	2.08	2.03
150	6.81	4.75	3.92	3.45	3.14	2.92	2.76	2.63	2.53	2.44	2.31	2.20	2.12	2.06	2.00
200	6.76	4.71	3.88	3.41	3.11	2.89	2.73	2.60	2.50	2.41	2.27	2.17	2.09	2.02	1.97
300	6.72	4.68	3.85	3.38	3.08	2.86	2.70	2.57	2.47	2.38	2.24	2.14	2.06	1.99	1.94
500	6.69	4.65	3.82	3.36	3.05	2.84	2.68	2.55	2.44	2.36	2.22	2.12	2.04	1.97	1.92
1 000	6.66	4.63	3.80	3.34	3.04	2.82	2.66	2.53	2.43	2.34	2.20	2.10	2.02	1.95	1.90
∞	6.63	4.61	3.78	3.32	3.02	2.80	2.64	2.51	2.41	2.32	2.18	2.08	2.00	1.93	1.88

$\alpha = 0.01$

$n_2 \backslash n_1$	22	24	26	28	30	35	40	45	50	60	80	100	200	500	∞
2	99.5	99.5	99.5	99.5	99.5	99.5	99.5	99.5	99.5	99.5	99.5	99.5	99.5	99.5	99.5
3	26.6	26.6	26.6	26.5	26.5	26.5	26.4	26.4	26.4	26.3	26.2	26.3	26.2	26.1	26.1
4	14.0	13.9	13.9	13.9	13.8	13.8	13.7	13.7	13.7	13.7	13.6	13.6	13.5	13.5	13.5
5	9.51	9.47	9.43	9.40	9.38	9.33	9.29	9.26	9.24	9.20	9.16	9.13	9.08	9.04	9.02
6	7.35	7.31	7.28	7.25	7.23	7.18	7.14	7.11	7.09	7.06	7.01	6.99	6.93	6.90	6.88
7	6.11	6.07	6.04	6.02	5.99	5.94	5.91	5.88	5.86	5.82	5.78	5.75	5.70	5.67	5.65
8	5.32	5.28	5.25	5.22	5.20	5.15	5.12	5.00	5.07	5.03	4.99	4.96	4.91	4.88	4.86
9	4.77	4.73	4.70	4.67	4.65	4.60	4.57	4.54	4.52	4.48	4.44	4.42	4.36	4.33	4.31
10	4.36	4.33	4.30	4.27	4.25	4.20	4.17	4.14	4.12	4.08	4.04	4.01	3.96	3.93	3.91
11	4.06	4.02	3.99	3.96	3.94	3.89	3.86	3.83	3.81	3.78	3.73	3.71	3.66	3.62	3.60
12	3.82	3.78	3.75	3.72	3.70	3.65	3.62	3.59	3.57	3.54	3.49	3.47	3.41	3.38	3.36
13	3.62	3.59	3.56	3.53	3.51	3.46	3.43	3.40	3.38	3.34	3.30	3.27	3.22	3.19	3.17
14	3.46	3.43	3.40	3.37	3.35	3.30	3.27	3.24	3.22	3.18	3.14	3.11	3.06	3.03	3.00
15	3.33	3.29	3.26	3.24	3.21	3.17	3.13	3.10	3.08	3.05	3.00	2.98	2.92	2.89	2.87
16	3.22	3.18	3.15	3.12	3.10	3.05	3.02	2.99	2.97	2.93	2.89	2.86	2.81	2.78	2.75
17	3.12	3.08	3.05	3.03	3.00	2.96	2.92	2.89	2.87	2.83	2.79	2.76	2.71	2.68	2.65
18	3.03	3.00	2.97	2.94	2.92	2.87	2.84	2.81	2.78	2.75	2.70	2.68	2.62	2.59	2.57
19	2.96	2.92	2.89	2.87	2.84	2.80	2.76	2.73	2.71	2.67	2.63	2.60	2.55	2.51	2.49
20	2.90	2.86	2.83	2.80	2.78	2.73	2.69	2.67	2.64	2.61	2.56	2.54	2.48	2.44	2.42
21	2.84	2.80	2.77	2.74	2.72	2.67	2.64	2.61	2.58	2.55	2.50	2.48	2.42	2.38	2.36
22	2.78	2.75	2.72	2.69	2.67	2.62	2.58	2.55	2.53	2.50	2.45	2.42	2.36	2.33	2.31
23	2.74	2.70	2.67	2.64	2.62	2.57	2.54	2.51	2.48	2.45	2.40	2.37	2.32	2.28	2.26
24	2.70	2.66	2.63	2.60	2.58	2.53	2.49	2.46	2.44	2.40	2.36	2.33	2.27	2.24	2.21
25	2.66	2.62	2.59	2.56	2.54	2.49	2.45	2.42	2.40	2.36	2.32	2.29	2.23	2.19	2.17

α=0.01

续表

n_2 \ n_1	22	24	26	28	30	35	40	45	50	60	80	100	200	500	∞
26	2.62	2.58	2.55	2.53	2.50	2.45	2.42	2.39	2.36	2.33	2.28	2.25	2.19	2.16	2.13
27	2.59	2.55	2.52	2.49	2.47	2.42	2.38	2.35	2.33	2.29	2.25	2.22	2.16	2.12	2.10
28	2.56	2.52	2.49	2.46	2.44	2.39	2.35	2.32	2.30	2.26	2.22	2.19	2.13	2.09	2.06
29	2.53	2.49	2.46	2.44	2.41	2.36	2.33	2.30	2.27	2.23	2.19	2.16	2.10	2.06	2.03
30	2.51	2.47	2.44	2.41	2.39	2.34	2.30	2.27	2.25	2.21	2.16	2.13	2.07	2.03	2.01
32	2.46	2.42	2.39	2.36	2.34	2.29	2.25	2.22	2.20	2.16	2.11	2.08	2.02	1.98	1.96
34	2.42	2.38	2.35	2.32	2.30	2.25	2.21	2.18	2.16	2.12	2.07	2.04	1.98	1.94	1.91
36	2.38	2.35	2.32	2.29	2.26	2.21	2.17	2.14	2.12	2.08	2.03	2.00	1.94	1.90	1.87
38	2.35	2.32	2.28	2.26	2.23	2.18	2.14	2.11	2.09	2.05	2.00	1.97	1.90	1.86	1.84
40	2.33	2.29	2.26	2.23	2.20	2.15	2.11	2.08	2.06	2.02	1.97	1.94	1.87	1.83	1.80
42	2.30	2.26	2.23	2.20	2.18	2.13	2.09	2.06	2.03	1.99	1.94	1.91	1.85	1.80	1.78
44	2.28	2.24	2.21	2.18	2.15	2.10	2.06	2.03	2.01	1.97	1.92	1.89	1.82	1.78	1.75
46	2.26	2.22	2.19	2.16	2.13	2.08	2.04	2.01	1.99	1.95	1.90	1.86	1.80	1.75	1.73
48	2.24	2.20	2.17	2.14	2.12	2.06	2.02	1.99	1.97	1.93	1.88	1.84	1.78	1.73	1.70
50	2.22	2.18	2.15	2.12	2.10	2.05	2.01	1.97	1.95	1.91	1.86	1.82	1.76	1.71	1.68
60	2.15	2.13	2.08	2.05	2.03	1.98	1.94	1.90	1.88	1.84	1.78	1.75	1.68	1.63	1.60
80	2.07	2.03	2.00	1.97	1.94	1.89	1.85	1.81	1.79	1.75	1.69	1.66	1.58	1.53	1.49
100	2.02	1.98	1.94	1.92	1.89	1.84	1.80	1.76	1.73	1.69	1.63	1.60	1.52	1.47	1.43
125	1.98	1.94	1.91	1.88	1.85	1.80	1.76	1.72	1.69	1.65	1.59	1.55	1.47	1.41	1.37
150	1.96	1.92	1.88	1.85	1.83	1.77	1.73	1.69	1.66	1.62	1.56	1.52	1.43	1.38	1.33
200	1.93	1.89	1.85	1.82	1.79	1.74	1.69	1.66	1.63	1.58	1.52	1.48	1.39	1.88	1.28
300	1.89	1.85	1.82	1.79	1.76	1.71	1.66	1.62	1.59	1.55	1.48	1.44	1.35	1.28	1.22
500	1.87	1.83	1.79	1.76	1.74	1.68	1.63	1.60	1.56	1.52	1.45	1.41	1.31	1.23	1.16
1 000	1.85	1.81	1.77	1.74	1.72	1.66	1.61	1.57	1.54	1.50	1.43	1.38	1.28	1.19	1.11
∞	1.83	1.79	1.76	1.72	1.70	1.64	1.59	1.55	1.52	1.47	1.40	1.36	1.25	1.15	1.00

表 7　检验相关系数的临界值（$r_\alpha(n)$）表

$P(|r| > r_\alpha(n)) = \alpha$

n	α				
	0.10	0.05	0.02	0.01	0.001
1	0.987 69	0.996 92	0.999 507	0.999 877	0.999 998 8
2	0.900 00	0.950 00	0.980 00	0.990 00	0.999 00
3	0.805 4	0.878 3	0.934 33	0.958 73	0.991 16
4	0.729 3	0.811 4	0.882 2	0.917 20	0.974 06
5	0.669 4	0.754 5	0.832 9	0.874 5	0.950 74
6	0.621 5	0.706 7	0.788 7	0.834 3	0.924 93
7	0.582 2	0.666 4	0.749 8	0.797 7	0.898 2
8	0.549 4	0.631 9	0.715 5	0.764 6	0.872 1
9	0.521 4	0.602 1	0.685 1	0.734 8	0.847 1
10	0.497 3	0.576 0	0.658 1	0.707 9	0.823 3
11	0.476 2	0.552 9	0.633 9	0.683 5	0.801 0
12	0.457 5	0.532 4	0.612 0	0.661 4	0.780 0
13	0.440 9	0.513 9	0.592 3	0.641 1	0.760 3
14	0.425 9	0.497 3	0.574 2	0.622 6	0.742 0
15	0.412 4	0.482 1	0.557 7	0.605 5	0.724 6
16	0.400 0	0.468 3	0.542 5	0.589 7	0.708 4
17	0.388 7	0.455 5	0.528 5	0.575 1	0.693 2
18	0.378 3	0.443 8	0.515 5	0.561 4	0.678 7
19	0.368 7	0.432 9	0.503 4	0.548 7	0.665 2
20	0.359 8	0.422 7	0.492 1	0.536 8	0.652 4
25	0.323 3	0.380 9	0.445 1	0.486 9	0.597 4
30	0.296 0	0.349 4	0.409 3	0.448 7	0.554 1
35	0.274 6	0.324 6	0.381 0	0.418 2	0.518 9
40	0.257 3	0.304 4	0.357 8	0.393 2	0.489 6
45	0.242 8	0.287 5	0.338 4	0.372 1	0.464 8
50	0.230 6	0.273 2	0.321 8	0.354 1	0.443 3
60	0.210 8	0.250 0	0.294 8	0.324 8	0.407 8
70	0.195 4	0.231 9	0.273 7	0.301 7	0.379 9
80	0.182 9	0.217 2	0.256 5	0.283 0	0.356 8
90	0.172 6	0.205 0	0.242 2	0.267 3	0.337 5
100	0.163 8	0.194 6	0.230 1	0.254 0	0.321 1

思考与问答提示或解答

习题参考答案

参 考 文 献

[1] 茆诗松,程依明,濮晓龙．概率论与数理统计教程．3 版．北京:高等教育出版社,2019.

[2] 盛骤,谢式千,潘承毅．概率论与数理统计．5 版．北京:高等教育出版社,2020.

[3] 邵崇斌,徐钊．概率论与数理统计．北京:中国农业出版社,2007.

[4] 魏振军．概率论与数理统计三十三讲．北京:中国统计出版社,2004.

[5] 王明慈,沈恒范．概率论与数理统计．3 版．北京:高等教育出版社,2013.

[6] 袁荫棠．概率论与数理统计．北京:中国人民大学出版社,1995.

[7] 魏宗舒．概率论与数理统计教程．3 版．北京:高等教育出版社,2020.

[8] 严士健,王隽骧,刘秀芳．概率论基础．北京:科学出版社,1982.

[9] 陈希孺．概率论与数理统计．北京:科学出版社,2002.

[10] 苏淳．概率论．北京:科学出版社,2004.

[11] 陈家鼎,郑忠国．概率与统计．北京:北京大学出版社,2007.

[12] 杜荣骞．生物统计学．4 版．北京:高等教育出版社,2014.

[13] 马军英．概率论与数理统计学习指导与习题全解．济南:山东科学技术出版社,2005.

[14] 袁德正,陈敬锋．概率论与数理统计．北京:中国农业出版社,2004.

[15] 李子强．概率论与数理统计教程．2 版．北京:科学出版社,2008.

[16] 奥特,朗格内克．统计学方法与数据分析引论．张忠占,王建稳,王强,等译．北京:科学出版社,2003.

[17] 费勒．概率论及其应用．3 版．胡迪鹤,译．北京:人民邮电出版社,2006.

[18] Jay L D．概率论与数理统计:影印版．5 版．北京:高等教育出版社,2004.

[19] Wayne L W．运筹学——概率模型应用范例与解法．4 版．李乃文,崔群法,林细财,等译．北京:清华大学出版社,2006.

[20] 马逢时,周暐,刘传冰．六西格玛管理统计指南:MINITAB 使用指导．北京:中国人民大学出版社,2007.

[21] 荣腾中,刘琼荪,钟波,等．概率论与数理统计．2 版．北京:高等教育出版社,2018.

[22] 张帼奋,张奕．概率论与数理统计．北京:高等教育出版社,2017.

[23] 茆诗松,周纪芗．概率论与数理统计习题与解答．北京:中国统计出版社,2000.

[24] 龚兆仁,王雪标．概率论与数理统计辅导:浙大·第四版．北京:国家行政学院出版社,2010.

[25] 李舰,海恩．统计之美:人工智能时代的科学思维．北京:电子工业出版社,2019.

郑重声明

高等教育出版社依法对本书享有专有出版权。任何未经许可的复制、销售行为均违反《中华人民共和国著作权法》，其行为人将承担相应的民事责任和行政责任；构成犯罪的，将被依法追究刑事责任。为了维护市场秩序，保护读者的合法权益，避免读者误用盗版书造成不良后果，我社将配合行政执法部门和司法机关对违法犯罪的单位和个人进行严厉打击。社会各界人士如发现上述侵权行为，希望及时举报，本社将奖励举报有功人员。

反盗版举报电话　（010）58581999　58582371　58582488

反盗版举报传真　（010）82086060

反盗版举报邮箱　dd@hep.com.cn

通信地址　北京市西城区德外大街4号

　　　　　高等教育出版社法律事务与版权管理部

邮政编码　100120

防伪查询说明

用户购书后刮开封底防伪涂层，利用手机微信等软件扫描二维码，会跳转至防伪查询网页，获得所购图书详细信息。也可将防伪二维码下的20位密码按从左到右、从上到下的顺序发送短信至106695881280，免费查询所购图书真伪。

反盗版短信举报

编辑短信"JB，图书名称，出版社，购买地点"发送至10669588128

防伪客服电话

（010）58582300